suhrkamp taschenbuch
wissenschaft 264

Die in diesem Band vereinigten Arbeiten Joseph Needhams stehen in enger thematischer Beziehung zu seinem Hauptwerk *Science and Civilization in China*, der ersten maßgeblichen Gesamtdarstellung des chinesischen Beitrags zur Universalgeschichte von Wissenschaft und Technik. Needham begreift das Zustandekommen der neuzeitlichen Wissenschaft als einen universalen Vorgang, zu dessen Entstehen Beiträge aus vielen Zivilisationen zusammenkommen mußten, der aber erst durch die Entdeckungen und sozio-kulturellen Neuausrichtungen im Europa der Renaissance die für ihn bestimmende Dynamik erhielt. »Wissenschaftlicher Universalismus« als konkretes Forschungsprogramm zielt demnach ebenso auf die Beschreibung einzelner Komponenten wie auf eine Kennzeichnung des Milieus, innerhalb dessen eine Kombination der Einzelteile das Unternehmen »moderne Wissenschaft« in Gang setzte.
Wenn der Durchbruch zur modernen Wissenschaft allein in Europa gelang, in anderen Kulturen dazu aber die kognitiven Voraussetzungen genauso vorhanden waren, dann müssen, folgert Needham, sozio-kulturelle Unterschiede die entscheidenden Hemm- bzw. Beschleunigungsfaktoren bezeichnen.

Joseph Needham
Wissenschaftlicher Universalismus

Über Bedeutung und Besonderheit der chinesischen Wissenschaft

Herausgegeben, eingeleitet und übersetzt von Tilman Spengler

Suhrkamp

Wissenschaftsforschung
Beratung
Wolfgang Krohn, Wolf Lepenies, Peter Weingart

suhrkamp taschenbuch wissenschaft 264
Erste Auflage 1979

Druck: Nomos Verlagsgesellschaft, Baden-Baden
Printed in Germany
Umschlag nach Entwürfen von
Willy Fleckhaus und Rolf Staudt

CIP-Kurztitelaufnahme der Deutschen Bibliothek
Needham, Joseph: [Sammlung ⟨dt.⟩]
Wissenschaftlicher Universalismus · Über Bedeutung
u. Besonderheit d. chines. Wiss. / Joseph Needham.
Hrsg., eingel. u. übers. von Tilman Spengler. –
1. Aufl. – Frankfurt am Main · Suhrkamp, 1979.
(Suhrkamp-Taschenbücher Wissenschaft; 264)
ISBN 3-518-07864-X

Inhalt

Tilman Spengler

Die Entdeckung der chinesischen Wissenschafts- und Technikgeschichte

> »Or le P. Matthieu n'a avec aucune autre chose tant rempli d'estonnement toute la troupe des Philosophes chinois qu'avec la nouveauté des sciences d'Europe, confirmée par des raisons très-solides.[1]

Der Stolz auf die eigenständige Erzeugung und Entwicklung der neuzeitlichen Wissenschaften gehörte lange Zeit zu den ideologischen Stützpfeilern, auf denen die historische Selbsteinschätzung der europäischen Kulturen ruhte. Was immer die Völker jenseits der Grenzen Europas an Bemerkenswertem geschaffen haben mochten, das Monopol auf wissenschaftliches Denken, auf die Formulierung wahrer Sätze über den Aufbau der Natur behielten sich die Europäer vor. Das begünstigte eine Sichtweise, in der die Beiträge, die außereuropäische Zivilisationen zum Zustandekommen des Unternehmens ›neuzeitliche Wissenschaft‹ geleistet hatten, verkürzt und entstellt erschienen, bestenfalls als Versatzstücke, angefertigt von fremden Handwerkern, die unwissentlich der Schöpfung genialer Konstrukteure zulieferten. Daß diese Versatzstücke in einer eigenen Tradition stehen, daß sie gar funktionale Bestandteile eines anderen Systems von Naturerkenntnis darstellen könnten, wurde, wenn nicht bestritten, so doch als nicht besonders erkenntnisträchtiges Problem den Historikern der betroffenen Kulturen zur Entscheidung überlassen.

1 Zitiert nach: Histoire de l'expedition chrestienne au Royaume de la Chine entreprise par les P.P. de la Compagnie de Jesus, comprinse en cinq livres. Esquels est traicté fort exactément et fidèlement des mœrs, Loix et coustumes du pays, et des commencements très-difficiles de l'Église naissante en ce Royaume. Tirée des commentaires du P. Matthieu Riccius par le P. Nicolas Trigault de la mesme compagnie. Et nouvellement traduite en francois par le S.D. . de Riquebourg-trigault. Lyon 1616, S. 596
Or le . . . »Mit nichts hat Pater Matteo (Ricci) die ganze Schar der chinesischen Philosophen so verblüfft, wie mit der Neuheit der Wissenschaften Europas, die durch sehr solide Begründungen abgesichert waren.«

Aus dieser Hochschätzung der eigenen und der Geringschätzung aller anderen Leistungen entstand ein spekulativer Neigungswinkel, unter welchem – von wenigen Ausnahmen abgesehen – die Frage nach dem Nichtentstehen neuzeitlicher Wissenschaften in anderen Kulturen gestellt werden konnte, bevor noch erste Befunde über den tatsächlichen Stand wissenschaftlicher und technologischer Erkenntnisse jenseits der Grenzen Europas eingegangen waren. Und als die Frage erst einmal in dieser Form thematisiert worden war, vermochten sich empirische Daten nur noch als mehr oder weniger plausible Belege oder Entkräftigungen zuvor gewonnener theoretischer Annahmen über fehlende Entwicklungsstufen zu behaupten. Der Zugang zu einem Verständnis der anderen Kultur nach ihrem eigenen Bauplan schien verschüttet.

Jene Zivilisationen, denen auf die eine oder andere Weise die Befähigung zum wissenschaftlichen Denken (und damit verbunden zunächst die religiöse, später auch die politische Mündigkeit) abgesprochen wurde, erlebten den ersten drastischen Beweis für diese Behauptung durch die Überlegenheit der europäischen Waffentechnik. Die wissenschaftlichen Demonstrationen, die beispielsweise die Jesuiten im China des 16. und 17. Jahrhunderts als Gütesiegel ihrer religiösen Anliegen vorgewiesen hatten, ließen sich von den einheimischen Philosophen noch einordnen. Doch an der Suprematie westlicher Bewaffnung konnte seit dem Anfang des 19. Jahrhunderts nicht mehr gezweifelt werden.

Unter diesen Voraussetzungen lag es den außen- und wirtschaftspolitisch bedrohten Ländern näher, nicht die westliche, sondern die eigene kulturelle Überlegenheit infrage zu stellen. Warum sollte man auch Traditionen aufrechterhalten, die sich so wenig gegenüber der aufgezogenen Gefahr behaupten konnten? War es da nicht geschickter, das Gesamtsystem zu opfern und nur jene Teilstücke herauszulösen, die ob ihrer vermeintlichen oder tatsächlichen Verwandtschaft mit westlichen Modellen evolutionär ausgezeichnet zu sein schienen?

Die Antworten fielen in verschiedenen Kulturen unterschiedlich deutlich aus. In China wurde der Ruf nach einer selektiven Übernahme westlicher Rüstungstechnologien bald von der Forderung nach dem Import von ›Wissenschaft‹ (und damit war ausschließlich die Wissenschaft des Westens gemeint) *in toto* übertönt.[2] Da aber

2 Gegen Ende des 19. Jahrhunderts unterschieden die Chinesen wieder deutlich zwischen »westlicher Wissenschaft« *(Hsi hsüeh)* und der eigenen humanistischen

diese Wissenschaft als etwas radikal Neues und Fremdes interpretiert wurde, entfiel – zumindest für eine Zeitlang – die Notwendigkeit oder auch nur die Bereitschaft zu einer kritischen Aufarbeitung der eigenen wissenschaftlichen Tradition. Und damit drohte ein weiterer Zugang zum Verständnis der kulturellen Eigenart der traditionellen chinesischen Wissenschaft verschüttet zu werden.
Es ist zu großen Teilen das Verdienst Joseph Needhams, des bedeutenden englischen Biochemikers und Sinologen, daß diese Zugänge nicht versperrt blieben. Needham begann seine Arbeiten über die Geschichte der chinesischen Wissenschaft und Technik zu einer Zeit, als China ökonomisch, politisch und in seinem Gefühl der nationalen Identität auf einer demütigend niedrigen Stufe stand. Seine Studien haben nicht nur dem westlichen Leser ein neues Bild der chinesischen Kulturgeschichte vermittelt, sie haben auch vielen Chinesen ein tieferes Verständnis des Besonderen und des Bedeutenden der eigenen Tradition erschlossen.
Durch eine systematische Erforschung aller Bereiche der chinesischen Wissenschafts- und Technikgeschichte und deren philosophischen Voraussetzungen konnte Needham nachweisen, auf welch tönernen Füßen die westlichen Vorurteile über das chinesische Denken standen. Er schildert das Entstehen einer modernen, universalen Wissenschaft, die im Prozeß ihres Werdens die ethnischen Besonderheiten ihrer verschiedenen Zuträger abschliff und zu einem einheitlichen Entwurf von Naturerkenntnis zusammenwuchs, dessen interne Logik für alle Beteiligten verbindlich wurde.
Die einheitliche Struktur der Gewinnung und Absicherung wissenschaftlicher Erkenntnisse, vermittelt durch die Techniken des kontrollierten Experiments, der Mathematisierung von Erfahrungen, der Formulierung von Gesetzmäßigkeiten usw., besagt allerdings noch wenig über alternative Formen des Umgangs mit der Natur.

Bildung *(Chung hsüeh)*. So lesen wir im »Nachwort zum Verzeichnis von Schriften über die westliche Wissenschaft« des chinesischen Publizisten, Philosophen und Politikers Liang Ch'i-ch'ao: »Liang Ch'i-ch'ao sagte: ›Ich kann das Gerede von der westlichen Wissenschaft nicht mehr hören!‹ Liang Tso-lin fragte: ›Mit Verlaub, Ihr redet dauernd zu den Leuten über westliche Wissenschaft, warum könnt Ihr jetzt nicht mehr über westliche Wissenschaft reden?‹ Liang Ch'i-ch'ao antwortete: ›Heutzutage ist es nicht schlimm, daß sich die westliche Wissenschaft nicht entwickelt, sondern es ist verhängnisvoll, daß es in Zukunft mit der chinesischen Lehre vorbei sein wird.‹ . . .Zitiert nach *Hsi-hsüeh shu-mu-piao hou-hsü* (Nachwort zum Verzeichnis von Schriften über die westliche Wissenschaft) in *Ying-pin-shih wen-chi* (Gesammelte Aufsätze aus dem Studio des Eistrinkers), Nachdruck Taipei 1960, Bd. 1, S. 126

In der Umformulierung naturwissenschaftlicher Erkenntnisse in ein Programm der sozialen Beherrschung der Natur können wir, so glaubt Needham, aus den geschichtlichen (und vielleicht nicht nur aus den geschichtlichen) Erfahrungen der Chinesen mancherlei lernen.

Needham hat die Erforschung der chinesischen Wissenschafts- und Technikgeschichte aus dem Stadium des Botanisierens exotischer Einzelformen in den Rang einer systematischen Beschäftigung mit bislang unvertrauten Ansätzen der Naturerklärung erhoben. Wieweit hiermit Neuland beschritten wurde, wird deutlich, wenn wir einen kurzen Blick auf die Mißverständnisse werfen, die sich im Laufe der letzten Jahrhunderte in Europa über das wissenschaftliche Denken und Vermögen der Chinesen angesammelt hatten.

Systematische Vorurteile

Daß die Chinesen keinerlei Ansätze, oder gar ein Äquivalent zur westlichen Wissenschaft entwickelt hätten, ja daß ihnen Wissenschaft als etwas dem Wesen nach Fremdes und zumeist wohl auch Unbegreifliches gelten müsse, gehörte bis noch vor wenigen Jahrzehnten zu den stabilsten Vorurteilen, die in Europa über China verbreitet waren. Dieses Vorurteil konnte auf eine geistesgeschichtliche Tradition zurückblicken, deren Ursprünge ziemlich ausschließlich in den Berichten der französischen Jesuitenmissionare des 16. und 17. Jahrhunderts zu suchen sind. Zu jener Zeit bezog sich das später eher allgemeine Verdikt von der Inferiorität der Chinesen noch allein auf deren Rückständigkeit auf dem Gebiet der Naturerkenntnis, viele andere Bereiche – wie der der politischen Verwaltung – blieben davon ausgespart. Hier konnte sogar das Gegenteil eintreten und von den Chinesen eine Belehrung erwartet werden.

Doch die Anwartschaft auf das Monopol exakten naturwissenschaftlichen Denkens stand nie zur Disposition. So betonten die Jesuiten in ihren Schriften über China, wie stark der Erfolg ihrer missionarischen Bemühungen mit dem Nachweis der Überlegenheit ihrer Mathematik und Astronomie zusammenhinge. »Dieu ne s'est pas tousiours servi d'un mesme moyen en la suite de tant de siecles, pour attirer les hommes à soy,«[3] analysierte Nicolas Trigault in

3 Zitiert nach Trigault, op. cit. S. 596
Dieu ne s'est ... »Gott hat sich im Laufe der Jahrhunderte nicht immer derselben Mittel bedient, um die Menschen an sich zu ziehen.«

einem Kommentar das Wirken seines Ordensbruders Matteo Ricci (1552–1610). Ricci war einer der ersten und wohl auch einer der erfolgreichsten Vertreter der Gesellschaft Jesu in China gewesen. Er hatte sich zunächst gründlich die Schriften der chinesischen Klassiker angeeignet, bevor er seine Spezialkenntnisse in Astronomie, Mathematik und Kartographie demonstrierte – und damit einen kaiserlichen Prinzen und mehrere hohe Hofbeamte zur Annahme des katholischen Glaubens bewegen konnte.

Zu einer Zeit, da die wissenschaftlichen Aktivitäten der Jesuiten innerhalb der katholischen Kirche noch umstrittener waren als ihr missionarischer Eifer, konnte es nicht schaden, auf den positiven Effekt dieser weltlichen Tätigkeit hinzuweisen:

»Car qui voudroit bannir de ceste Eglise la Physique, Mathematique, & Philosophie Morale ne cognoist pas assez le degoust des esprits Chinois qui ne peuvent prendre aucun medicament salutaire sans estre adouci de ceste sausse.«[4]

Und es war gleichfalls kaum abträglich, die wissenschaftliche Ignoranz der zu Bekehrenden und deren staunende Bewunderung des europäischen Geistes etwas deutlicher zu konturieren.[5] Daß die Jesuiten bei ihren chinesischen Gesprächspartnern an Respekt einbüßten, weil diesen zwar bestimmte Bestandteile des Wissenschaftssystems der Europäer einleuchteten, sie aber nicht verstehen konnten, was dies alles mit der notwendigen Existenz eines Schöpfergottes zu tun habe, daß also Missionare und zu Bekehrende sich wechselseitig für unerklärlich abergläubisch hielten, drang erst lange Zeit später nach Europa.

Betrachtet man die Ausnahmestellung der Jesuiten als Überbringer und Interpreten der zu dieser Zeit noch spärlichen Informationen über das Reich der Mitte, so verwundert nicht länger, wie nachhaltig ihre Einschätzung oder zumindest Darstellung der Lage die Urteile nachfolgender Philosophen und Schriftsteller vorprägte. Wenn wir also, um nur eins von vielen ähnlich gelagerten Beispie-

4 Trigault, op. cit., S. 597
Car qui . . . »Denn wer aus dieser Kirche Physik, Mathematik und Moralphilosophie verbannen will, kennt den Geschmack der chinesischen Denker schlecht, die kein Medikament des Ewigen Heils schlucken können, das nicht zuvor durch diesen Überzug versüßt wurde.«

5 Eine ausführliche Darstellung der Diskussion zwischen Jesuiten, Missionaren und chinesischen Astronomen findet sich in Joseph Needham, Science and Civilization in China (im folgenden abgekürzt: SCC), Bd. 3, Cambridge 1959 insb. S. 437 ff.

len herauszugreifen, im Vorwort zur Novissima Sinica von Leibniz – ansonsten durchaus ein Bewunderer der chinesischen Art – lesen, daß die Überlegenheit der Europäer gegenüber den Chinesen in den *theoretischen* Disziplinen liege (wie etwa der Astronomie), dann schlägt uns hier weniger eigene Erfahrung als das Echo früherer Urteilsfindungen entgegen.

Die negative Einschätzung des wissenschaftlichen Denkvermögens der Chinesen berührte dabei jedoch zunächst kaum die Bewunderung ihrer »praktischen Philosophie«, wie wir sie sowohl bei Leibniz als auch bei vielen Vertretern des französischen Rationalismus – wie etwa Voltaire – antreffen. Erst Herder und Hegel brachen mit der Chinabewunderung und den trivialphilosophischen Chinoiserien der vorausgegangenen Epoche. Sie waren die ersten bedeutenden Philosophen, die sich bemühten, systematisch zu begründen, *warum* die Chinesen nicht das Vermögen zu wissenschaftlichem Denken entwickeln konnten. Damit beförderten sie das so lange als progressiv gefeierte Wesen der Chinesen ins weltgeschichtliche Abseits. Ihre faktischen Belege und Bezüge waren dabei weder besser noch schlechter als die Zeugnisse, die zuvor über jenes Land ausgestellt worden waren: allein die Interpretation schuf den Unterschied.[6]

6 Zu den Werken die Hegel und Herder gemeinsam benutzten gehörten insbesonders: Joseph-Anne-Marie de Moyriac de Mailla, Histoire générale de la Chine ou Annales de cet Empire, 13. Bd., Paris 1777 ff., es handelte sich dabei um die französische Übersetzung des chinesischen Geschichtswerks *T'ung-chien kang-mu*, das auf Veranlassung des Kaisers K'ang Hsi (1662-1722) kompiliert worden war, und Abel Rémusat, Mémoires concernant l'histoire, les sciences, les arts, les mœurs et les usages des Chinois, par les Missionaires de Pékin, 16. Bd., Paris 1776 ff. Herder bezog sich noch auf: J. de Guignes, L. Le Comte, Nouveaux Mémoires sur l'État présent de la Chine, 3 Bd., Paris 1697; P. Noel, M. Bouvet, État présent de la Chine, Paris 1697 J. de Guignes, Mémoire, dans lequel on preuve, que les Chinois sont une colonie égyptienne, Paris 1759 und die Gegenschrift von N. Pauw, Recherches philosophiques sur les Égyptiens et les Chinois, Berlin 1773 (in der das Gegenteil bewiesen wird – Herder folgte den Ansichten Pauws). Von geringerer Bedeutung waren Sonnerats: Voyage aux Indes orientales et à la Chine, Paris 1782, und du Haldes: Déscription géographique de la Chine, Paris 1735. Hegel erwähnt noch: den Roman Ju-kiao-Li ou Les deux cousines, übers. von Abel Rémusat, 2 Bd. Paris 1817 und von demselben Autor: Mémoire sur la vie et les opinions de Lao Tseu, philosophe chinois du VIe siècle avant notre ère, in: Mémoires de l'Institut Royal de France, Académie des Inscriptions et Belles-Lettres, Tome VII, Paris 1824 und zur ›aktuellen‹ Lage: Sir George Staunton, Des Grafen Maccartney Gesandtschaftsreise nach China, welche Er auf Befehl des jetzt regierenden Königs von Großbritannien, George des Dritten, in den Jahren 1792 bis 1794 unternommen hat; nebst Nachrichten über China und einen kleinen Theil der chi-

Ausgesprochen oder verdeckt formulierten Herder und Hegel drei zentrale Annahmen über China, die uns im weiteren Verlauf der historischen Mußmaßungen über dieses Reich immer wieder begegnen werden – in der Regel sogar unter Berufung auf dieselben Quellen: die Unwandelbarkeit der asiatischen Zivilisationen, insbesondere Chinas, der despotische Charakter ihrer Herrschaftsstruktur und die Unfähigkeit der chinesischen Bevölkerung zu wissenschaftlichem Denken.

Daß diese Urteile – ohne Nachschub an frischer Empirie – in zutiefst unterschiedlichen Denksystemen ihre Identität bewahren konnten, scheint die Vermutung nahezulegen, daß China, als die – neben Europa – einzige, gleichsam noch »intakte« Hochkultur eine Rolle aufgedrängt bekam, die das Land erst heute – und nur mühsam – abstreifen kann: die des negativen Bezugspunktes. Davon bleiben die bereits erwähnten und immer wieder auftauchenden Chinoiserien unberührt, denn letztlich bleibt gleichgültig, ob eine Zivilisation durch Verteufelung oder durch Mystifikation in die Exotik gedrängt wird. Und unter dieser Voraussetzung kann es fast wieder wichtig werden, sich vor allzuviel Empirie abzuschirmen. Die Verständigung unter den europäischen Kulturen über die Höhe des eigenen Entwicklungsniveaus fiel sicherlich leichter, wenn man am fernen Horizont auf eine Tiefebene deuten und deren morphologische Beschaffenheit als notwendig erklären konnte. Wieweit dieser Vorgang mit dem neuen Fortschrittsbewußtsein, mit einem neuen Verhältnis zur Zeit[7] zusammenhing, soll uns später noch beschäftigen. Betrachten wir zunächst das historische Wachstum der Vorurteilsstrukturen.

In seinem Hauptwerk, den ›Ideen zur Philosophie der Geschichte der Menschheit‹ (1784–1791) erkannte Herder zwar an, daß den Chinesen die Erfindung von »Porzellan, Seide, Kupfer, Blei, vielleicht Kompaß, Buchdruckkunst ...« zu verdanken sei, doch es fehle ihnen »am geistigen Fortgange und am Triebe zur Verbesserung«.[8] Und weiter:

nesischen Tartarey etc. Aus den Tagebüchern des Ambassadeurs Aus dem Engl. frey übers., 3 Tle., Berlin 1798–1800. Die Einschätzung der chinesischen Astronomie übernahm Hegel aus: J. J. Delambre, Histoire de l'astronomie ancienne, 2 Bd. Paris 1817 und P. S. de Laplace, Traité de mécanique céleste, 5 Bd., Paris 1799 bis 1825 und ders. Exposition du système du monde 2 Bd., Paris 1796.

7 vgl. Wolf Lepenies, Das Ende der Naturgeschichte, München 1976

8 Johann Gottfried Herder, Ideen zur Philosophie der Geschichte der Menschheit, Darmstadt 1966, S. 286

»Die Gabe der freien, großen Erfindung in den Wissenschaften scheint ihnen ... die Natur versagt zu haben, dagegen sie ihren kleinen Augen jenen gewandten Geist, jene listige Betriebsamkeit und Feinheit, jenes Kunsttalent der Nachahmung, in allem, was ihre Habsucht nützlich findet, mit reichlicher Hand zuteilte.«[9]

Herder begründete die chinesische Inferiorität zunächst ganz allgemein aus der kulturellen Eigenart, dem »Volkscharakter« der Bewohner eines Landes, die »am Rande der Welt« leben, zum anderen aus der Herrschaftsstruktur des chinesischen Reiches. Diese Herrschaftsstruktur war »nach mongolischer Nomadenart« despotischer Natur. Ihr Grundmuster bildete die Familienbeziehung mit einem teils gütigen, teils strafenden Vater an der Spitze. Die Rolle des Vaters hatte der Kaiser übernommen. Dessen Untertanen aber waren »seit Jahrhunderten Kinder ihrer ewigen Gesetze und unabänderlich kindischen Einrichtungen geblieben«. Daran würde sich allerdings auch durch »eine freiere Selbsttätigkeit des Geistes und Herzens« nicht viel ändern, denn »Chinesen werden immer nur Chinesen bleiben ...«[10]
Wenige Jahre später hatte sich Herders Einschätzung so verbreitet, daß wir sie – fast wörtlich – in Akademien und Universitäten wiederfinden können. Ich will als Beleg nur den sonst eher nüchternen Naturforscher Karl Ernst von Baer (1792–1876) zitieren, der in einem Vortrag vor der Akademie der Wissenschaften in St. Petersburg am 29. 12. 1835 ausführte:

»Vergleichen wir die Völker der Gegenwart, so ist wohl keins, in dessen Verhältnissen die Rücksicht auf den Nutzen so mächtig wirkt als das Chinesische. Seine Wissenschaft aber könnte man eine einbalsamierte Mumie nennen, wenn sie nicht schon todt zur Welt gekommen wäre. Auch nicht die Kunst, sondern nur die Kunstfertigkeit wuchert fort in diesem Lande, wo alles auf den Nutzen berechnet ist ...«[11]

Wenige Zeilen später werden, gleichsam zur Illustration, die Chinesen als eine Art menschlicher Elstern vorgestellt, die nur »das Glänzende« fesseln kann und bei denen »alles so viel wie möglich lakiert ist«.[12] Herder hatte noch von Goldpapier und Firnis gesprochen, um dem Bild die nötige Farbe zu verleihen.

9 ibid, S. 282 f.
10 ibid, S. 286
11 Zitiert nach: Dr. Karl Ernst von Baer, Reden gehalten in wissenschaftlichen Versammlungen, 2. Ausgabe, Braunschweig 1886, S. 103
12 ibid, S. 104

Nun lag das Interesse von Baers natürlich nicht in einer Darstellung des chinesischen Wissenschaftsbetriebes, sondern in der Konstruktion eines Negativbeispiels, das für die Verhältnisse seiner Gegenwart erst relevant würde, wenn bestimmte politische und wirtschaftliche Maßnahmen nicht getroffen wurden. Bei ihm war es der Gedanke eines kumulativen wissenschaftlichen Fortschritts, der sich frei von den Zwängen unmittelbarer Nützlichkeit allein an der »Gewalt eines höheren Rufes«[13] orientierte, nicht am »Trieb nach Erwerb«.[14] Solange man unwidersprochen behaupten konnte, nur jener Trieb beherrsche die Chinesen und diese Aussage mit einem Verweis auf den vermeintlichen Stand ihrer Wissenschaft verknüpfte, erhielt man ein starkes Argument, das sich zudem bruchlos in bereits etablierte Vorurteilsstrukturen fügte.
Mit dem Verweis auf die despotischen Zustände im Reich der Mitte hatte Herder ein Thema angeschlagen, das Hegel später noch deutlicher ausführte. Für Hegel lag der Schlüssel zum Verständnis der weltgeschichtlichen Immobilität der chinesischen Zivilisation in dem dortigen Regierungssystem, das alle Ansätze zu einer politischen Emanzipation, zu einer bewußten Selbstverwirklichung der dem Herrscher unterstellten ›Landeskinder‹ bereits im Keime erstickte. Zwar hatte China bereits das Stadium der Geschichte betreten, doch über diesen ersten Schritt heraus, der sich aus der Verfaßtheit des Landes als Staat ableitete, waren keine weiteren Entwicklungsprozesse vollzogen worden. Vielmehr hatten sich Bedingungen ergeben, die einen geschichtlichen Fortschritt völlig unmöglich machten, solange der Anstoß nicht ›von außen‹ kam.
Bei Hegel sind die drei negativen Befunde über China durch das Prinzip der Substantialität miteinander verbunden. Substantialität bezeichnet den Zustand, in welchem der Mensch direkt den Zwängen der Natur (oder denen eines despotischen Herrschers) unterworfen ist, in denen der »Gegensatz von objektivem Sein und subjektivem Daranbewegen«[15] noch nicht entstanden ist. In dieser weltgeschichtlichen Phase reflektieren die Menschen nicht über die Bedingungen ihres Daseins, die Voraussetzungen für eine wahre Subjektivität sind noch nicht eingetreten. Das trifft auch auf die Chinesen zu, denn:

13 ibid, S. 105
14 ibid.
15 Georg Wilhelm Friedrich Hegel, Vorlesungen über die Philosophie der Geschichte, Suhrkamp Werkausgabe, Bd. 12, Frankfurt 1970, S. 147

»Die orientalische Welt hat als ihr näheres Prinzip die Substanzialität des Sittlichen ... Die sittlichen Bestimmungen sind als Gesetze ausgesprochen, aber so, daß der subjektive Wille von den Gesetzen als von einer äußerlichen Macht regiert wird, daß alles Innerliche, Gesinnung, Gewissen, formelle Freiheit nicht vorhanden ist und daß insofern die Gesetze nur auf eine äußerliche Weise ausgeübt werden und nur als Zwangsrecht bestehen ...«[16]

In China werden die Zwänge, die das Sittliche im Substantiellen verharren lassen, durch die »Despotie des Oberhauptes« diktiert.[17] Diese alles beherrschende Despotie, die sich – wie es die griechische Bedeutung dieses Wortes nahelegt – patriarchalisch gibt, führt – laut Hegel – zu einer Unselbständigkeit des Inneren, die keine Freiheit des Geistes zuläßt, die den Geist vielmehr in den Aberglauben treibt. Und damit fehlt auch der Wissenschaft »gerade jener freie Boden der Innerlichkeit und das eigentliche wissenschaftliche Interesse, das sie zu einer theoretischen Beschäftigung macht«.[18] Kein Wunder, »daß alles, was zum Geist gehört, freie Sittlichkeit ..., Wissenschaft und eigentliche Kunst entfernt ist«.[19] Weil das Denken der Chinesen die Fesseln der Natur einerseits und die der politischen Herrschaft andererseits nicht abstreifen kann, bleibt es in der Einschätzung Hegels »statarisch«, unbewegt. Exemplarisch kann man diesen Zug in der Religion beobachten: »In China (ist) das Individuum auch in der Religion abhängig, und zwar von Naturwesen, welchen das höchste der Himmel ist ... Der Kaiser, als die Spitze, als die Macht, nähert sich allein dem Himmel, nicht die Individuen als solche.«[20] Da sich der Kaiser als Vermittler einschaltet, kann er willkürlich über die Praktizierung von Religion verfügen. Durch diese Willkür vermag sich jedoch die religiöse Empfindung seiner Untertanen nicht zu stabilisieren. Daraus folgt, »daß die Chinesen einem unendlichen Aberglauben ergeben«[21] sind. Und hier zeigen sich wieder deutliche Bezüge zur Naturwissenschaft, denn »was uns als zufällig gilt, als natürlicher Zusammenhang, das suchen die Chinesen durch Zauberei abzuleiten oder zu erreichen, und so spricht sich auch hier ihre Geistlosigkeit aus«.[22]

16 ibid. S. 142 f.
17 Philosophie der Geschichte, S. 147
18 ibid, S. 169
19 ibid, S. 174
20 ibid, S. 166
21 Philosophie d. Geschichte, S. 168
22 ibid

Die kausalen Faktoren, aus denen Hegel die Immobilität des chinesischen Denkens ableitet, scheinen – mit einer Ausnahme – sämtlich aus den besonderen Zügen der Herrschaftsstruktur des chinesischen Reiches herangezogen zu sein. Die Ausnahme (auch auf diesen Punkt hatten bereits Herder und viele andere Autoren hingewiesen)[23] betrifft die Schriftsprache der Chinesen. Sie gilt als »ein großes Hindernis für die Ausbildung der Wissenschaften«,[24] wiewohl auch hier die Abhängigkeit eher umgekehrt verläuft: »weil das wahre wissenschaftliche Interesse nicht vorhanden ist, so haben die Chinesen kein besseres Instrument für die Darstellung und Mitteilung des Gedankens.«[25]

Die fehlende »Innerlichkeit« der chinesischen Wissenschaften rührt auch aus den pragmatischen Interessen des Staates, die alle Lebensbereiche dominieren. Nur, was sich als nützliche Tätigkeit ausweisen kann, gilt als legitime wissenschaftliche Beschäftigung. Durch diesen äußeren Druck, glaubt Hegel, kann sich die chinesische Wissenschaft nie vom Boden der Empirie abheben. Der Zustand der Disziplinen, Mathematik, Physik und Medizin mache dies hinlänglich deutlich. Und auch hier zeigt sich ein klarer Gegensatz zu der intellektuellen Situation Europas: Die Verhaftung im Empirischen führt bei den Chinesen zu einer außergewöhnlichen Geschicklichkeit im Nachahmen, eine Fähigkeit, die die Europäer nie erlangten, »eben weil sie Geist haben«.[26]

In diesem Zusammenhang, unter dem Zwang der objektiven historischen Faktoren, konnte sich die List der Vernunft erst entfalten, wenn China »von außen« aus dieser Immobilität geworfen würde. Und so folgert Hegel: »Es ist das notwendige Schicksal der asiatischen Reiche, den Europäern unterworfen zu sein, und China wird auch einmal diesem Schicksale sich fügen müssen.«[27]

23 z. B. Herder in seinen ›Ideen zur Philosophie der Geschichte‹, op. cit., S. 282. Auch hier hatte sich ein Wandel vollzogen, denn im 17. Jh. galt – im Zuge der allgemeinen China-Begeisterung – die chinesische Schrift noch als möglicher Nachfolger des Lateinischen als Universalschrift. Leibniz hatte mit diesem Gedanken gespielt, und insbesondere in England erschienen viele Abhandlungen zu diesem Thema, wie John Webb's, An Historical Essay Endeavouring an Probability that the Language of the Empire of China is the Primitive Language. London 1669.

24 Philosophie der Geschichte, op. cit., S. 169

25 ibid, S. 169 f.

26 ibid, S. 173

27 Zitiert nach: Du-Yul Song, Die Bedeutung der Asiatischen Welt bei Hegel, Marx und Max Weber, Frankfurt 1972, S. 62

Die marxistische Variante des Vorurteils: Die asiatische Produktionsweise

Das Fehlen der Innerlichkeit, das Hegel bei der Betrachtung des chinesischen Geisteslebens glaubte feststellen zu können, bedarf einer kurzen Erläuterung. In den »Grundlinien der Philosophie des Rechts« verknüpfte er den Gedanken der Innerlichkeit und der Freiheit des Geistes, jene zentralen Konstituenten auch für wissenschaftliches Denken, mit dem Privateigentum (Eigentum als das erste Dasein der Freiheit).[28] In seinen Betrachtungen über China in der »Philosophie der Geschichte« erwähnt Hegel zwar die Abwesenheit von Privateigentum, doch eher illustrierend, um den Despotismus des chinesischen Kaisers deutlicher herauszuheben, und weniger in ausgesprochen systematischer Hinsicht.

Einen systematischen Zusammenhang formulierte dagegen Marx, dessen früheste Äußerungen über China wohl nicht zufällig in seiner Kritik der Hegelschen Rechtsphilosophie zu finden sind. Zwar wurde hier nur das Stichwort der »asiatischen Despotie« aufgegriffen, doch einige Zeit später erläuterte Marx in einem Brief an Engels die historischen Voraussetzungen zur Entstehung und Stabilisierung dieser Despotie:

»Bernier findet mit Recht die Grundform für sämtliche Erscheinungen des Orients ... darin, daß kein Privateigentum existiert. Dies ist der wirkliche clef selbst zum orientalischen Himmel.«[29]

Und Engels antwortete:

»Die Abwesenheit des Grundeigentums ist in der Tat der Schlüssel zum ganzen Orient. Darin liegt die politische und religiöse Geschichte. Aber woher kommt es, daß die Orientalen nicht zum Grundeigentum kommen, nicht einmal zum feudalen? Ich glaube, es liegt hauptsächlich im Klima, verbunden mit den Bodenverhältnissen, speziell mit den großen Wüstenstrichen, die sich von der Sahara quer durch Arabien, Persien, Indien und die Tatarei bis ans höchste asiatische Hochland durchziehen. Die künstliche Bewässerung ist hier erste Bedingung des Ackerbaus, und diese ist Sache entweder der Kommunen, Provinzen oder der Zentralregierung. Die Regierung im Orient hatte immer auch nur drei Departements: Finanzen (Plünderung des Inlands), Krieg (Plünderung des Inlands und des Aus-

28 Grundlinien der Philosophie des Rechts, S. 107

29 Brief von Marx an Engels vom 2. Juni 1853 in: Karl Marx/Friedrich Engels, Werke (MEW), Bd. 28, Berlin 1963, S. 254

lands) und traveaux publics, Sorge für die Reproduktion. Die freie Konkurrenz blamiert sich dort vollständig ...«[30]

Hatte Hegel das ›Statarische‹, also das Immobile der chinesischen Gesellschaft aus der Herrschaftsstruktur des Reiches abgeleitet und die besonderen Erscheinungsformen des Geisteslebens aus dieser Konstellation erklärt, so galt für Marx, daß der »Hort der Erzreaktion und des Erzkonservatismus« (China) durch die spezifischen Merkmale der dortigen Eigentumsformen und Produktionsweisen seine Unbeweglichkeit erlangt habe.[31] Davon blieb allerdings die Einschätzung der kognitiven Kapazitäten der Chinesen unberührt. Auch Marx berief sich auf die »Dummheit«, die »gelehrte Ignoranz« und das »pedantische Barbarentum« der Chinesen.[32]

Anders aber als Hegel begnügten sich Marx und Engels nicht mit einer Analyse des chinesischen Kopfes – sei es in der Form des Staatsoberhauptes, sei es über eine Untersuchung der Beschränkung des chinesischen Geistes. Marx hatte sich in London die Schriften der englischen Ökonomen Adam Smith und Richard Jones[33] angeeignet, zwei Autoren, die wiederholt auf die existentielle Bedeutung von öffentlichen Arbeiten (im Falle Chinas der künstlichen Bewässerungssysteme) für die ökonomische Subsistenzsicherung der orientalischen Gesellschaften hinweisen. Von Smith und Jones stammte auch die Charakterisierung der chinesischen Wirtschaft als eines vornehmlich auf Agrikultur, Manufaktur und begrenzten Binnenhandel zielenden Unternehmens. Richard Jones betonte nachdrücklich die Eigentumslosigkeit der chinesischen Bevölkerung, da, wie er glaubte, der Kaiser alleiniger Herr allen Bodens sei. Aus den *Principles of Political Economy* des John Stuart Mill konnte Marx eine zusätzliche Variante der These von der orientalischen Despotie entnehmen, nämlich deren bürokratischen Charakter.

Im ersten Band des *Kapital* faßte Marx die drei Grundbestimmungen für die Stagnation der chinesischen Gesellschaft noch einmal zusammen. Sie lauteten: Einheit von Handwerk und Ackerbau, gemeinschaftlicher Besitz an Grund und Boden und feste Arbeitsteilung.[34] Als besondere Bestimmung trat noch die Durchführung

30 ibid, S. 259
31 MEW, Bd. 7, S. 222
32 MEW, Bd. 29, S. 139
33 Insbesonders aus Adam Smith, The Wealth of Nations und Richard Jones, Introductory Lecture on Political Economy; vgl. dazu: K. A. Wittfogel, Oriental Despotism A comparative Study of Total Power, New Haven 1957, S. 372 f.

öffentlicher Arbeiten durch die Zentralregierung und die Atomisierung des Reiches in unzählige kleine Dorfgemeinschaften hinzu. Diese zuletzt genannten Faktoren begünstigten das Erstarken einer zentralistischen Staatsgewalt: »man kann sich keine solidere Grundlage für asiatischen Despotismus und Stagnation denken.«[35]
Diese Strategie der historischen Erklärung der Immobilität des chinesischen Reiches ist unter dem Stichwort der Asiatischen Produktionsweise in die Geschichte eingegangen. Die Diskussion um die Tragfähigkeit der Begriffe dauert auch heute noch an. Dabei konzentriert sich die Mehrzahl der Beiträge auf verschiedene Versuche einer internen Rekonstruktion (oder Restauration) der relevanten – und hier nur in kurzen Schlaglichtern vorgestellten – Aussagen, die Marx und Engels und nach ihnen Plechanow und Stalin zu diesem Thema gemacht haben.[36] Ansätze zu einer empi-

34 Das Kapital, Bd. 1, S. 378

35 MEW, Bd. 28, S. 267

36 Eine ausgezeichnete Einführung in die Entwicklung des Marxschen Ansatzes zur Theorie der Asiatischen Produktionsweise findet man in E. J. Hobsbawms Einleitung zur englischen Ausgabe der »Formen, die der kapitalistischen Produktionsweise vorausgehen« (Precapitalist Economic Formations, London 1964). Aufschlußreich auch: D. M. Lowe, The Function of ›China‹ in Marx, Lenin and Mao, Berkeley and Los Angeles 1966; eine historische Zusammenfassung der Argumente bringt Gianni Sofri in: Il modo di produzione asiatico. Storia di una controversia marxista, Torino 1969, deutsche Übers. Über asiatische Produktionsweise, Frankfurt 1972. Zu Plechanows Weiterentwicklung der Theorie: S. H. Baron, Plechanov's Russia: The Impact of the West upon an ›Oriental‹ Society, in: Journal of the History of Ideas, 19 (1958), S. 388 – 404; R. Risaliti, G. V. Plechanov da populist a marxista in: Critica Sorica 7 (1968) Nr. 4, S. 432-472. Aus eher subjektiver Perspektive analysiert K. A. Wittfogel die Haltung Plechanows in seiner Abrechnung mit den eigenen, früher vertretenen Ansichten in: Die orientalische Despotie, Berlin 1962. Die französische Ausgabe dieses (ursprünglich auf Englisch erschienenen) Werkes trägt ein Vorwort von P. Vidal-Naquet (Avantpropos, Le Despotisme Oriental, Paris 1964), die Wittfogels neue Einstellung analysiert. Ein Teil der Theorien Plechanows ist in seinem Grundprobleme des Marxismus, Berlin 1958, nachzulesen. Die Diskussion um den empirischen Teil der Debatte, insbesonders die Auseinandersetzung zwischen den Sinologen Wittfogel, Eberhard und Lattimore hat D. Bodde zusammengefaßt und kommentiert. Siehe ders. in Feudalism in China in: R. Coulborn, Hrsg., Feudalism in History, Princeton 1956. Zusammenfassungen und Versuche der Weiterentwicklung der Diskussion um die Asiatische Produktionsweise finden sich bei M. Godelier, La notion de ›mode de production asiatique‹ in: Les temps modernes, 20 – 228 (Mai 1965), und bei F. Tökei, zuletzt in: Zur Frage der asiatischen Produktionsweise, Neuwied–Berlin 1969. Den Stand dieser Diskussion in der DDR gibt am besten E. Welskopf wieder, vgl. ihre beiden Beiträge: Die Produktionsverhältnisse im alten Orient und in der griechisch-römischen Antike, Berlin 1957 und Bemerkungen zum

rischen Überprüfung der diversen Konstrukte blieben zwar nicht aus, fanden aber überraschend wenig Berücksichtigung in den Entwürfen der Theorieentwickler. Nicht anders ist zu erklären, warum sich beispielsweise die Fiktion von der Eigentumslosigkeit der Orientalen so lange erhalten konnte.

Das Konzept der asiatischen Produktionsweise wurde im Grunde erst durch die empirischen Bereicherungen und Systematisierungen von Karl August Wittfogel theoretisch respektabel. Wittfogels *Wirtschaft und Gesellschaft Chinas* (1931) stellt den ersten großangelegten Versuch dar, marxistische Kategorien fruchtbar bei der Analyse der chinesischen Produktionsweise einzusetzen. Dabei erklärte Wittfogel die »zweifellos vorhandene, technische Primitivität der Chinesen« aus den besonderen Erfordernissen einer agrikolen Produktionsweise: »in der ... Agrikultur Chinas waren komplizierte Arbeitsgeräte ... *nicht nötig*, ... nicht anwendbar ... (und) ihrer Kostspieligkeit wegen unzugänglich«.[37]

Folgt man Wittfogel, so ging die Entwicklung der Arbeitskraft, d. h. der technischen Geschicklichkeit der Chinesen im direkten Umgang mit der Natur, auf Kosten einer Entwicklung der Arbeitsmittel. Die starke Parzellierung des Eigentums an Grund und Boden bildete eine zweite Entwicklungsschranke: sie verhinderte die Entstehung großer zusammenhängender Anbauflächen, auf denen der Einsatz komplizierter Maschinen erst sinnvoll gewesen wäre. (Hiermit war, nebenbei bemerkt, jener Teil des Marxschen Erklärungsprogramms, der sich auf die Abwesenheit von Grundeigentum bezog, bereits stillschweigend geopfert worden.)

Für die fehlende Entwicklung von Naturwissenschaften in China finden sich in *Wirtschaft und Gesellschaft Chinas* eine Reihe von Gründen. Der wohl wichtigste lag in der mangelhaften Ausgestaltung der industriellen Produktion, die allein, so glaubte Wittfogel, die Probleme erzeugen könne, die zum Auf- und Ausbau der verschiedenen Disziplinen der Naturerkenntnis führen. Das galt für die Entwicklung des Gegenstandsbereichs Wissenschaft genauso wie für die individuellen wissenschaftlichen Fähigkeiten der Chinesen: »Auch die *intellektuelle* Eigenart des chinesischen Arbeiters erfährt von hier (aus der Agrikultur, T. S.) ihre wesentliche Formbestim-

Wesen und zum Begriff der Sklaverei, in: Zeitschrift für Geschichtswissenschaft 5 – 3 (1957).

37 Karl August Wittfogel, Wirtschaft und Gesellschaft Chinas, Leipzig 1931, S. 181 f., S. 676 ff.

mung.«[38] Wittfogel berief sich auf die Tagebücher und Chinaberichte des Freiherrn von Richthofen, der behauptet hatte, der jetzigen Generation der Chinesen sei es nicht gegeben, Neues zu ersinnen, denn dazu sei der Mangel an Erfindungskraft zu groß.[39] Hatte Richthofen religiöse Momente für den Fehlbestand verantwortlich gemacht, verlagerte Wittfogel das Problem in den Bereich der materiellen Produktion. Hier ergaben sich für ihn auffallende Parallelen mit den unter ähnlichen ökonomischen Imperativen produzierenden Ägyptern: auf den Gebieten der Mathematik und Astronomie zeigten beide Kulturen ihre herausragenden wissenschaftlichen Leistungen. Denn die Festlegung des Kalenders, die für eine sinnvolle Einteilung der Arbeitszeit nach Perioden, in denen mit Überschwemmung oder Dürren gerechnet werden mußte, so überaus wichtig war, bildete den zentralen dynamischen Faktor bei der Ausbildung jener Disziplinen. Auch die ungleichmäßige Entwicklung von Geometrie und Algebra – im Gegensatz zu Ägypten kam die chinesische Geometrie nie über einen sehr niedrigen Entwicklungsstand heraus – leitete Wittfogel aus unterschiedlichen Produktionsbedingungen ab. In Ägypten mußte nach jeder Überschwemmung des Landes der Boden neu vermessen werden, in China deutete – so Wittfogel – viel darauf hin, daß die Erfordernisse der Steuerkalkulation oder der Volkszählungen stärker auf eine Pflege der Algebra drängten.[40]

Max Webers China

Der Titel von Wittfogels Buch, »Wirtschaft und Gesellschaft Chinas« verweist auf Max Webers *Wirtschaft und Gesellschaft*. Webers vergleichende oder »differenzielle«[41] Kultursoziologie will durch den Blick auf das Andersartige dem Eigenartigen der okzidentalen Kultur, genauer: den Entstehungsbedingungen der von ihm als »rational« apostrophierten Produktionsform des Kapita-

38 Wirtschaft und Gesellschaft Chinas, op. cit., S. 150

39 ibid, S. 151

40 ibid, S. 682

41 Vgl. Wilhelm E. Mühlmann, Max Weber und die rationale Soziologie, Tübingen 1966, S. 12 f.; ähnlich auch: Benjamin Nelson, Sciences and Civilizations, ›East‹ and ›West‹ Joseph Needham and Max Weber, in: Boston Studies in the Philosophy of Science 11, 1969, dort jedoch geringfügig erweitert zu: »Comparative historical differential sociology in civilizational perspective.«

lismus auf die Spur kommen. Damit könnte Weber dann die – für ihn so entscheidende – Frage klären:

»Welche Verkettung von Umständen ... dazu geführt (hat), daß gerade auf dem Boden des Okzidents und nur hier Kulturerscheinungen auftraten, welche doch – wie wenigstens wir uns gerne vorstellen – in einer Entwicklungsrichtung von universeller Bedeutung und Gültigkeit lagen?«[42]

Zu diesen Kulturerscheinungen zählten zweifelsohne auch die Naturwissenschaften. In ihnen äußerte sich ein ganz wesentlicher Aspekt der Rationalisierungsprozesse des Westens: die fortschreitende Entzauberung der Welt.[43]

Wenn wir in den *Gesammelten Aufsätzen zur Religionssoziologie* vom »Fehlen aller naturwissenschaftlichen Kenntnis«[44] der Chinesen lesen, dann scheint hier ein Pfad in der Entwicklungsrichtung von universeller Bedeutung nicht betreten worden zu sein. Denn Weber leitet keineswegs das Entstehen der modernen Naturwissenschaften aus dem Kapitalismus ab, vielmehr sind für ihn beide Erscheinungen wesensverwandte Ausdrucksformen einer Lebensorientierung nach gemeinsamen kulturellen, religiösen und ethischen Zielvorstellungen. Wie diese Zielvorstellungen im Westen aussahen, braucht uns hier nicht weiter zu beschäftigen; viel bedeutender ist dagegen, was, nach Webers Meinung, in China die Ausbildung der Naturwissenschaften verhinderte. Wir werden dabei – wenn auch in leicht veränderter Form – die uns bereits bekannten drei zentralen Vorurteile über die chinesische Kultur wiederfinden.

Webers Deutung der Eigenarten der chinesischen Kultur setzt vornehmlich auf zwei Ebenen an: *herrschaftssoziologisch* durch eine Untersuchung der chinesischen Bürokratie, denn:

»Die Einheit der chinesischen Kultur ist wesentlich die Einheit derjenigen ständischen Schicht, welche Träger der bürokratischen, klassisch-literarischen Bildung und der konfuzianischen Ethik ... ist ...«[45]

und *religionssoziologisch* durch eine Analyse der chinesischen Wirtschaftsethik, dabei sind:

42 Max Weber, Gesammelte Aufsätze zur Religionssoziologie (GAR), Tübingen 1972, S. 1

43 Vgl. Wolfgang Schluchter, Die Paradoxie der Rationalisierung Zum Verhältnis von ›Ethik‹ und ›Welt‹ bei Max Weber, Zeitschrift für Soziologie 5-3 (Juli 1976), S. 258 f.

44 GAR, S. 513

45 Max Weber, Wirtschaft und Gesellschaft, Köln/Berlin 1964, S. 777 (WuG)

»nicht die ethische Theorie theologischer Kompendien, ... sondern die in den psychologischen und pragmatischen Zusammenhängen der Religion gegründeten praktischen Antriebe zum Handeln ... das, was in Betracht kommt.«[46]

Die Vermittlung der herrschafts- und religionssoziologischen Betrachtung geschieht exemplarisch in der Untersuchung über die chinesische Beamtenschaft und deren lebensweltlicher Orientierung. Die ökonomischen und geistigen Ursachen, die dafür verantwortlich sind, daß in China trotz steigender Bevölkerungszahlen »auf dem Gebiet der Technik, Wirtschaft und Verwaltung auch nicht die geringste, im europäischen Sinne ›fortschrittliche‹ Entwicklung einsetzte«[47] glaubte Weber aus der Eigenart der führenden Schicht Chinas »des Beamten- und Amtsanwärterstandes (der Mandarinen)«[48] erklären zu können. Denn schließlich waren es die »konfuzianistisch gebildeten Amtsanwärter, die ... in einer Fachbildung europäischen Gepräges (nie) etwas anderes als Abrichtung zum schmutzigsten Banausentum«[49] sehen konnten. Das Weltbild dieser Schicht war von traditionalistischen, partikularistischen und magischen Zügen geprägt, Elementen, die sämtlich den Forderungen eines modernen wissenschaftlichen Weltbildes nach rationalen, universalistischen Strukturen nicht genügen konnten. Zur Aufrechterhaltung ihrer individuellen Machtpositionen und der Vorrangstellung ihres Standes mußten die chinesischen Beamten auf einer konventionellen Ethik insistieren, die das überkommene Herrschaftsgefüge unangetastet ließ.
In dieser Konstellation bildete die Familie das zentrale Organisationsmuster der chinesischen Gesellschaft. Für den Bereich von Politik und Verwaltung bedeutete dies das Vorherrschen eines ›Patrimonialismus‹. Strukturell bezeichnet patrimoniale Herrschaft die Übertragung von Organisationsprinzipien des privaten auf den staatlichen Haushalt. Die reale politische Macht auch der Herrscher Chinas gruppierte sich, so glaubte Weber, um eine große, patrimonial bewirtschaftete Domäne als Kern, das politische Gebilde war »als Ganzes der Sache nach annähernd identisch mit einer riesenhaften Grundherrschaft des Fürsten«.[50]

46 GAR, S. 238
47 GAR, S. 341
48 GAR, S. 449
49 GAR, S. 449
50 WuG, S. 745 f.

Der patrimoniale Zug dieses Herrschaftssystems äußerte sich in einem spezifischen Verhältnis zwischen Herr und Knecht. Weber setzte die »sachliche Diensttreue« der modernen Beamten gegen die »Diensttreue, streng persönlich auf den Herrn bezogen und Bestandteil seiner prinzipiell universalen Pietäts- und Treuepflicht«[51] als das Charakteristikum des chinesischen Beamten. In China, so argumentierte er, gab das Verhaltensmuster der »konfuzianischen Pietät« den Ausschlag, das analog der Beziehung des Kindes zum Vater konzipiert war; gleiches galt »für die Unterordnungsverhältnisse der Beamten zum Herrscher, des niederen zu dem höheren Beamten, sowie des Untertanen zu den Beamten ...«[52]

Wieweit die chinesische Wirklichkeit dem Modell entsprach, das Weber hier entwarf, interessiert uns hier weniger als die Wiedergeburt des Gedankens von der orientalischen Despotie in den modernen Begriffen einer Herrschaftssoziologie. Und es interessiert eine Folgerung, die Weber aus dem traditionellen chinesischen Sozialsystem ableitet: der Familienverband konstituierte für Weber sozial- und geistesgeschichtlich die entscheidende traditionale Bindung. Da die Sippe – etwa durch die Praxis des geographisch gebundenen Ahnenkultes – die Identifikation des Stadtbewohners mit seiner Stadt verhinderte, (Weber ging davon aus, daß sich die Stammsitze der Sippen zumeist auf dem Lande befänden), wurde der Prozeß einer politischen Selbstfindung der Städte, wie er etwa seit dem Mittelalter in Europa stattgefunden hatte, unmöglich. Liest man diese Hypothese im Zusammenhang mit der Bedeutung, die die europäischen Stadtkulturen für die Entwicklung der modernen Wissenschaften gehabt haben sollen, so erhält man einen weiteren Grund für das Nichtentstehen dieser Wissenschaften auf chinesischem Boden.[53]

Zweitens, auf diesen Punkt haben wir bereits kurz verwiesen, stemmte sich die Identifikation mit der Sippe und nur mit der Sippe gegen die soziale Ausbreitung einer mehr als nur partikularistischen Ethik und förderte über den Begriff der kindlichen Pietät (*hsiao*) eine Form innerweltlichen Duckmäusertums, das auf sozial- und individualpsychologischer Ebene allen möglichen Ansätzen privater oder gesellschaftlicher Emanzipation Schranken auferlegte. So wie die Familie in der Form des Patrimonialismus das politische

51 ibid, S. 761
52 ibid, S. 445 f.
53 Zu einer Kritik siehe T. Spengler, Max Webers China, MS Starnberg 1976

Strukturmodell für den gesamten chinesischen Staat abgab, so prägte sie auch dessen Sozialsystem, die Formen der gesellschaftlichen Interaktion und den spezifischen Geist des Konfuzianismus.[54]

Anders lag der Fall im europäischen Protestantismus, zu dessen entscheidenden Leistungen Weber die Durchbrechung des Sippenbandes und die Konstituierung der Überlegenheit einer Glaubens- und ethischen Lebensführungsgemeinschaft gegenüber der Blutsgemeinschaft zählte.

Ein letzter Punkt betrifft Webers Einschätzung der chinesischen Ethik und Religiosität. Auch hier leistet die Familie, genauer die Familienpietät die Verbindung zwischen Sozialgefüge und Gesinnung:

»Die weitaus stärkste, die Lebensführung beeinflussende Macht war die auf dem Geisterglauben beruhende Familienpietät. Sie war es letztlich, welche ... den starken Zusammenhalt der Sippenverbände ... ermöglichte und beherrschte. Dieser feste Zusammenhalt war in seiner Art ganz und gar religiös motiviert ...«[55]

Seine Argumentation verschränkte dabei systematische und phänomenologische Momente, die er in einer Stufenordnung der Rationalisierung von Religionen eingliederte. Der Grad der Rationalisierung einer Religion bemißt sich – Weber zufolge – a) nach Ausmaß ihrer Befreiung von Magie und b) nach dem Grad der Vereinheitlichung der Verhältnisse Gott – Welt und Individuum – Welt.

Der Konfuzianismus ließ die Magie in ihrer positiven Heilsbedeutung unangetastet, die magischen Traditionen wurden zudem sozial institutionalisiert: »Die Erhaltung dieses Zaubergartens gehörte aber zu den intimsten Tendenzen der konfuzianischen Ethik.«[56] Und sie erstreckte sich auf die gesamte Gesellschaft: »Die innere Voraussetzung dieser Ethik ... war der ungebrochene Fortbestand rein magischer Religiosität, von der Stellung des Kaisers angefangen, der mit seiner persönlichen Qualifikation für das Wohlverhalten der Geister, den Eintritt von Regen und guter Erntewitterung verantwortlich war.«[57]

Jede Religion, argumentierte Weber, die mit ethischen Ansprüchen aufwartet, gerät gegenüber der notwendig unvollkommenen Welt

54 GAR, S. 353, S. 375
55 GAR, S. 522
56 GAR, S. 513
57 GAR, S. 515

in ein Spannungsverhältnis. Der Konfuzianismus minimalisiert diese Spannung. Für ihn ist diese Welt die beste aller möglichen Welten und der Mensch (durch Bildung und Anhebung des materiellen Wohlstandes) unbegrenzt verbesserungsfähig. Der Weg in das chinesische Heil führt über eine Anpassung an die übergöttlichen Ordnungen der Welt, die auf die sozialen Ordnungen innerhalb der Welt abgebildet waren. Und damit fehlte der Anreiz zur praktischen Verbesserung.

Der schlichte Konventionalismus der chinesischen Ethik bedurfte keiner dem europäischen Gewissen äquivalenten Form; die Notwendigkeit, soziales Handeln zu begründen und zu legitimieren, beschränkte sich auf den Raum der Familie oder Sippe. In dieser Konstellation tauchte ein universalistisches Wahrheitsideal genausowenig auf wie Erscheinungen der gesellschaftlichen Kooperation, die sich um definierte Ziele, nicht um verwandtschaftliche Interessenwahrung gruppierten. Die chinesische Einstellung zur Welt brachte nicht ihre Entzauberung zuwege, sie förderte vielmehr einzig die Perpetuierung überkommener Herrschaftsverhältnisse durch Techniken der Magie.

Benjamin Nelson hat in einer Auseinandersetzung mit den theoretischen Voraussetzungen Needhams versucht, die oben genannten Ausführungen Webers zu einem kohärenten Erklärungsmodell für das Nichtentstehen moderner Wissenschaften in China zusammenzufügen.[58] Er wurde bei diesem Unternehmen Weber wohl eher gerecht als Needham, was allerdings noch nicht bedeutete, daß er damit der Klärung der Frage sehr viel näher kam. Denn trotz aller Sorgfalt in der theoretischen Rekonstruktion blieb doch ein Aspekt unberücksichtigt: die realgeschichtliche Entwicklung. Wie wir gezeigt haben, reihte sich Nelson damit in eine ehrwürdige geistesgeschichtliche Tradition, die nachhaltig erst von dem Naturwissenschaftler Needham durchbrochen wurde. Doch es wird wohl noch eine gewisse Zeit verstreichen, bis die Geistes- und Sozialwissenschaftler beginnen, Systementwürfe, die auch die Entwicklungen in China erfassen sollen, an den empirischen Befunden, die ihnen Needham so reichhaltig lieferte, zu überprüfen.[59]

58 Vgl. Benjamin Nelson, Sciences and Civilizations, ›East‹ and ›West‹ Joseph Needham and Max Weber, in: Boston Studies in the Philosophy of Science 11, 1969 S. 445–493; sowie ders. in: On Orient and Occident in Max Weber, in: Social Research 43:1 (1976), S. 114–129

59 So glaubt Wolfgang Schluchter in seinem bereits erwähnten Aufsatz Weber gegen den Vorwurf des Ethnozentrismus damit verteidigen zu können, daß er auf

Beim Herumsteigen im Gerüst der kulturhistorischen Werturteile, die in Europa über das geschichtliche Potential und das wissenschaftliche Denkvermögen der Chinesen aufgebaut worden waren, konnten wir uns nur an den wichtigsten Punkten aufhalten. Dabei sollte sichtbar werden, welchen Stellenwert China in den geschichtsphilosophischen Spekulationen der verschiedenen Denker einnahm, wie sich bestimmte Urteilsmuster stabilisierten und wie wenig diese Einstellungen für realgeschichtliche Phänomene oder Entwicklungen offen waren.

Das skizzenhaft Flüchtige der Darstellung mag den Eindruck vortäuschen, es habe sich bei den hier vorgestellten Verdikten lediglich um folgenlose Pflichtübungen mehr oder weniger einflußreicher Denker gehandelt.[60] Die Beschäftigung mit China fand bei ihnen

dessen Absicht verweist, eine Entwicklungsrichtung von ›universeller Bedeutung und Gültigkeit‹ zu untersuchen – doch mit dieser Absichtserklärung ist noch lange nicht entschieden, ob die analytischen Parameter, die Weber anlegt und die sämtliche der okzidentalen Entwicklung entnommen sind, überhaupt sinnvoll auf die soziokulturellen Vorgänge anderer Länder abgebildet werden können und ob die von Weber dargelegten Befunde über die Verhältnisse in den außereuropäischen Zivilisationen tatsächlich der Realität entsprachen oder nur eine europäische Sichtweise dieser Realität widergeben. Eine textimmanente Interpretation Webers braucht sich mit solchen Bedenken nicht abzugeben, doch damit ist noch wenig (oder sehr viel) über die Tragfähigkeit textimmanenter Interpretationen gesagt. (Schluchter, Die Paradoxie der Rationalisierung, op. cit. S. 262.) Zur Ausbreitungsgeschwindigkeit der in Spezialdisziplinen gewonnenen Erkenntnisse für den Gesamtbereich der Sozialwissenschaften siehe Alex G. Kellers Besprechung von Joseph Needhams The Grand Titration und Clerks and Craftsmen in China and the West, in: Ambix, 18, 1 (März 1971), S. 49. (Yet I suspect that commentators in the twenty-first century will observe that this tremendous contribution to our understanding of pre-scientific science and pre-industrial technology was only absorbed into the mainstream of Europe's comprehension of her past after an embarrassing long delay.)

60 Folgenlos blieben die Gedanken in den wenigsten Fällen. Das lehrt ein Blick auf die Konsequenzen, die sich – um ein Beispiel aus der politischen Geschichte herauszugreifen – aus der Diskussion um die asiatische Produktionsweise für die entscheidende und verhängnisvolle Haltung Stalins gegenüber der jungen chinesischen Republik und der KP Chinas ergaben. Vgl. dazu Conrad Brandts unübertroffene Studie: Stalin's Failure in China, Cambridge, Mass. 1958. Von weniger einschneidender politischer, doch nachhaltiger akademischer Wirkung erwiesen sich Max Webers Thesen über China. Generationen von Soziologen haben ihr Chinaverständnis durch ihn bezogen, und noch heute dienen nicht wenigen Sozialforschern Webers Schriften als unbedenkliche Primärquellen über die Verhältnisse im traditionellen China. Analoges trifft auf das Soziologieverständnis zu, das sich –

eher an der Peripherie denn im Zentrum ihres philosophischen oder soziologischen Interesses statt. Eine Analyse der geschichtlichen und sozialen Eigenarten Chinas zählte sicherlich auch nicht zu den Unterfangen, für die die zitierten Autoren sonderlich qualifiziert waren. Dazu fehlte es ihnen nicht nur an konkreten Informationen, dazu mangelte es in aller Regel auch an der Bereitschaft, sich vorurteilsfrei in andere politische und intellektuelle Systeme hineinzudenken. Wenn aber China dennoch eine – zumindest quantitativ – nicht unbedeutende Rolle in den Schriften abendländischer Denker spielte, so muß man annehmen, daß es jenen Autoren auch gar nicht um ein wirklichkeitsgetreues Bild der Vorgänge in diesem Lande ging, daß vielmehr China jeweils eine spezifische Funktion erfüllte, die je nach Grunddisposition des betroffenen Autors verändert werden konnte.

Dominierten geschichtsspekulative Interessen, kam man nicht an den Entwicklungen in China vorbei, denn eine Erklärung des gesamtgeschichtlichen Verlaufs, die auf universal gültige Deutungsmuster abzielte, konnte sich nicht auf die Vorgänge in Europa beschränken, sie mußte auch eine plausible Interpretation für abweichende oder ausbleibende Prozesse in anderen Zivilisationen finden. Unterstellte man zumindest eine theoretische Unilinearität des geschichtlichen Verlaufs – aus welcher inneren Dynamik auch immer – dann konnte man nur noch von unterschiedlichen Entwicklungsgeschwindigkeiten sprechen und diesen Tempoverlust oder -vorsprung bestimmten Stör- oder Beschleunigungsfaktoren zuordnen.

Eine derart angelegte Erklärung setzte allgemein verbindliche, weil gattungsgeschichtliche Universalien der menschlichen Evolution voraus. Eine alternative Hypothese konnten wir im Ansatz Herders verfolgen, der den Gedanken einer unilinearen Geschichtsentwicklung aufgab und einer Theorie rassisch-kultureller Eigenarten opferte. In seiner Darstellung mußte sich ein Modell der sozialen Evolution auf die Schilderung individueller Anlagen beschränken, die in historisch zufälligen Situationen mobilisiert werden konnten, die aber gleichzeitig nur innerhalb bestimmter Grenzmarken evolutionsfähig waren.

Hielt man jedoch an einer einheitlichen historischen Entwicklung

besonders in den USA – viele Sinologen bei ihm erwarben: dieser Satz gilt jedoch nur mit den Einschränkungen, die das allgemeine Interesse von Sinologen an methodologischen Fragestellungen der Sozialwissenschaften gebietet.

fest, dann mußten die als Störfaktoren bezeichneten Gründe für Stagnation prinzipiell aufhebbar sein. Ob diese Aufhebung aus endogenen sozialen oder kulturellen Bewegungen herrührte oder ob sie »von außen« an die jeweilige Zivilisation herangetragen wurde, blieb letztlich gleichgültig (das Insistieren auf einer ›externen‹ Lösung, wie Hegel und Marx sie propagierten, war weniger eine logische Schlußfolgerung als weltgeschichtliche Ungeduld). Unverzichtbare Bestandteile der Theorie waren lediglich das *Vermögen* zu geschichtlicher Fortentwicklung und die universelle Gültigkeit der Entwicklungsgesetze.

Wenn dabei weitgehende Einigung über das vermeintliche Unvermögen der Chinesen zu wissenschaftlichem Denken erreicht wurde, so basierte dieses Urteil auf der gerade genannten Voraussetzung der universellen Gültigkeit der Entwicklungsgesetze. Da niemand ernsthaft bezweifeln konnte, daß die Entstehung der neuzeitlichen Naturwissenschaften einen objektiven Fortschritt markierte, in China davon aber nichts anzutreffen war, konnte dort ein bestimmtes Entwicklungsniveau noch nicht erreicht worden sein. Umgekehrt ersparte der Verweis auf das Fehlen neuzeitlichen naturwissenschaftlichen Denkens auch eine Beschäftigung mit anderen Erscheinungsformen der chinesischen Kultur, da ja die Entwicklung des gesellschaftlichen Ganzen kaum spektakulär vor der Entwicklung einzelner Teilbereiche liegen konnte.

In der Beurteilung der Staatsform der Chinesen als »despotisch« scheint mir der Fall geringfügig anders zu liegen. Denn auch die Autoren, die nicht in einer materialistischen Tradition der Geschichtsbetrachtung standen, waren ja keineswegs blind gegenüber den sozialen und politischen Zuständen in ihren eigenen Ländern, deren Wirklichkeit kaum weniger despotisch aussah, als das, was für die Verfassung Chinas ausgegeben wurde. Angesichts der realgeschichtlichen Umstände, unter denen diese Einschätzungen ausgesprochen wurden, könnte man daher eine mehr oder weniger explizite politische Absicht unterstellen: wenn nämlich Despotie als ein den Entwicklungsgang hemmender Faktor ausgemacht werden konnte, so galt das keineswegs nur für die Chinesen. Oder in einer etwas milderen Form: wenn schon Despotie, dann zumindest eine aufgeklärte, eine Herrschaftsform also, in der sich Fürst und Untertan im Rahmen rational überprüfbarer Verhaltensregeln begegnen und über die Natur ihrer Beziehungen verständigen können.

Analoges gilt für die den Chinesen unterstellte Habsucht und Raffgier. Es kann kaum zufällig gewesen sein, daß – um auf ein Beispiel zurückzugreifen – Karl Ernst von Baer in seinem zitierten Vortrag über die Notwendigkeit sprach, der Forschung einen interessenfreien Raum zu gewähren, und diese Forderung mit dem Hinweis verband, in China sei gerade wegen der Überbetonung von Privatinteressen kein funktionierender Wissenschaftsbetrieb zustandegekommen. Und wenn die außerwissenschaftliche Zeitvorstellung eines Forschers auf eine ›Entzauberung der Welt‹ zielte, auf die Durchrationalisierung aller Lebensbereiche nach Maßgabe berechenbarer Handlungsmuster, dann lag es nahe, historische Beispiele zu konstruieren, in denen diese Prozesse nicht nur nicht aufzuspüren waren, in denen vielmehr die Unterlassung eben jeder Bewegung zur Demystifikation des Weltbildes gravierende Folgelasten mit sich brachte.

Eine tendenzielle Änderung dieser projektiven Einstellung brachte erst der marxistische Forschungsansatz, als dessen einen Vertreter wir hier den ›frühen‹ Karl-August Wittfogel vorgestellt haben.[61] Natürlich war auch Wittfogel nicht von z. T. sehr nachdrücklichen scholastischen Grundannahmen frei, natürlich verbanden sich auch bei ihm wissenschaftliche und dezidiert politische Interessen, doch im Gegensatz zu seinen Vorgängern vertiefte sich Wittfogel in die ihm damals zugängliche Empirie. Mag »Wirtschaft und Gesellschaft Chinas« in vielen Passagen auch den Eindruck erwecken, die vorgestellten Fakten dienten einzig dem Zweck, gewisse Thesen der drei Bände des »Kapital« zu belegen, so bleibt davon unberührt, daß hier erstmalig systematische Aussagen durch detaillierte Objektuntersuchungen abgesichert wurden.

Das Neue dieses Vorgehens wird deutlich, wenn man es vor dem Hintergrund der bisherigen Strategien abbildet. Wolf Lepenies hat dargestellt,[62] wie »Temporalitätsfaktoren« in die wissenschaftliche Betrachtungsweise des 18. und 19. Jahrhunderts eindrangen und wie nach und nach Entwicklungsgeschwindigkeiten als analytische Parameter eingesetzt wurden. Eine Folge dieser perspektivischen Ausrichtung war die These von der Immobilität der chinesischen Zivilisation und – davon abgeleitet – die Erlahmung des Interesses an China als Forschungsobjekt, da es scheinbar keine neuen Erkenntnisse zu bieten hatte. Wie ich zu zeigen versucht habe, trat so-

61 Zur Unterscheidung des ›frühen‹ vom ›späteren‹ Wittfogel siehe S. 72.

62 Vgl. Wolf Lepenies, Das Ende der Naturgeschichte. München 1976, S. 9 f.

gar genau das Gegenteil ein: China wurde als Erkenntnisobjekt neutralisiert und dadurch den unterschiedlichsten Beweisketten verfügbar.

Es bleibt ein unbestreitbares Verdienst Wittfogels, mit dieser Tradition gebrochen zu haben. Er war damit nicht der erste – in Frankreich hatten zu jener Zeit bereits namhafte Sinologen den Vorteil sozialwissenschaftlicher Fragestellungen erkannt und überkommene philologische Orientierungen aufgegeben[63] – doch er zählte zu den einflußreichsten Denkern, die Sachkenntnis, methodische Interessen und politisches Engagement miteinander verbanden. Und was die gerade erwähnten französischen Sinologen angeht, so galt für sie bereits, daß in den Geistes- und Sozialwissenschaften die Übernahme eines bestimmten Erkenntnisstandes durch angrenzende Disziplinen gemeinhin erst mit einer beträchtlichen zeitlichen Verzögerung erfolgte.

Joseph Needham und der ›frühe‹ Wittfogel hatten sicherlich bestimmte politische Grundannahmen gemeinsam, in einigen Punkten – wie etwa der Einschätzung der Bedeutung des Staatsapparates für das chinesische Gesellschaftssystem – bleibt Needham noch heute einer ursprünglich von Wittfogel vertretenen, später von ihm vehement verworfenen Position verpflichtet. Doch die entscheidende Gemeinsamkeit scheint mir darin zu liegen, daß Needham – wie einstmals Wittfogel – sich bemühte und bemüht, die Chinesen zunächst einmal aus ihrer eigenen Entwicklung zu verstehen, daß er – selber ein Naturwissenschaftler – in einem ganz zentralen Punkt – der Entwicklung der chinesischen Wissenschafts- und Technikgeschichte – uns ein Chinabild aus der Sicht der Chinesen zu zeigen versuchte.

63 Um nur zwei der berühmtesten Namen zu nennen: Edouard Chavannes und sein Schüler Marcel Granet. Granet hatte bei Emile Durheim Soziologie studiert, bevor er sich der Sinologie zuwandte. Nach Durheims Tod arbeitete er eng mit dessen Neffen und Nachfolger als Herausgeber von L'Année Sociologique, Marcel Mauss zusammen. Der methodologische Einfluß Granets auf die französische Chinaforschung ist unbestreitbar, wurde allerdings erst zu einer Zeit deutlich, die nach der hier beschriebenen Periode liegt. In den USA, England und Deutschland blieb Granet – außer einem kleinen Kreis von Fachleuten – lange unbekannt. Deutsche Übersetzungen seiner Bücher La civilisation chinoise (Paris 1929) und La pensée chinoise (Paris 1934) erfolgten erst Jahrzehnte nach dem Erscheinen der Originale (Die chinesische Zivilisation, München 1976 und Das chinesische Denken, München 1963). Vgl. dazu Herbert Frankes Vorwort zur deutschen Ausgabe von Das chinesische Denken, op. cit., S. 88 ff. und Marcel Mauss, Œuvres, T. 2, S. 71 ff., Paris 1969.

Die ›Sicht der Chinesen‹ war in den Jahren, in denen Needham seine Untersuchungen begann, die Sicht einer verschwindenden Minderheit von Chinesen. Die politischen Erschütterungen, die das ehemalige Reich und die junge Republik in einem beständigen Taumel hielten, hatten weite Kreise der Intellektuellen des Landes mit tiefem Mißtrauen gegenüber dem nationalen kulturellen Erbe erfüllt. Die Gebote der Stunde wurden als Gebote der Erneuerung interpretiert, einer Erneuerung, die jedoch nicht traditionelle Ansätze mit neuem Leben erfüllte, sondern radikal mit dem Alten brechen müßte, wollte China »Prosperität und Macht« (*fu chiang*) zurückgewinnen.

In diesem Kalkül tauchte eine Rückbesinnung auf traditionelle Formen der Naturerkenntnis nicht einmal am Rande auf, denn Rückbesinnung schien mit Rückschritt wesensverwandt.

Diese Einstellung war neu. Nicht etwa weil dem chinesischen Denken ein Fortschrittsbegriff gefehlt hätte, wie es manche westliche Autoren unterstellten,[64] sondern weil sich hier der Verzicht auf einen integrativen Ansatz von Erkenntnis ankündigte, der ein Wesensmerkmal der traditionellen chinesischen Philosophie war. Wir wollen diesen Zug anhand der Geschichte der chinesischen Rezeption der westlichen Wissenschaft verfolgen.

Unsystematische Auseinandersetzung mit der Tradition: Chinesen über chinesische Wissenschaft

»Das Wissen, das in der *Wan-li*-Periode (1573–1620) aus dem Fernen Westen nach China kam, ist recht detailliert in der Untersuchung der Materie, doch sein Verständnis der ›auslösenden Kräfte‹ *(t'ung chi)* läßt zu wünschen übrig«,[65] schrieb der chinesische Philosoph Fang I-chih (1611–1671) in dem biographischen Vorwort zu seinem *Wu-li hsiao-chih* (Anmerkungen über die Prinzipien der Dinge). Dagegen rügte Fang an den wissenschaftlichen oder protowissenschaftlichen Bemühungen seiner Landsleute, sie stürzten

64 Vgl. Edgar Zilsel, Die sozialen Ursprünge der neuzeitlichen Wissenschaft (W. Krohn, Hrsg.), Frankfurt: Suhrkamp 1976, S. 150

65 Fang I-chih, *Wu-li hsiao-chih* (Anmerkungen über die Prinzipien der Dinge. o. O. 1664, I: 28 b; vgl. auch Mark Elvin, The Pattern of the Chinese Past, Stanford 1973, S. 229 ff. und William J. Peterson, Fang I-chih: Western Learning and the »Investigation of Things«, in Wm. Theodore de Bary, Hrsg. The Unfolding of Neo-Confucianism, New York and London 1975, S. 369-411.

sich in Spekulationen über letzte Fragen ohne Bezug auf die Untersuchung der Materie *(chih ts'e)*.

Fang I-chih war einer der letzten Philosophen des vormodernen China, der westliche und östliche Wissenschaft, insbesondere Mathematik und Astronomie noch als ein prinzipiell gemeinsames Unternehmen begriff, dessen ethnische Besonderheiten jeweils spezifische Vor- und Nachteile aufwiesen. Die beiden nächsten Jahrhunderte waren durch eine zunehmende Isolierung des Chinesischen Reiches gekennzeichnet. Diese Isolierung war teils selbstgewählt und entsprach einem neokonservativen Sinozentrismus, zum anderen wurde sie auch durch die negativen Erfahrungen mit den Fremden, besonders mit den »zutiefst verschlagenen und am wenigsten durchschaubaren *(hsing yu chiao hsia)* Engländern«[66] ausgelöst.

Die sich abzeichnende Abkapselung gegenüber allen wissenschaftlich-kulturellen Einflüssen, die das Etikett »westlich« trugen, förderte aber gleichzeitig eine intensivere Hinwendung zur eigenen Tradition. Dabei lassen sich verschiedene Interpretatoren ausmachen, die jedoch – mit der Ausnahme einiger erzkonservativer Ideologen – darin übereinstimmen, allein die Praxis als Kriterium für die Überlegenheit des einen oder des anderen wissenschaftlichen Systems gelten zu lassen.

In der Astronomie entschied die Genauigkeit der erstellten Prognosen über die Qualität des Erklärungsmodells. Hier bahnte sich eine Neuerung an, die allerdings durch ihr vertrautes Erscheinungsbild erst langsam deutlich wurde. Die Neuerung lag in dem Verlust der Legitimation, den traditionelle Weltbilder erlitten. Der Verweis auf das Überkommene konnte nicht länger die Beibehaltung einer technisch weniger effizienten Verfahrensweise rechtfertigen. Argumente wie die des Yang Kuang-hsien, der 1667 behauptet hatte, wenn China die Wahl zwischen einer schlechten Astronomie und der Präsenz von Fremden aus dem Westen habe, so sei eine schlechte Astronomie allemal vorzuziehen,[67] ließen sich nur noch kurzfristig halten. Yang mobilisierte noch einmal traditionelle Wertmaßstäbe, als er verkündete, die Herrscher der Han-Dynastie hätten vielleicht über eine wenig exakte Astronomie verfügt, dabei aber ein

66 Zitiert nach: Li Yüan-tu, *Kuo ch'ao hsien-cheng shih-lio*, (Biographien bedeutender Verstorbener dieser Dynastie), o. O. 1866, S. 49.

67 Zitiert nach Juan Yüan, *Ch'ou jen chuan* (Biographien von Leuten einer bestimmten Art, i. e. Mathematiker und Astronomen), Bd. 2 Chüan 36, S. 450, Neuauflage Taipei 1962.

Höchstmaß an nationaler Würde und Reichtum *(kuo tsu)* geschaffen. Doch schon sein Biograph Juan Yüan kommentierte 1799, Yang habe eben auch nicht sehr viel von Astronomie verstanden, womit impliziert war, daß ihm der Verzicht eher leicht gefallen sein müsse.

Gegen Ende der Ming- und dem Anfang der Ch'ing-Periode hatten mehrere direkte Vergleiche zwischen Vertretern der westlichen und der chinesischen Astronomie stattgefunden. Bei diesen Vergleichen schnitten die Jesuiten und ihre chinesischen Schüler deutlich besser ab als ihre einheimischen Kollegen, denen z. B. 1643 die Panne unterlief, eine Mondfinsternis falsch vorauszusagen.[68] Zur Rettung der Tradition zog sich die konservative Fraktion am Kaiserlichen Hofe auf zwei Strategien zurück.[69] Die erste war politischer Natur und bestand im wesentlichen darin, durch den Verweis auf die nebenwissenschaftlichen Interessen der Jesuiten auch deren wissenschaftliche Autorität zu diskreditieren, ein Verfahren, für das die Argumentation des eben erwähnten Yang Kuang-hsien als Beispiel dienen mag. Die zweite Vorgehensweise zeugte von größerem Geschick, denn sie erlaubte eine Übernahme westlicher Techniken ohne die Anerkennung ihres Ursprungslandes. Auf eine einprägsame Formel gebracht lautete sie: Astronomie und Mathematik sind als Disziplinen in China entstanden, die westliche Wissenschaft hat ihren Ursprung in China *(Hsi-hsüeh yüan ch'u Chung-kuo)*.[70] Mathematiker und Astronomen wie Mei K'o-ch'eng (1678–1763), Li Kuang-ti (1642–1718) und – mit Einschränkungen – Mei Wên-ting (1633–1721)[71] bedienten sich dieser Konstruktion, um unbehelligt von politischen Einwänden ihre Arbeiten mit den neuen Methoden fortsetzen zu können.

Das bedeutet keineswegs eine unkritische Übernahme westlicher Denkmodelle, vielmehr den Versuch, sich aus beiden Traditionen

68 Vgl. George H. C. Wong, China's Opposition to Western Science during late Ming and Early Ch'ing in: Isis, 54, 1:175 (1963) S. 30 f.

69 Vgl. Ch'üan Han-sheng, *Ch'ing mo-nien ti Hsi hsüeh yüan ch'u Chung-kuo' shuo* (Die Theorie des chinesischen Ursprungs der westlichen Wissenschaft gegen Ende der Ch'ing Zeit) in: Ling-nan hsüeh-pao, 4:2 (1935); ders. *Ch'ing-mo fan-tui Hsi-hua ti yen-lun* (Argumente gegen die Verwestlichung am Ende der Ch'ing Dynastie) in: *Ling-nan hsüeh-pao* 5:3-4 (1936), S. 122–166.

70 Ch'üan Han-sheng (1935) S. 59 ff. beschreibt die Genese dieses Konzeptes

71 Biographisches Material zu den genannten Wissenschaftlern findet sich in Arthur W. Hummel, Hrsg., Eminent Chinese of the Ch'ing Period, Washington 1943/44 S. 473–475, 569, 570–571

jene Bestandteile herauszusuchen, die für ein gegebenes Problem am ehesten eine Lösung versprachen.
Dieses Verfahren stand in einer Tradition, die als synkretistisch bezeichnet werden mag. Es handelt sich dabei um das Bemühen, einzelne Elemente fremder Zivilisationen mit der chinesischen ›Substanz‹ zu harmonisieren, ohne damit die eigene kulturelle Identität zu gefährden. Diese Untersuchungen – wir kennen sie auch aus der japanischen Geschichte – liefen gemeinhin unter Schlagwörtern wie: *wakon, kansai* (japanischer Geist, chinesische Geschicklichkeit), *chung-hsüeh wei t'i, hsi hsüeh wei yung* (chinesische Studien für das Fundamentale, westliches Lernen für den Anwendungsbereich) und sie leisteten eine nicht unwesentliche integrative Arbeit, indem sie eine Atmosphäre schufen, die xenophobe Einwände zumindest dämpfte.
Zu einer unkritischen Übernahme konnte es schon deshalb nicht kommen, weil den chinesischen Wissenschaftlern auch die Widersprüche zwischen einzelnen Texten aus dem Westen nicht verborgen geblieben waren. Eine Zeitlang hatten die Ideologen des chinesischen Ursprungs aller westlichen Wissenschaften die Uneinheitlichkeit des westlichen Wissenschaftssystems als einen Beweis ihrer These angeführt (und damit unausgesprochen die interne Widerspruchsfreiheit eines wissenschaftlichen Erklärungsmodells postuliert).
Wie bereits angedeutet, brachte die Auseinandersetzung mit den westlichen Lehren eine verstärkte Aufarbeitung des eigenen wissenschaftlichen Erbes, auf dessen prinzipieller Ebenbürtigkeit man bestand. Das konnte zu verwegenen Sprachbildern führen, wie etwa bei dem Philosophen Huang Tsung-hsi (1610–1695), der die chinesische Wissenschaft mit einer Perle verglich, die im Abgrund verlorengegangen war, bis ein Wasserdämon sie sich geschnappt hätte.[72] Die Wasserdämonen saßen im Augenblick vielleicht alle im Westen, doch das bedeutete unter keinen Umständen, daß die Perle endgültig verloren sei.
Andere Autoren, wie Juan Yüan (1764-1849) machten sich mit geographischen Zurechnungen weniger Kopfzerbrechen. Als Juan seine berühmte Sammlung von Biographien bedeutender Mathematiker und Astronomen veröffentlichte (1799), enthielten die letzten sechs der insgesamt 46 Kapitel ausschließlich die Lebens-

72 Huang Tsung-hsi, *Wu-hui chi* (Mein Bekenntnis) in: *Ssu-pu ts'ung-k'an chuan* 3, S. 146; vgl. auch George H. C. Wong, China's Opposition to Western Science ..., op. cit. S. 35

läufe westlicher Wissenschaftler, unter ihnen die in China bekannten Jesuiten, aber auch Ptolemäus und Galilei, um nur einige Beispiele zu nennen.[73] Damit wäre ein Weg zur Integration gewiesen worden, hätten sich nicht nachfolgende Autoren immer wieder bemüht, den westlichen Beitrag als ein historisches Zufallsprodukt zu kennzeichnen oder zu betonen, daß die mögliche Überlegenheit der Europäer gegenüber den Chinesen allein auf dem Gebiet der Anwendung, der niederen Techniken also, doch nicht auf der Theorieebene angesiedelt sei.[74]

Für dieses Urteil darf nicht ausschließlich nationale Überheblichkeit geltend gemacht werden. Es zeigte sich darin wohl auch eine Verwunderung über das Auseinanderfallen von wissenschaftlichen Theorien als Programme der Welterklärung und Moralphilosophie als Programm der Weltbeherrschung.

Wie häufig dargestellt worden ist, hatte die traditionelle chinesische Philosophie stets zu einer Unterordnung der diversen erkenntnistheoretischen Ansätze unter die Moralphilosophie geneigt, zumindest aber auf einer Integration von Ethik und Hermeneutik bestanden. Wer immer diese beiden Bereiche trennte, mußte sich der Frage stellen, welcher soziale Nutzen dieser Entkoppelung abzugewinnen sei. Dieser soziale Nutzen wurde gegen Ende der Ch'ing Dynastie immer deutlicher als nationaler Nutzen interpretiert, doch sollte man darüber nicht verkennen, daß es sich ursprünglich um moralische Imperative gehandelt hatte. Wenn etwa Liu Hsi-hung den Unterschied zwischen China und dem Westen als den Unterschied zwischen einer materialistischen und einer geistigen Zivilisation interpretierte, so lag darin mehr als verkappter Neid, der die offensichtliche Überlegenheit der fremden »Dampfschiffe, Eisenbahnen, Feuerwaffen, usw.«[75] moralisch verbrämen sollte. Das Beharren auf dem Primat der Moral als eines Satzes

73 Vgl. Anm. 67, S. 34 – Juan Yüan gehörte deswegen jedoch noch keineswegs zu den Anhängern einer Übernahme der westlichen Astronomie, vielmehr scheint er bereits sehr früh Positionen vertreten zu haben, die eineinhalb Jahrhunderte später mit dem Namen Paul Feyerabends assoziiert wurden.

74 Die Überlegenheit der westlichen Astronomie schien schon deshalb strittig, weil ihre Vertreter in China zu jener Zeit noch uneins waren, ob letztlich die Sonne um die Erde oder die Erde um die Sonne kreise. Vgl. dazu *Ch'ou-jen chuan*, op. cit. chüan 43, S. 712, insbesondere die Position Wang Hsi-ch'ans (1628–1682), ibid, S. 706

75 Liu-Hsi-hung war Gesandter des kaiserlichen China in London und Berlin gewesen. Das Zitat stammt aus seinen Erinnerungen *Ying-chao jih-chi* (Tagebuch des Kaiserlichen Gesandten in England) Peking o. J., S. 17

sozial normativer Verhaltensweisen mochte hohl klingen, wenn man die Vertreter dieser Politik an ihren Ansprüchen maß, doch damit war eine Denkfigur noch nicht entwertet, die den sozialen Nutzen als alleinige Richtschnur auch für wissenschaftliche Arbeit gelten ließ.

Doch an der Existenz und Wirkung der »Dampfschiffe, Eisenbahnen und Feuerwaffen« ließ sich in der zweiten Hälfte des 19. Jahrhunderts nicht mehr zweifeln. Die in vielen kleineren und größeren militärischen Gefechten mit den europäischen Truppen erfahrenen Niederlagen schärften den Blick für die Besonderheiten der westlichen Technologie. Das galt natürlich in erster Linie für die Rüstungstechnologie, deren Vorteile keiner näheren Begründung bedurfte. Anders verhielt es sich mit den Naturwissenschaften. Für sie führten konservative Ideologen entweder das uns bereits bekannte Argument an, daß auch die Chinesen über sie verfügten oder aber daß sie wie ein trojanisches Pferd ungewünschte Denk- und Lebensstile nach China schleppten. In beiden Formulierungen blitzte ein kulturkonservativer Trotz auf, der gegen Ende des Kaiserreiches durch die Mobilisierung traditioneller Wertvorstellungen der Gefahr des nationalen Untergangs begegnen wollte.

Oppositionelle Stimmen, ganz gleich, ob sie auf systemerhaltende Reformen oder eine politische Revolution drangen, hatten zu dieser Zeit bereits begonnen, die »Wissenschaften der Europäer« als den Faktor auszumachen, auf dem die Überlegenheit der imperialistischen Mächte ruhte. So erklärte Chang Chien, einer der bekanntesten Reformer der letzten Regierung der Ch'ing wenige Monate vor Ausbruch der Revolution von 1911 auf einer Konferenz in Peking:

»Es wird häufig behauptet, daß China auf dem Gebiet der materiellen Zivilisation, wie der Waffenfabrikation, gegenüber dem Westen zurückliege, daß aber in der geistigen Kultur (*tu shu*) Chinas herausragende Qualität liege. Hier gäbe es nichts, was man vom Ausland übernehmen könne. Ich bin dieser Frage sorgfältig nachgegangen. Was die sogenannte herausragende Qualität Chinas angeht, so finde ich, besteht diese einzig im Verfassen der »achtfüßigen Aufsätze«[76]. In der Wissenschaft haben wir auf einigen Gebieten Kapazitäten, auf anderen nicht (*k'o hsüeh, tse*

76 Der »achtfüßige Aufsatz« (pa ku) bezeichnet eine strenggegliederte Aufsatzform, die seit dem 16. Jahrhundert zum Bestehen der kaiserlichen Beamtenprüfungen beherrscht werden mußte.

77 Chinesischer Text zitiert nach Bastide, Marianne: Aspects de la réforme de l'einseignement en Chine au début du 20e siècle, Paris, La Haye 1971, S. 186

yu neng, yu pu neng). Was die Organisation von Erziehung und Pädagogik angeht, kann man ohne Übertreibung sagen: davon hat niemand eine Ahnung.«[77]

Der chinesische Historiker Ch'üan Han-sheng nennt Mathematik, Chemie, Medizin, Astronomie und Mechanik als die Disziplinen, in denen viele konservative Chinesen damals noch glaubten, ein dem Westen vergleichbares, wenn nicht überlegenes Niveau erreicht zu haben.[78] Für den gerade zitierten Chang Chien hatten derartige Anspruchserklärungen allenfalls akademische Bedeutung. Ihm und der mühsam aufstrebenden chinesischen Bourgeoisie ging es auch nicht um wissenschaftliche Erkenntnisse, sondern um verfügbare Technologien. Nicht zufällig entstanden daher die bedeutenden »modernen« Schulen wie das T'ung-wen-kuan College für Naturwissenschaften und Technologie[79] und die Foochow Marine Akademie am Rande von Industrieunternehmen oder Werften, deren Bedürfnissen sie zuarbeiten sollten.[80]

Radikale politische Gruppen, wie etwa die chinesischen Anarchisten, hatten zu dieser Zeit bereits sozialen Fortschritt mit einer totalen Verwissenschaftlichung sämtlicher Lebensbereiche zusammengebracht. In ihren Zeitschriften *Hsin Shih-chi* (Neues Jahrhundert) und *Min sheng* (Stimme des Volkes) ließen sie nur noch die Gesetze der Mathematik und Physik als Leitlinien einer Neuorganisation der Gesellschaft gelten. An ihnen mußte sich die Suche nach Wahrheit, die Entlarvung des Aberglaubens *(mi hsin)* orientieren. Und so gehörte die Verbreitung »aller neuen wissenschaftlichen Entdeckungen, die das Leben grundlegend verbessern und die Humanität fördern«[81] zu ihren zentralen Programmpunkten.

78 Ch'üan Han-Sheng: »Ch'ing-mo ti hsi-hsüeh yüan ch'u Chung-kuo shuo« (Über die Theorie des chinesischen Ursprungs der westlichen Wissenschaft gegen Ende der Ch'ing Dynastie), in: *Ling-nan hsüeh-pao. 4,2 Juni 1935, S. 76–83*

79 Zur Geschichte des T'ung-wen College vgl. Chuang Tse-hsüan und Ch'en Hsüeh-chü, *Ts'ung ssu fang kuan tao t'ung-wen-kuan* (Vom »Gebäude der 4 Himmelsrichtungen« zum »T'ung-wen College«). Dieses College ging auf eine bereits unter Kaiser Sui Yang-ti (605-616) gegründete Schule zurück, in der Fremdsprachen unterrichtet wurden. In seiner späteren Form wurde das T'ung-wen kuan 1862 neugegründet. Vgl. auch E. R. Hughes, The Invasion of China by the Western World, New York 1938, S. 108 ff. und Tsien Tsuen-hsuin, Western Impact on China Through Translation, in: Far Eastern Quarterly 13:3 (Mai 1954), S. 305–327.

80 Vgl. dazu Gabriele Sattler von Sievers, Die Reformbewegung von 1898, in: Peter J. Opitz, Hrsg., Chinas große Wandlung, München 1972, S. 66–70.

81 (Liu) Shih-fu in: Hui-ming-lu (Hahnenschrei aus der Finsternis), Nr. 1 (August 1913), Nachdruck Hongkong 1967, S. 2

Eine auf den westlichen Naturwissenschaften basierende Gesellschaftsform sollte entstehen, deren Moralvorschriften allen Mitgliedern unmittelbar einleuchteten und universelle Gültigkeit beanspruchten.

Der Aufbau eines sozialen Gegenreiches, in dem die Gesetze des Handelns aus den Gesetzen der westlichen Mathematik und Physik abgeleitet waren, setzte eine Reinigung der eigenen Kultur von all den Elementen voraus, die einer solchen Entwicklung abträglich waren. Dazu zählten die Anarchisten (und nicht nur sie) auch die traditionellen chinesischen Wissenschaften. Sie dienten als wesentlicher Beleg für die These von dem jahrtausende langen Verharren des Volkes in »unmündiger Ignoranz«,[82] wie es Liu Shih-p'ei, einer der berühmtesten Wortführer der Anarchisten, einmal ausdrückte.

Der Weg aus dieser selbstverschuldeten Unmündigkeit führte allein über eine radikale Reform der Erziehung: Jugendliche zwischen 11 und 20 Jahren müßten, forderte Liu Shih-p'ei, unter der Anleitung Erwachsener in praktischen Technischen Wissenschaften ausgebildet werden. Dabei sollten sie während der einen Hälfte ihres Arbeitstages theoretischen Fragen nachgehen, während der anderen körperliche Arbeit verrichten.[83] Ein ähnliches Projekt entwarf Wu Chih-hui, ein anderer bedeutender Theoretiker des Anarchismus. Er hatte seine ikonoklastischen Zielvorstellungen einmal auf die Formel gebracht, alle chinesischen Klassiker sollten für die nächsten 30 Jahre nur noch als Klosettpapier benutzt werden. An die Stelle des traditionellen Lernens mußte die Auseinandersetzung mit den Gesetzen der Natur treten. Die künftige Gesellschaft, für die Wu kämpfte, verfügte über eine große Zahl üppig ausgestatteter Universitäten, der Tagesplan der Mitglieder der Gesellschaft gestattete acht Stunden Studium und »Ersinnen neuer Erfindungen«.[84]

Der Verweis auf die Notwendigkeit, wissenschaftliche Arbeit ge-

82 Zum Leben Liu Shih-p'eis siehe: Onogawa Hidemi, Liu Shih-p'ei and Anarchism, in: Acta Asiatica, 12 (1967), Tokyo, S. 70–99.

83 Zitiert nach Onogawa Hidemi, op. cit., S. 90 f.

84 Zitiert nach Daniel W. Y. Kwok, Wu Chih-hui and Scientism, in: Tsing-hua Journal of Chinese Studies, New Series, 3–1 (Mai 1962), Taipei, S. 161. Zum Gesamtbild der anarchistischen Bewegungen in China siehe auch: Kwoks, Die anarchistische Bewegung, in Peter J. Opitz, Chinas große Wandlung, op. cit., S. 146 bis 162 und Wolfgang Bauer, China und die Hoffnung auf Glück, München 1974, S. 480–486.

sellschaftlich zu verstehen, den die chinesischen Anarchisten in dieser Schärfe als erste formulierten, blieb als Motiv in der gesamten Diskussion um die Bewertung des westlichen Kultureinflusses bestehen. In den Debatten, die in den ersten Jahrzehnten des 20. Jahrhunderts in China über dieses Thema geführt wurden, lassen sich verschiedene Argumentationsfiguren ausmachen, die nicht immer konstanten Meinungsgruppen zuzuordnen sind. Die deutlichste Position hatten – wie beschrieben – die Anarchisten bezogen, als sie Wissenschaftlichkeit als das zentrale Organisationsprinzip einer künftigen Gesellschaft forderten.[85] Sie stießen damit auf Widerspruch von zwei Seiten: kulturkonservative Kritiker (die im China jener Jahre keineswegs eine reaktionäre Politik vertreten mußten) hielten ihnen eine Überbewertung der Tragfähigkeit wissenschaftlicher Aussagen vor. »Die Wissenschaft beschreibt Phänomene, nicht das wahre Wesen der Dinge«,[86] lautete ein bekannter Einwurf. Er wurde von einem Intellektuellen vorgebracht, der sich politisch völlig der Sache der Revolution Sun Yat-sens verschrieben hatte, der dabei aber bestrebt war, traditionelle Formen der Erkenntnis in das neue China herüberzuretten.

Ein zweiter Einwand richtete sich gegen den Absolutheitsanspruch, den die Anarchisten im Namen der modernen Naturwissenschaften aufgestellt hatten. Bei dieser Kritik ging es nicht um die grundsätzliche Berechtigung der Einführung westlich naturwissenschaftlichen Denkens, hier wurde lediglich an dem unbedingten Primat sozialer, d. h. politischer Kontrolle aller gesellschaftlichen Aktivitäten festgehalten. Wissenschaftliche Arbeit sollte sich durch die ihr eigenen Qualitätskriterien legitimieren, in dem für sie ausgegrenzten Bereich mochten ihre Vertreter freizügig operieren, doch

85 Es würde den Rahmen dieser Einführung sprengen, detailliert über die Argumentation der chinesischen Kommunisten zu berichten, die unablässig auf die ›Wissenschaftlichkeit‹ der von ihnen vertretenen Thesen des Marxismus-Leninismus verwiesen. Daher soll als Illustration nur ein Zitat genügen: »Die Kommunisten glauben, in der menschlichen Gesellschaft lassen sich ... Gesetzmäßigkeiten erkennen, (die Geschichte) ist keine Fülle von Zufälligkeiten, man kann ihr Prinzipien entnehmen und sie erklären. Es liegt hier derselbe Fall wie bei den Gesetzen vor, die man in der Physik und der Chemie auffinden kann ...« Zitiert nach: T'ing Ch'iao, *Lun ko-ming jen-sheng kuan* (Über eine revolutionäre Lebensphilosophie), in: Ch'ing-nien ch'u-pan she, Hrsg., *Lun ko-ming jen-sheng kuan*, Peking 1952, S. 5 f.

86 Chang Ping-lin, *Ssu huo lun* (Über vier Zweifel), in: *Min Pao* 22 (9. 7. 1908), S. 14

aus wissenschaftlichem Denken den Anspruch auf eine intellektuelle Führungsrolle abzuleiten, schien absurd bis gefährlich.

Werfen wir einen kurzen Blick auf die Eigenschaften, die einige der rückhaltlosen Befürworter einer Verwissenschaftlichung *(k'o-hsüeh-hua)* der chinesischen Gesellschaft an der westlichen Wissenschaft besonders anzogen. Yen Fu (1854-1921), einer der schillerndsten Intellektuellen des Landes in jener Übergangsphase von einer traditionellen zu einer vormodernen Gesellschaft, begeisterte sich an ihrem instrumentellen Charakter, an einer Denkform, die nicht länger durch soziale Rücksichtnahmen gesteuert wurde. »Wissenschaft beschäftigt sich mit Wahrheit und Falschheit (von Sätzen), nicht mit Menschlichkeit (*jen*) und Rechtschaffenheit (*i*)«,[87] schrieb er in einem Kommentar zu Adam Smith's *An Inquiry into the Nature and Causes of the Wealth of Nations (Yüan Fu).* Gerade weil sie aller sozialen Stellungnahme entpflichtet ist, läßt sie sich als Organisationsprinzip für gesamtgesellschaftliches Handeln einsetzen, denn durch ihren funktionalen Charakter kann sie flexibel auf beliebige Situationen reagieren, kann sie China den Weg zur Wiedererlangung von Reichtum und Macht weisen.[88] Hiermit unterscheidet sie sich für ihn fundamental von den herkömmlichen philosophischen Spekulationen der Chinesen, die sich als bedeutungslos und untauglich für die Rettung des Landes erwiesen hätten.

In Herbert Spencers sozialer Uminterpretation des Darwinismus glaubte Yen Fu den Schlüssel nicht nur zum Verständnis der Rückständigkeit des eigenen Landes gegenüber den reichen und mächtigen Nationen des Westens erkannt zu haben, hier lag auch der Ansatz zur Behebung des Zustandes. Wenn nämlich die Selektion der Arten schließlich auf die Beherrschung des Dummen durch den Klügeren hinauslief, dann ergab sich hieraus ein zwingender Handlungsimperativ für die Entwicklung der modernen Naturwissenschaften in China.[89]

87 Yen Fu, *Yüan Fu* (The Wealth of Nations) in *Yen i ming-chu ts'ung-k'an* Bd. 2, Shanghai 1931, *I-shih li-yen* (Geleitwort des Übersetzers), S. 7

88 Vgl. *Hou-kuan Yen-shih ts'ung-k'an* (Gesammelte Aufsätze von Yen Fu), o. O. 1901, S. 163 ff.

89 Am besten dargestellt in: Yen Fu, *»Yüan Ch'iang«* (Über den Ursprung der Macht) in: Ch'ien Po-tsan et al. Hrsg., *Wu-Hsü pien-fa* (Die Reformbewegung von 1898) in: *Chung-kuo chin-tai shih tzu-liao ts'ung-k'an (*Eine Sammlung von Materialien zur modernen chinesischen Geschichte) 4 Bde., Shanghai 1953, Bd. III, S. 41 Zum Leben von Yen Fu vgl. Wang Ch'ü-ch'ang, *Yen Chi-tao nien-p'u*

Den Globalbegriff Wissenschaft löste Yen Fu nur sehr selten in seine konstitutiven Bestandteile auf: Gemeinhin sah er Newton, Darwin, Mill und Spencer als eine einheitliche Gruppe von Wissenschaftlern, die alle – wenn auch auf verschiedene Manier, doch mit der identischen Methode des rücksichtslosen Hinterfragens vorgegebener Tatbestände – ›dem Westen‹ zu seiner Position der materiellen und ideellen Suprematie verholfen hatten.
Dieses Hinterfragen bezog sich auf alle Erscheinungsformen der Realität und auf eine nachvollziehbare Praxis, durch die die möglichen Antworten gleich wieder kontrolliert wurden. Yen Fu glaubte die Überlegenheit der Länder des Westens schon aus deren Methode des zielgerichteten Denkens erklären zu können, die es gestattete, aus ›wenigen abgesicherten Hypothesen‹ weitere Ableitungen vorzunehmen:

»Dieses deduktive Gesetz ist wahrlich all-umschließend. Durch das Erfassen des Einen hat man das Ganze im Griff ... Deshalb ist die westliche Wissenschaft so genau, deshalb steigern sich ihre Entdeckungen von Tag zu Tag, deshalb nimmt die Bildung ihrer Völker ständig zu und deshalb ist ihr Wissen immer nützlich. Die klassische Bildung (unseres Landes) besaß zwar auch das Prinzip der Deduktion, doch die Deduktionen gingen von Theorien aus, die (nur) aus dem Kopf abgeleitet waren ...«[90]

Auch an diesem Zitat fällt auf, wie sehr die westliche Wissenschaft als eine Einheit interpretiert wurde, die durch eine durchgängige Methodik ausgezeichnet war. Chinesische Intellektuelle, die zu jener Zeit noch versuchten, zumindest Restbestände des traditionellen Denkens zu retten, wurden in Stellungen gedrängt, in denen die naturwissenschaftlichen Erkenntnisansätze früherer Philosophen geopfert werden mußten. Ihnen blieb nur ein Beharren auf dem Primat von Philosophie als der übergreifenden Betrachtungsweise. Der bereits erwähnte Chang Ping-lin war einer der letzten Verfechter klassischer Positionen. Er verwahrte sich empört dagegen, eine gegebene Philosophie an den Gesetzen der Naturwissenschaften messen zu lassen.[91] Philosophie als klassische Disziplin der

(Chronologie des Lebens von Yen Fu), Shanghai 1936; Wang Shih, *Yen Fu chuan*, (Biographie von Yen Fu), Shanghai 1957 und als beste Darstellung in einer westlichen Sprache: Benjamin Schwartz, In Search of Wealth and Power Yen Fu and the West, New York 1969.

90 Zitiert nach: Yen Fu, *Ming Hsüeh* (Logik), in: *Yen i ming-chu ts'ung-k'an* (Gesammelte Übersetzungen des Yen Fu), Bd. 2, S. 66, Shanghai 1931

91 Chang Ping-lin, *Kuei Hsin Shih-chi* (Korrekturen am ›Neuen Jahrhundert‹), in: *Min Pao* 24 (10. 10. 1908), S. 40 f.

Erkenntnis und Ethik ließ sich dadurch nicht retten. Dagegen setzte sich langsam ein anderer Impetus durch, der uns als Denkfigur bereits vertraut ist: die Unterordnung wissenschaftlicher Aktivitäten ganz gleich welcher Art unter die Imperative politischen Handelns. Als Zeuge für diese Haltung mag Ch'en Tu-hsiu, einer der Gründer der Kommunistischen Partei Chinas und Mitherausgeber der einflußreichsten Zeitschrift der frühen zwanziger Jahre *Hsin Ch'ing-nien* (Neue Jugend) gelten. Aus seinen frühen Schriften wird überdeutlich, wie abhängig die Aufnahme und Bewertung des Globalkonzeptes Wissenschaft von externen Faktoren, oder besser vielleicht von einem grundsätzlich politisch orientierten Weltbild geworden waren.

Ch'en Tu-hsiu propagierte ›Wissenschaft‹ gegen das ›Imaginative‹ *(mi hsüeh)*. Dazu zählte er insbesondere die traditionelle chinesische Philosophie, deren idealistische Grundgedanken und metaphysischen Spekulationen Naturerkenntnis, Naturbeherrschung und damit auch die Übertragung rationaler Organisationsprinzipien in den Bereich der Gesellschaft verhindert hätten.[92]

»Was ist Wissenschaft? Es ist unsere allgemeine Vorstellung der Materie, die, insofern sie mit den objektiven Erscheinungen eins ist, nicht durch die Prüfung des subjektiven Verstandes überflüssig ist. Was ist Spekulation? Sie schießt nicht nur über die objektiven Phänomene hinaus, sondern verbannt auch subjektive Vernunft; sie ist ein Überbau in die Luft, mit Hypothesen, doch keinen Beweisen, und alle Rationalität und Intelligenz auf der Welt können in ihr keinen Verstand sehen, oder die sie leitenden Gesetze und Prinzipien entdecken.«[93]

Ch'en glaubte erkannt zu haben, daß die traditionelle chinesische Philosophie (mit nur ganz wenigen Ausnahmen) soziale und kognitive Herrschaftsphilosophie gewesen war, die soziale Mobilität genausowenig zuließ wie (etwa sich auf den Naturbegriff berufende) politisch delegitimierende Funktionen. Bei ihm klang bereits an, was seine Nachfolger in der KPCh später mit größerer Deutlichkeit ausführten: der Anspruch auf eine wissenschaftliche Durch-

92 Zitiert nach Ch'en Tu-hsiu, *Ching kao Ch'ing-nien* (Aufruf an die Jugend), in: *Tu-hsiu wen tsun*, Bd. I, Shanghai 1922, S. 9

93 ibid. Vgl. dazu: D. W. Y. Kwok, Scientism in Chinese Thought, 1900–1950, New Haven 1965, S. 64 f. Wie nachdrücklich Ch'en Tu-hsiu die oben skizzierte Position vertrat, läßt sich in vielen seiner Beiträge zu Hsin Ch'ing-nien verfolgen. Vgl. z. B. »*Pen-chih tsui-an chih-ta-pien*« (Antwort auf die Vorwürfe gegen unsere Zeitschrift) in: *Hsin Ch'ing-nien* 6-1, S. 10.

dringung aller Ebenen gesellschaftlichen Handelns. In diesem Prozeß stand das Kriterium »Wissenschaftlichkeit« jedoch nicht a priori fest, sondern wurde erst durch den geschichtlichen Verlauf bestätigt.

Die intellektuellen Debatten der zwanziger Jahre, jener Periode, die viele Intellektuelle als die chinesische Renaissance einstuften, erbrachten ein Kaleidoskop möglicher Stellungnahmen zum Verhältnis Wissenschaft – Gesellschaft. Die zahllosen Diskussionen, denen sich kein prominenter Intellektueller entziehen konnte, erhielten eine besondere Würze durch die sporadischen Erklärungen, die westliche Denker wie Bertrand Russell und John Dewey über Chinas Möglichkeiten und Gefahren abgaben. Als Bertrand Russell im Herbst 1920 nach China kam, stellte er fest, daß die Chinesen keine Belehrungen über Moral oder ethische Maximen der Staatskunst benötigten, was ihnen fehlte, waren »Wissenschaft und technische Fähigkeiten«,[94] wobei er das wesentliche Problem der Chinesen darin sah, »westliches Wissen ohne das mechanistische Weltbild zu erlangen«.

Unter einem mechanistischen Weltbild verstand Russell die – den Chinesen ursprünglich fremde – Einstellung einer Funktionalisierung des Menschen oder der Gesellschaft durch Mechanismen und Strategien, die sich naturwissenschaftlich legitimiert fühlten. Diese Einstellung teilten »Imperialismus, Bolschewismus und der Christliche Verein Junger Männer« gleichermaßen.[95]

Russell zeichnete hier ein Bild von Wissenschaft, das vielen Chinesen unverständlich erscheinen mußte. Wir werden noch sehen, daß ein grundsätzliches Dilemma bei der Einführung eines neuzeitlichen Wissenschaftsbegriffes nach China darin bestand, daß für viele Chinesen die Sache selbst durch die Praktiken des Imperialismus kontaminiert war. Im traditionellen China hatte die Suche nach einem naturwissenschaftlichen Wahrheitsbegriff stets im Schatten einer gesellschaftsbezogenen Sozialphilosophie gestanden, die sich die Frage nach dem pragmatischen Nutzen jeglicher Spekulation nicht nehmen ließ. Wenn sich also das Unternehmen Wissenschaft rechtfertigen ließ, dann allenfalls unter Hinweis auf instrumental strategische Vorteile in nationalem Interesse. Mit anderen Worten: die chinesischen Vorkämpfer für die Etablierung eines Wissenschaftsbetriebes westlicher Art konnten ihr Anliegen nur durch

94 Russell, Bertrand: The Problem of China, London 1922, S. 250
95 ibid., S. 81 f.

einen Verweis auf eben die Effekte oder zumindest doch Nebeneffekte wissenschaftlicher Aktivitäten rechtfertigen, die Russell ausdrücklich ablehnte.

Ein Abriß der konkurrierenden Stellungnahmen wäre unvollständig[96] ohne einen kurzen Blick auf die Haltung jener Gruppe, für die die Übernahme eines westlichen Wissenschaftsbegriffes gleichsam zur Voraussetzung ihres Berufslebens geworden war: die chinesischen Wissenschaftler.

Die Gründung einer ersten »Chinesischen Gesellschaft der Wissenschaften« *(Chung-kuo k'o-hsüeh she)* geschah in den Vereinigten Staaten, genauer an der Cornell University in Ithaca, im Jahre 1914. Das damals vorherrschende amerikanische Modell wissenschaftlicher Organisation, Motivation und Kognition blieb auch nach Übersiedlung der ›Gesellschaft‹ nach China, im Sommer 1918, für den überwiegenden Teil der Wissenschaftler während der Republikanischen Periode (und für manche noch länger) bestimmend.

Die Mitglieder der Gesellschaft betrachteten sich als Missionare westlicher Wissenschaftsideologie und -organisation in ihrem Vaterland. Sie unterschieden streng zwischen der ›westlichen Kultur‹ und der ›chinesischen Rückständigkeit‹, Wissenschaft bedeutete für sie die Wissenschaft, die sie in den amerikanischen und europäischen Universitäten gelernt hatten, die eigene Tradition bezeichnete nur noch einen Restbestand rückschrittlicher Praktiken, die es zu überwinden galt.

Liest man in den Kongreßberichten der Gesellschaft, so fällt auf, mit welchem Nachdruck sich ihre Mitglieder um die Anerkennung ihres professionellen Status bemühten. Sie mußten ihn nach zwei Seiten verteidigen, ihren Landsleuten gegenüber, denen in möglichst allgemeinverständlichen Darstellungen klar gemacht werden sollte, worin der Wert wissenschaftlicher Arbeit besteht, doch auch den Mitgliedern ihrer jeweiligen scientific community gegenüber, also den Angehörigen der wissenschaftlichen Disziplinen, in denen sie sich auszuzeichnen hofften. In ihrer Verbandszeitschrift *K'o-hsüeh*

96 Eine repräsentative Darstellung, die sich allerdings vornehmlich an den intellektuellen Gallionsfiguren jener Epoche orientiert, findet sich bei Kwok, Scientism in Chinese Thought, op. cit. a.a.O. Zur Geschichte des Aufbaus wissenschaftlicher Institutionen im republikanischen China empfiehlt sich: Peter Buck, Western ... Science in Republican China: Ideology and Instituion Building, in: Arnold Thackrey und Everett Mendelsohn, Hrsg., Science and Values, New York 1974 S. 159-184.

(Wissenschaft)[97] läßt sich dieser Konflikt verfolgen: sollten Artikel und wissenschaftliche Mitteilungen auf einem auch dem chinesischen Laien zugänglichen Sprachniveau geschrieben werden, oder war es zweckmäßiger, sich an den gängigen Kürzeln der etablierten Wissenschaftssprachen auszurichten?[98] Die Antworten fielen sehr verschieden aus und zeigten dieselben Gegensätze, die um die Frage ausbrachen, ob China dringender eine Grundlagenforschung oder angewandte Techniken benötige, ob Wissenschaftler in die Forschung oder in die Lehre gehen sollten.[99]

Der Vorsitzende der Gesellschaft, Jen Hung-ch'üan, beschäftigte sich Anfang 1916 in einem längeren Artikel mit den Schwierigkeiten, gegen die eine Übertragung des westlichen Wissenschaftsbetriebes, ja schon des Wissenschaftsbegriffes nach China anzugehen habe. »Der Geist der Wissenschaften«, schrieb er, »besteht in der Suche nach Wahrheit.«[100] Dieses Suchen nach der Wahrheit, eine Haltung, die er für das dem westlichen Denken Eigentümliche ausgab, kontrastierte er mit dem relativierenden Wahrheitsbegriff der chinesischen Philosophie. Platon stand gegen Ch'uang Tzu, der Satz vom ausgeschlossenen Dritten gegen die Behauptung von der letztlichen Unmöglichkeit, wahre Sätze auszusprechen.

Ein weiterer Unterschied lag nach Jen Hung-ch'üan in der Lebenseinstellung der traditionellen Gelehrten Chinas: »Die Gelehrten unseres Landes haben immer behauptet: Halte am Vergangenen fest, um auf das Kommende vorbereitet zu sein (Shou hsien, tai hou).« Die Gewinnung wissenschaftlicher Erkenntnis ist weder Selbstzweck, noch baut ein Satz von Aussagen auf den kritisch überprüften Erfahrungen vorausgegangener Generationen auf. Der westliche Erkenntnisbegriff ist dagegen kumulativ: »Die Gelehrten anderer Länder folgten dem Grundsatz: Die Wahrheit entfaltet sich im Laufe der Zeit. Hier genau liegt der Unterschied zwischen den Lehren Chinas und des Westens.«[101] Deshalb, so fügte er wenige Monate später hinzu, habe es in China stets nur die humanistische Bildung gegeben, die zwar für ihren Bereich, die morali-

97 Schon die Aufmachung von *K'o-hsüeh* entsprach der des Journal of the American Association for the Advancement of Science.

98 Vgl. *K'o-hsüeh* 3-9 (Sept. 1917), S. 102 f. und *K'o-hsüeh* 4-5 (Juni 1919) S. 496 ff.

99 *K'o-hsüeh* 2-4 (Feb. 1916), S. 115-128

100 Jen Hung-ch'üan, *K'o-hsüeh ch'ing-shen lun* (Über den Geist der Wissenschaft) in: *K'o-hsüeh* 2-1 (Jan. 1916), S. 1 f.

101 ibid, S. 7

sche Erziehung der Gesellschaft und ihrer Individuen, durchweg ein taugliches Instrument gewesen sei, die aber eine zweckfreie Betrachtung der Natur nie habe zum Zug kommen lassen.[102]
Doch die Forderung nach zweckfreier Wissenschaft um ihrer selbst willen isolierte deren Verfechter. Das zeigte sich deutlich im Jahre 1923, als in verschiedenen chinesischen Zeitschriften ausgedehnt über »Lebensphilosophie und Wissenschaft« debattiert wurde. In dieser Auseinandersetzung argumentierten die Gegner der Lebensphilosophie zum überwiegenden Teil mit Thesen, die ihnen Mitglieder der Gesellschaft der Wissenschaft geliefert hatten. Doch auch sie betrachteten Wissenschaft als ideologische Entität rein instrumentalen Charakters. Sie billigten ihren analytischen Wert beim Aufspüren von Naturgesetzen, ihre ideologiekritische Funktion als Waffe gegen überkommene und hinfällige Ordnungsvorstellungen und ihren praktischen Nutzen zur Besserung des materiellen Wohlstandes. Doch abweichend von den Mitgliedern der Gesellschaft der Wissenschaft sahen sie in der Wissenschaft[103] selbst keinen Eigenzweck, glaubten auch nicht an die Eigendynamik einer innerwissenschaftlichen Entwicklung. Hatte die ›Gesellschaft‹ behauptet, der wissenschaftliche Prozeß selbst schreibe Verhaltensnormen vor, die als allgemeingültige Regeln menschlichen Handelns eingesetzt werden könnten,[104] so wurden sie jetzt wieder an die Notwendigkeit einer instrumentalen Unterordnung ihres Gegenstandes erinnert:

»Früher habe ich einmal gesagt, die Wissenschaft sei mit einem scharfen Messer zu vergleichen. Alle Dinge, die mit ihm in Berührung kommen, werden der Klinge entlang aufgeschnitten. Auch die geheimnisvollsten Dinge, wie Leben, Geist, Gefühl und Wille können sich so der Sektion nicht entziehen ...«[105].

Aus diesem Instrument war der humane Bezug entfernt worden, wollte man an seinem Gebrauch festhalten, so implizierte das eine verschärfte soziale Kontrolle. Wohl nicht zufällig gab Chang Tungsun, der den Vergleich mit dem Messer eingeführt hatte, einem anderen seiner Artikel den Titel: »Demokratisierung der Wissenschaft und Industrialisierung der Ausbildung.«[106] Er forderte eine

102 Jen Hung-ch'üan, *Wu kuo hsüeh-shu ssu-hsiang chê wei-lai* (Die Zukunft der Bildung unseres Landes) in: *K'o-hsüeh* 2-12 (Dez. 1916), S. 1290
103 Vgl. *K'o-hsüeh*, Nr. 7:3 (1920), S. 9
104 Vgl. *K'o-hsüeh*, Nr. 6:2 (1919), S. 4
105 Chang Tung-sun in *K'o-hsüeh yü jen-sheng kuan*, op. cit. S. 17
106 Chang Tung-sun, *»K'o-hsüeh te p'ing-min-hua, hsüeh-wen te kung-yeh hua«*

intensivere Koppelung der Wissenschaft an die materiellen Bedürfnisse der Massen *(p'ing-min)*, ein Eingehen auf deren niedriges Bildungsniveau und eine intensivere Verknüpfung von Ausbildung und Produktion, um hier eine möglicherweise getrennt verlaufende Entwicklung gleich im Ansatz zu verhindern.

Als Ch'en Tu-hsiu im Mai 1919 verlangt hatte: »Zerstört, zerstört die Idole!«,[107] rief dieser cri de cœur zwar nach einer *wissenschaftlichen* Entlarvung unbegründbarer Autoritäten, doch nicht nach der Ersetzung dieser Autoritäten durch Wissenschaft. Das Subjekt politischen Handelns wollte sich nicht von der Waffe, die es gewählt hatte, den Gebrauch vorschreiben lassen.

In den ersten Jahren des 20. Jahrhunderts hatte es noch so ausgesehen, als ob zumindest die junge chinesische Intelligenz, die sich stark an Leitbildern der westlichen Zivilisation orientierte, dem Ruf nach einem Wissenschaftsbetrieb, dessen Form einer anderen Kultur entlehnt war, bereitwillig folgen würde. Die Lage hatte sich aber durch den Ersten Weltkrieg zunächst einmal geändert. Auch das wurde in der bereits erwähnten Debatte um »Wissenschaft und Lebensphilosophie« *(k'o-hsüeh yü jen-sheng-kuan)* deutlich.[108] Das zentrale Anliegen der von Bergson, Eucken und Driesch inspirierten Vertreter der ›Lebensphilosophie‹ war die Beherrschbarkeit von Wissenschaft. Westliche Wissenschaft betrachteten sie als das konstitutive Element der materiellen und geistigen Kultur der westlichen Länder, die Triebkraft hinter den für China beeindruckenden ökonomischen Fortschritten jener Staaten. Doch hier lag gleichzeitig der Pferdefuß, denn die Verwüstungen, die der Erste Weltkrieg in Europa hinterlassen hatte, waren auch der chinesischen Intelligenz nicht verborgen geblieben, und dieser Krieg demonstrierte für sie die Begrenzungen der Beglückung, die von einem europäischen Zivilisationstypus ausgingen:

»Durch die Entwicklung der Wissenschaft, die ihrerseits wieder die industrielle Revolution schuf, erfuhr das äußere Leben des modernen Menschen schnelle und zahlreiche Veränderungen. Während sein inneres Leben erschwachte und in Unordnung geriet ... Hier liegt die größte Gefahr der

(Demokratisierung der Wissenschaft, Industrialisierung der Bildung), in: Chieh-fang yü Kai-tsao (Befreiung und Umgestaltung).

107 Vgl. Richard v. Schirach, Hsü Chih-mo und die Hsin-yüe Gesellschaft, München 1974, S. 3.

108 Die wesentlichen Aufsätze der Teilnehmer dieser Debatte wurden von Hu Shih und Ch'en Tu-hsiu in dem Sammelband *'K'o-hsüeh yü jen-sheng-kuan'* (Wissenschaft und Lebensphilosophie) 2 Bd., Shanghai 1923 herausgegeben.

modernen intellektuellen Welt. Religion und traditionelle Philosophie werden bezwungen und sind in totaler Konfusion, doch dieser Mr. Science (englisch im Original, T. S.) stapft herein und will das große neue Gesetz des Universums experimentell errichten ... Deswegen wird die ganze Gesellschaft in Zweifel, Depression und Furcht gestürzt, sie ähnelt einem Schiff, im Nebel ohne Kompaß ... Dieser Weltkrieg ist nur eine notwendige Folge in allem.«[109]

Liang Ch'i-ch'ao, der Verfasser dieses Zitates, gehörte zu den bedeutendsten und schillerndsten Philosophen Chinas, die das Wechselspiel zwischen wissenschaftlichem Erkenntnisinteresse und dessen möglichem Anwendungsbereich reflektierten.[110] Er deutete in seinen Schriften unmittelbar nach dem Weltkrieg eine Akzentverlagerung an, die plötzlich das Gesamtunternehmen ›Wissenschaft‹ infrage stellte. Dabei war er sich mit anderen Philosophen, wie etwa Feng Yu-lan, darüber einig, daß den Chinesen Wissenschaft etwas Fremdes sei. Feng Yu-lan hatte zu diesem Thema einen Aufsatz verfaßt, dessen englische Version den bezeichnenden Titel trug: »Why China has no Science« und der diese Frage etwas schlicht dahingehend beantwortete, daß die Chinesen nie ernsthaft danach verlangt hätten.[111] Liang Ch'i-ch'ao beschäftigte sich einige Jahre später mit derselben Frage. In einem Vortrag vor der ›Wissenschaftlichen Gesellschaft‹ sprach er am 20. August 1922 über den »Geist der Wissenschaft und die Kulturen des Ostens und des Westens«:

»Die Erträge der Wissenschaft der letzten hundert Jahre waren überaus erfolgreich. ... Was spielt es für eine Rolle, wenn irgendwelche Reaktionäre noch von der ›Nutzlosigkeit der Wissenschaften‹ reden, damit erreichen sie niemanden. Doch warum hat China bis heute noch nicht die Vorteile von Wissenschaft begriffen, warum präsentiert es sich bis heute als ein Volk ohne Wissenschaft? Ich glaube, die Einstellung der Chinesen gegenüber der Wissenschaft krankt grundsätzlich an zwei Punkten:
1. Man betrachtet Wissenschaft als zu niedrig, als zu vulgär (*t'ai-ti, t'ai-t'su*). Seit einigen tausend Jahren lautet es stets in unseren Grundüberzeugungen: ›Was mit Metaphysik zu tun hat, ist das Tao, was unterhalb dieses Bereiches liegt, nennen wir das Instrumentelle. Die Tugend gehört zum Höheren, das Handwerk zum Niederen.‹

109 Liang Ch'i-ch'ao, *Liang Jen-kung chin-chu*, (Die neuesten Schriften Liang Ch'i-ch'aos) Shanghai 1922, S. 23

110 Zur Person Liang Ch'i-ch'aos vgl. T. Spengler, Liang Ch'i-ch'ao, in: Peter J. Opitz, Hrsg., Die Söhne des Drachen, München 1974

111 Feng Yu-lan, Why China has no Science, in: International Journal of Ethics 32, 3 (1922)

Durch alle diese Aussagen kamen die Mehrzahl der Leute zu der Überzeugung, daß – ganz gleich welches Niveau die Wissenschaft erreicht hatte – sie dennoch letztlich zum Bereich der Künste und des Instrumentellen gehöre. Jener Bereich zählte ursprünglich zu den niedrigeren Anwendungen der Bildung: Sich in ihnen auszuzeichnen galt nicht als befremdlich, sich in ihnen aber nicht ausgezeichnet zu haben, galt auch nicht als schändlich ... Es gab eben noch die im Vergleich zur Wissenschaft edlere und würdigere (humanistische) Bildung.
Zum zweiten: Man betrachtet Wissenschaft als zu simpel und zu begrenzt (*t'ai tai, t'ai tsê*). Jene Menschen, die Wissenschaft ... verachten, muß man nicht unbedingt ablehnen, denn neun von zehn Menschen, die die Wissenschaft eher hoch schätzen, haben vom Wesen der Wissenschaft noch immer keine Ahnung. Sie kennen lediglich den Wert der produzierten Ergebnisse wissenschaftlicher Forschung, doch nicht den Wert von Wissenschaft an sich. Sie haben nur eine Vorstellung von (einzelnen Disziplinen) wie Mathematik, Geometrie, Physik, Chemie usw., doch von der *Wissenschaft* haben sie keine Ahnung. Sie glauben, wenn man Chemie lernt, kommt man zur Chemie, wenn man Geometrie lernt, zur Geometrie, dabei wissen sie nicht, daß die Chemie den Leuten nicht beibringen kann, wie man zur Chemie kommt, noch die Geometrie, wie man zur Geometrie gelangt. Denn in Wirklichkeit ist es die Wissenschaft, die die Menschen Chemie und Geometrie lehrt ... Den Chinesen fehlt Wissenschaft als umgreifende Methode, sie kennen nur die Einzeldisziplinen und wissen nicht, was den Zusammenhang ausmacht.«[112]

Hiermit war die moderne westliche Wissenschaft wieder rehabilitiert, doch wurde sie gleichzeitig als so etwas ganz und gar Fremdartiges vorgestellt, daß sie eine mögliche Synthese mit traditionellen chinesischen Formen der Naturerkenntnis von vornherein ausschloß. Der Pfad schien zurückzuführen in jene Periode kurz vor der Jahrhundertwende, in der man ganz betont nicht von Naturwissenschaft *(k'o-hsüeh)*, sondern von »westlichem Lernen« *(hsi-hsüeh)* gesprochen hatte.[113]
Dieser ideologischen Orientierung entsprach der Aufbau des chinesischen Wissenschaftsbetriebes in den Jahren der Republik. Er geschah – von unwesentlichen Ausnahmen abgesehen – nach Maßgabe westlicher Vorbilder, wenn auch mit erheblich geringeren finanziellen und personellen Ressourcen.[114] Soweit naturwissen-

112 Liang Ch'i-ch'ao, *K'o-hsüeh ch'ing-shen yü tung-hsi wen-hua* (Der Geist der Wissenschaft und die Kulturen des Ostens und des Westens) Vortrag vor der Wissenschaftlichen Gesellschaft am 20. 8. 1922 in: Ying-pin-shih wen-chi (Gesammelte Aufsätze aus dem Studio des Eistrinkers) Bd. 16 Nachdruck Taipei 1960, S. 1 f.
113 Vgl. Anm. 2, S. 8.

schaftliche Forschungen betrieben werden konnten, gaben internationale Standards die inhaltliche und disziplinäre Marschrichtung an, nach der sich die chinesischen Wissenschaftler orientierten. Analoges galt für die Wissenschaftsideologie: Autonomie der Wissenschaft gegenüber allen denkbaren externen Anforderungen lautete der Minimalnenner, auf den sich die scientific community im China der zwanziger und dreißiger Jahre weitgehend einigen konnte. Die zuvor angedeuteten Scharmützel, die Traditionalisten und chinesische Lebensphilosophen, denen Wissenschaft suspekt bis verwerflich erschien, in wechselnder Dringlichkeit vorgetragen hatten, trugen eher zur Konsolidierung der Position der organisierten Wissenschaften bei, als daß sie sie infrage gestellt hätten. Die anfänglich noch so gewichtige Frage nach dem sozialen oder ökonomischen Gebrauchswert wissenschaftlicher Aktivitäten hatte an Bedeutung verloren: die chinesische Wissenschaft, deren Vertreter eine geographische Zuordnung ohnehin ablehnten, legitimierten sich nicht länger durch Nutzen, sondern durch Qualität.

In diesem Prozeß der Modernisierung nach Maßgabe westlicher Vorbilder drängte ein rigider Fortschrittsbegriff die Beschäftigung mit traditionellen Formen der Naturerkenntnis zur Seite. Solange ein Verweilen bei geschichtlichen Ansätzen keine Lösung der aktuellen Probleme versprach, solange kulturelles Erbe nur als Hinweis für noch zu überwindende Rückständigkeiten verstanden wurde, mußte jeglicher Versuch eines Ausleuchtens der chinesischen Wissenschaftsgeschichte ›von innen heraus‹ den Vorkämpfern für die Institutionalisierung eines neuzeitlichen Wissenschaftsbetriebes entweder als Luxus oder als Peinlichkeit erscheinen.

Joseph Needham hat sich bemüht, diese enge Interpretation von kulturellem Vermächtnis – in des Wortes doppelsinniger Bedeutung – aufzuheben. Wie weit er darin erfolgreich war, soll hier nicht entschieden werden. Doch es stimmt optimistisch, daß seine Werke mittlerweile in der Volksrepublik China genauso wie in Taiwan verbreitet sind. Und darin liegt kein schlechter Beleg für die Wahrheit der Grundannahme eines Forschers, der antrat, die Universalität menschlichen Erkenntnisstrebens nachzuweisen, unbeirrt von wissenschaftlichen Modeerscheinungen und ideologischen Ränkünen, der die Wissenschaft aber nicht als Selbstzweck verfolgt, sondern als Modell und Instrument menschlichen Zusammenlebens.

114 Yuan-li Wu, Sheeks, Robert B.: The Organization and Support of Scientific Research and Development in Mainland China, New York 1970, S. 21 f.

Zur Auswahl der Aufsätze

Joseph Needham interpretiert das Zustandekommen der neuzeitlichen Wissenschaft als einen universalen Vorgang, zu dessen Entstehen Beiträge aus vielen Zivilisationen zusammenkommen mußten, der aber erst durch die Entdeckungen und soziokulturellen Neuausrichtungen im Europa der Renaissance die für ihn bestimmende Dynamik erhielt. »Wissenschaftlicher Universalismus« als konkretes Forschungsprogramm zielt demnach ebenso auf die Beschreibung einzelner Komponenten wie auf eine Kennzeichnung des Milieus, innerhalb dessen eine Kombination der Einzelteile das Unternehmen »moderne Wissenschaft« in Gang setzte.

Wenn der Durchbruch zur modernen Wissenschaft allein in Europa gelang, in anderen Kulturen dazu aber die kognitiven Voraussetzungen genauso vorhanden waren, dann müssen, folgert Needham, soziokulturelle Unterschiede die entscheidenden Hemm- bzw. Beschleunigungsfaktoren bezeichnen. Der Aufsatz »Wissenschaft und Gesellschaft in Ost und West« geht auf einige dieser Unterschiede ein. »Die Einheit der Wissenschaften, Asiens unentbehrlicher Beitrag«, der zweite Aufsatz der Auswahl, liefert eine erste faktische Erhärtung der These von der Universalität des Vorgangs, an dessen Ende die neuzeitliche Wissenschaft stand. Daß es sich bei diesen Beiträgen um mehr als nur die ständig zitierten Beispiele des Schießpulvers, der Druckkunst und des magnetischen Kompasses handelt, wird dabei ebenso deutlich wie die zentrale Rolle des arabischen Kulturraums für die Übermittlung der Erfindungen und Erkenntnisse. »Der chinesische Beitrag zu Wissenschaft und Technik« greift das Thema aus chinesischer Perspektive auf. Needham beschränkt sich hier nicht auf die Aufzählung vieler Einzelfälle, er schildert auch die chinesische Einstellung zur Frage der sozialen Verfügbarkeit von Wissenschaft und Technik.

»Die Rollen Europas und Chinas in der Entwicklung der universalen Wissenschaft« befaßt sich mit einem weiteren zentralen Motiv der Forschungen Needhams, dem »Verschmelzen« diverser, ethnisch geprägter wissenschaftlicher Traditionen in universalen Theoriesystemen, die ihrerseits allgemeingültige Richtlinien für künftige Forschungsstrategien niederlegen. Um die Implikationen dieser ethnischen Vorprägungen besser einschätzen zu können, bedarf es eines genaueren Blickes auf die metawissenschaftlichen Leitgedanken der chinesischen Geistesgeschichte. Ihre philosophischen und sozialen Züge untersucht Needham in seinen »Gedanken über die sozialen Beziehungen von Wissenschaft und Technik in China«.

Als Beispiele für Needhams Geschick, Problemzusammenhänge global und gleichzeitig detailgetreu in den Griff zu bekommen, mögen die Aufsätze »Der Zeitbegriff im Orient« und »Das fehlende Glied in der Entwicklung des Uhrenbaus: ein chinesischer Beitrag« dienen. Zunächst räumt Needham mit dem vulgärphilosophischen Klischee des »zeitlosen Orients« auf und zeigt sehr genau, wie konkret sich die Chinesen der Realität zeitlicher Abläufe in der Geschichte bewußt waren. Und zum Nachweis, daß sich derlei Gedanken nicht nur auf den mageren Weiden der Spekulation bewegten, zeigt Needham in seiner Geschichte des chinesischen Uhrenbaus gleichsam das handwerkliche Komplement: mehr noch, die Unruh, die zentrale Vorrichtung der mechanischen Zeitmessung, ist eine chinesische Erfindung.

Von ähnlicher Intention wie die Gedanken über die chinesischen Zeitvorstellungen sind Needhams Ausführungen zum Thema »Menschliche Gesetze und Naturgesetze«. Needham greift dabei einen Gedanken des österreichischen Wissenschaftsphilosophen und -historikers Edgar Zilsel auf, der in einem Aufsatz aus dem Jahre 1943 die abendländische Deutung des Gesetzesbegriffes als eine wesentliche ideologische Voraussetzung für das Entstehen der modernen Wissenschaften bezeichnet. Unterstellt man die Richtigkeit dieser Behauptung, dann müßte eine Analyse der chinesischen Gesetzesvorstellungen Aufschluß über die unterschiedlichen Entwicklungsgeschwindigkeiten wissenschaftlichen Denkens in Ost und West erbringen.

Die traditionelle chinesische Medizin steht seit einigen Jahren im Brennpunkt nicht nur medizinhistorischen Interesses. Das rührt zum einen aus soziopolitischen Begleitumständen ihrer Wiedergeburt im sozialistischen China her, zum anderen aus dem erklärten Unvermögen westlicher Mediziner, gewisse therapeutische Effekte dieser Medizin in den Begriffen ihrer eigenen Deutungssysteme nachzuvollziehen. Needham klärt zunächst die Entstehungs- und Entwicklungsbedingungen der traditionellen Medizin Chinas, die wie keine andere wissenschaftliche Disziplin von der sie umlagernden Kultur geprägt wurde, und schlägt dann einige Interpretationen zu ihrer Wirkungsweise vor.

Biographische Notiz zu Joseph Needham

Joseph Needham, der sich wie kein anderer um die Entdeckung der chinesischen Wissenschafts- und Technikgeschichte verdient gemacht hat, wurde im Jahre 1900 geboren.[1] Sein Vater praktizierte als Arzt in Londons berühmter Harley Street; seine Mutter hatte sich einen Namen als Komponistin romantischer Lieder gemacht. Die Eltern legten großen Wert darauf, ihrem Sohn eine Ausbildung zu ermöglichen, in der sich wissenschaftliche, musische und religiöse Elemente ergänzten. Sie schickten ihn nach Oundle, auf eine der angesehensten Privatschulen Englands, die zu jener Zeit durch ihren Rektor, F. W. Sanderson, einen engen Freund von H. G. Wells, besondere Berühmtheit erlangt hatte. Abweichend von den Lehrplänen anderer etablierter Privatschulen wurden die Schüler von Oundle auch in Fächern wie »praktische wissenschaftliche Laborarbeit« unterwiesen, was für die damaligen Verhältnisse recht ausgefallen war. Diese erste Beschäftigung mit naturwissenschaftlicher Arbeit schien Needhams weiteres Berufsleben vorzuzeichnen. In Cambridge studierte er zunächst Biologie, bis sein Tutor, Sir William Hardy, sein Interesse auf die neuen Forschungsgebiete lenkte, die das noch junge Fach der Biochemie damals mehr versprach als schon erschlossen hatte. Die herausragende Persönlichkeit in dieser Disziplin war Frederick Gowland Hopkins, der 1929 den Nobelpreis für Medizin erhielt. Needham wurde sein Schüler. 1924 wählte ihn das Caius College zum Fellow. Im selben Jahr heiratete Needham die Biochemikerin Dorothy Moyle, eine Assistentin von F. G. Hopkins. Das Ehepaar Needham wurde später in die Royal Society aufgenommen.

In seinen ersten Publikationen beschäftigte sich Needham mit der mechanischen Biologie. Er griff in die Debatte zwischen »Vitalisten« und »Mechanisten« ein, die zu jener Zeit mit besonderer Hef-

1 Weitere biographische Einzelheiten zum Leben und zur Philosophie Joseph Needhams finden sich in Henry Holorenshaws sehr kenntnisreicher Darstellung: ›The Making of an Honorary Taoist,‹ in: M. Teich und R. Young, Hrsg., Changing Perspectives in the History of Science, London 1973, in: Derek J. de Solla Price, ›Joseph Needham and the Science of China‹ und in Shigeru Nakayama, ›Joseph Needham and the Science of China‹; beide in: Nathan Sivin und Shigeru Nakayama, Hrsg., Chinese Science, Explorations of an Ancient Tradition, The MIT Press, Cambridge, Mass. und London, England, 1973.

tigkeit ausgetragen wurde.[2] Weitere Werke erschienen über die Zusammenhänge zwischen Ethik und Religion.[3] 1931 veröffentlichte er sein erstes Hauptwerk, die dreibändige »Chemical Embryologie«. Die historische Einleitung zu dieser Studie baute er 1934 zu seiner »A History of Embryology« aus. Die Verlagerung seiner Interessen auf wissenschaftshistorische Fragestellungen deutete sich an.

Needhams wissenschaftliche Arbeit vollzog sich nicht losgelöst vom politischen Tagesgeschehen. Wie viele andere britische Physiker, Chemiker und Biologen (und anders als die meisten seiner Kollegen auf dem Kontinent) sah Needham keinen Widerspruch zwischen wissenschaftlichem und politischem Engagement.[4] Die steigende Arbeitslosigkeit in den Jahren der Depression und die Gefahr einer faschistischen Machtübernahme nicht nur in Deutschland drängten ihn in die Politik. Zusammen mit J. D. Bernal gründete er die »Cambridge Scientists' Anti-War Group« und bemühte sich um eine Wiederbelebung der linksstehenden »Association of Scientific Workers«. Auf unzähligen politischen Veranstaltungen setzte er sich für die Sache der Republikaner im Spanischen Bürgerkrieg ein.

Als 1936 mit Lu Gwei-djen eine chinesische Biochemikerin an die Hopkins-Laboratorien nach Cambridge kam, erhielt Needham erste Anregungen zu interkulturellen Vergleichen in der Wissenschaftsgeschichte. In den folgenden Jahren lernte er Chinesisch und widmete sich intensiv den chinesischen Klassikern. Während des 2. Weltkrieges schickte ihn die britische Regierung als Leiter des »Sino-British Science-Cooperation Office« nach China (1942–1946). Dort konnte er »vor Ort« seine Kenntnisse der chinesischen Wissenschaftsgeschichte vertiefen.

Nach dem Krieg wurde Needham Direktor der Abteilung für Naturwissenschaften an der UNESCO in Paris; auf seinen Einsatz geht das S (die Abkürzung für Science) in UNESCO zurück.

Auch in der Zeit des Kalten Krieges blieb Needham den politischen Grundsätzen treu, die er sich in den 30er Jahren erarbeitet hatte und die man auf den Nenner »undogmatische Form des Marxis-

2 Vgl. Needham's Man a Machine, London, 1927

3 Vgl. dazu Robert S. Cohen, »Is the Philosophy of Science Germane to the History of Science? The Work of Meyerson and Needham,‹ in: Actes du dixième congrès international d'histoire des sciences, Bd. I, Paris 1964.

4 Vgl. dazu Gary Werskey's ›Introduction‹ zu Needham's Moulds of Understanding. A Pattern of Natural Philosophy, Allen & Unwin, London 1976.

mus« bringen könnte. Sein Versuch, die chinesische Haltung im Koreakrieg verständlich zu machen, ließ ihn zur Zielscheibe heftiger politischer Angriffe werden, die auch sein wissenschaftliches Werk nicht verschonten. Das zeigte sich 1954, als der erste Band seiner (damals auf sieben Fortsetzungen geplanten) »Science and Civilization in China« erschien, der eine systematische Bestandsaufnahme der wissenschaftlichen und technologischen Tradition Chinas und ihrer soziokulturellen Bedingungen versprach. In weiteren Werken verfolgte Needham den historischen Austausch wissenschaftlicher und technologischer Errungenschaften zwischen Orient und Okzident.
Joseph Needham ist Master of Gonville and Caius College in Cambridge. Neben vielen anderen Auszeichnungen bekam er die »George-Sarton-Medaille« der »History of Science Society« (1968) und die »Leonardo-da-Vinci-Medaille« der »Society for the History of Technology« (1968).

Joseph Needham
Wissenschaftlicher Universalismus
Über Bedeutung und Besonderheit der chinesischen Wissenschaft

Wissenschaft und Gesellschaft in Ost und West

Als mir 1938 erstmals der Gedanke kam, eine systematische, objektive und zuverlässige Abhandlung über die Geschichte der Wissenschaften, des wissenschaftlichen Denkens und der Technik im chinesischen Kulturkreis zu verfassen, sah ich das zentrale Problem in der Frage: warum hat sich die moderne Wissenschaft nur in Europa und nicht auch in China oder Indien entwickelt? Als ich im Laufe der Jahre mehr über die chinesische Wissenschaft und Gesellschaft lernte, wurde mir klar, daß es eine zweite, nicht minder wichtige Frage gab, nämlich: warum ist die Zivilisation der Chinesen zwischen dem 1. Jahrhundert v. Chr. und dem 15. Jahrhundert n. Chr. in der Nutzung des menschlichen Wissens von der Natur für die praktischen menschlichen Bedürfnisse sehr viel erfolgreicher als der Westen gewesen?

Die Antwort auf diese beiden Fragen liegt, so glaube ich mittlerweile, primär in den sozialen, intellektuellen und ökonomischen Strukturen dieser beiden unterschiedlichen Zivilisationen. Der Vergleich zwischen China und Europa ist besonders erhellend, denn hier tritt der komplizierende Faktor klimatischer Bedingungen nicht auf. Grob gesagt, gleicht das Klima des chinesischen Kulturbereichs dem des europäischen. Niemand kann (wie im Falle Indiens) behaupten, daß ein außerordentlich heißes Klima das Entstehen der modernen Naturwissenschaften verhindert hätte.[1] Obwohl die natürlichen, geographischen und klimatischen Randbedingungen der verschiedenen Zivilisationen zweifellos eine große Rolle für die Entwicklung ihrer spezifischen Merkmale spielen, glaube ich doch nicht, daß sie für die indische Kultur von ausschlaggebender Bedeutung waren. In bezug auf China kann man diese Behauptung gar nicht erst aufstellen.

Hinsichtlich der Tragfähigkeit jener »physisch-anthropologischen« oder »rassisch-spirituellen« Faktoren, die das Erklärungsbedürfnis so mancher befriedigen, bin ich seit je skeptisch gewesen. Alles, was ich seit meinem ersten engeren persönlichen Kontakt mit chinesischen Freunden und Kollegen vor 30 Jahren erlebt habe, hat diese Skepsis nur verstärkt. Wie Andrea Corsalis bereits vor vielen Jahr-

1 Vgl. die Arbeiten von E. Huntington: Mainsprings of Civilization. New York 1945 (z. B.).

hunderten schrieb, sind die Chinesen völlig »di nostra qualità«. Ich bin fest davon überzeugt, daß die ungeheuren historischen Unterschiede zwischen den Kulturen durch soziologische Untersuchungen erklärt werden können und daß dies eines Tages auch geschehen wird. Je mehr man in die verzweigte Geschichte der Errungenschaften der chinesischen Wissenschaft und Technik insbesondere jener Zeit eindringt, die vor dem Zusammenfließen aller spezifischen, ethnischen Kulturströme in das Meer der modernen Wissenschaft liegt, desto stärker bin ich davon überzeugt, daß der Grund für den allein in Europa erfolgten Durchbruch mit den besonderen sozialen, intellektuellen und ökonomischen Bedingungen zusammenhängt, die dort zur Zeit der Renaissance herrschten, und nicht mit irgendwelchen Unzulänglichkeiten entweder des chinesischen Verstandes oder der intellektuellen und philosophischen Tradition Chinas, denn in vieler Hinsicht paßt diese Tradition viel eher mit der modernen Wissenschaft zusammen als die Weltanschauung des Christentums. Diese Ansicht mag oder mag nicht marxistisch sein – in meinem Falle basiert sie auf einer persönlichen Erfahrung im Leben und Forschen.

Für die Fragestellungen eines Wissenschaftshistorikers müssen wir deshalb auf die wesentlichen Unterschiede zwischen dem aristokratischen, militärischen Feudalismus Europas achten, der zusammen mit Renaissance und Reformation erst den merkantilen und dann den industriellen Kapitalismus entstehen ließ, und jenen anderen Arten des Feudalismus (falls es sich wirklich darum handelte), die das mittelalterliche Asien charakterisierten. Aus der Perspektive der Wissenschaftsgeschichte müssen wir auf jeden Fall auf von den europäischen Vorbildern ausreichend unterschiedene Formen stoßen, um unsere Frage klären zu können. Deswegen habe ich nie viel von jenem Zug im marxistischen Denken gehalten, der nach einer rigiden und einheitlichen Formel für die Stufen der sozialen Entwicklung sucht, die alle Zivilisationen »durchlaufen müssen«.

Die Konzeption der ersten dieser Stufen – der Urgesellschaft – hat zahlreiche Diskussionen ausgelöst. Obwohl die meisten westlichen Anthropologen und Archäologen (natürlich mit bemerkenswerten Ausnahmen, wie z. B. V. Gordon Childe) die Existenz einer solchen Phase bestreiten, schien es mir immer außerordentlich vernünftig zu sein, eine der Ausdifferenzierung sozialer Klassen vorausgehende Form von Gesellschaft anzunehmen, und in meinen Untersuchungen der chinesischen Gesellschaft des Altertums habe ich diese Form immer wieder aus dem Nebel auftauchen sehen. Genau so wenig besteht irgend eine wesentliche Schwierigkeit im Übergang vom Feudalismus zum Kapitalismus, obwohl dieser Übergang ungeheuer komplex war und noch genau untersucht werden muß. Das gilt besonders für die genauen Beziehungen zwischen den sozialen und ökonomischen Veränderungen und das Entstehen der modernen Wissenschaft, d. h. der erfolgreichen Anwendung mathematischer Hypothesen auf die systematische, experimentelle Untersuchung natürlicher Phänomene. Historiker aller möglichen theoretischen Neigungen und Vorurteile sind notwendigerweise gehemmt zuzugeben, daß der Aufstieg der modernen Wissenschaft gleichsam *pari passu* mit der Renaissance, der Reformation und dem Entstehen des Kapitalismus geschah.[2] Die engen Beziehungen zwischen dem sozialen und ökonomischen Wandel und dem Erfolg der »neuen oder experimentellen« Wissenschaft lassen sich nur sehr schwer genauer bestimmen. Zu diesem Problem läßt sich sehr viel ausführen, etwa die überaus wichtige Rolle der »höheren Handwerker« und ihre damals erfolgte Aufnahme in die Gesellschaft der Gelehrten[3]; doch dazu ist dieser Aufsatz, in dem wir andere Fragen verfolgen, nicht der geeignete Ort. Hier ist zunächst festzuhalten, daß die moderne Wissenschaft sich in Europa und nirgendwo sonst entwickelt hat.

Vergleicht man die Stellung Europas mit der Chinas, dann lauten die wichtigsten und am wenigsten geklärten Fragen: a) wie und in-

2 Für die Vertreter einer internalistischen Wissenschaftsgeschichte liegt der größte Stolperstein in der Frage historischer Kausalprinzipien. Da sie in jeder Formulierung ökonomischen Determinismus wittern, bestehen sie darauf, daß die wissenschaftliche Revolution als eine primäre Revolution wissenschaftlicher Gedanken nicht von anderen sozialen Bewegungen wie der Reformation oder dem Aufstieg des Kapitalismus »abgeleitet werden kann«. Vielleicht können wir uns für den Augenblick mit einem Ausdruck wie »unzertrennbar verbunden mit ...« begnügen. Mir kommen die Internalisten immer wie Manichäer vor; sie gestehen ungern zu, daß Wissenschaftler einen Körper haben, daß sie essen und trinken und sozialen Umgang mit ihren Mitmenschen pflegen, deren praktische Probleme ihnen nicht völlig verborgen sein können; genauso wenig gestehen die Internalisten ihren wissenschaftlichen Subjekten Formen des Unterbewußtseins zu.

3 Diesen Faktor hat Edgar Zilsel sehr hervorgehoben und ausgearbeitet. Seine Bedeutung wurde erst kürzlich von einem Medievalisten anerkannt, den niemand des Marxismus' verdächtigen kann; vgl. A. C. Crombie: The Relevance of the Middle Ages in the Scientific Movement. In: Perspectives in Mediaeval History. Hrsg. von K. F. Drew und F. S. Lear. Chicago 1963. S. 35. Vgl. Crombie: Quantification in Mediaeval Physics. In: Quantification. Hrsg. von H. Woolf. Indianapolis 1961, S. 13

wiefern unterschied sich der Feudalismus des chinesischen Mittelalters (falls man ihn so nennen kann) vom europäischen Feudalismus und b) sind China oder Indien je durch eine Stufe der »Sklavenhaltergesellschaft« gegangen, die der des klassischen Griechenlands und Roms entsprach? Die Frage lautet natürlich nicht, ob nur die Institution der Sklaverei existierte, sondern ob die gesellschaftliche Reproduktion auf ihr basierte.

Vor vielen Jahren, als ich noch als Biochemiker arbeitete, wurde ich stark von Karl A. Wittfogels Buch »Wirtschaft und Gesellschaft Chinas« beeinflußt, das er noch als mehr oder weniger orthodoxer Marxist in Deutschland vor der Hitlerzeit verfaßt hatte.[4] Besonders interessierte ihn die Entwicklung der Idee eines »asiatischen Bürokratismus« oder – wie ihn einige chinesische Historiker nennen – »bürokratischen Feudalismus«. Diese Idee stammt aus den Werken von Marx und Engels, die sie teilweise aus den Beobachtungen des Franzosen Francois Bernier bezogen hatten, der im 17. Jahrhundert als Arzt am Hofe des Mogulenkaisers Aurangzeb in Indien gelebt hatte.[5] Marx und Engels hatten von der »asiatischen Produktionsweise« gesprochen. Wie sie diese zu verschiedenen Zeiten genau definierten und wie genau man sie definieren kann oder sollte, wird heute wieder in fast jedem Land heftig diskutiert. Grob gesagt handelt es sich um das Entstehen eines Staatsapparates von fundamental bürokratischem Charakter, der von einer nicht-erbberechtigten Elite verwaltet wurde und auf der Grundlage einer großen Zahl mehr oder weniger sich selbst verwaltender Bauerngemeinden existierte, die noch sehr viel von ihren traditionellen Stammeseigenschaften aufwiesen und kaum arbeitsteilig operierten. Die Form der Ausbeutung bestand hier im wesentlichen in der Steuererhebung für den zentralisierten Staat, d. h. den königlichen oder kaiserlichen Hof und seine Beamtenregimenter. Der Staatsapparat fühlte sich hierzu aus zwei Gründen berechtigt: einmal, weil er die Verteidigung des gesamten Gebietes organisierte (gleichgültig, ob im Altertum einen »Feudalstaat« oder später das gesamte chinesische Kaiserreich) und zum anderen, weil er für den Aufbau und die Aufrechterhaltung der öffentlichen Arbeiten

4 Leipzig 1931. Sehr viel habe ich auch aus einem wertvollen kleinen Buch von Hellmut Wilhelm, dem Sohn des bedeutenden Sinologen Richard Wilhelm gelernt; Gesellschaft und Staat in China. Peiping 1944. Leider ist diese nicht-marxistische Arbeit seit längerem nicht mehr zugänglich.

5 The History of the Late Revolution of the Empire of the Great Mogul. Orig.: Paris 1671.

sorgte. Man kann ohne große Übertreibung sagen, daß während der ganzen chinesischen Geschichte die zuletzt genannte Funktion wichtiger als die erste war, und das hatte Wittfogel erkannt. Die geographischen Besonderheiten und die besondere landwirtschaftliche Produktionsweise erforderten seit den Anfängen der chinesischen Geschichte den Bau riesiger Be- und Entwässerungsanlagen, die dazu dienten, a) vor Überschwemmungen durch die großen Flüsse zu schützen, b) Wasser für die Bewässerung insbesondere der Reiskulturen zu speichern und c) ein weitgespanntes Kanalnetz zu unterhalten, das die Beförderung der in Getreide zu entrichtenden Steuern an die zentralen Kornspeicher und in die Hauptstadt ermöglichte. All dies setzte neben der Ausbeutung durch Steuern die Organisation von Corvée-Arbeit voraus; man kann daher sagen, daß die einzigen Verpflichtungen der sich selbstverwaltenden Bauerngemeinden gegenüber dem Staatsapparat in der Entrichtung der Steuer und der Bereitstellung von Arbeitskräften für staatliche Vorhaben lagen.[6] Daneben übernahm die staatliche Bürokratie auch noch die allgemeine Organisierung der Produktion, d. h. die Verfügungsgewalt über die allgemeine Landwirtschaftspolitik. Man kann den Staatsapparat eines solchen Gesellschaftstypes als »ökonomisches Oberkommando« bezeichnen. Nur in China finden wir unter den ältesten und einflußreichsten Beamten den Ssu K'ung, den Ssu T'u und den Ssu Nung (Direktoren für öffentliche Arbeiten und für Landwirtschaft). Gleichzeitig dürfen wir nicht übersehen, daß die »Nationalisierung« der Salz- und Eisenherstellung (der einzigen Güter, die transportiert werden mußten, da man sie nicht überall produzieren konnte) erstmalig im 5. Jahrhundert v. Chr. vorgeschlagen und im 2. Jahrhundert v. Chr. verwirklicht wurde. In der Han-Zeit gab es auch eine staatliche Kommission für gebraute Getränke, und viele andere Beispiele ähnlich bürokratisch überwachter oder betriebener Industrien lassen sich für die späteren Dynastien anführen.[7]

6 Heutzutage müssen sie sie nicht mehr leisten, sie werden nach den normalen Sätzen der Kommune pro Tag bezahlt, die Arbeit wird von der Landbevölkerung in einer weniger arbeitsintensiven Zeit verrichtet; vgl. A. L. Strong: Letter from China. 1964, No. 15. Dieses Prinzip der rationalen und maximalen Ausnutzung von Arbeitskraft ist in der chinesischen Geschichte schon älter als 2000 Jahre. Die Festlegung der Zeiten gehörte zu den Funktionen des »ökonomischen Oberkommandos«.

7 Vgl. H. F. Schurmann: The Economic Structure of the Yuan Dynasty. Cambridge, Mass. 1956, S. 146 ff.

Betrachtet man die Situation genauer, dann entdeckt man noch andere Aspekte: zum Beispiel, daß es in der landwirtschaftlichen Produktion weder private Kontrolle noch Privatbesitz gab, sondern öffentliche Kontrolle, und daß in der Theorie alles Land dem Kaiser und nur dem Kaiser gehörte. Im Anfang gab es eine ähnliche Form wie den großen Landbesitz in Europa, der in den Händen weniger adliger Familien lag. Doch diese Institution entwickelte sich in der chinesischen Geschichte nie so stark, daß sie den feudalen Lehen des Westens vergleichbar geworden wäre, da es in der chinesischen Gesellschaft nicht das Prinzip des Erstgeburtsrechts gab. Deshalb mußte das ganze Land nach dem Tode des Familienoberhauptes wieder aufgeteilt werden. Gleichzeitig fehlte in jener Gesellschaft völlig die Vorstellung eines Stadtstaates: Städte wurden planmäßig als Knotenpunkte im Netz der Administration aufgebaut, obwohl sie natürlich auch häufig aus Marktzentren entstanden. Jede Stadt war befestigt und wurde für den Prinzen oder den Kaiser von einem Zivil- und einem Militärbeamten gehalten. Da in der chinesischen Gesellschaft die ökonomische Funktion so sehr viel wichtiger als die des Militärs war, überrascht es kaum, daß der Gouverneur gewöhnlich viel stärker respektiert wurde, als der Festungskommandant. Sklaven wurden, grob gesagt, in der landwirtschaftlichen Produktion nicht eingesetzt, noch viel weniger in der Industrie; die Sklaverei beschränkte sich auf die Arbeit in den Haushalten, sie war während der ganzen chinesischen Geschichte eher »patriarchalisch«.[8]

In ihren später hoch entwickelten Formen, wie denen der T'ang- oder Sung-Zeit, war die »asiatische Produktionsweise« in China zu einem System entwickelt worden, das zwar insofern »feudal« war, als der überwiegende Teil des Reichtums durch landwirtschaftliche Ausbeutung[9] gewonnen wurde, aber seinem Wesen nach bürokratisch und nicht militärisch-aristokratisch war. Man kann das Ausmaß des zivilen *ethos* in der chinesischen Geschichte kaum überschätzen. Die kaiserliche Gewalt wurde nicht durch eine Hier-

8 Vgl. F. Tökei: Die Formen der chinesischen patriarchalischen Sklaverei in der Chou-Zeit. In: Opuscula Ethnologica Memoriae Ludovici Biró Sacra, Budapest 1959, S. 291.

9 Das soll nicht bedeuten, daß Industrie und Handel im Mittelalter nur unzureichend entwickelt waren. Sie waren im Gegenteil (besonders im 12. und 13. Jh.) in der Südlichen Sung so produktiv und prosperierend, daß das erklärungsbedürftige Phänomen in der andauernden Herrschaft der typisch bürokratischen Formen liegt.

archie von Lehensträgern ausgeübt, sondern durch ein äußerst weit verzweigtes Beamtentum, das man im Westen unter der Bezeichnung »Mandarinat« kennt, das keine Prinzipien der Vererbbarkeit von Stellungen kannte und dessen Mitglieder in jeder Generation neu rekrutiert wurden. Ich kann nur sagen, daß während meiner dreißigjährigen Untersuchungen der chinesischen Kultur diese Konzepte mehr als irgendetwas anderes meinem Verständnis der chinesischen Gesellschaft geholfen haben. Man wird einmal im Detail nachweisen können, warum der »bürokratische Feudalismus« Asiens zunächst die Ausbreitung von Erkenntnissen über die Natur und ihre Anwendung auf Techniken im Dienste der Menschheit gefördert hat, während das politische System später den Aufstieg des modernen Kapitalismus und der modernen Wissenschaften verhindert hat – im Gegensatz zu der anderen Form von Feudalismus, die sich in Europa entwickelt hat und dadurch, daß sie zugrunde ging und die neue, merkantile Gesellschaftsordnung hervorbrachte, die Entwicklung der Wissenschaften begünstigte. In der chinesischen Zivilisation konnte eine vornehmlich merkantile Gesellschaftsordnung nie entstehen, da die grundsätzliche ideologische Ausrichtung des Mandarinats sich weder mit den Prinzipien eines erbberechtigten, aristokratischen Feudalismus, noch mit dem Wertsystem der reichen Kaufleute vertrug. Natürlich konnte in der chinesischen Gesellschaft Kapital akkumuliert werden, doch dessen Einsatz in ständig produzierende Industrieunternehmen wurde stets durch die Beamten-Gelehrten unterbunden, wie übrigens jede soziale Handlung, die ihre Stellung hätte bedrohen können. Deshalb erlangten die Kaufmannsgilden in China nie einen Status oder Einfluß, der dem der Kaufmannsgilden der Stadtstaaten der europäischen Zivilisation vergleichbar wäre.

In vieler Hinsicht war das soziale und ökonomische System des mittelalterlichen Chinas viel rationaler als das des mittelalterlichen Europas. Die Institution der kaiserlichen Examina zum Eintritt in die Staatsverwaltung, ein System, das schon im 2. Jahrhundert v. Chr. entstanden war, und die uralte Sitte, »hervorragende Talente zu empfehlen«, führten dazu, daß sich das Mandarinat mehr als 2000 Jahre lang aus den besten Köpfen der Nation rekrutierte (und die Nation war ein ganzer Subkontinent).[10] Dies unterschei-

10 Einen bemerkenswerten Nebenaspekt dieses Phänomens findet man in dem Aufsatz von Lu Gwei-Djen und J. Needham, China and the Origin of (Qualifying)

det sich sehr stark von der Situation in Europa, denn es ist nicht sehr wahrscheinlich, daß die besten Köpfe in den Familien der feudalen Herrscher oder der noch kleineren Gruppe der ältesten Söhne dieser Familien heranwuchsen. Natürlich gab es in der frühmittelalterlichen Gesellschaft Europas auch einige bürokratische Züge, z. B. das Amt des »Grafen« und die weithin geübte Praxis, Bischöfe und den Klerus als Verwalter des Königs einzusetzen, doch das war weit von der systematischen Nutzung administrativer Talente im chinesischen System entfernt.

In China wurde darüber hinaus nicht nur dafür gesorgt, daß die administrativen Talente auf den richtigen Platz in der Bürokratie kamen; durch die Durchschlagskraft des konfuzianischen *ethos* entstand zusätzlich der Effekt, daß die hauptsächlichen Repräsentanten all jener Gruppen der Bevölkerung, die nicht zum Gelehrten-Adel gehörten, sich ständig ihrer untergeordneten Position bewußt waren. Als ich kürzlich in einer Universität über diese Themen sprach, stellte mir jemand die ausgezeichnete Frage: »Wie kam es, daß während der ganzen chinesischen Geschichte die Militärs ihre gegenüber dem Zivilbeamtentum untergeordnete Stellung akzeptierten?« In anderen Zivilisationen ist ja »die Macht des Schwertes« die alles beherrschende Kraft. Als Antwort fiel mir zunächst der Verweis auf das durch die Bürokratie getragene kaiserliche *charisma* ein,[11] ferner die Heiligkeit der geschriebenen Zeichen sowie die chinesische Überzeugung, daß das Schwert zwar gewinnen, doch nur der *logos* die Macht bewahren könne. Es gibt eine berühmte Geschichte vom ersten Kaiser der Han-Dynastie, den die ausgefeilten Zeremonien, die seine Hofphilosophen für ihn entworfen hatten, ungeduldig machten, bis einer der Philosophen ihm sagte: »Ihr habt das Reich auf dem Rücken der Pferde erobert, doch vom Rücken der Pferde herab werdet Ihr es nie regieren können.« Daraufhin durften die Riten und Zeremonien in aller liturgischen Majestät entfaltet werden.[12] Im Altertum waren die Führungskräfte des chinesischen Reiches häufig gleichzeitig Mitglieder der zivilen und der militärischen Verwaltung. Doch es ist bezeichnend, daß das Militär sich selbst diese Unterlegenheit wi-

Examinations in Medicine. In: Proceeding of the Royal Society of Medicine 56, 63. 1963.

11 Man sollte die hohen moralischen Werte des Konfuzianismus hinzufügen, die zu allen Zeiten einen starken sozialen Druck auf die Mitglieder des Mandarinats ausübten.

12 Vgl. SCC, Vol. I, 103.

derspruchslos eingestand. Sehr häufig handelte es sich um »gescheiterte Zivilisten«. Selbstverständlich war in China, wie in allen anderen Gesellschaften, Gewalt das letzte Mittel und die ultima ratio; doch die Frage lautete: welche Gewalt, die moralische oder die rein physische? Die Chinesen waren fest davon überzeugt, daß nur erstere von Bestand war und daß nur sie bewahren konnte, was letztere gewonnen hatte.

Für den Primat des geschriebenen und gesprochenen Wortes in der chinesischen Gesellschaft gab es auch technische Begründungen. Man hat nachgewiesen, daß im Altertum die Erfindung von Offensivwaffen, insbesondere des sehr wirksamen Kreuzbogens, sehr viel schneller vonstatten ging als die Entwicklung von Rüstungen zur Verteidigung. Im Altertum entstanden viele Geschichten von feudalen Fürsten, die durch Gemeine oder mit Kreuzbögen bewaffnete Bauern getötet wurden – diese Situation unterscheidet sich wesentlich von der bevorzugten Stellung des schwer bewaffneten und gepanzerten Ritters der mittelalterlichen Gesellschaft des Westens. Vielleicht resultiert hieraus der Nachdruck, den die Konfuzianer auf Überzeugung legten. Die Chinesen waren Liberale, »denn Liberale wenden nicht Gewalt, sondern Argumente an«. Den chinesischen Bauern konnte niemand in eine Schlacht zur Verteidigung seiner Landesgrenzen treiben, denn er war sehr wohl dazu fähig, zunächst einmal seinen Prinzen zu erschießen; wenn ihn aber die Philosophen, ganz gleich ob Patrioten oder Sophisten, überzeugten, wie notwendig es sei, für den Staat zu kämpfen, dann setzte er sich in Bewegung. Deshalb finden wir in klassischen und historischen Texten der Chinesen stets ein gewisses Maß an »Propaganda« (was nicht unbedingt pejorativ gemeint sein muß). Hier handelte es sich nicht um eine besondere chinesische Eigenart, vielmehr um ein auf der ganzen Welt verbreitetes Phänomen, das man von Josephus bis Gibbon kennt.

In diesem Zusammenhang ist noch ein anderes Argument von Interesse. Die Chinesen sind immer hauptsächlich Bauern gewesen; Tierzucht und Seefahrt waren eher Randerscheinungen.[13] Berufe in den beiden letzteren Bereichen begünstigen die Ausprägung exzessiver Kommando- und Gehorsamsstrukturen: Der Kuh- oder Schafhirte treibt seine Herde über die Weiden, der Kapitän erteilt seiner Mannschaft Befehle, die sie nur um den Preis ihres Lebens

13 Dieser Gegensatz wurde, glaube ich, zum erstenmal von André Haudricourt gewürdigt.

mißachten kann; wenn der Bauer erst einmal seine Aussaat bestellt hat, kann er auf ihr Keimen nur warten. In einer berühmten Parabel der philosophischen Literatur der Chinesen wird ein Mann aus dem Staate Sung verspottet, dem seine Pflanzen zu langsam wuchsen, und der deswegen an ihnen zog.[14] Die Anwendung von Gewalt indizierte daher stets einen Weg, den man nicht begehen sollte. Höfliche Überzeugung und nicht militärische Macht war daher die Maxime richtigen Handelns. Was für die Stellung des Soldaten gegenüber dem Zivilbeamten zutrifft, gilt *mutatis mutandis* auch für den Kaufmann. Reichtum als solcher wurde nicht geschätzt. Er hatte keine geistige Macht. Er mochte Bequemlichkeit mit sich bringen, aber keine Weisheit, und in China bedeutete Wohlhabenheit vergleichsweise sehr geringes Sozialprestige. Der Sohn eines jeden Kaufmannes hatte nur einen einzigen Gedanken im Kopf: er wollte Gelehrter werden, zu den kaiserlichen Prüfungen zugelassen werden und in der Bürokratie aufsteigen. Auf diese Weise erhielt sich das System über zehntausend Generationen. Ich bin mir nicht ganz sicher, ob es nicht auch heute noch lebt, obwohl es sich natürlich auf einer höheren Ebene fortsetzt; denn verachtet nicht auch der Parteikader, für dessen Stellung die näheren Umstände seiner Geburt recht irrelevant sind, sowohl die Wertmaßstäbe des Adels wie jene der besitzenden Klasse? Kürzer ausgedrückt: vielleicht war in der Muschel des mittelalterlichen Bürokratismus der Chinesen der Geist einer nicht dominierenden Gerechtigkeit des Sozialismus eingeschlossen.[15] Möglicherweise sind die für die Chinesen bedeutsamen Traditionen viel leichter mit einer wissenschaftlichen, kooperativen Weltgemeinschaft in Übereinstimmung zu bringen, als die Grundanschauungen der Europäer.

Zwischen 1920 und 1932 gab es in der Sowjetunion große Diskussionen über die Frage, was Marx wirklich unter dem Konzept der »asiatischen Produktionsweise« verstand. Diese Diskussionen sind im Westen kaum bekannt, da sie nie übersetzt wurden. Falls es noch Exemplare der russischen Protokolle gibt, sollte man sie unbedingt in einer westlichen Sprache wiederveröffentlichen. Wir ha-

14 Vgl. SCC, Vol. 2, 576.

15 Natürlich war das mittelalterliche Mandarinat Teil eines Ausbeutungssystems, wie der westliche Feudalismus und Kapitalismus, doch als nicht-erbberechtigte Elite widersetzte es sich sowohl aristokratischen wie merkantilen Lebensstilen. Vgl. das Buch von C. Brandt, B. Schwartz und J. K. Fairbank: A Documentary History of Chinese Communism. Cambridge, Mass. 1952, und J. Needham: The Past in China's Present. In: Within the Four Seas. London 1969.

ben zwar die genaueren Ergebnisse nie gesehen, doch man nimmt an, daß sich die Vertreter einer Linie behaupteten, die Abweichungen von der Standardfolge: Urgesellschaft, Sklavenhaltergesellschaft, Feudalismus, Kapitalismus, Sozialismus ablehnten. Ohne Zweifel hat in der damaligen, durch den Personenkult um Stalin geprägten Situation das Klima des Dogmatismus, das in jener Perdiode in den Sozialwissenschaften vorherrschte, seine Rolle gespielt.[16] Englische Marxisten haben in letzter Zeit ihr Unbehagen darüber geäußert, daß »Feudalismus« ein inhaltsleerer Begriff geworden sei.[17] »Ganz offensichtlich«, argumentieren sie, »verliert eine sozio-ökonomische Entwicklungsstufe, die sowohl das heutige Ruanda-Urundi, das Frankreich des Jahres 1788, China im Jahre 1900 und das England der Normannen charakterisieren soll, sehr leicht jede spezifische, für eine Analyse erforderliche Bedeutung ...« Hier bedarf es ganz dringend feinerer Einteilungen. Erstaunlicherweise scheinen sich diese Autoren kaum mit den ursprünglichen Auffassungen von Marx und Engels auseinandergesetzt zu haben. »Die ›asiatische Produktionsweise‹«, schrieb einer von ihnen, »ist schon seit langem stillschweigend von der Bildfläche verschwunden.«[18] Derselbe Autor stellt dann aber das Problem der aufgehaltenen Entwicklung mancher asiatischer und afrikanischer Gesellschaften sehr genau dar und empfiehlt die »Rehabilitierung der Marxschen ›asiatischen Produktionsweise‹ oder sogar mehrerer Produktionsweisen, um eine begriffliche Differenzierung zwischen regionalen Unterschieden zu ermöglichen«. Es wurde auch die Verwendung des Begriffes »proto-feudal« (den ich selbst erfunden habe) zur Kennzeichnung einer einzigen, grundlegenden Stufe vorgeschlagen, von der verschiedene Entwicklungsstränge ausgegangen sind.

Wenn heute in marxistischen Schriften der Name Wittfogel fällt, so geschieht das stets mit einigem Abscheu. Das liegt daran, daß Wittfogel während der Hitlerzeit nach Amerika ausgewandert und dort zu einem der wildesten Scharfmacher im Kalten Krieg geworden ist. Wahrscheinlich liegen hier die Kommentatoren, die Wittfogels Buch »Die orientalische Despotie«[19] als Propaganda

16 In den nachfolgenden Jahrzehnten entstanden unter sowjetischen Sinologen mehrere ausgezeichnete soziologische Untersuchungen der asiatischen Kulturen, die jedoch normalerweise das Konzept der »asiatischen Produktionsweise« vermieden.
17 J. Simon. In: Marxism Today 4, 183, 1962.
18 J. Simon, ebenda.
19 New Haven 1957 (dt. Berlin 1962). U. a. besprochen von J. Needham, in:

gegen das alte und neue Rußland und China betrachten, eher richtig. Wittfogel will heute sämtlichen Machtmißbrauch, gleichgültig ob in totalitären oder in anderen Gesellschaften, auf die Prinzipien des Bürokratismus zurückführen. Doch die Tatsache, daß er die Vorstellungen, die ich und viele andere unterstützen, heftig bekämpft, ändert nichts daran, daß er sie selbst einmal sehr brillant dargestellt hat. Daher bewundere ich sein erstes Buch, während ich mit dem eben genannten ganz und gar nicht einverstanden bin. Wittfogel mag in manchen Punkten etwas zu weit gegangen sein, trotzdem halte ich seine Theorie der »hydraulischen Gesellschaft« im wesentlichen für richtig. Denn auch ich gehe davon aus, daß die räumliche Ausdehnung der Öffentlichen Arbeiten (Deichbauten, Bewässerung und Kanalbauten) in der chinesischen Geschichte immer wieder die Grenzen zwischen den Territorien einzelner Feudal- oder Protofeudalherren durchbrochen hat. Das führte unweigerlich zu einer Konzentration der Macht im Zentrum, d. h. dazu, daß sich der bürokratische Apparat über die breitgestreuten, nach Stammesprinzipien organisierten Dorfgemeinschaften spannte. Diese öffentlichen Arbeiten trugen sichtlich dazu bei, den chinesischen Feudalismus »bürokratisch« umzustrukturieren. Natürlich kann es dem Wissenschafts- und Technologiehistoriker ziemlich gleichgültig sein, wie stark sich der chinesische vom europäischen Feudalismus unterscheidet; er muß nur (und davon bin ich fest überzeugt) *ausreichend* verschieden sein, damit sich erklären läßt, warum Kapitalismus und moderne Wissenschaft nur in Europa und nicht auch in China entstanden sind.

Es ist völliger Unsinn, alle sozialen Mißstände der Bürokratie anzulasten. Ganz im Gegenteil hat sie sich im Laufe der Jahrhunderte als ein großartiges Instrument zur menschlichen Organisation der Gesellschaft erwiesen. Und wir werden – falls die Menschheit bestehen bleibt – noch viele Jahrhunderte mit ihr leben. Unser grundsätzliches Problem besteht heute in der Humanisierung der Bürokratie, so daß deren organisatorische Macht im Sozialismus nicht nur zum größten Nutzen der einfachen Menschen eingesetzt werden kann, sondern daß man diese Motivation auch deutlich erkennt.

Science and Society, 1959, 23, 58. Von den vielen Kritiken an Wittfogels Vorstellungen könnte man eine interessante neue Untersuchung vom Standpunkt der Rechtswissenschaft erwähnen: Orlan Lee: Traditionelle Rechtsgebräuche und der Begriff des Orientalischen Despotismus. In: Zeitschrift für vergleichende Rechtswissenschaften 66, 157, 1964.

Die moderne Gesellschaft wird immer stärker von Wissenschaft und Technik abhängig, und je weiter diese Tendenz voranschreitet, desto notwendiger wird eine hochgradig organisierte Bürokratie. Doch es wäre falsch, ein nach der Entstehung der modernen Wissenschaft entwickeltes System mit irgendwelchen Vorläufern zu vergleichen. Die moderne Wissenschaft hat uns einen ungeheuren Reichtum an Instrumenten beschert, vom Telefon bis zum Computer, die uns erst jetzt in die Lage versetzen, den Wunsch nach einer humanisierten Bürokratie zu erfüllen. Und dieser Wunsch kann aus konfuzianistischen, taoistischen oder revolutionär-christlichen Grundanschauungen ebenso hervorgehen wie aus marxistischen.

Der Begriff »orientalische Despotie« erinnert natürlich an die Spekulationen der Physiokraten im Frankreich des 18. Jahrhunderts, die stark durch das beeinflußt waren, was man damals für die ökonomische und soziale Struktur Chinas hielt.[20] Sie betrachteten diese Struktur als einen aufgeklärten Despotismus, den sie sehr bewunderten, nicht als das grimmige und verwerfliche System in den Phantasien des späten Wittfogel. Die internationale Sinologie reagierte recht gereizt auf sein späteres Buch,[21] denn er verfuhr dort sehr willkürlich mit den empirischen Daten. So ist es z. B. unmöglich zu behaupten, im mittelalterlichen China habe es keine gebildete öffentliche Meinung gegeben. Ganz im Gegenteil: Der Gelehrten-Adel und das Gelehrten-Beamtentum konstituierten eine breite und sehr machtvolle öffentliche Meinung, und es kam vor, daß sich die Bürokratie den Befehlen des Kaisers widersetzte.[22] Der Theorie nach mochte der Kaiser ein absoluter Herrscher sein, doch in Wirklichkeit wurden alle bürokratischen Vorgänge durch ein System fest etablierter Präzedenzfälle und Konventionen geregelt, ein System, das durch die konfuzianische Exegese der historischen Texte immer wieder gefestigt wurde. China ist stets ein »Einparteienstaat« gewesen, und mehr als 2000 Jahre lang hat die konfuzianische Partei geherrscht. Meiner Meinung nach ist der Begriff »orientalische Despotie« bei Wittfogel genauso wenig gerechtfertigt wie bei den Physiokraten, ich selbst benutze ihn deshalb nie.

20 Vgl. hierzu L. A. Maverick: China, a Model for Europe. San Antonio, Texas 1946; das Buch enthält eine Übersetzung von F. Quesnay: Le despotisme de la Chine, Paris 1767.

21 Vgl. z. B. die Besprechung von E. G. Pulleyblank in: Bulletin of the London School of Oriental and African Studies 21, 657c, 1958.

22 Vgl. Liu Tzu-Chien: An Early Sung Reformer, Fan Chung-Yen. In: Chinese Thought and Institutions, Hrsg. von J. K. Fairbank, Chicago 1957, 105.

Andererseits gibt es viele marxistische Begriffe, die mir Schwierigkeiten bereiten; manche davon sind alt, andere haben erst in jüngster Zeit Bedeutung erlangt. So wird beispielsweise in manchen Texten »das fiktive Staatsgebilde« dem »realen Substrat« der unabhängigen Bauerndörfer gegenübergestellt. Das scheint mir ungerechtfertigt zu sein, denn auf seine Art war der Staatsapparat nicht minder real als die Arbeit der Bauern. Außerdem gebrauche ich nicht gerne das Wort »autonom« im Zusammenhang mit den Dorfgemeinschaften, denn ich glaube, es trifft nur sehr eingeschränkt zu. Wir bedürfen dringend einiger völlig neuer technischer Begriffe; denn wir befassen uns hier mit Gesellschaftsformen, die völlig außerhalb des westlichen Erfahrungsbereiches liegen. Und wenn wir diese neuen technischen Begriffe bilden, würde ich vorschlagen, zur Kennzeichnung von so ganz anderen Gesellschaften eher chinesische Formen zu wählen, statt auf der Verwendung griechischer oder lateinischer Begriffsstämme zu beharren. So bietet sich zur Kennzeichnung der Bürokratie der chinesische Begriff *kuan-liao* an. Eine adäquatere Terminologie würde auch helfen, eine Reihe mit der Bürokratie zusammenhängender Probleme besser zu verstehen. Dabei denke ich in erster Linie an die bemerkenswerte Tatsache, daß die japanische Gesellschaft der westeuropäischen viel stärker glich, und daß sie daher viel leichter in der Lage war, den modernen Kapitalismus zu entwickeln. Dies ist schon seit langem von Historikern erkannt worden, doch erst in jüngster Zeit sind die genaueren Umstände beschrieben worden, unter denen der militärisch-aristokratische Feudalismus Japans einen Kapitalismus entstehen lassen konnte, der in der bürokratischen Gesellschaft Chinas unmöglich war.[23]

Ich möchte noch kurz auf die »Sklavenhaltergesellschaft« zu sprechen kommen. Meine – vielleicht umstrittenen – Erfahrungen auf dem Gebiet der chinesischen Archäologie und Literatur haben mich in dem Glauben bestärkt, daß die chinesische Gesellschaft nicht einmal während der Shang- und frühen Chou-Perioden je in dem Sinne eine auf Sklavenarbeit aufgebaute Gesellschaft war, wie es für die Kulturen im Raum unseres Mittelmeers zutraf, deren von

23 Vgl. z. B. die jüngste Monographie von N. Jacobs: The Origin of Modern Capitalism and Eastern Asia. Hongkong 1958, die auch wegen ihres ausgezeichneten Index bemerkenswert ist. Der Autor ist ein Weberianer, der die bemerkenswerte Leistung vollbringt, Marx und Engels überhaupt nicht zu erwähnen. Offensichtlich sind in Hongkong das Department of History of Economics und das für History of Science in zwei getrennten Elfenbeintürmen untergebracht.

Sklaven geruderte Galeeren durch die Meere pflügten und deren *latifundia* sich über Italien ausbreiteten. Hier weiche ich – bei allem tiefen Respekt – von den Ansichten einiger zeitgenössischer chinesischer Gelehrter ab, denen das »einspurige« System der Entwicklungsstufen der Gesellschaft sehr einleuchtet, das im Marxismus der letzten 20 oder 30 Jahre vorherrscht. Das Thema wird noch immer heiß debattiert, und noch kann man nicht behaupten, in irgend einem Aspekt Gewißheit erlangt zu haben. Vor einigen Jahren hatten wir in Cambridge ein Symposium über Sklaverei in den verschiedenen Zivilisationen. Im Laufe der Diskussionen mußten alle Teilnehmer zugeben, daß die tatsächlichen Formen der Sklaverei in der chinesischen Gesellschaft von allen anderen bekannten Modellen stark abweichen. Aufgrund der Dominanz der Sippen- und Familienpflichten ist es eher zweifelhaft, ob überhaupt jemand in dieser Zivilisation im westlichen Verständnis als »frei« bezeichnet werden kann; andererseits kam (im Gegensatz zu einem weit verbreiteten Glauben) die Form des Leibeigentums in China nur ganz selten vor.[24] Im Grunde wissen wir immer noch nicht genau, wie es um den Status der abhängigen und halb-freien Gruppen zu verschiedenen Perioden in China bestellt war (und es gab sehr viele verschiedene Arten von diesen Gruppen). Auch hier bleiben der Forschung noch große Aufgaben gestellt, doch ich glaube, es ist jetzt schon klar, daß weder in ökonomischer noch in politischer Hinsicht Leibeigentum jemals wie zu manchen Zeiten im Westen eine Grundlage für die gesamte chinesische Gesellschaft dargestellt hat.

Obwohl die Frage der Sklavenarbeit als Basis der Reproduktion einer Gesellschaft insofern eine gewisse Bedeutung hat, als sie die Stellung von Wissenschaft und Technik bei den Griechen und Römern berührt, ist sie doch für meinen zentralen Punkt, nämlich den Ursprung und die Entwicklung der modernen Wissenschaft in der späten Renaissance, von weniger großer Bedeutung. Natürlich könnte die Sklavenarbeit eine bedeutsame Rolle für die größeren Erfolge der chinesischen Gesellschaft bei der Anwendung der Naturwissenschaften zum Nutzen der Menschen gespielt haben, insbesondere in den ersten 14 Jahrhunderten der christlichen Zeitrechnung und den vier- oder fünfhundert Jahren vor dieser Zeitrechnung. Ist es nicht sehr auffallend und bedeutend, daß es in

24 Vgl. E. G. Pulleyblank: The Origins and Nature of Chattel-Slavery in China. In: Journal of Economic and Social History of the Orient 1, 185, 1958.

China keinerlei Entsprechung für den Einsatz von Galeeren-Sklaven auf dem Mittelmeer gibt? Seit ältesten Zeiten waren das Segel und eine sehr ausgefeilte Technik, mit ihm umzugehen, die einzigen Methoden, die chinesischen Schiffe vorwärtszutreiben. In China gibt es auch keine Zeugnisse für einen Masseneinsatz menschlicher Arbeitskraft, der den Konstruktionsmethoden des klassischen Ägypten vergleichbar wäre. Weiter ist bemerkenswert, daß wir bisher noch auf kein einziges Beispiel dafür gestoßen sind, daß in der chinesischen Gesellschaft eine Erfindung aus Furcht vor dem Verlust von Arbeitsplätzen abgelehnt worden ist. Wenn die menschliche Arbeitskraft in China tatsächlich so riesig groß war, wie es sich viele vorstellen, läßt sich nur schwer verstehen, warum dieser Faktor niemals ins Spiel gebracht worden sein sollte. Schon zu recht frühen Zeiten der chinesischen Kultur finden wir zahlreiche Beispiele für die Einführung arbeitskraftsparender Erfindungen, häufig sehr viel früher als in Europa. Ein konkretes Beispiel wäre der Schubkarren, den man im Westen nicht vor dem dreizehnten Jahrhundert kannte, der in China aber schon im dritten Jahrhundert verbreitet war und wahrscheinlich weitere 200 Jahre früher erfunden worden war. Es ist sehr wohl möglich, daß ebenso, wie der bürokratische Apparat das Nichtentstehen moderner Wissenschaft in China erklären kann, das Fehlen eines ausgebreiteten Systems der Leibeigenschaft einen entscheidenden Faktor für die Erklärung der größeren Erfolge der chinesischen Kultur in der Entwicklung reiner und angewandter Wissenschaft in früheren Jahrhunderten darstellt.

Unter jüngeren europäischen Soziologen gibt es zur Zeit eine starke Tendenz, die Diskussion um die »asiatische Produktionsweise« wieder aufzunehmen.[25] Dieses Interesse dürfte zum Teil in der Bedeutung jener Hypothesen für die Erklärung der Entwicklungsprozesse afrikanischer Gesellschaften begründet sein. Es ist jedoch eher unwahrscheinlich, daß die gebräuchlich gewordenen begrenzten Kategorien diese Entwicklungen begreifen können. In jüngster Zeit ist der größte Anstoß für eine Wiederbelebung dieser Diskussion indes wohl von der Veröffentlichung eines Textes von Marx aus den Jahren 1857 und 1858 ausgegangen, nämlich von dem Manuskript »Formen, die der kapitalistischen Produktion vorhergehen«.

25 Siehe insbesondere die Besprechung von Jean Chesneaux: La mode de production asiatique: une nouvelle étape de la discussion. Eirene 1964, und die vielen wertvollen Beiträge in La Pensée 114, 1964.

Dieser Text gehört zu den Vorstudien für das »Kapital«, die in die »Grundrisse der Kritik der politischen Ökonomie« aufgenommen worden sind, ein Band, der 1952 in Deutschland nachgedruckt worden ist.[26] Unglücklicherweise war den Teilnehmern der russischen Diskussion in den zwanziger und dreißiger Jahren der Text von Marx nicht bekannt. Dort hätten sie die einzige umfassende und systematische Ausführung seiner Ideen über die »asiatische Produktionsweise« finden können. Es ist noch umstritten, ob Marx und Engels diese Produktionsweise als qualitativ verschieden von den üblicherweise unterschiedenen Gesellschaftstypen in der übrigen Welt betrachteten oder ob sie nur quantitative Differenzen zwischen der asiatischen und den anderen Produktionsweisen sahen. Es ist auch noch nicht klar, ob sie die asiatische Produktionsweise im wesentlichen als eine »Übergangs«-Situation interpretierten (obwohl sie sich in manchen Fällen über Jahrhunderte stabilisieren konnte), oder ob sie »Bürokratismus« als einen vierten, grundsätzlichen Gesellschaftstypus interpretierten. Handelte es sich bei der »asiatischen Produktionsweise« nur um eine Spielart des klassischen Feudalismus? Einige chinesische Geschichtswissenschaftler haben sie in der Tat als eine besondere Form von Feudalismus betrachtet. Doch an manchen Stellen scheint es so, als sähen Marx und Engels in ihr etwas qualitativ anderes als in der Produktionsform der Sklavenhalter- oder Feudalgesellschaft. Außerdem besteht nach wie vor die Frage, inwieweit die Konzeption des »bürokratischen Feudalismus« sich auch auf das präkolumbianische Amerika oder andere Gesellschaften, wie etwa das mittelalterliche Ceylon, anwenden läßt. Problemen dieser Art hat sich Wittfogel in jüngster Zeit sehr intensiv zugewandt, ohne bis jetzt jedoch zu zufriedenstellenden Ergebnissen gekommen zu sein (in seinem Index wird Ceylon noch nicht einmal erwähnt). Jüngere Soziologen gehen inzwischen aus einer ganz anderen Perspektive an dieses Problem heran.[27]

Ich bin sicher, daß deren Arbeiten viel zur Erhellung meines Problems beitragen werden, warum Wissenschaft und Technik in China zunächst weiter entwickelt waren als in Europa und dann hin-

26 Dietz Verlag, Berlin-Ost.

27 Zur Situation in Ceylon, einem Land, in dem außerordentlich zahlreiche und bemerkenswerte hydraulische Arbeiten verrichtet wurden, das aber kein Mandarinat hervorbrachte, s. E. R. Leach: Hydraulic Society in Ceylon. In: Past and Present 15, 1959.

ter der europäischen Entwicklung zurückblieben. Hinsichtlich dieser Frage haben insbesondere meine französischen Freunde und Kollegen, Jean Chesneaux und André Haudricourt, viele Vorarbeiten geleistet; ich stütze mich daher in meinen folgenden Ausführungen auf manche ihrer Gedanken. Ohne Zweifel muß man die frühe Überlegenheit der chinesischen Wissenschaft und Technik über viele Jahrhunderte mit den ausgefeilten, rationalisierten und reflektierten Mechanismen einer Gesellschaft in Zusammenhang bringen, die Züge der »asiatischen Bürokratie« trug, einer Gesellschaft, die im wesentlichen mit Hilfe von »Bildung« funktionierte: an den Schalthebeln der Macht saßen Gelehrte und nicht militärische Befehlshaber. Die Zentralgewalt verließ sich zum großen Teil auf das »automatische« Funktionieren der Dorfgemeinschaften und beschränkte ihre Interventionen in deren Lebensführung normalerweise auf ein Minimum. Auf den fundamentalen Unterschied zwischen Bauern und Hirten oder Seefahrern habe ich bereits hingewiesen. Epigrammatisch wird dieser Unterschied in den chinesischen Begriffen *wei* und *wu wei* ausgedrückt. *Wei* bezieht sich auf die Anwendung von Gewalt, auf Willenskraft, auf die Entschlossenheit, Dinge, Tiere oder sogar Menschen einer Ordnung zu unterwerfen; *wu wei* bezeichnet genau das Gegenteil: Dinge sich selbst überlassen, die Natur ihren Lauf nehmen lassen; davon leben, daß man mit und nicht gegen den Strom schwimmt und zu wissen, wie man nicht einzugreifen braucht. In der ganzen Geschichte Chinas war dies die berühmte magische Formel der Taoisten, die ungelehrte Lehre, der wortlose Erlaß.[28] Sie war in jener numinösen Aussage zusammengefaßt, die Bertrand Russell aus China mitbrachte: »Produktion ohne Besitz, Handlung ohne Selbstbehauptung, Entwicklung ohne Herrschaft.«[29] Den Begriff *wu wei* – das Nicht-Eingreifen – könnte man gut zur Bezeichnung des Respekts vor der »Selbststeuerungs«-Kapazität verwenden, die die einzelnen Bauern und ihre Dorfgemeinschaften aufbrachten. Selbst als die alte »asiatische« Gesellschaft dem »bürokratischen Feudalismus« Platz gemacht hatte, erhielten sich solche Vorstellungen noch lange am Leben. Politische Praxis und die Regierungsverwaltung Chinas beruhten auf diesem Prinzip der Nicht-Einmischung, das man von der alten asiatischen Gesellschaft und dem einfachen Gegensatzpaar »Dörfer-Prinz« geerbt hatte. In der ganzen chinesi-

28 Vgl. SCC, Vol. 2, 564.
29 SCC, Vol. 2, 164; zitiert nach: The Problem of China, London 1922, S. 194.

schen Geschichte zeichnete sich daher eine gute Verwaltung dadurch aus, daß sie möglichst wenig in die Angelegenheiten der Gesellschaft eingriff, und das Hauptziel der Sippen und Familien bestand darin, ihre Streitigkeiten intern, ohne Hilfe eines Gerichts, zu regeln.[30] Eine solche Gesellschaft hat das Nachdenken über die Natur wahrscheinlich sehr gefördert. Der Mensch war gehalten zu versuchen, so weit wie möglich in die Mechanismen der natürlichen Welt einzudringen und ihre Kraftreserven auszunutzen, dabei aber so wenig wie möglich in diese Prozesse einzugreifen und sich einer »Fernwirkung« zu befleißigen. Diese äußerst intelligenten Vorstellungen zielten stets darauf ab, Wirkungen auf möglichst ökonomische Art zu erzielen, und begünstigten natürlich die Erforschung der Natur aus im wesentlichen baconischen Gründen. Hier liegt die Erklärung für solch frühe Triumphe, wie sie in der Erfindung des Seismographen, des Gußeisens und der Nutzung von Wasserkraft zum Ausdruck kommen.
Man kann somit sagen, daß diese nicht-interventionistische Einstellung zu menschlichen Handlungen die Entwicklung der Naturwissenschaften zunächst sehr begünstigte. So hatte zum Beispiel die Vorliebe für »Fernwirkungen« bedeutende Konsequenzen für die frühe Wellen-Theorie, die Entdeckung des Rhythmus der Gezeiten, das Wissen um die Beziehungen zwischen Mineralien und Pflanzen in der geo-botanischen Forschung oder die Wissenschaft vom Magnetismus. Man vergißt häufig, daß die Kenntnis magnetischer Pole, der Deklination usw. zu Zeiten des Galilei einen bedeutenden Durchbruch für die moderne Wissenschaft darstellte; anders nämlich als die euklidische Geometrie und die ptolemäische Astronomie stellte die Wissenschaft von den magnetischen Kräften einen Beitrag dar, der nicht aus Europa kam.[31] Vor dem 12. Jahrhundert war auf diesem Gebiet der Kenntnisstand in Europa völlig unterentwickelt und die diesbezüglichen Verdienste der Chinesen stehen außer Zweifel. Wenn also die Chinesen (neben den Babyloniern) die bedeutendsten Beobachter unter allen antiken Völkern waren, so mag das gerade an der Förderung nicht-interventionistischer Prinzipien gelegen haben, die in so

30 Einen der dunkleren Aspekte dieses Prozesses findet man in dem teilweise autobiographischen Bericht meines alten Freundes Kuo Yu-Shou, La Lune sur le Fleuve Perle, Paris 1963 beschrieben.

31 Vgl. J. Needham: The Chinese Contributions to the Development of the Mariner's Compass. In: Scientia 55, I. 1961. Actas de Congresso Internacional de História des Descobrimentos. Lissabon 1961, Vol. 2, 311.

vielen der numinösen Gedichte der frühen Taoisten über das »Wassersymbol« und das »Ewig Weibliche« enthalten ist.[32]
Wenn aber der nicht-interventionistische Zug des Verhältnisses zwischen »Dörfern und Prinz« eine bestimmte Vorstellung von der Welt hervorbrachte, die den Fortschritt der Wissenschaften beflügelte, so zeigte er auch bestimmte natürliche Begrenzungen. Mit dem für den Westen charakteristischen »Interventionismus«, einer Haltung, die für ein Volk von Hirten und Seefahrern so typisch war, ließ er sich nicht in Übereinstimmung bringen. Da hier nicht die Möglichkeit vorlag, der merkantilen Mentalität in der Zivilisation eine führende Stellung einzuräumen, ließen sich auch nicht die Techniken des höheren Handwerks mit den Methoden der mathematischen und logischen Schlußfolgerungen zusammenbringen, die die Gelehrten ausgearbeitet hatten. Das verhinderte den evolutionären Übergang von der Stufe, die da Vinci erreicht hatte, zu der des Galilei. Im mittelalterlichen China hatte man systematischer experimentiert, als es die Griechen – oder sogar die Europäer des Mittelalters – je versuchten, doch solange im »bürokratischen Feudalismus« kein Wandel eintrat, konnten sich Mathematik, empirische Naturbetrachtung und Experiment nicht auf eine Weise verbinden, die eine völlig neue Einstellung hervorgebracht hätte. Daraus ergibt sich die Hypothese: Experimentieren verlangt höchst aktives Intervenieren, und obwohl dies in den Bereichen des Handwerks und des Handels akzeptiert worden war – und zwar ursprünglich in China in stärkerem Maße als in Europa –, ist es in China offenbar sehr viel schwieriger gewesen, diese Haltung auch philosophisch respektabel zu machen.
Die chinesische Gesellschaft des Mittelalters hat den Wissenszuwachs in den Naturwissenschaften auf der Stufe, die sie vor der Renaissance erreicht hatte, noch auf eine weitere Weise begünstigt. Die traditionelle chinesische Gesellschaft war sehr organisch und kohäsiv strukturiert. Der Staat war für das reibungslose Funktionieren der Gesamtgesellschaft verantwortlich, selbst wenn diese Verantwortung mit einem Minimum von Interventionen verbunden war. Erinnern wir uns an die klassische Definition des Idealen Herrschers, nach der er unbewegt mit dem Gesicht nach Süden sitzt und seine Tugend *(tê)* in alle Richtungen ausströmen läßt, so daß die Zehntausend Dinge sich selbst regeln. Wie wir immer wieder nachgewiesen haben, hat der Staat wissenschaftlicher Forschung

32 Vgl. SCC, Vol. 2, 57.

sehr großzügige Hilfen zukommen lassen.[33] So gehörten z. B. astronomische Observatorien, in denen die Aufzeichnungen von Jahrtausenden bewahrt wurden, zum Öffentlichen Dienst; auf Staatskosten wurden riesige Enzyklopädien nicht nur über Literatur, sondern auch über Medizin und Landwirtschaft veröffentlicht, und wissenschaftliche Expeditionen erbrachten für ihre Zeit sehr bemerkenswerte Erfolge. Man denke nur an die geodätische Erfassung eines Meridians, der sich von Indochina bis in die Mongolei erstreckte, oder an die Expedition, die Sternkonstellationen der südlichen Hemisphäre aufzeichnete.[34] Im Gegensatz dazu war die Wissenschaft in Europa normalerweise ein privates Unternehmen, weshalb sie jahrhundertelang hinter der chinesischen Entwicklung zurückblieb. Zur gegebenen Zeit ist der staatlichen Wissenschaft und Medizin Chinas allerdings nicht jener qualitative Sprung gelungen, der in den abendländischen Wissenschaften im 16. und frühen 17. Jahrhundert vollzogen wurde.

Manche asiatische Gelehrte mißtrauen der Idee der »asiatischen Produktionsweise« oder des »bürokratischen Feudalismus«, weil sie sie mit einer gewissen »Stagnation« identifizieren, die sie auf die Geschichte ihrer eigenen Gesellschaften projiziert glauben. Im Namen des Rechts auf Fortschritt der asiatischen und afrikanischen Völker haben sie dieses Gefühl in die Vergangenheit übertragen, beanspruchen für ihre Vorfahren genau dieselben Entwicklungsstufen wie die, durch die der Westen geschritten ist, jener Westen, der sie eine Zeitlang so brutal beherrscht hat. Es ist sehr wichtig, dieses Mißverständnis auszuräumen, denn es scheint überhaupt kein Grund vorzuliegen, warum man *a priori* annehmen sollte, daß China und andere klassische Zivilisationen genau dieselben Stufen durchlaufen haben wie der europäische Westen. Das Wort »Stagnation«, eine rein westliche Fehlkonzeption, hat in bezug auf China überhaupt keinen Sinn. In der traditionellen chinesischen Gesellschaft hat es immer einen allgemeinen und wissenschaftlichen Fortschritt gegeben, der jedoch durch das exponentielle Wachstum der modernen Wissenschaft nach der Renaissance in Europa weit überholt worden ist. China war homeostatisch, oder wenn Sie so wollen,

33 SCC, Vols. 2, 3, 4, 6 passim.

34 Vgl. A. Beer, Ho Ping-Yü, Lu Gwei-Djen, J. Needham, E. G. Pulleyblank und G. I. Thompson: An Eighth-century Meridian Line, I-Hsing's Chain of Gnomons and the Preshistory of the Metric System. In: Vistas in Astronomy 4, 3. 1961.

kybernetisch, doch nie stagnierend. In zahllosen Fällen läßt sich mit überwältigender Wahrscheinlichkeit nachweisen, daß fundamentale Entdeckungen und Erfindungen aus China nach Europa gekommen sind: z. B. die Wissenschaft vom Magnetismus; äquatoriale Himmelskoordinaten; der äquatoriale Aufbau astronomischer Observatorien,[35] quantitative Kartographie; die Technologie des Gußeisens;[36] wesentliche Bestandteile der Dampfkolbenmaschine, wie das Prinzip der Doppelwirkung und die Standardumsetzung von kreisförmiger in longitudinale Bewegung;[37] die mechanische Uhr;[38] der Steigbügel und entsprechend brauchbares Pferdegeschirr; nicht zuletzt das Schießpulver samt allem, was damit zusammenhängt.[39] Diese vielen verschiedenen Entdeckungen und Erfindungen hatten in Europa immense Auswirkungen, während in China die soziale Ordnung des bürokratischen Feudalismus von ihnen kaum berührt wurde. Man muß daher die der europäischen Gesellschaft innewohnende Instabilität mit dem homeostatischen Gleichgewicht Chinas vergleichen, dem Produkt einer nach meiner Überzeugung im Grunde sehr viel rationaleren Gesellschaft als die des Westens. Es bleibt, die Beziehungen zwischen den sozialen Klassen in China und in Europa zu analysieren. Im Westen sind die Klassenkämpfe deutlich genug nachgezeichnet worden; in China ist das Problem wegen des nicht-erbberechtigten Charakters der Bürokratie sehr viel schwieriger. Es zu lösen, ist eine Aufgabe für die Zukunft.

In den letzten Jahrzehnten hat die Wissenschafts- und Technikgeschichte der großen nicht-europäischen Zivilisationen zunehmend Beachtung gefunden; das gilt besonders für China und Indien. Freilich hat sich dieses Interesse im wesentlichen bei Wissenschaftlern, Ingenieuren, Philosophen und Orientalisten gezeigt, weniger

35 J. Needham: The Peking Observatory in 1280 and the Development of the Equatorial Mounting. In: Vistas in Astronomy I, 67. 1955.

36 Vgl. J. Needham: The Development of Iron and Steel Technology in China. London 1958.

37 Vgl. meine Earl Grey lecture an der Universität von Newcastle 1961: Classical Chinese Contributions to Mechanical Engineering, und meine Vorlesung zur Hundertjahrfeier von Newcomen: The Pre-Natal History of the Steam-engine. In: Transactions. Newcomen Society, 35, 3. 1962.

38 Vgl. J. Needham, Wang Ling und D. J. de S. Price: Heavenly Clockwork. Cambridge 1960.

39 Einige der vielfältigen Auswirkungen chinesischer Erfindungen und Entdeckungen auf die Welt der Vor-Renaissance sind von Lynn T. White hervorgehoben worden; vgl. sein Buch, Medieval Technology and Social Change. Oxford 1962.

oder fast gar nicht bei Historikern. Warum, möchte man fragen, erfreut sich die Geschichte der chinesischen und indischen Wissenschaft bei ihnen nicht größerer Beliebtheit? Das Fehlen der notwendigen sprachlichen und kulturgeschichtlichen Hilfsmittel stellt natürlich ein Hindernis dar. Und interessiert sich ein Historiker für die Wissenschaft des achtzehnten und neunzehnten Jahrhunderts, so pflegt er sich auf die Entwicklungen in Europa zu konzentrieren. Doch ich glaube, es gibt noch einen tieferen Grund.

Die Untersuchung großer Zivilisationen, in denen *moderne* Wissenschaft und Technik nicht spontan entstanden sind, verweist in aller Schärfe auf die kausale Frage, warum die moderne Wissenschaft in Europa entstanden ist. Und je großartiger die Leistungen der klassischen und mittelalterlichen Zivilisationen Asiens sind, desto vertrackter wird das Problem. Während der letzten dreißig Jahre haben die meisten Wissenschaftshistoriker des Westens die soziologischen Theorien über die Entstehung der modernen Wissenschaft, die zu Beginn dieses Jahrhunderts relativ verbreitet waren, in der Regel verworfen. Die Form, in der die Hypothesen über die sozialen Ursprünge der modernen Wissenschaft dargestellt wurden, war zweifelsohne relativ ungeschlacht,[40] doch hat es sicherlich keinen Grund gegeben, sie nicht zu verfeinern. Vielleicht hat man auch die Hypothesen (in einer Zeit, in der sich Wissenschaftsgeschichte als akademische Disziplin einzurichten begann) für zu umstürzlerisch gehalten. Die meisten Historiker geben gern einen Einfluß der Wissenschaft auf die Gesellschaft zu, erkennen aber nicht an, daß die Gesellschaft auch die Wissenschaft beeinflußt. Deshalb stellen sie sich den Fortschritt der Wissenschaft gern als eine interne oder autonome Fortpflanzung von Ideen, Theorien, geistigen oder mathematischen Techniken und praktischen Erfindungen vor, die wie Fackeln von einem bedeutenden Denker zum nächsten weitergereicht werden. Sie sind »Internalisten« oder »Autonomisten«.

40 So wird normalerweise B. Hessen's berühmter Aufsatz: The Social and Economic Roots of Newton's »Principia« gekennzeichnet, den er 1931 in London vor dem Internationalen Kongreß für Wissenschaftsgeschichte hielt; einen Nachdruck findet man in Science at the Cross-Roads. London 1971. Der Stil erinnerte in seiner Unverblümtheit ganz sicherlich an Cromwell. Doch bereits sechs Jahre später lag mit R. K. Merton's bemerkenswertem Beitrag: Science, Technology and Society in Seventeenth-Century England. In: Osiris 4: 360-362, 1938 eine beachtlich verfeinerte Darstellung dieses Phänomens vor. Ein großes Verdienst gebührt hier den Arbeiten von E. Zilsel. (Vgl. Edgar Zilsel: Die sozialen Ursprünge der neuzeitlichen Wissenschaft. Hrsg. von Wolfgang Krohn. Frankfurt 1976, Anm. d. Hrsg.)

Mit anderen Worten: »Gott sandte einen Mann, und sein Name war ...« Kepler.[41]

Die Untersuchung anderer Zivilisationen bringt deshalb das traditionelle historische Denken in ernsthafte intellektuelle Schwierigkeiten; denn es muß offenkundig und notwendigerweise Erklärungen liefern, die die fundamentalen Unterschiede zwischen den sozio-ökonomischen Strukturen Europas und der großen Zivilisationen Asiens sowie deren Veränderlichkeit begreiflich machen, Unterschiede, die nicht nur erklären, warum sich die moderne Wissenschaft ausschließlich in Europa entwickelt hat, sondern auch, warum sich der Kapitalismus mit den für ihn charakteristischen Begleiterscheinungen wie Protestantismus, Nationalismus usw., für die es auf der ganzen Welt keine Parallele gibt, ebenfalls nur in Europa entwickelt hat. Solche Erklärungen können sicherlich noch sehr verfeinert werden; sie dürfen auf keinen Fall die Bedeutung einer Vielzahl von Faktoren im Bereich der Ideen übersehen – Sprache und Logik, Religion und Philosophie, Theologie, Musik, Humanität, Einstellungen zu Zeit und Wandel – und müssen sich ganz energisch mit der Analyse der betreffenden Gesellschaft befassen, mit ihren Strukturen, ihren Zielen, Bedürfnissen und Transformationen. Einer internalistischen oder autonomistischen Betrachtungsweise sind solche Erklärungsformen ganz und gar nicht genehm. Deshalb verfolgen deren Anhänger das Studium anderer großer Zivilisationen instinktiv mit Mißbehagen.

Wenn man die Gültigkeit oder sogar die Relevanz soziologischer Erklärungen der »wissenschaftlichen Revolution« der späten Renaissance ablehnt, wenn man sie als für jene Revolution zu revolutionär zurückweist und wenn man gleichzeitig erklären will,

41 J. Agassis Abhandlung: Towards a Historiography of Science. In: History and Theory 1963, Beih. 2 schießt zwar in bestimmten Punkten über das Ziel hinaus, beleuchtet aber den Gegenstandsbereich recht lebhaft. Die »induktivistischen« Wissenschaftshistoriker, schrieb er, beschäftigen sich hauptsächlich mit der Frage, wen man aus welchem Grunde verehren sollte; doch die »Konventionalisten« gefallen ihm auch nicht besser. Dieser Streit geht mich hier nichts an, doch es ist überraschend, daß Agassi sich nicht stärker auf die Arbeiten von Walter Pagel bezog, der einige seiner Argumente nachhaltig unterstützt hätte. Im großen und ganzen bezieht Agassi eine autonomistische Position; er betrachtet den Marxismus als eine Schwäche der Induktivisten und sieht den Hauptfaktor bei der Entwicklung der Wissenschaften im Widerstreit verschiedener Schulmeinungen. Da seine Abhandlung an der Universität in Hongkong entstand, scheint er sich mit außerordentlichem Erfolg – zumindest bisher – gegenüber allen Kontakten mit der chinesischen Kultur abgekapselt zu haben.

warum die Europäer fertigbrachten, was die Chinesen und Inder nicht zu leisten vermochten, dann wird man in ein unausweichliches Dilemma getrieben. Dann landet man entweder beim reinen Zufall oder bei einer wie auch immer versteckten Form des Rassismus. Schreibt man den Ursprung der modernen Wissenschaft völlig dem Zufall zu, dann führt das zu einer Bankrotterklärung der Geschichte als einer Form der Aufklärung des menschlichen Geistes. Genausowenig wird die Situation gerettet, wenn man auf geographischen und klimatischen Faktoren herumreitet (denn das führt direkt zu Fragen der Entwicklung von Stadtstaaten, Seehandel, Landwirtschaft und verwandten Phänomenen – konkreten Faktoren, mit denen sich der Autonomismus nicht beschäftigen will). Das »Griechische Wunder« bleibt dann genauso mysteriös wie die wissenschaftliche Revolution. Doch was ist die Alternative zum Zufall? Einzig die Lehre, daß eine bestimmte Gruppe von Völkern, in diesem Fall die europäische »Rasse«, über eine bestimmte Form angeborener Überlegenheit über alle anderen Völker verfügte. Gegen die wissenschaftliche Untersuchung menschlicher Rassen, gegen physische Anthropologie, vergleichende Haematologie und ähnliche Disziplinen wird natürlich niemand Einwände erheben; doch die Lehre von der Überlegenheit der Europäer ist Rassismus im politischen Sinne und hat mit Wissenschaft nichts gemein. Für den europäischen Autonomisten sind wir, fürchte ich, »das auserwählte Volk und ist die Wissenschaft mit uns geboren worden«. Da aber der Rassismus (zumindest in seiner expliziten Form) weder intellektuell respektabel noch international akzeptabel erscheint, befinden sich die Autonomisten in einem Dilemma, das im Laufe der Zeit noch viel verzwickter werden wird.[42] Deshalb bin ich sicher, daß in

42 D. J. de S. Price, ein hochgeschätzter Mitarbeiter von uns, kennt sich gut in den Asiatischen Beiträgen aus, doch in seinem Science Since Babylon (New Haven, Conn. 1961) folgt er einem »Geistesblitz« von Einstein und bevorzugt als Erklärung für das Entstehen der Wissenschaft Griechenlands und der Renaissance eine Zufallskombination glücklicher Umstände. In »Merton Revisited«, History of Science, 1963, 2, 1 greift A. R. Hall erneut die sogenannte »externalistische« Wissenschaftsgeschichte an, bezeichnenderweise äußert er sich aber zum Problem, das durch die asiatischen Beiträge entsteht, nicht. Hätte er eine breitere komparative Einstellung gewählt, wären seine Argumente über die Situation in Europa vielleicht überzeugender ausgefallen. Lediglich A. C. Crombie (vgl. Fußnote 3) ist sich der langsamen sozialen Wandlungen bewußt, die es ermöglichten, daß die intellektuellen Bewegungen des späten Mittelalters und der Renaissance die moderne Wissenschaft im europäischen Kulturkreis entstehen lassen konnten. Doch auch er schenkt ihren ökonomischen Begleiterscheinungen nur geringe Beachtung.

Zukunft das Interesse an den Beziehungen zwischen Wissenschaft und Gesellschaft in jenen entscheidenden Jahrhunderten in Europa genauso wachsen wird wie das am Studium der Sozialstrukturen aller anderen Zivilisationen samt der Unterschiede zwischen ihnen. Kurz, ich glaube, daß die analysierbaren Unterschiede zwischen den sozialen und ökonomischen Strukturen Chinas und Westeuropas schließlich sowohl die anfängliche Überlegenheit der chinesischen Wissenschaft als auch die spätere Entwicklung der modernen Wissenschaft in Europa erhellen werden.

Die Einheit der Wissenschaft: Asiens unentbehrlicher Beitrag

Die moderne Wissenschaft und Technik sind bekanntlich als ein Teilstück jenes umfassenden sozialen Wandels, den wir unter den Namen Renaissance, Reformation und Aufstieg des Kapitalismus kennen, in Westeuropa entstanden – durch die Arbeiten von Männern wie Galilei, Vesalius, Harvey und Newton. Franklin und Priestley sind Symbole ihrer Ausweitung auf den nordamerikanischen Kontinent und ihrer kräftigen Fortentwicklung dort. Als man deshalb mit der Niederschrift der Geschichte der Wissenschaft und des wissenschaftlichen Denkens begann, war es vielleicht nur natürlich, daß man die Aufmerksamkeit auf die Errungenschaften der klassischen Völker des Mittelmeerraumes konzentrierte, die an der Schwelle der europäischen Geschichte standen. Das galt besonders für die Griechen. Doch schon damals übersah man, wieviel selbst die Griechen den früheren Zivilisationen im Mittelmeerraum und im Zweistromland (den Ägyptern, Babyloniern, den Hettitern, den Phöniziern usw.) verdankten. Die Griechen selbst machten allerdings nie ein Hehl daraus. Für diesen Eurozentrismus mag Whewells grundlegendes Werk aus dem Jahre 1837, die »History of the Inductive Sciences« als Beispiel dienen. Noch weniger Licht fiel auf die wissenschaftlichen und technischen Errungenschaften Ostasiens. Nennen wir einen anderen Autor aus Cambridge: J. B. Bury. In dessen Buch »The Idea of Progress« (1920) berichtet er sehr detailliert über die Argumente jener Gruppe, die in der Renaissance die »Modernen« gegen die »Klassiker« verteidigte. Sie hatte damit häufig Erfolg, da sie auf die Erfindung des Schießpulvers, der Druckkunst und des Kompasses hinweisen konnte, die im europäischen Altertum unbekannt waren. Doch es findet sich nicht einmal eine Fußnote, die auf den asiatischen Ursprung dieser Erfindungen hinweist. Später wurde jedoch den Wissenschaften Arabiens und des mittleren Ostens größere Beachtung geschenkt, z. B. in dem bemerkenswerten Buch von Mieli »La Science Arabe«.

Die Trennungslinie zur asiatischen Wissenschaft verläuft in Nord-Süd-Richtung vom Baktrischen Reich bis zur Mündung des Persischen Golfes. In gewisser Weise bilden Wissenschaft und wissenschaftliches Denken der arabischen Zivilisation eine Einheit mit der europäischen Wissenschaft; nicht nur, weil zum Zeitpunkt der weitesten Ausdehnung des Islam das Mittelmeer zu einem See der Moslems geworden war und spanische ebenso wie persische Moslems zum Fortschritt der Wissenschaften beitrugen, sondern auch, weil die arabische Sprache das Medium darstellte, durch das die Schriften des griechischen Altertums das Europa des Mittelalters erreichten. Alle bedeutenden und die meisten der weniger bedeutenden wissenschaftlichen Texte der Griechen wurden zwischen dem 7. und dem 11. Jahrhundert n. Chr. ins Arabische übersetzt und dann wieder ins Lateinische zurückübersetzt. Direkte Übersetzungen gab es vor dem 12. Jahrhundert v. Chr. kaum. In diesem bemerkenswerten Transmissionsprozeß spielten andere Sprachen des mittleren Ostens – wie das Syrische und das Hebräische – eine untergeordnete, doch nicht weniger bedeutsame Rolle.

Die Wissenschaft Ostasiens war in dieses System jedoch nicht eingefügt. Deswegen fangen wir erst heute an, die fundamentalen – und wenn meine Überschrift richtig gewählt ist, unentbehrlichen – Beiträge anzuerkennen, die die Wissenschaftler Chinas und Indiens im Laufe der Geschichte zum wissenschaftlichen Vermögen der Menschheit beigesteuert haben.

Wir stoßen hier auf ein sehr interessantes Faktum. Natürlich gab es zwischen der arabischen Zivilisation und der Wissenschaft Ostasiens Kontakte. Doch aus irgendeinem Grund wurden für die Übersetzungen aus dem Arabischen ins Lateinische stets berühmte Autoren des Altertums aus dem Mittelmeerraum ausgewählt, und nicht die Bücher der islamischen Gelehrten, die die Wissenschaft Indiens und Chinas behandelten. Ich nenne einige Beispiele, die zeigen, wie dieses Wissen zwar den arabischen Lesern vermittelt wurde, doch nicht zu den Franken und den Romanen vordrang.

Bereits in der Mitte des 9. Jahrhunderts n. Chr. schrieb Ali al-Tabari, der Sohn eines christlichen Astronomen aus Persien, der in Bagdad lebte, sein großes medizinisches Werk Firdaus al-Hikma (Das Paradies der Weisheit). Es fällt sofort auf, daß dort indische Ärzte – wie Caraka, Susruta und Vagbhata II – genauso oft zitiert werden wie Hippocrates, Galen und Dioscorides. Doch 1000 Jahre später war das Werk al-Tabaris noch immer nicht in eine westliche Sprache übersetzt worden. Ähnliches widerfuhr dem großen al-Khwarizmi, dessen um 820 n. Chr. entstandenes Buch über Algebra, »Hisab al-Jabr wa'l-Muqabalah«, das indische Zahlen-

system einführte. Es steht fest, daß al-Fazari bereits 50 Jahre früher zumindest Teile des indischen Werkes über Astronomie »Surya Siddhanta« kannte.
All diese Autoren überragte noch der große al-Biruni, der den Mahmud von Gaznah bei dessen Eroberung Indiens begleitet hatte, und nach seiner Rückkehr, etwa um das Jahr 1012 n. Chr., die bedeutende Arbeit Ta'rikh al-Hind verfaßte. Bei dieser Arbeit handelt es sich nicht um eine gewöhnliche Geschichte und Geographie Indiens, sondern um eine profunde Erforschung aller Wissenschaften der Inder. Bis zum Jahre 1888 war es noch in keine europäische Sprache übersetzt worden! Islamische Geographen wie z. B. die Kosmographen Muhammad ibn Ibrahim al Dimashqi (1256–1326 n. Ch.) und Ahmad ibn 'Abd al-Wahhab al-Nuwairi (1279–1332 n. Chr.) schrieben ähnliche Berichte über China und die chinesische Wissenschaft. Weitere Informationen vermittelte das Taqwim al-Buldan des Abu'l-Fida al-Aiyubi, das 1321 verfaßt wurde, sowie die Arbeit des persischen Geographen Hamdallah al-Mustaufi al-Qazwini (1281–1340 n. Chr.). Einige reisten nach China, um das Land mit eigenen Augen zu betrachten, wie wir es aus den Aufzeichnungen des liebenswerten Ibn Battutah (1304–1377 n. Chr.) kennen, den Sarton den »größten Reisenden des Islam« genannt hat und dessen Bedeutung für das gesamte Mittelalter auch die des Marco Polo übersteigt. Ibn Battutah beschreibt die Schiffsbauten der Chinesen, die Herstellung von Porzellan, das chinesische System der Altersversorgung, Papiergeld, die Überwachung des Handels usw.
Die persönlichen Kontakte zwischen den Wissenschaftlern jener Zeit aus allen Teilen Asiens sind immer noch nicht genügend zur Kenntnis genommen worden. Nachdem der Mongole Hulagu Khan 1258 n. Chr. Bagdad in Schutt und Asche gelegt und damit das Abbasiden Kalifat beendet hatte, beauftragte er den berühmten Nasir al-Din al-Tusi mit dem Aufbau eines astronomischen Observatoriums in Maraghah, südlich von Täbris. Das Observatorium wurde mit den besten Instrumenten, die zu jener Zeit hergestellt wurden, ausgerüstet, und die Bibliothek soll über einen Bestand von mehr als 400 000 Bänden verfügt haben. Hulagu sandte auch Astronomen aus China, die am Aufbau dieser Station mitarbeiten sollten; von einem kennen wir sogar den Namen (Fu Mêng-Chi, leider kennen wir nicht die richtige Schreibweise). In Maraghah trafen sie Kollegen, die aus Ländern kamen, die so weit westlich wie Spa-

nien lagen; z. B. al-Maghridi al-Andalusi, der über seine Forschungen in Maraghah astronomische Tabellen und viele andere Bücher veröffentlichte; dazu gehörte sein *Risalat al-Khita Wa'l-Ighur*, eine Monographie über die Astronomie und die Kalenderkunst der Chinesen und der Uighuren. Keine der astronomischen Instrumente, die in Maraghah während der zweiten Hälfte des 13. Jahrhunderts benutzt wurden, sind uns heute noch erhalten, doch dank der detaillierten Beschreibungen des Syrers al-'Urdi al-Dimashqi können wir sie uns heute recht gut vorstellen. Glücklicherweise besitzen wir noch manche der zeitgenössischen astronomischen Instrumente, die in China während der Yuan-Dynastie unter der Aufsicht des Kuo Shou-Ching 1279 n. Chr. für das Observatorium hergestellt wurden, das heute noch an der südöstlichen Ecke der Stadtmauer von Peking steht. Ich hatte das Glück, dieses Heiligtum der Wissenschaft besichtigen zu können, obwohl es heute nur noch die Instrumente der Jesuiten aus dem 17. Jahrhundert enthält, da die der Mongolen auf den »Purpurberg« nach Nanking geschafft worden sind. Leider haben wir hier nicht die Gelegenheit, die verschiedenen Typen von Armillarsphären und anderen Hilfsmitteln zur Bestimmung von Sinus- und Scheitelkreis in Maraghah und Peking miteinander zu vergleichen.

1362 n. Chr. schrieb 'Ata ibn Ahmad al-Samarqandi eine astronomische Abhandlung mit Mondtabellen für einen mongolischen Prinzen aus der Yuan-Dynastie, Chen-Hsi-Wu-Ching. Das Manuskript befindet sich in Paris und hat – wie von Sarton beschrieben – eine Titelseite mit chinesischen und arabischen Schriftzeichen. Der Inhalt ist jedoch noch nicht untersucht worden.

Wechseln wir von dem Gebiet der Astronomie auf das der medizinischen und biologischen Wissenschaften über: hier stoßen wir auf die bemerkenswerten Arbeiten des Persers Rashid al-Din al-Hamadani (1247–1318 n. Chr.). Als Arzt und Förderer des Wissens hatte er dem bedeutendsten der mongolischen Herrscher Persiens, Ghazan Mahmoud Khan, als Premierminister gedient. Seine »Universalgeschichte« *(Jami' al-Tawarikh)* enthält sehr viele Informationen über China, besonders über den Gebrauch von Papiergeld. Um 1313 n. Chr. veranlaßte er die Erstellung einer Enzyklopädie über chinesische Medizin, »Tanksuqnamah-i Ilkhan dar funun-i 'ulum-i Khitai« (Schätze des Ilkhan aus den Wissenschaften Chinas). In diesem Werk werden Sphygmologie (Pulskunde), Anatomie, Embryologie, Gynäkologie usw. sehr eingehend behandelt.

Am meisten fällt vielleicht auf, daß der Autor die ideographische Schrift der Chinesen für die Belange der Wissenschaft höher als die alphabetische Schrift einstuft, da sie von Phonemen unabhängig und daher international sei. Unter dem Namen Wank-shu-k'u können wir mit Sarton den berühmten Arzt Wang Shu-Ho der Chin-Dynastie (265–317 n. Chr) erkennen, der das klassische Buch über Pulskunde, den *Mo Ching* verfaßte. Rashid al-Din nahm regen Anteil an der für die Chinesen so charakteristischen Alchimie.

Die Beispiele, die ich gerade angeführt habe, belegen, daß es nicht wenige Kontakte zwischen den Wissenschaften Arabiens und Ostasiens gab, doch es bleibt wahr, daß die Wissenschaften Ostasiens nicht zu den Franken und Romanen durchdrangen, zu eben dem Teil der Welt, in dem durch eine Reihe historischer Zufälle (obwohl deren geographische und soziale Bedingungen noch ausgearbeitet werden müssen) später die moderne Wissenschaft und Technik entstanden. Diese Filter oder diese Barrieren hinderten jedoch nur das Durchsickern der abstrakten oder reinen Wissenschaften; das Durchdringen technologischer Leistungen haben sie hingegen nicht behindert. Durch die ganze christliche Zeitrechnung hindurch läßt sich ein langsames, aber massives Vordringen technischer Erfindungen des Ostens in den Westen verzeichnen. Bevor wir jedoch einige dieser erstaunlichen Invasionen oder »Einfälle« beschreiben, müssen wir noch auf bestimmte andere Barrieren und Anleihen zu sprechen kommen.

Zunächst einmal sieht es so aus, als ob die Wissenschaften der Chinesen, die der übrigen Welt in so überreichem Maß Erfindungen geschenkt haben, durch die Wissenschaft anderer Völker nur sehr geringfügig beeinflußt worden wären. So ist z. B. die chinesische Medizin durch viele besondere Züge gekennzeichnet: die Theorien der beiden prinzipiellen Kräfte (*Yin* und *Yang*), die fünf Elemente *(wu hsing)*, Stasis *(yü)*, Pneuma *(ch'i)*, usw.; eine außerordentlich differenzierte Pulskunde *(mo hsüeh)*, von der manche Teile wohl durch die Vermittlung des Ibn Sina den Westen erreichten, Akupunktur *(pin chen)*, Moxabustion *(chiu)*, die Verwendung mineralischer Medikamente wie Quecksilber und Antimon, usw. Es ist wirklich sehr schwer, hier irgendeinen westlichen Einfluß aufzuspüren. Aus dieser Konstellation wird die große Bedeutung der folgenden Aufzählung klar, die wir im *Fihrist al-'ulum* (Index der Wissenschaften) des Abu'l-Faraj ibn Abu Ya'qub al-Nadim, aus dem Jahre 988 n. Chr. finden. Bei dem dort erwähnten al-Razi handelt es sich um den großen Rhazes, den Arzt und Alchimisten Muhammad ibn Zakriya al-Razi (ca. 850–925 n. Chr.):

al-Razi sprach: »Ein chinesischer Gelehrter kam in mein Haus und verbrachte etwa ein Jahr in der Stadt (wahrscheinlich Bagdad). In fünf Monaten lernte er Arabisch zu sprechen und zu schreiben, dabei brachte er es zu einer großen Wendigkeit und Schönheit in Sprache und Schrift. Einen Monat, bevor er in seine Heimat zurückzukehren beschlossen hatte, sagte er zu mir: ›Bald reise ich ab. Ich wäre sehr glücklich, wenn man mir vor meiner Abreise die 16 Bücher des Galen diktierte.‹ Ich entgegnete ihm, er hätte nicht genügend Zeit, mehr als nur einen kleinen Teil davon zu kopieren, doch er erwiderte: ›Ich bitte Euch, schenkt mir all Eure Zeit, bis ich gehe, und diktiert mir so schnell wie möglich. Ihr werdet sehen, daß ich schneller schreibe, als Ihr diktieren könnt.‹ Ich las ihm also zusammen mit meinen Studenten die Texte des Galen so schnell vor, wie ich konnte, doch er schrieb schneller. Wir glaubten nicht, daß er uns wirklich verstünde, doch bei einer Überprüfung fanden wir heraus, daß er exakt alles kopiert hatte. Als ich ihn fragte, wie dies möglich sei, antwortete er: ›In unserem Land haben wir ein Schriftsystem, das wir Stenographie (al – Ikhtizal) nennen, und dieses seht Ihr vor Euch. Wenn wir sehr schnell schreiben wollen, bedienen wir uns dieses Stiles, danach transkribieren wir den Text in normale Schriftzeichen.‹ Und er fügte hinzu, daß auch ein intelligenter Mensch, der schnell lernt, zur Beherrschung dieses Stils nicht weniger als zwanzig Jahre benötigt.

Dieser faszinierende Einblick in arabisch-chinesische Kontakte macht deutlich, daß der chinesische Gelehrte, dessen Name leider nicht bewahrt wurde, die »Gras-Schrift« *(ts'ao shu)* benutzte. Die Geschichte, die al-Nadim zur Erläuterung der Schriftsysteme der Chinesen anbrachte, weist stark, wenn nicht eindeutig, darauf hin, daß es im 10. Jahrhundert n. Chr. zumindest eine Übertragung der Schriften von Galen ins Chinesische gab. Doch man findet keinen erkennbaren Einfluß der griechischen oder hellenistischen Tradition auf die chinesische Medizin. Das ist auch Sarton in seinen Ausführungen über die Anwesenheit islamischer und nestorianischer Ärzte am chinesischen Hof aufgefallen.

Auf einem anderen Gebiete aber könnten die Chinesen eine lebendige wissenschaftliche Tradition fortgesetzt haben, die im Westen vollkommen verloren gegangen war, nämlich die quantitative Geographie und Kartographie. Bekanntlich haben die griechischen und hellenistischen Kartographen (etwa Eratosthenes und Ptolemäus)[1] Breiten- und Längengitter entworfen; die Breitengitter waren re-

1 Vgl. Bunbury, E. H., Vol. I, 615 ff.

lativ exakt, die Längengitter hingegen stimmten nicht, da sie das Ausmaß der Landmasse Eurasiens auf der Oberfläche des Globus überschätzten. Die Araber bewahrten die griechische Geographie und fügten eigene Erkenntnisse hinzu, während im Westen die gesamte Wissenschaft verlorenging; sie sank auf das beklagenswerte Niveau der räderförmigen Karten der frühmittelalterlichen religiösen Kosmographie zurück. Ptolemäus von Alexandrien schloß seine Beobachtungen im Jahre 151 n. Chr. ab, und die quantitative Geographie taucht erst wieder mit P'ei Hsiu (224–272 n. Chr.), dem Minister für Öffentliche Arbeiten des ersten Kaisers der Chin-Dynastie, in China auf. P'ei Hsiu[2] begann mit einem System von Gittern, in dem eine Seite jedes Quadrates eine festgesetzte Anzahl von li (etwa ein halber Kilometer) darstellte; diese Arbeit wurde von so bedeutenden Geographen wie Chia Tan[3] in der T'ang-Dynastie (730–805 n. Chr.) fortgesetzt und fand ihren glorreichen Abschluß in den in Stein gravierten Karten aus dem Jahre 1137 n. Chr., die man noch im Pei Lin-Museum in Sian besichtigen kann. Natürlich wiesen die Versionen der Chinesen andere Verzerrungen auf, da deren orthogonale Netzmaschen-Projektion die Rundung der Erde nicht in Betracht zog; doch davon bleibt unberührt, daß zwischen der Zeit des Ptolemäus und der Renaissance die Kartographie Chinas ein unvergleichlich höheres Niveau erreicht hatte, als die Europas.

Wie mancher vielleicht vermutet, waren trotz geographischer Schwierigkeiten der Kommunikation die wechselseitigen Einflüsse zwischen Indien und China wesentlich stärker. Obwohl der Buddhismus bei seinem Eindringen in das chinesische Leben und Denken stark verwandelt wurde, lenkte er nicht nur sehr viel Aufmerksamkeit auf die Unterschiede zwischen dem Sanskrit und dem Chinesischen, er brachte auch einen beachtlichen wissenschaftlichen Austausch mit sich. Die offizielle Geschichte der Sui-Dynastie, die Wei Chêng 636 n. Chr. fertigstellte, enthält in dem üblichen bibliographischen Teil die Titel vieler, heute verlorengegangener Bücher, die mit den Worten »po-lo-mên« oder »brahmanisch« beginnen. So finden wir z. B. die *Polomên T'ien-Wên Ching* (Astronomie der Brahmanen), die *Polomên Suan Fa* (Mathematik der Brahmanen), *Polomên Ying-Yang Suan Li* (Kalendermethoden der Brahmanen),

2 Vgl. Chavannes, E., 1903; Herrmann, A., 1924
3 Vgl. Herrmann, A., 1922

Polomên Yao Fang (Medikamente und Rezepte der Brahmanen), usw. usw. Angesichts der oben erwähnten Übersetzung der Werke des Galen sollte man noch hinzufügen, daß dieselbe Bibliographie auch eine *Hsi Yü Ming I So Chi Yao Fang* (Medikamente und Vorschriften, die von den berühmtesten Ärzten der Westlichen Länder gesammelt wurden) aufführt. Doch trotz dieser Fakten fällt es schwer, Beweise für einen tiefergreifenden Einfluß entweder indischer oder westlicher Medizin auf die chinesische Wissenschaft anzuführen. Zum Nachweis der pharmakologischen Anleihen bedürfte es wahrscheinlich eines sorgfältigen Vergleichs der traditionellen Pharmacopoëien Chinas und Indiens. Normalerweise nimmt man an, daß bestimmte Ingredienzien, die man seit Jahrhunderten in chinesischen Pharmacopoëien findet, ursprünglich indischer Herkunft waren. Dank der Arbeiten von Bretschneider und anderen Gelehrten liegen mittlerweile die Materialien für solche Vergleiche auch in westlichen Sprachen vor. Doch das fast völlige Fehlen einer übereinstimmenden Chronologie für Indien und die große Unsicherheit, die sich beim Datieren selbst der wichtigsten wissenschaftlichen Texte dieses Kulturgebietes einschleicht, erschweren alle Untersuchungen. Demgegenüber entdeckte man verschiedentlich Hinweise für den chinesischen Einfluß auf die Mathematik der Hindus. Ein Beweis, den Chao Chün-Ch'ing in seinem Kommentar zum *Chou Pei* (dem ältesten Klassiker über Mathematik) aus dem 2. Jahrhundert n. Chr. benutzte, taucht in den Arbeiten des Bhaskara (1150 n. Chr.) wieder auf. Die Regel, die im *Chiu Chang Suan Shu* (Arithmetik in Neun Teilen; 1. Jahrhundert n. Chr.) zur Berechnung des Kreisausschnittes aufgestellt wurde, erscheint in der Arbeit des Mahavira aus dem 9. Jahrhundert n. Chr. wieder. Gleichfalls tauchen manche der Probleme des *Sun Tzu Suan Ching* (1. Jahrhundert n. Chr.) im *Brahmagupta* (7. Jahrhundert n. Chr.) wieder auf.

Zum Abschluß dieser kurzen Ausführungen über die Kontakte zwischen China und Indien möchte ich gerne einige der – wie mir scheint – frühesten Verweise auf anorganische Säuren referieren. Bislang hat man angenommen, daß anorganische Säuren erstmalig im 13. Jahrhundert n. Chr. in Europa entdeckt wurden. Unser größter Fachmann auf diesem Gebiet, Partington, hat ihre früheste Erwähnung in dem Werk des französischen Franziskanermönchs Vital du Four »Pro Conservanda Sanitate« aus dem Jahre 1295 n. Chr. aufgespürt. Doch lesen wir einmal, was Tuan Ch'êng-Shih in seinem *Yu-Yang Tsa Tsu* (863 n. Chr.) über Ereignisse zu berichten wußte, die sich zwischen 647 und 649 n. Chr. zutrugen:

Wang Hsüan Ts'ê nahm einen indischen Prinzen mit dem Namen A-Lo-Na-Shun gefangen. In seiner Begleitung befand sich ein Gelehrter, namens Na-Lo-Ni-So-P'o, der sich auf die eigentümlichsten Künste verstand und der behauptete, er könne Menschen über 200 Jahre am Leben erhalten. Der Kaiser (Tai Ts'-ung) war sehr erstaunt. Er lud ihn in den Palast Chin Yen Mên ein, dort sollte er Drogen zur Verlängerung des Lebens herstellen ... Der Inder behauptete, in Indien gäbe es eine Substanz mit dem Namen Pan-ch'a-cho-Wasser, die man aus Bergmineralien herstelle und die in sieben verschiedenen Farben auftrete, manchmal sei sie heiß, manchmal kalt, sie könne Gräser, Holz, Metall und Eisen auflösen; in der Hand eines Menschen würde sie diese zerschmelzen und zerstören.

Diese Passage verleiht den Hinweisen über anorganische Säuren in P. C. Rays *History of Hindu Chemistry* einiges Gewicht. Das *Rasarnava Tantra*, (das Renou und Fillozat auf das 12. Jahrhundert n. Chr. datieren) erwähnt das »Töten« von Eisen und anderen Metallen durch ein *vida* (Lösungsmittel?), das mit grünem Schwefel *(kasisa)*, Schwefelkies usw. hergestellt wurde. Aus dem *Rasaratmasanuchchaya*, das nach Renou und Fillozat bis auf das 13. Jahrhundert n. Chr. zurückgehen kann, geht hervor, daß der Prozeß des »Tötens« tatsächlich in der Salzbildung von Metallen bestanden hat. Auf jeden Fall belegt das bisher offenbar unbeachtete Zitat, daß in Indien im 7. Jahrhundert n. Chr. anorganische Säuren bekannt waren.
Bevor wir auf technologische Fragen zu sprechen kommen, sollten wir vielleicht darauf hinweisen, daß man bei einem Vergleich zwischen den Wissenschaften Ostasiens und denen des Okzidents immer wieder auf auffallend unterschiedliche Bewertungen stößt. So kann man ganz allgemein sagen, daß der Genius der griechischen Mathematik auf dem Gebiet der Geometrie lag, während der der Chinesen sich auf dem der Algebra bewegte. Erst in einer vergleichsweise späten Periode – der des Diophantus, gegen Ende des 3. Jahrhunderts n. Chr. – finden wir griechische Algebra, und selbst die bleibt einigermaßen isoliert. Demgegenüber enthalten die frühen mathematischen Bücher der Chinesen zwar ein gewisses Maß an geometrischen Problemstellungen (z. B. das Problem des Pythagoras), doch davon abgesehen kannten die Chinesen Geometrie bis zur Übersetzung der ersten sechs Bücher des Euklid durch den Pater Matteo Ricci und Hsü Kang-Ch'i kaum. Immerhin kann man dar-

über spekulieren, ob nicht ein mittlerweile verlorengegangenes Buch aus dem Jahre 1273 n. Chr. »*Ssu-Pi Suan Fa Tuan Shu* des Wu-Hu-Lieh-Ti« nicht eine Übersetzung von fünfzehn Kapiteln des Euklid war, die Nasir al-Din, der Gründer des Observatoriums in Maraghah, besorgt hatte. Andererseits begründete die Algebra von Gelehrten wie Ch'in Chiu-Shao (um 1247 n. Chr.), Li Yeh (um 1259 n. Chr.), Yang Hui (um 1280 n. Chr.) und vor allem Chu Shih-Chieh (um 1303 n. Chr.) der Sung- und Yuan-Dynastien – wie heutzutage allgemein anerkannt – die für alle Zeiten gültige Schule der Mathematik. Diese Algebra, die offensichtlich von keinerlei Einflüssen außerhalb Chinas berührt wurde, nannte man *T'ien yuan shu*, die »Methode der ausstrahlenden Kräfte und Koeffizienten«.

Ein anderer Unterschied derselben Art mag zwischen der Teilchen- und Wellen-Theorie hergestellt werden, obwohl hier die Grenzlinie zwischen China und dem griechisch-indischen Raum verläuft und nicht zwischen Mittelmeer und Asien. Wir brauchen uns nicht lange bei den bedeutenden Vertretern der Atomtheorie in Griechenland und Rom (Demokrit, Epicur, Lucretius) aufzuhalten, die, wenn sie nicht bereits auf ähnlichen indischen Spekulationen, wie dem *Vaisesika* (1. Jahrhundert n. Chr.) und dem *Samkhya-karika* (um 4. Jahrhundert v. Chr.) über Atome *(paramanu)* basierten, doch mit ihnen in enger Beziehung standen. Erstaunlicherweise finden wir im chinesischen Denken fast keinerlei Spuren des Atomismus. Einige wenige Fragmente belegen, daß er trotz seiner gelegentlichen Einführungen in China nie auf fruchtbaren Boden fiel. Das mag mit der großen Vorliebe der Chinesen für eine Art von Wellentheorie zusammengehangen haben. Seit etwa dem 4. Jahrhundert v. Chr. wurde die chinesische Theorie über die Natur durch den Dualismus zwischen Yang und Yin beherrscht durch die beiden Kräfte oder Einflüsse (Licht und Dunkel, Männlich und Weiblich, Aufwärts und Nieder, Konvex und Konkav, Sonne und Mond, Prinz und Minister), die sämtliche Phänomene durch ihren regelmäßigen und voraussagbaren Kurs durch das wechselseitige An- und Absteigen, bei dem jeweils das eine das umgekehrte Proportionale des anderen darstellte – kontrollierten. Die frühesten Himmelskarten, die in Europa vor Descartes entstanden, zeigen Koordinaten des Auf- und Niederganges himmlischer Körper, die sich mit der Yang-Yin-Vorstellung gut vertragen hätten, wir brauchen deshalb nicht zu verzweifeln, wenn wir ähnliche bildliche Darstellungen in der alten chinesischen Literatur finden. Im Unterschied zur angewandten Mechanik gehörte die Physik des chinesischen Mittelalters zu den schwächer entwickelten Bereichen des wissenschaftlichen Systems. Doch trotzdem läßt sich in bestimmter Hinsicht die moderne Teilchen-Theorie als ursprünglich griechisch-indisch und die moderne Wellen-Theorie als ursprünglich chinesisch begreifen.

Betrachten wir nun einige der technischen Erfindungen näher, die trotz der bereits erwähnten Barrieren seit dem Beginn unserer christlichen Zeitrechnung in einem ununterbrochenen Strom von Ostasien nach Europa gelangten. Die Geschichte des Eisengießens, eine Technik, die die Chinesen schon im 1. Jahrhundert v. Chr. beherrschten, die sich aber in Europa (ein erstaunlicher geschichtlicher Widerspruch!) nicht vor dem 14. Jahrhundert n. Chr. durchsetzte, muß ich mir leider für eine andere Gelegenheit aufsparen. Genausowenig können wir hier die Geschichte des einfachen Schubkarrens verfolgen. Nur mit einigem Zögern kann ich mich mit den Techniken der Papierherstellung und der Druckkunst aufhalten, deren Übermittlung von China nach Europa durch viele Zwischenstufen so ausgezeichnet von Carter nachvollzogen wurde. Da hier aber ein arabisches Textstück unsere Beachtung verdient, wollen wir es zitieren. Zuvor aber muß daran erinnert werden, daß eine buddhistische *sutra*, die man in den Grabhöhlen von Tunhuang gefunden hat und die aus dem Jahre 868 n. Chr. stammt, das erste uns heute noch erhaltene Belegstück der chinesischen Druckkunst ist. Zitieren wir Liu P'ien (in seinem *Chia Hsün Hsü)*:

Im Sommer des dritten Jahres der Regierungsperiode Chung-Ho (883 n. Chr.), als der kaiserliche Hof seit drei Jahren in der Provinz Szechuan weilte, war ich Abteilungsleiter im Großen Sekretariat (*Chung-Shu Shih-Jen).* In meiner Freizeit, an jedem 10. Tag, stöberte ich gewöhnlich in den Büchern (die man zum Verkauf ausgestellt hatte) in der südöstlichen Ecke der Inneren Stadt (Chung Ch'êng) (in Ch'êngtu). Die meisten dieser Bücher enthielten Texte über Traumdeutungen, die Prinzipien der Geomantik, astrologische Voraussagen durch die Neun Paläste oder die Fünf Gewebe (die Planeten) sowie verschiedene andere Traktate über Naturmagie (Yin Yang); doch es gab auch Wörterbücher, Enzyklopädien und Schulbücher. In der Regel waren diese Bücher in Holzblöcke gestochen und dann auf Papier gedruckt worden, doch manchmal war die Druckerschwärze verschmiert worden, und man konnte nicht alles genau erkennen.

Wir dürften alle mit diesem Flaneur der Buchläden sympathisieren, der in der Anfangsperiode des Buchdrucks lebte. Das Fragment eines dieser bedruckten Blätter fand man in der Sammlung der Tunhuang-Bibliothek im Britischen Museum, es handelt sich um einen Kalender aus dem Jahre 882 n. Chr.; ein anderes Blatt aus derselben Sammlung muß aus dem Jahre 877 n. Chr. stammen.

Werfen wir noch einen flüchtigen Blick auf jene Zeit. In seinem *Hui Ch'en Hou Lu* (1194 n. Chr.) schreibt Wang Chung-Yen:

Als Wu Chao-I noch arm war, borgte er sich gewöhnlich die *Wên Hsüan*-Anthologie von seinen Freunden, doch manchmal war ihnen das peinlich und sie wollten sie nicht verleihen. Deshalb sprach er zu sich: »Wenn ich jemals in eine Machtposition komme, werde ich dafür sorgen, daß solche Bücher in Holzblöcke graviert werden, damit alle Gelehrten die Möglichkeit haben, sie zu lesen.« Schließlich wurde er Minister unter der Regentenfamilie Wang (in Wirklichkeit handelte es sich um die Familie Mêng, 953 n. Chr.) im Staate Shu (Szechuan). Jetzt konnte er seinen Vorsatz ausfüllen und diese Bücher drucken lassen. Dies war der Anfang aller gedruckten Bücher ... Nachdem der Kaiser Ming Tsung der Späteren T'ang den Staat Shu unterworfen hatte, beauftragte er Professor Li Ê den Text der fünf Klassiker auszuschreiben. Man folgte dem Beispiel (des Wu Chao-I) und schnitt in der Kaiserlichen Universität Holzblöcke zurecht, um die Texte zu drucken. Dies war der Anfang des Druckens in der Universität.

Nachdem erstmalig im Jahre 953 die konfuzianischen Klassiker erfolgreich gedruckt wurden, kamen auch viele andere Bücher auf den Markt. Carter belegt, daß sich die Druckkunst über die Uighuren in Zentralasien im frühen 13. Jahrhundert n. Chr. ausbreitete und von dort nach Ägypten gelangte, während Gutenbergs Versuche erst im Jahre 1436 n. Chr. zum Erfolg führten.

Das arabische Zitat, das ich Ihnen gerne vorlegen wollte, stammt von dem persischen Gelehrten Dawud al-Banakiti aus dem Jahre 1317 n. Chr. An der Druckkunst schätzte er besonders die Möglichkeit, Texte korrekt standardisieren zu können. In seinem *Raudat uli'l-Albab* (Der Garten des Klugen) heißt es:

Die Chinesen verfügen über ein Verfahren, Bücher zu kopieren, das keine Änderungen im Text zuläßt. Wenn es ihnen beliebt, befehlen sie einem geschickten Kalligraphen mit geübter Hand die Seite eines Buches auf eine Tafel zu schreiben, dann korrigieren alle Gelehrten diesen Text und schreiben ihren Namen auf die Rückseite der Tafel. Dann befiehlt man geübten und ausgebildeten Holzschnitzern, die Lettern auszuschneiden. Wenn dann alle Seiten des Buches kopiert worden sind, numeriert man die Holzblöcke in der gewünschten Reihenfolge, und legt sie in versiegelte Taschen, wie Prägestempel in einer Münzanstalt. Dann überantwortet man sie verantwortlichen Personen, die zu diesem Zweck bestimmt wurden und die sie in besonderen Büros sicher bewahren, die unter einem besonderen Siegel verschlossen werden. Wenn jemand ein Exemplar des Buches benötigt, wendet er sich an dieses Komitee und zahlt die von der Regierung hierfür festgesetzten Gebühren. Danach werden die Tafeln hervorgeholt, auf Papier gepreßt wie Prägestempel auf Gold bei der Münzherstellung und danach dem Kunden die Blätter übergeben. Es ist somit unmöglich, ihren Büchern irgendetwas hinzuzufügen oder etwas aus ihnen herauszustreichen, deshalb haben die Chinesen volles Vertrauen in sie; auf diese Weise erfolgt die Überlieferung ihrer historischen Texte.

Man muß sich vor Augen halten, daß dieser Text 100 Jahre vor der Zeit Gutenbergs geschrieben wurde, doch immerhin mindestens sechs Jahrhunderte, nachdem in China mit dem Drucken begonnen wurde.

Al-Banakiti schätzte die Unverletzlichkeit chinesischer Texte zu hoch ein, denn in den verschiedenen Ausgaben tauchen viele unterschiedliche Lesarten auf und manche Texte waren schon vor dem ersten Drucken ernsthaft entstellt worden; doch es ist trotzdem wahr, daß der Sinologe viel weniger von unzuverlässigen Manuskripten abhängig ist, die immer nur sporadisch und launenhaft auftauchen, als der Erforscher anderer Kulturen. Man glaubt häufig, die Sinologen brüteten viel über Manuskripten, doch ganz das Gegenteil ist der Fall, denn da die Papierherstellung um 100 n. Chr. und die Druckkunst um 700 n. Chr. begannen, sind praktisch alle chinesischen Texte entweder gedruckt oder verloren. Nur ganz selten kommt eine große Ladung von Manuskripten, wie die in den Tempelhöhlen von Tunhuang gefundenen ans Tageslicht, und selbst in dieser Sammlung befanden sich Texte, deren gedruckte Versionen uns bereits vorlagen. Gleichwohl hat die chinesische Literatur unermeßlich große Verluste erlitten; teilweise, weil das zarte Papier sehr viel früher als das Drucken, die Technik der Massenproduktion, erfunden wurde, doch auch wegen der anhaltenden Kämpfe unter den Dynastien und der Eroberungen, die ganze Auflagen gedruckter Bücher zerstörten. Von Zehntausenden von Büchern kennen wir heute nur noch die Titel. Soviel zur Druckkunst.

Papier, Druckkunst, Schießpulver und der magnetische Kompaß sind so nachdrücklich als chinesische Erfindungen und Entdeckungen gewürdigt worden, daß wir uns vielleicht lieber anderen Beispielen für den Vorstoß der Technologie nach Westen zuwenden sollten. Nehmen wir die Kunst des Tiefbohrens. Die Provinz Szechuan liegt etwa 1800 km vom Meer entfernt. Sie verfügt über große Salz- und Naturgasvorkommen; die bedeutendsten Lager findet man in dem Distrikt Tzu-liu-ching zwischen Chungking und Chia-ting. Ohne diese Vorkommen hätte sich das Königreich Shu, das so oft in der chinesischen Geschichte seine Unabhängigkeit erkämpfte und während des II. Weltkrieges als Zuflucht für die Verteidigung gegen die Japaner diente, nie erhalten können. Ohne Salz, jenen unentbehrlichen Bestandteil der menschlichen Nahrung, hätte seine Bevölkerung kapitulieren oder *en masse* emigrieren müssen, wie die Kommunisten zwischen den beiden Kriegen aus ihrer Enklave in Chiangsi. Aus Erwähnungen im *Ch'ien Han Shu* und dem *Hua Yang Kuo Chia* ist uns bekannt, daß man bereits in der früheren Han-Dynastie (1. Jahrhundert v. Chr.) die Salzlager auszubeuten begann. In Ch'êngtu findet man Reliefs aus der Han-Zeit, die die Bohrtürme und die Pfannen, in denen das Salz durch Verdunsten gewonnen wurde, darstellen. Aus der Feder des Dichters Su Tung-P'o, der im Jahre 1036 n. Chr. in Szechuan geboren wurde, liegt uns eine besonders detaillierte Beschreibung dieser Bohrlöcher vor. Die Bohrungen sind insofern bemerkenswert, als sie in manchen Fällen bis in eine Tiefe von 100 Metern herabstoßen und durch altertümliche Methoden bewerkstelligt wurden.

Noch ein anderer technologischer Komplex verdient aus der Perspektive der vergleichenden Wissenschaftsgeschichte unsere Aufmerksamkeit: das Wasserrad der Mühlen und der Antrieb durch Schaufelräder. Werfen wir einen Blick zurück. In seiner »Technik der Vorzeit« veröffentlichte Feldhaus die Reproduktion der Darstellung eines durch Schaufelräder angetriebenen Bootes, das an Steuer- und Backbord je von einem Schaufelrad angetrieben wurde. Feldhaus entnahm dieses Bild der großen chinesischen Enzyklopädie aus dem Jahre 1726, dem *T'u Shu Chi Ch'êng* und er fügte hinzu, daß die Chinesen diese Idee natürlich von den Jesuiten-Missionaren des 17. Jahrhunderts übernommen haben müssen. In Wirklichkeit gibt es da aber gar kein »natürlich«. Die ersten westlichen Illustrationen von Schaufelradschiffen, die durch menschliche Antriebskraft vorwärts bewegt wurden, entstanden in den Ingenieursarbeiten der Renaissance, wie z. B. bei Guido da Vigevano (1335 n. Chr.) und Roberto Valturio (der Ingenieur des Sigesmondo Malatesta) in seinem *De Re Militari* aus dem Jahre 1472 n. Chr. Weiter wissen wir, daß Blasco de Garay ein solches Boot 1543 n. Chr. in Barcelona, im Hafen des Kaisers Karls V. konstruierte. Experimente im 18. Jahrhundert bereiteten den Weg für einen wirklich verwendbaren Antrieb in den Arbeiten von Fitch, Symington und Fulton. Doch fast 1000 Jahre vor dem Entstehen der Skizze des Valturio gab es bereits durch Schaufelräder angetriebene Boote in China.

Wir lassen dabei die Erwähnungen außer acht, die sich im *Nan Shih* und dem *Nan Ch'i Shu* über ein »Schiff von 1000 li Länge« finden, das der Mathematiker Tsu Ch'ung Chih (zwischen 494 und 497 n. Chr.) erfunden haben soll. In der offiziellen Geschichte der T'ang-Dynastie *(T'ang Shu)* finden wir für die Jahre 782–785 n. Chr. den folgenden Eintrag:

Prinz Ts'ao (Li Kao) befahl den Bau von Kriegsschiffen, die zwei Räder tragen sollten, die durch eine Tretmühle angetrieben wurden; dadurch wurde das Wasser aufgewirbelt und das Boot so schnell wie der Wind vorwärtsgetrieben.

In der Biographie des Yo Fei, in der »Geschichte der Sung« *(Sung Shih)* finden wir für das Jahr 1130 n. Chr. folgende Bemerkung:

Yang Yao (der Anführer eines Bauernaufstandes) ließ auf dem See Schiffe vom Stapel, die durch Räder angetrieben wurden, die das Wasser aufwirbelten. Am Bug dieser Schiffe war ein Rammsporn angebracht, damit zerstörten sie die Boote der Regierung, denen sie begegneten.

Schließlich heißt es im *Mêng Liang Lu* aus dem Jahre 1275 n. Chr. (eine Art Reiseführer durch die Wunder von Hangchow):

Dann gibt es auch noch die »Räderboote« (wie die), die zu dem berühmten Haus des Chia Ch'iu-Ho gehören. An Deck, über der Kabine gibt es keine Männer, die staken oder rudern, denn diese Fahrzeuge werden durch Räder, die von Tretmühlen angetrieben werden, bewegt und sie sind pfeilschnell.

Offensichtlich war die Annahme etwas voreilig, die Jesuiten hätten die Idee der von Schaufelrädern angetriebenen Boote in China eingeführt.

In der europäischen Geschichte findet man noch einen anderen Hinweis auf den Erbauer oder Konstrukteur eines Bootes, das mit Schaufelrädern ausgerüstet war. Es handelt sich um Konrad Kyeser, der um 1405 n. Chr. – also vor Valturio – dieses System zur Beförderung von Schiffen stromaufwärts benutzt haben kann. Dabei betrieben die Räder eine Winde, die ein Zugseil aufwickelte, das an einem bestimmten Punkt stromaufwärts festgemacht worden war. Möglicherweise gab es hierfür in China historische Parallelfälle; ich selbst habe in Ping-lo in Kuangsi gesehen und photographiert, wie man Boote auf dieselbe Art stromaufwärts zog, doch dort wurde die Winde direkt mit der Hand betrieben. Hier sehen wir die Verbindung zwischen den von Schaufelrädern angetriebenen Booten und von Wasserrädern betriebenen Mühlen, denn man kann ganz offensichtlich dieselbe Vorrichtung entweder zur Erstellung von Antriebsenergie durch die Kraft des strömenden Wassers benutzen oder als Antriebskraft für ein Rad in stehendem Gewässer. Eine wichtige Übergangslösung stellten die Getreidemühlen dar, die man auf Schiffen befestigte und die durch Wasserräder (Schaufelräder) angetrieben wurden. Sie tauchten erstmalig bei der Belagerung Roms 536 n. Chr. durch den byzantinischen General Belisarius auf, der sie auf dem Tiber operieren ließ. Procopius (*De Bello Gothico*) hat sie im Detail beschrieben. Dieselbe Methode wandte man auch in China an, doch ein genaues Datum habe ich dafür noch nicht herausfinden können; die Darstellung findet sich bei einem Autor der späten Ming-Dynastie, Wang Shih-Chên, der (in seinem *Shu Tao I Ch'eng Chi*) schreibt:

In Ling Chiang gab es viele Schiffsmühlen (*wei ch'uan*) die in dem reißenden Strom ankerten. Das Mahlen, Stampfen und Durchsieben geschah gänzlich durch die Kraft des Wassers, und die Maschinen machten ständig einen Lärm, der sich wie k'a yao, k'a yao, k'a yao anhörte.

Noch heute findet man solche Schiffe in Fou-ling, etwa 90 km stromabwärts von Chungking. Man kann daher alle Wasserräder in zwei Klassen aufteilen, für die wir die Bezeichnungen »ad-aquat« wählen wollen, wenn die Energie ins Wasser überführt wird und «ex-aquat«, wenn die Energie aus dem fließenden Wasser bezogen wird. Das einfachste Beispiel für die erste Klasse liefert das *kua ch'ê*, ein handbetriebenes Schaufelrad, das Wasser durch einen künstlichen Lauf treibt und in China schon sehr früh vorgekommen zu sein scheint. Man benutzte es bei der Bewässerung, um Wasser in geringe Höhen hochzupumpen. Im Augenblick können wir jedoch keine frühere Beschreibung als die im *Nung Shu* aus dem Jahre 1313 n. Chr. anfügen. Man kann unmöglich entscheiden, ob diese einfache Erfindung der Montage eines ad-aquaten Rades zum Antrieb eines Bootes führte, obwohl diese Anwendung zur Zeit des Tsu Ch'ung-Chih (5. Jahrhundert n. Chr.) sehr wohl vorgenommen worden sein kann. Andererseits kann die Ausrüstung von verankerten Booten mit ex-aquaten Rädern für Mühlen auch zur Ersetzung von ad-aquaten Rädern auf Schiffen geführt haben.

Die Frühgeschichte der stationären, ex-aquaten Räder (der Wasserräder der Mühlen) im Westen, liegt trotz der ausgezeichneten Arbeiten von Bloch und Curwen noch sehr im Dunkeln. Sie scheinen gleichzeitig in China und am östlichen Rande Europas aufzutauchen. Die Wassermühlen des Königs Mithridates von Pontus im Südosten des Schwarzen Meeres und ihre Eroberung durch Pompeius im Jahre 65 v. Chr. werden bei Strabo als besondere Kuriosität erwähnt. Um das Jahr 30 v. Chr. waren Wasserräder, die durch eine Schlaghammerbatterie betrieben wurden, in China allgemein verbreitet. Dann finden wir im Jahre 31 n. Chr. in der offiziellen Geschichte der Han-Dynastie die ganz zufällige Beschreibung von Wasserrädern, die man nicht nur zum Dreschen des Getreides benutzte, sondern auch zum Betreiben des Blasebalgs in der Metallherstellung, wobei kreisförmige in längsförmige Bewegung verwandelt wurde. Man kann unmöglich glauben, daß diese komplizierte Anordnung von Maschinen nicht schon auf eine beträchtliche Geschichte zurückblickte.

Die uns zur Verfügung stehenden Quellen deuten darauf hin, daß diese Wasserräder des 1. Jahrhunderts horizontal angelegt und mit einer vertikalen Welle versehen waren *(wo lun)*. Das vertikale Wasserrad mit horizontaler Welle (das vor der Einführung adaquater Räder notwendig war), wurde etwa zur gleichen Zeit im 1. vorchristlichen Jahrhundert durch Vitruvius (27 v. Chr.) beschrieben. Es ersetzte aber nicht das horizontale Rad, denn in bestimmten Gebieten Europas, besonders im gälischen und skandinavischen Sprachraum wird es noch heute benutzt. Auch in China verwandte man am häufigsten das horizontale Rad, und dort wurde das vertikale Rad nicht von den Jesuiten eingeführt, da es bereits im *Nung Shu* 1313 n. Chr. beschrieben wird und zu jener Zeit schon zum Antrieb komplizierter Textilmaschinen benutzt wurde.

Die wohl geistreichste Anwendung des ex-aquaten Rades erfolgte, als man an seiner äußeren Peripherie Eimer anbrachte, die so montiert waren, daß sie am höchsten Punkt des Rades ihren Inhalt in einen künstlichen Wasserlauf ergossen. Das ergab eine völlig automatische Vorrichtung, um Wasser bei der Bewässerung in sehr große Höhen zu transportieren. Im Westen nennt man diese Vorrichtung normalerweise »Noria«, der Name leitete sich aus dem Arabischen al-na'ura ab; die chinesische Bezeichnung lautet *t'ung ch'ê*. Zwar beschreibt Vitruvius eine verwandte Maschine: durch Kettentransmission beförderte Behälter oder *saqiya*, doch vor dem 12. Jahrhundert n. Chr. finden wir keine Spuren des Wasserrads, sei

es im Mittleren Osten, in Europa oder in China. Wir wissen lediglich, daß der ägyptische Ingenieur Qasar ibn Abi al-Qasim al-Hanafi (1168–1251) in Hama in Syrien Wasserräder errichtete, und daß ein Arzt aus dem Irak, Isma'il ibn al-Razzaz al-Jazari in seinem Buch über Hydraulik und Mechanik aus dem Jahre 1206 n. Chr. von diesen Erfindungen berichtet. In China vermittelt die Beschreibung des Wang Chên im *Nung Shu* 1313 n. Chr. den Eindruck, als seien diese Apparate schon lange im Gebrauch gewesen.
Sie werden gesehen haben, daß es im gesamten Verlauf dieser Geschichte der angewandten Wissenschaften außerordentlich schwer fällt, definitive Prioritäten für Ost- oder Westasien aufzustellen; man kann lediglich sagen, daß trotz des Vitruvius und der Theoretiker Heron, Philon und Ctesibius aus Alexandrien, Asien seit ältester Zeit und bis ins 15. Jahrhundert n. Chr. gegenüber Europa einen großen Vorsprung gewonnen hatte. Ich bin sicher, daß weitere intensive Forschungen die Geschichte der ursprünglichen Erfindungen und ihrer Übertragung außerordentlich erhellen werden. Man muß immer noch berücksichtigen, daß in Zentralasien oder dem iranischen Kulturgebiet, deren wissenschaftliche und technologische Geschichte wir kaum kennen, vielleicht Erfindungen gemacht wurden, die sich in beide Richtungen ausbreiteten. Dies scheint z. B. bei der biologischen Entdeckung der Falknerei der Fall gewesen zu sein. Zudem spricht viel dafür, daß manche klassischen Ideen der Wissenschaft von Mesapotamien ausgingen.
Schauen wir noch einmal auf den Weg, den wir zurückgelegt haben. Wir sprechen von der Einheit der Wissenschaften, und dieser Ausdruck ist zutreffend. Selbst die am meisten isolierten Entdeckungen, wie die Erfindung der mathematischen Null durch die Mayas und die des Rades durch die Azteken (obwohl sie es nur als Spielzeug verwendeten), haben ihre Bedeutung als Beiträge zum wissenschaftlichen Vermögen der Menschheit. Wenn wir aber auf genetische Verbindungen zu sprechen kommen, so kann kein Zweifel daran bestehen, daß die Arbeiten der Völker Asiens für die Geschichte der Wissenschaft und Technik zumindest nicht weniger bedeutend waren, als die der Europäer bis zur Zeit der Renaissance. Die Wissenschaft der arabischen Kultur könnte man als einen Brennpunkt bezeichnen; sie sammelte die reine und angewandte Wissenschaft Ostasiens und baute auf den Arbeiten der Antike des Mittelmeerraumes auf. Wir haben gesehen, daß die angewandte Wissenschaft Ostasiens in den ersten 14 Jahrhunderten unserer christlichen Zeit-

rechnung in einem ständigen Strom nach Europa vordrang, während die reine Wissenschaft ausgefiltert wurde. Sie erreichte den arabischen Kulturkreis, doch dann drang sie nicht weiter nach Westen vor. Hier liegt offensichtlich ein historisches Phänomen von außerordentlicher Bedeutung.

Trotz unserer in der Schule erworbenen Vorstellungen über den großen Unterschied zwischen den Kreuzrittern und den Sarazenen zögert man bei besserer Kenntnis der arabischen Zivilisation, sie überhaupt als »orientalisch« zu betrachten. Die Kultur des Islam mag in den Wüsten Arabiens entstanden sein, dennoch zeigte sie viel engere Verbindungen zu der europäischen Kultur der merkantilen Stadtstaaten als zu der chinesischen Kultur eines agrarischen Bürokratismus. In diese Richtung müssen wir blicken, wenn wir nach den sozialen und ökonomischen Ursachen suchen, die die unterschiedlichen Entwicklungspfade in Wissenschaft und Technik in Ost und West bestimmten. Doch dies ist eine andere Geschichte, und, wie der Märchenerzähler im Teegarten von Szechuan sagte: »Wenn Ihr wissen wollt, wie die Geschichte zu Ende geht, dann müßt Ihr morgen Abend um dieselbe Zeit wiederkommen.«

Der chinesische Beitrag zu Wissenschaft und Technik

Ich glaube, daß der historische Beitrag des chinesischen Volkes zu Wissenschaft und Technik gewöhnlich sehr unterschätzt wird. Das kommt großenteils daher, daß im Westen die Kenntnis der chinesischen Sprache wenig verbreitet ist und daß die Wissenschaftshistoriker, die die Entwicklung der modernen Wissenschaft und der Technologie an den Küsten des Atlantik so hervorragend nachgezeichnet haben, oft nicht gesehen haben, daß die ersten Entdekkungen häufig von unseren chinesischen Kollegen im fernen Asien gemacht wurden.

Das berühmte Buch von Professor J. B. Bury, »The Idea of Progress«, ist hierfür ein Beispiel. In diesem Buch erwähnt Bury die Tatsache, daß in Europa zur Zeit der Renaissance viele Diskussionen zwischen Gelehrten stattfanden, von denen einige behaupteten, daß die »Modernen« besser seien als die »Alten«, während andere behaupteten, daß die »Alten« besser seien als die »Modernen«, womit sie die Menschen der Renaissance meinten. Die Vertreter der Moderne behaupteten gewöhnlich, daß diese besser seien, weil sie Erfindungen wie die des Buchdrucks, des Schießpulvers und des magnetischen Kompasses gemacht hätten. In Professor Burys Buch findet sich nicht eine einzige Fußnote, die darauf hinweist, daß alle diese Erfindungen nicht in Europa, sondern in Asien gemacht wurden – wir verdanken sie alle den Chinesen.

Während der Zeit der griechischen Stadtstaaten und der römischen Republik regierte in China die Chou-Dynastie. Im Jahre 221 v. Chr. kam der erste Kaiser eines vereinigten Chinas auf den Thron, nachdem er alle vormals isolierten protofeudalen Staaten zusammengeschlossen hatte. Zuvor gab es nur halb unabhängige, feudale Prinzen, die durch die Hegemonie des einen oder anderen Herrschers der nominalen Suzeränität der Chou-Dynastie zusammengehalten wurden. Zur Zeit des Niedergangs des Römischen Kaiserreiches findet man China in drei verschiedene Staaten geteilt (die San Kuo-Periode), bis es 50 Jahre später wieder unter der Chin-Dynastie zu einem Zusammenschluß kam. Um das 7. nachchristliche Jahrhundert, unter der T'ang-Dynastie, erlebte China das, was man als seine Blütezeit ansieht, als religiöse Gedanken und Praktiken aufblühten und Malerei, Poesie und Musik ihre höchste Stufe erreichten.

Im Hinblick auf die Wissenschaften ist freilich die Sung-Periode interessanter, denn während dieser Zeit – im 11. und 12. Jahrhundert n. Chr. – erreichte die chinesische Wissenschaft ihren Höhepunkt. Danach kam die Invasion der Mongolen und die Gründung der Yuan-Dynastie, die etwa 100 Jahre dauerte. Dann entstand unter den Ming wieder eine nationale Dynastie, die jedoch ihrerseits wieder von den Mandschus (Ch'ing-Dynastie) niedergeworfen wurde.

Unser Interesse in diesem Vortrag gilt natürlich einmal der Frage, worin genau der chinesische Beitrag zu Wissenschaft und Technik besteht. Doch uns interessiert nicht nur, was die Chinesen geleistet haben, sondern auch, warum es ihnen nicht – wie der europäischen Zivilisation – gelungen ist, *moderne* Wissenschaft und Technologie hervorzubringen. Warum ist ihre Wissenschaft und Technologie stets vorwiegend empirisch geblieben? Warum hat es keine endogene industrielle Revolution in China gegeben? Hier, glaube ich, liegt eines der größten Probleme der gesamten vergleichenden Sozialgeschichte; doch ich hoffe, daß wir einige Vermutungen und Hypothesen über die Faktoren entwickeln können, die eine der europäischen vergleichbare Entwicklung in China verhindert haben.

Bevor ich mich aber weiter über dieses Problem verbreite, möchte ich bestimmte Sachverhalte in der chinesischen Philosophie und in der chinesischen Wissenschaft und Technologie beschreiben, die zeigen, welche bemerkenswerten Triumphe die Chinesen auf diesen Gebieten erreicht haben.

Ich bin zunächst einmal fest davon überzeugt, daß sowohl die alten wie die mittelalterlichen chinesischen Philosophen genausogut über die Natur spekulieren konnten wie die Griechen. Man muß natürlich zugeben, daß die chinesische Zivilisation keinen Aristoteles hervorgebracht hat; doch wir können annehmen, daß die Faktoren und Umstände, die das Entstehen eines wissenschaftlichen Denkens in China verhindert haben, bereits zu einer Zeit wirksam waren, zu der ein Aristoteles sich hätte entwickeln können. Wenn wir jedoch die klassische Philosophie Chinas betrachten, spricht vieles dafür, daß die Chinesen genausogut wie die Griechen spekulieren konnten, bei denen man gemeinhin alle Ursprünge der modernen Wissenschaft ansiedelt.

In der chinesischen Philosophie gab es bekanntlich viele Schulen. Seit der Han-Zeit erlangten die Konfuzianer, die später orthodox wurden, eine Vormachtstellung. Liest man Bücher wie die »Reden und Abhandlungen des Konfuzius« oder die »Abhandlungen« seines großen Schülers Mencius, erhält man ein recht deutliches Bild von Konfuzius. In ihren Anschauungen waren er und seine Schüler zutiefst innerweltlich. Sie strebten nach einer Organisation der menschlichen Gesellschaft, die ein Maximum sozialer Gerechtigkeit erbrachte, so wie sie sie verstanden. Sie waren außerordentlich stark sozial orientiert, legten Wert auf literarische im Gegensatz zu manuellen Tätigkeiten und erzeugten eine Art von sozialem »Scholastizismus«. Obwohl sie als Berater feudaler Prinzen anfingen, und schließlich als Personal der Mandarine endeten, steuerten sie doch auch auf vielfältige Weise zu demokratischen Gedanken bei. Die Sprüche des Konfuzius sind berühmt; sie sind extensiv ausgelegt worden und allgemein bekannt. Im ersten Kaiserreich legten konfuzianische Gelehrte das Recht des Volkes zur Rebellion gegen Tyrannen fest, und der Ethos des Gelehrten-Adels war für das soziale System Chinas grundlegend.

Als philosophische Schule interessiert uns jedoch besonders der Taoismus. Hier gab es einen Kreis von Philosophen, die sich gegen die Konfuzianer stellten; teils weil sie fühlten, daß bei allem Vertrauen des Konfuzius in seine Fähigkeit, die menschliche Gesellschaft zu organisieren, dies nie möglich sein würde und teils, weil das Erlangen echter sozialer Gerechtigkeit davon abhängt, daß wir mehr über die Natur wissen. Deshalb zogen sich die Taoisten in die Wälder und Berge und andere entfernte Gegenden zurück und versuchten die Natur zu erforschen. Da sie nie eine auf Hypothesen beruhende experimentelle Methode entwickelten, kamen sie nie viel weiter als Demokrit oder Lukretius, doch in vieler Hinsicht ähneln die Taoisten den Epikuräern in unserer europäischen Geschichte. Die Anhänger des Epikur glaubten, sie hätten eine befriedigende und in der Substanz wahre Theorie der Wirkungsweise des Universums gefunden. Auch die Taoisten glaubten, sie hätten etwas Grundlegendes über die Ordnung der Natur erkannt, die sie das Tao nannten. Sie waren überzeugt, daß eine Befreiung von den Schrecknissen der Naturkräfte, der primitiven Götter und Dämonen nur mit Hilfe einer rationalen Theorie der Natur des Universums möglich sei; Epikuräer und Taoisten erlangten auf diese Weise den gleichen geistigen Frieden.

Die Einstellung der Taoisten gegenüber der Natur läßt sich an einigen beachtenswerten Absätzen in manchen ihrer berühmtesten Bücher, wie dem »Buch der Tugend und des Tao« aufzeigen, in dem der »Geist des Tales« erwähnt wird. Der »Geist des Tales« war eine unsterbliche Göttin, kein Gott. In vielen anderen Passagen dieses Buches wird die Empfänglichkeit des Taoisten gegenüber dem Weiblichen betont, seine Freiheit von Vorurteilen verdeutlicht und seine Passivität nicht als religiöse Passivität beschrieben, sondern als Demut gegenüber der Natur. Der Mensch muß sich der Natur in Bescheidenheit nähern und seine Fragen ohne zu viele vorgefaßte Meinungen stellen.

Wenn man in eines der bedeutendsten taoistischen Bücher *»Das wahre Buch der südlichen Hua«* des unvergleichlichen Chuang (Tzu) schaut, findet man eine Episode aus dem Leben eines Königs, dessen Metzger so außerordentlich geschickt war, daß er einen Bullen mit drei Streichen seines Beils erlegen konnte. Der König trat zu ihm und fragte ihn: »Wie schaffst du das?« und der Metzger erwiderte: »Es ist wahr, die meisten Metzger brauchen 55 Streiche und selbst die besseren können es allenfalls mit 20 und machen dann ihr Beil stumpf; doch ich habe mein ganzes Leben lang das Tao des Bullen untersucht, deswegen kann ich es schaffen.« Die Taoisten befürworteten ein Verhalten »mit dem Strich« der Natur, nicht »gegen den Strich«.

Es gibt eine andere Anekdote, die uns verstehen hilft, was die Taoisten unter Tao verstanden. In ihr fragen Chuang Tzu's Schüler, wo man das Tao finden könne. Er antwortet: »überall«. Sie fragen: »Aber doch sicherlich nicht in diesem zerbrochenen Ziegel?« und er antwortet: »Ja, dort auch.« »Aber doch sicherlich nicht in diesem Stück Mist?« »Ja, dort auch.« Die Ordnung der Natur manifestiert sich überall. Zu diesem sehr frühen Zeitpunkt stehen wir am Anfang des religiösen wie des wissenschaftlichen Denkens, da das »Eine« der religiösen Erfahrung noch nicht deutlich von der Einheit der natürlichen Ordnung unterschieden war.

Wenn ich die Vorstellungen der Taoisten richtig verstanden habe, müßte es eine Verbindung zwischen ihrer Tradition, ihrem Handeln und dem Aufstieg der Wissenschaft geben. Genauso verhält es sich. Man hat herausgefunden, daß die Alchimie, die in China älter als in irgendeiner anderen Zivilisation ist, in einem taoistischen Milieu entstanden ist; man suchte nach einer Unsterblichkeitsdroge. Genauso könnte man auf jene Passage in dem Buch des

Chuang Tzu aus dem Jahre 290 v. Chr. verweisen, in der man eine interessante Evolutionslehre findet: sie besagt, daß die Tierarten nicht unverändert oder unveränderlich sind, sondern im Laufe der Zeit ineinander übergehen. Wir sollten auch eine andere Beschreibung des evolutionären Prozesses in Betracht ziehen, die wir in dem *Buch der Riten* finden. Wer behauptet, die chinesischen Gedanken seien stets statisch gewesen, weiß nicht, wovon er redet. Genauso wie bei Lukretius wird zunächst das primitive Barbarentum beschrieben. Danach kommt eine Stufe, die man die »Kleinere Ruhe« nennt, in der Kriege und Hungersnöte auftreten und Nationalstaaten miteinander konkurrieren. Letztlich wird die »Große Gemeinschaft« beschrieben, sie bezeichnet das Ergebnis der sozialen Evolution, den Zustand, in dem die ganze Welt vereint in unerschütterlichem Frieden lebt und das Volk völlige soziale Sicherheit genießt. – Dieses Buch muß um das Jahr 300 v. Chr. geschrieben worden sein.
Bevor ich von den Taoisten abschweife, noch ein weiteres Zitat aus ihrer Literatur. Ein moderner Philosoph hat gesagt: »Freiheit ist die Einsicht in die Notwendigkeit.« Um frei zu sein, muß man die Gesetze des Universums verstehen. So heißt es in einem Buch etwa aus dem Jahre 330 v. Chr., das man Kuan Tzu zuschreibt: »Der Weise folgt den Wegen der Natur, damit er sie kontrollieren kann.« Die politische und auch die baconische Bedeutung dieses Ausspruches muß man nicht lange suchen. Und durch einen merkwürdigen Zufall (falls es sich darum handelt) waren die Taoisten politisch genauso revolutionär, wie die Konfuzianer orthodox und konservativ. Die Taoisten strebten nach einer Rückkehr in die Verhältnisse der präfeudalen kollektiven Stammesgesellschaft, vor der Entstehung der Klassengesellschaft. In jeder Rebellion in der chinesischen Geschichte sind taoistische Gedanken wirksam gewesen. Nicht zu übersehen ist auch der Zusammenhang zwischen »demokratischen« und wissenschaftlichen oder präwissenschaftlichen Anfängen, der auch im klassischen Griechenland deutlich ist.
Eine andere der klassischen philosophischen Schulen war die des Mo Tzu. Anders als die Konfuzianer lehnte er das Familiensystem ab und unterschied sich von den Taoisten durch seine Lehre von der universellen Liebe. Man hat sehr selten angemessen berücksichtigt, wieviel wissenschaftliches Material in seinen und den Arbeiten seiner Schüler enthalten ist; es gibt einige Kapitel über Optik und andere Zweige der Physik. Diese Verbindung zwischen einem Inter-

esse für Physik und Ethik ist einigermaßen auffallend und sie erinnert uns an das große Ziel des Spinoza, eine Ethik *more geometrico demonstrata* vorzulegen.

Eine vierte philosophische Schule war die der Legalisten. Im klassischen China gab es eine große Kontroverse zwischen den Konfuzianern, die an eine Art von paternalistischer Gerechtigkeit glaubten, nach der ein jeder Gerichtsfall nach den konkreten Umständen bewertet werden sollte, und einer anderen Schule, die forderte, alle juristischen Entscheidungen nach Maßgabe fixierter Rechtssätze zu treffen. In einigen Zügen antizipierte die Schule der Legalisten den modernen Autoritarismus. Diese Schule hatte jedoch keinen Erfolg, und das ist vielleicht einer der ideologischen Gründe für das Unvermögen Chinas, moderne Wissenschaft und Technologie aufzubauen. In der europäischen Geschichte hat es jedenfalls eine enge historische Beziehung zwischen den Konzepten von legalem Gesetz und Naturgesetz gegeben.

Ich will diese philosophischen Bahnen nicht weiter verfolgen, sondern lediglich darauf hinweisen, daß das Studium der mittelalterlichen Philosophie Chinas genauso lohnend ist wie das der klassischen Zeiten. In der Han-Dynastie trat ein sehr bemerkenswerter rationalistischer Gelehrter auf, Wang Ch'ung, der ein Buch über den Aberglauben seiner Zeit schrieb: »Ausgewogene Ideen«. In diesem Buch führte er aus, daß die Menschen auf der Erde nicht mehr Bedeutung für die Erde oder die Sterne hätten, als die Parasiten auf dem menschlichen Körper.

Im 11. Jahrhundert n. Chr. erreichen wir mit den Neokonfuzianern und der Sung-Dynastie die bedeutendste Periode. Den größten Vertreter dieser Zeit, Chu Hsi, hat man als den Herbert Spencer des 12. Jahrhunderts bezeichnet. Je mehr man von ihm liest, um so unglaublicher erscheint es, wie ohne die Grundlage einer experimentellen Wissenschaft zu jener Zeit bereits eine so realistische, eine so naturalistische Philosophie hat entstehen können. Ich darf hinzufügen, daß Chu Hsi der erste gewesen ist, der Fossilien entdeckte. Er hatte erkannt, daß das Auftreten versteinerter Tierformen auf Bergspitzen beweist, daß diese Berge einst auf dem Meeresboden gelegen haben müssen. Diese Erkenntnis, die in China also bereits im Jahre 1170 n. Chr. erreicht worden ist, hat im Westen erst Leonardo da Vinci gewonnen.

Gegen Ende der Ming-Dynastie, etwa um das Jahr 1650, gab es einen standhaften Beamten, der sich weigerte, vor den Mandschus zu kapitulieren. Wang Ch'uan-Shan zog sich in die Berge zurück und schrieb dort viele Bücher, darunter eine materialistische, fast marxistische Geschichte, die es verdient, heute genau untersucht zu werden, und die die naturalistischen und realistischen Tendenzen im chinesischen Geistesleben aufzeigt.

Ferner ist festzuhalten, daß sowohl für das klassische wie für das mittelalterliche China viele Beweise dafür vorliegen, daß manuelle Experimente durchgeführt wurden, aus denen stichhaltige Schlüsse gezogen wurden. Wenn wir sagen, daß sich die moderne Technik nicht entwickelte, so meinen wir damit, daß die Wissenschaft der Chinesen empirisch blieb und daß sich ihre Theorien auf jenen »primitiven« Typus beschränkten, der durch die Prinzipien des Yin und Yang oder der Fünf Elemente gekennzeichnet ist. Theorien des fortgeschrittenen mathematischen Typus der Zeit nach Galilei wurden nicht entwickelt. Dies illustrieren Alchimie und Chemie.

Hier war zunächst bemerkenswert, daß sich die Taoisten zwar außerordentlich für die Unsterblichkeit interessierten, aber nicht nach einer Art von spiritueller Unsterblichkeit im Himmel strebten – sie wollten in dieser Welt leben, und sie suchten ein Elixier oder eine Unsterblichkeitspflanze, die ihnen dies ermöglichte, oder doch zumindest irgendeine Methode, sei sie asketisch oder wie auch immer, die ihnen ein langes Leben bescheren würde. Sie strebten nach materieller Langlebigkeit und Unsterblichkeit.

Im Jahre 133 v. Chr. wandte sich Li Shao-Chün an den Kaiser Han Wu Ti und sagte: »Wenn Ihr dem Herde opfert (d. h. meine Forschungen unterstützt), werde ich Euch zeigen, wie man gelbes Gold herstellt; aus diesem Gold könnt Ihr Krüge formen und wenn Ihr daraus trinkt, werdet Ihr unsterblich.« Dies ist die erste Erwähnung von Alchimie in der Weltgeschichte. Später, im Jahre 142 n. Chr. findet man das ohne Zweifel erste Buch über Alchimie, »Die Verwandtschaft der Drei«, in dem der Gebrauch chemisch transformierter Substanzen als Lebenselixier beschrieben wird. Wir wissen, daß das Auftauchen der Alchimie im Islam und in Europa nach dieser Zeit datiert, denn wir können keine Zeugnisse finden, die vor dem 8. Jahrhundert n. Chr. (wahrscheinlich sogar nicht vor dem 10. Jahrhundert n. Chr.) liegen. Über den Ursprung des Wortes »Alchimie« ist häufig gestritten worden. Man hat vermutet, daß es sich aus dem Wort *Khem*, einem Namen für Ägypten, ableite, und sich auf die schwarze Erde des Niltales beziehe, doch die ägyptische Alchimie ist nicht sehr alt. Ich behaupte, daß dieses Wort

chinesischen Ursprungs ist und aus der Bezeichnung *lien chin shu*, die Kunst der Goldumwandlung, herrührt. Die kantonesische Aussprache lautet *lien kim shok*. Es ist nun bekannt, daß die Völker Arabiens und Syriens bereits im Jahre 200 n. Chr. mit China Handel getrieben haben; und durch Hinzufügung der arabischen Vorsilbe *al* zum chinesischen Wort entsteht das Wort *al kim:* »Was zur Herstellung von Gold führt«. Alle bedeutenden Alchimisten waren Taoisten. Es gibt eine große Anzahl alchimistischer Bücher auf Chinesisch, wovon die meisten nie übersetzt worden sind.
Die klassischen Theorien dieser alten Protowissenschaften sind in China sehr früh formuliert worden und haben sich sehr lange, sogar noch bis heute, gehalten. Die älteste Theorie stellte sich das Universum als aus zwei fundamentalen Prinzipien zusammengesetzt vor: Yang und Yin, Licht und Dunkelheit, männlich und weiblich. Dieser Dualismus ist scheinbar persischen Ursprungs, doch die Tatsache, daß Gut und Böse ausdrücklich nicht Bestandteil dieser Antithese waren, macht diesen Einfluß unwahrscheinlich. Auch waren die Fünf Elemente nicht dieselben, wie die Vier Elemente der Griechen: Luft, Wasser, Erde und Feuer; das klassische China kannte Metall, Holz, Wasser, Erde und Feuer. Durch das ganze Universum drang in seinen verschiedenen Formen das *ch'i*: Dunst, Geist, feinster Einfluß, vergleichbar in etwa dem *pneuma* der Griechen. Ganz sicherlich ist ihnen oder den Indern die erste Vorstellung von Atomen zuzuschreiben, doch ich könnte Beweise für die These bringen, daß die Vorstellung von Wellen in Wirklichkeit auf die Chinesen zurückgeht, denn immer wenn die Operationen von Yin und Yang beschrieben werden, handelt es sich um einen Prozeß, in dem ein Maximum ein Minimum ablöst, wenn das eine ansteigt, geht das andere nieder, und das ist die Vorstellung von Wellen. Die ursprüngliche Idee des Atoms als eines Unteilbaren ist zweifelsohne griechisch oder indisch, doch die Idee der ansteigenden und fallenden Wellen könnte man als chinesisch bezeichnen.
Der traurige Zustand der chinesischen Anatomie im letzten Jahrhundert hat den Eindruck erweckt, als ob diese Disziplin in China stets rückständig gewesen sei, doch dies ist keineswegs der Fall. Betrachtet man die anatomischen Bilder der Chinesen aus dem 7., 8. und 9. Jahrhundert, erkennt man im Gegenteil, daß sie sehr fortschrittlich waren; und einige Anatomen glauben, daß die berühmte »Serie der Fünf Bilder«, eines der wichtigsten Genre in der Geschichte der Anatomie des Westens, auf chinesische Quellen zurück-

geht. In vielen Ausgaben eines berühmten Buches über forensische Medizin – »Die Entlastung der Unschuldigen; oder die Tilgung von Schuld« – finden sich zahlreiche anatomische Bilder an exponierter Stelle. Diese Abhandlung, die erste über dieses Thema in irgendeiner Zivilisation, wurde im Jahre 1247 n. Chr. von Sung Tz'u geschrieben.

Auch auf vielen anderen Gebieten sind die wissenschaftlichen Bemühungen der Chinesen in den frühen Perioden sehr eindrucksvoll. Zu der Zeit, in der die Normannen England eroberten, fanden in China systematische Messungen des Niederschlages statt, und gegen Ende der römischen Periode, um das Jahr 132 n. Chr., erfand der Mathematiker Chang Hêng den ersten Seismographen. Seine Beschreibung ist bemerkenswert. Der Seismograph war so gebaut, daß bei einem Zittern der Erde eine bronzene Kugel aus dem Munde eines bronzenen Tieres in eine tieferliegende Schale fiel. Es heißt, daß man auf diese Weise am kaiserlichen Hof bereits mehrere Tage vor dem Eintreffen der Boten von einem Erdbeben wußte. Aus derselben Zeit liegen viele Berichte über andere einfallsreiche Apparate vor. Es gibt Aufzeichnungen über ein wagenartiges Gerät, das, falls es nach Süden ausgerichtet wurde, weiterhin in diese Richtung zeigte, ganz gleich, in welche es gelenkt wurde. Bei diesem Gerät handelt es sich nicht um den magnetischen Kompaß, sondern um eine mechanische Erfindung, die erste aller kybernetischen Maschinen. Ein anderes Fahrzeug, ein »Taximeter«, ließ nach jeder Meile, das es zurückgelegt hatte, einen Gong ertönen; dies half bei der kartographischen Erfassung des Reiches.

Über vieles, wie die Seidentechnik oder die Entwicklung von Keramik und Porzellan, muß ich hinweggehen. Die drei größten Erfindungen der Chinesen waren zweifelsohne Papier- und Druckkunst, der magnetische Kompaß und das Schießpulver.

Besonders interessant ist die Erfindung von Papier und Druckkunst. Die historischen Aufzeichnungen der Chinesen sind so exakt, daß wir fast bis auf den Tag genau wissen, wann zum ersten Mal Papier hergestellt wurde. Im Jahre 105 n. Chr. wandte sich Ts'ai Lun an den Kaiser und sagte: »Bambustafeln sind so schwer, und Seide ist so teuer, deshalb habe ich eine Methode gesucht, Splitter von Baumrinde, Bambus und Fischnetze miteinander zu vermischen, und ich habe einen sehr dünnen Stoff hergestellt, auf dem sich schreiben läßt.« Doch erst etwa 6 Jahrhunderte später, um das Jahr 700 n. Chr., wurde dieser Stoff zum Drucken benutzt. Diese Technik begann in Westchina, und es dauerte noch weitere 300 Jahre, bevor man mit beweglichen Handdrucken begann. Obwohl diese Technik kurz vor der Zeit Gutenbergs ihren Weg nach Europa fand, entwickelte sie sich in China kaum, denn bei den chinesischen Schriftzeichen ist es bequemer, gleich Druckplatten zu entwerfen und die Zeichen für eine ganze Seite aus einem Stück Holz zu schneiden. Vielleicht ist die Idee des Druckens aus der Siegelherstellung, die in China eine sehr lange Tradition hat, hervorgegangen.

Die in China hergestellten Bücher unterscheiden sich stark von den Büchern im Westen, denn die Blätter wurden nur auf einer Seite bedruckt, diese Seiten dann gefaltet und zusammengenäht. Ursprünglich schrieb man nämlich auf Schriftrollen aus Seide, die dann zusammengerollt wurden. Als man dann mit dem Drucken begann, nahm man das Papier und faltete es immer wieder, so daß der Druck immer nur auf eine Seite kam.

Man hat behauptet, daß die Erfindung des Buchdrucks in Europa eine der Ursachen war, die zur Fragmentierung der europäischen Zivilisation nach der Einigkeit im lateinisch-sprechenden Mittelalter geführt hat; denn wenn man in den verschiedenen lokalen Dialekten Bücher oder Pamphlete druckt und vertreibt, werden sehr viele Sprachvarianten verbreitet, die dann erstarren. Dies trat in China nicht ein, denn die Schriftsprache der Chinesen ist eine »monolithische« Einheit. Sie wird in verschiedenen Teilen des Landes verschieden ausgesprochen, doch sie kann nicht unterschiedlich buchstabiert werden. Die Zeichen sind immer identisch, deshalb konnte das Drucken nicht die fragmentierenden und desintegrierenden Auswirkungen auf die chinesischen Provinzen haben wie während der Renaissance in verschiedenen Teilen Europas.

Äußerst umstritten ist die Geschichte des nautischen Kompasses. Wir wissen, daß die Römer die Anziehungseigenschaften der magnetischen Nadel kannten; dasselbe gilt für die Han-Chinesen, doch diese wußten auch schon über Polarität Bescheid. In der Sung-Dynastie war der Kompaß schon allgemein verbreitet. Um 1085 n. Chr. verfaßte Shen Kua ein Buch, in dem der magnetische Kompaß beschrieben wird. Er schrieb, wenn Zauberer die nördliche Richtung suchen, greifen sie zu einer Nadel, reiben diese an einem Magneteisenstein und hängen sie an einem dünnen Stück Faden auf, dann zeigt die Nadel normalerweise nach Süden. Er fügte hinzu, es gebe zwei Sorten Nadeln, eine, die nach Norden und eine andere, die nach Süden zeige; dies sei aber nicht überraschend, da es auch zwei Tierarten gebe, eine, die ihre Hörner im Sommer, eine andere, die sie im Winter abwerfe. Früher scheinen die Chinesen offensichtlich ihre Magneteisensteine in der Form von Löffeln angefertigt zu haben. Schon lange vor dem Jahre 1180 n. Chr. (dem Jahr, in dem man erstmalig in Europa von magnetischer Polarität erfuhr) gab es in China Aufzeichnungen von Reisen nach Korea, Kambodscha usw., die eindeutig belegen, daß die Schiffe mit Hilfe eines Kompasses gesteuert wurden.

Kommen wir zum Schießpulver: Man weiß zwar, daß in der Han-Zeit Feuerwerkskörper benutzt wurden, doch allem Anschein nach hatten sie nichts mit Schießpulver zu tun. Wahrscheinlich waren sie Splitter von grünem Bambus. Beschreibungen von Feuerwerken findet man zwischen den Jahren 600 und 900 n. Chr. (der T'ang-Zeit). Das deutet darauf hin, daß bestimmte brennbare Mischungen bekannt waren. Eine deutliche Aussage über die Verbindung von Schwefel, Salpeter und kohlehaltigem Material – die erste in irgendeiner Zivilisation – stammt aus dem Jahre 850 n. Chr. Der erste Hinweis auf die Verwendung von Schießpulver im Krieg erfolgte kurz nach dem Jahre 900 n. Chr. Es stimmt nicht, daß die Chinesen zwar das Schießpulver erfanden, doch so human waren, es nur bei Feuerwerken einzusetzen. Erstmalig wurde es bei einem Flammenwerfer eingesetzt, indem man Öl durch Schießpulver entzündete, es aber nicht explodieren ließ, sondern es herunterbrannte, ›wie ein langsames Streichholz‹. Später stößt man auf die Rakete (Feuerpfeil), alle möglichen Bomben, die durch Katapulte befördert wurden. In den Kämpfen zwischen den Ch'itan (Liao) und den Jurchen (Chin)-Tataren im Norden und den Anhängern der Sung im Süden wurden Bomben eines hochgradig destruktiven Typs eingesetzt, denn man hatte den Anteil des Nitrats heraufgesetzt. Ich bin fest davon überzeugt, daß man das Schießpulver auf die alchimistischen Experimente der Taoisten der T'ang-Zeit zurückführen kann.

Ein weiterer Punkt, den wir wenigstens erwähnen müssen: Man nimmt ursprünglich an, daß das Impfen nicht asiatischen Ursprungs ist; die erste Idee hierzu erschien jedoch einer taoistischen Nonne im Traum. Sie nahm Gewebeteile aus einer Pockenpustel und verpflanzte sie in die Nasenschleimhaut. Damit befolgte sie wahrscheinlich irgendein Prinzip der sympathetischen Magie. Dieser Vorgang der »Variolation« (Verpockung) ist noch heute unter den Mongolen üblich; der Eingriff ist gefährlich, denn er kann eine

Epidemie auslösen, doch einzelne können durch ihn geschützt werden.
Auch auf die Literatur zur pharmakologischen Naturgeschichte ist noch hinzuweisen. Es handelt sich dabei um eine umfassende Sammlung bedeutender Arbeiten, deren erste in der Han-Zeit erschien. Sie enthält nicht nur Beschreibungen von Pflanzen, Bäumen und vielen Tieren, sondern auch von allen möglichen Mineralien. Als Paracelsus (16. Jahrhundert n. Chr.) den Gebrauch von Mineralien in die Medizin einführte – Mercurium, Antimonium, Wismuth usw., statt wie bis dahin üblich, nur Kräuter – löste er damit in Europa eine hitzige Debatte aus. Damals hatten die Chinesen jedoch schon seit Jahrhunderten Mineralien verwandt.
Eine andere Entdeckung betraf die sogenannten Mangelerkrankungen. Normalerweise nimmt man an, daß das Wissen um Mangelerkrankungen aus unserer Zeit stammt, und gleichzeitig mit der Erkenntnis der kurativen Wirkung der Vitamine entstand. Doch falls die Erkenntnis, daß einige Krankheiten allein durch Diät und ohne »gewöhnliche« Medikamente geheilt werden können, ein empirisches Erkennen von Mangelerkrankungen ist, dann verfügten die Chinesen sehr wohl darüber. Es liegt ein Buch des Hu Ssu-Hui aus der Yuan-Dynastie (14. Jahrhundert n. Chr.) vor, das den Titel trägt: »Einige Krankheiten können allein durch Diät geheilt werden.« In diesem Buch beschreibt der Autor Formen von Beri-Beri und empfiehlt Gerichte, die in nur wenigen Stunden verzweifelte Patienten fast völlig kurieren.
Ich habe über die philosophischen Schulen der Chinesen geredet, über die chinesischen »Protowissenschaften« und über einige der technischen Errungenschaften Chinas. Abschließend möchte ich zu unserer Ausgangsfrage zurückkommen: Warum ist in China keine moderne Technologie entstanden? Warum hat sich keine moderne Wissenschaft entwickelt? Hierfür müssen viele Faktoren ausschlaggebend gewesen sein. Ich will versuchen, mich auf konkrete, materielle Faktoren zu beschränken, denn wenn man nur Ideen hervorhebt, wird man zu leicht in die Irre geführt. Natürlich sind auch Ideen wichtig, doch nicht weniger wichtig sind geographische und soziale Faktoren, die das Leben des chinesischen Volkes über drei Jahrtausende bestimmten.
Reden wir zunächst vom Regen – China ist ein Land des Monsuns, dort ist der Niederschlag im Juni und Juli weitaus größer als in anderen Monaten; außerdem variiert er stark von Jahr zu Jahr.

Das stellte die Chinesen bereits sehr früh vor die Notwendigkeit, großflächige Bewässerungsanlagen anzulegen, und Wasser zu speichern. Auf diesem Gebiet sind ihre Errungenschaften bedeutender als die irgendeiner anderen Zivilisation, selbst der der Ägypter. Der Große Kanal ist eine der bedeutendsten Errungenschaften des hydraulischen Ingenieurwesens in der ganzen Welt. Einige Sinologen haben daraus die Schlußfolgerung gezogen, daß die Notwendigkeit der Wasserwirtschaft zwei Folgen hatte: Es mußten Millionen von Arbeitern kontrolliert werden und dafür war ein umfassender Beamtenapparat erforderlich. Niemand, der die chinesische Zivilisation nicht kennt, kann sich die Bedeutung des Beamtentums und des Mandarinats im traditionellen China vorstellen. Gleichzeitig muß man sich auch die Fläche des bewässerten Gebietes vor Augen halten, denn wenn die Arbeit sinnvoll sein sollte, so mußte sie im großen Rahmen durchgeführt werden. Damit aber übersteigt sie die Grenzen der Lehen individueller Feudalherren. In dem Maße, in dem jedoch die Zentralgewalt stärker wurde, nahm die Macht der Feudalherren ab und die des Kaisers zu.
Außerdem müssen wir auch den kontinentalen Charakter Chinas im Gegensatz zu der halbinsularen Struktur Europas in Betracht ziehen. Der merkantile Stadtstaat war die typische politische Einheit Europas. Die Verteilung von Land und Wasser in Europa führte sehr früh zu einer Betonung maritimer Seefahrt und zu einer merkantilen Wirtschaft. Demgegenüber führte die territoriale Ausdehnung Chinas zu einem Netz von Städten, die durch einen Gouverneur oder einen Magistraten »für den Kaiser gehalten wurden« und die jeweils von Hunderten landwirtschaftlicher Dörfer umgeben waren. Man muß stets die griechische *polis* der chinesischen *hsien* gegenüberstellen. Wenn aber das Mandarinat regierte, wenn das Beamtentum stets die größte Macht ausübte, dann wirkte das wie eine Schranke gegenüber der Entwicklung jeder anderen Gruppe der Gesellschaft, so daß die Kaufleute immer kleingehalten wurden und unfähig waren, im Staate zu einer Machtposition aufzusteigen. Zwar hatten sie ihre Gilden, doch diese waren nie so bedeutend wie die in Europa. Vielleicht ist dies die Hauptursache für das Unvermögen der chinesischen Zivilisation, eine moderne Technologie zu entwickeln. In Europa war nämlich die Entwicklung der Technologie eng mit dem steigenden politischen Einfluß der Kaufmannsklasse verbunden. Und woher kam das Geld für wissenschaftliche Entdeckungen? Es kam weder vom Kaiser, noch

von den Feudal-Fürsten, denn sie konnten durch Wandel nur verlieren. Anders die Kaufleute; sie finanzierten Forschungen, um neue Produktions- und Handelsformen zu entwickeln; genauso hat es sich in der europäischen Geschichte zugetragen. Man hat die chinesische Gesellschaft als »bürokratisch-feudalistisch« bezeichnet; das mag zu einem großen Teil erklären, warum die Chinesen, trotz ihrer brillanten Erfolge in der früheren Wissenschaft und Technik, nicht wie die Europäer in der Lage waren, die Fesseln mittelalterlicher Ideen zu sprengen und zu dem zu gelangen, was wir die moderne Wissenschaft und Technik nennen. Ich glaube, einer der wichtigsten Gründe für die unterschiedliche Entwicklung in China und Europa liegt darin, daß China dem Wesen nach eine Zivilisation der bewässerten Landwirtschaft – im Gegensatz zur weidewirtschaftlich-maritimen Zivilisation der Europäer – war; das hatte zur Folge, daß der Aufstieg der Kaufleute an die Macht verhindert wurde.

Wenn man alle Umweltbedingungen einbezieht, so spricht es genauso wenig für die Europäer, daß sie die moderne Wissenschaft und Technik entwickelt haben, wie es gegen die Chinesen spricht, daß sie es nicht getan haben. Die Möglichkeiten dazu waren überall vorhanden, doch die günstigen Bedingungen nicht.

Die Rollen Europas und Chinas in der Entwicklung der universalen Wissenschaft

Viele Geistes- und Kulturgeschichtler nehmen noch immer an, daß die asiatischen Zivilisationen »nichts besaßen, was wir Wissenschaft nennen würden«. Wenn sie etwas besser informiert sind, behaupten sie häufig, daß China zwar Geistes-, doch keine Naturwissenschaften, vielleicht Technologie, aber keine theoretischen Wissenschaften oder vielleicht ganz korrekt, daß China keine moderne Wissenschaft hervorgebracht habe (im Gegensatz zu den Wissenschaften des Altertums und des Mittelalters). Es ist hier nicht der Ort, solche Ideen im Detail zu korrigieren, doch meine eigene Erfahrung hat gezeigt, daß es vergleichsweise einfach ist, eine ganze Reihe schwergewichtiger Bücher über die wissenschaftlichen und technischen Errungenschaften zu schreiben, die die Chinesen angeblich gar nicht gehabt haben. Wenn sie, wie nachweislich der Fall, Sonnenfleckenzyklen aufzeichneten, und zwar eineinhalbtausend Jahre, bevor die Europäer von der Existenz solcher Schönheitsflecken auf der Sonnenoberfläche Notiz nahmen;[1] wenn jeder Bestandteil des Sonnensystems einen technischen Namen erhielt, tausend Jahre, bevor die Europäer sie zu untersuchen begannen;[2] und wenn das Schlüsselinstrument der wissenschaftlichen Revolution, die mechanische Uhr, ihren Siegeszug im China des 8. nachchristlichen Jahrhunderts und nicht (wie üblicherweise angenommen wird), im Europa des 14. Jahrhunderts begann,[3] dann muß an den konventionellen Vorstellungen von dem einzigartigen wissenschaftlichen Genius der westlichen Zivilisation etwas falsch sein. Trotzdem bleibt es wahr, daß moderne Wissenschaft, d. h. die Überprüfung mathematischer Hypothesen über natürliche Phänomene durch systematische Experimente, nur im Westen entstanden ist. Doch es läßt sich nicht einmal die These aufrechterhalten, daß China nichts zu diesem großen Durchbruch der modernen Wissenschaften beigetragen hat, als er in den späteren Phasen der europäischen Renaissance geschah. Zwar sind die euklidische Geometrie und die ptolemäische Astro-

1 SCC, Bd. 3, S. 434 ff.
2 SCC, Bd. 3, S. 474 ff.
3 SCC, Bd. 4, T. 2, S. 435 ff.

nomie unbezweifelbar griechischen Ursprungs, aber für die Entstehung der modernen Wissenschaft ist eine dritte Komponente sehr wichtig gewesen, nämlich das Wissen um magnetische Erscheinungen, und die Grundlagen für dieses Wissen sind alle in China gelegt worden.[4] Dort hatte man sich über die Natur magnetischer Deklination Gedanken gemacht, bevor die Menschen des Westens überhaupt von der Existenz magnetischer Polarität wußten.

Doch seit den Zeiten Galileis (1600 n. Chr.) überholte die »neue oder experimentelle Philosophie« des Westens unaufhaltsam die Stufen, die von der Naturphilosophie Chinas erreicht worden waren, und führte zum exponentiellen Wachstum der modernen Wissenschaften im 19. und 20. Jahrhundert. Mit welchem Bild können wir diesen Vorgang beschreiben, in den die mittelalterlichen Wissenschaften sowohl des Westens wie des Ostens der modernen Wissenschaft subsumiert worden sind? Die Vorstellung, die all denen, die auf diesem Gebiet arbeiten, gewöhnlich am ehesten in den Sinn kommt, ist die von Flüssen und dem Meer. Es gibt eine alte chinesische Redewendung über »die Flüsse, die dem Meer ihre Aufwartung machen«,[5] und man kann in der Tat die alten Ströme der Wissenschaft in den verschiedenen Zivilisationen als Flüsse auffassen, die in das Meer der modernen Wissenschaft münden. Moderne Wissenschaft setzt sich aus Beiträgen aller Völker der alten Welt zusammen. Jeder Beitrag ist wie ein Fluß ständig in sie hineingeströmt, sei es vom griechischen und römischen Altertum her oder aus der arabischen Welt oder den Kulturen Chinas und Indiens.

Im folgenden beschränke ich mich auf den »Fluß« China. Wenn wir unsere Ausgangslage betrachten, so drängen sich zwei sehr unterschiedliche Fragen auf: Erstens: wann hat sich eine bestimmte Wissenschaft in ihrer westlichen Form mit der chinesischen Form so vereinigt, daß alle ethnischen Besonderheiten in der Universalität moderner Wissenschaft zusammenschmolzen; und zweitens: zu welchem Zeitpunkt in der Geschichte hat die westliche Form entscheidend die chinesische Form überholt? So können wir versuchen, den Zeitpunkt des »Fusionspunktes« und den des »Überholpunktes« zu definieren. Da durch eine geschichtliche Koinzidenz der Aufstieg der modernen Wissenschaft in Europa mit den Aktivitäten der jesuitischen Missionen in China (Matteo Ricci S. J. [Li Ma-Tou] gest. in Peking 1610) einherging, gab es eine nur relativ gering-

4 SCC, Bd. 4, T. I, S. 239 ff., S. 334
5 SCC, Bd. 3, S. 484

fügige Verzögerung in der Gegenüberstellung der beiden großen Traditionen. Da der Durchbruch im Westen geschah, lag der Überholpunkt für jede Wissenschaft natürlich vor dem Fusionspunkt; doch, wie wir sehen werden, liegt das Interessante an dieser Frage hauptsächlich in dem Abstand zwischen den beiden.

Werfen wir zunächst einen Blick auf die Fusionspunkte. Wir stoßen sofort auf einen bemerkenswerten Unterschied zwischen dem, was in den physikalischen und dem, was in den biologischen Wissenschaften geschah. Auf dem Gebiet der Physik vereinigten sich die Mathematik, Astronomie und Physik des Westens und des Ostens sehr schnell, nachdem sie erstmalig zusammengekommen waren. Um 1644, dem Ende der Ming-Dynastie, gab es keinen feststellbaren Unterschied mehr zwischen der Mathematik, Astronomie und Physik von China und Europa; sie waren vollständig miteinander verschmolzen, sie hatten sich miteinander verbunden.

Falls, wie es zunächst schien, die westliche Mathematik auf einem höheren Standard als die chinesische Mathematik gestanden hatte, so stellte sich in den nachfolgenden Jahrzehnten heraus, daß dies durch den Verlust der Fertigkeiten der Algebraiker, der Sung- und Yuan-Dynastien bedingt war, und die Wiederherstellung ihrer Techniken sorgte für einen Ausgleich der Balance – obwohl das Fehlen einer deduktiven Geometrie auf der Sollseite der Chinesen stand. Die chinesische Mathematik war stets eher algebraisch als geometrisch gewesen.[6] Genauso fundamental waren die Unterschiede zwischen den Zivilisationen in der Astronomie, denn während die griechische Astronomie immer ekliptisch, planetarisch, winkelförmig, exakt und nach Jahresabläufen ausgerichtet war, blieb die chinesische Astronomie stets polar, äquatorial, nach Mittelwerten, Stunden- und Tagesabläufen organisiert.[7] Die beiden Systeme richteten sich keineswegs gegeneinander noch waren sie miteinander unvereinbar; es verhielt sich vielmehr genauso wie in der Mathematik: die Aufmerksamkeit der Chinesen und der Europäer konzentrierte sich auf unterschiedliche Aspekte der Natur. Wenn die Chinesen nie die Begeisterung für geometrische Modelle aufbrachten, die die ptolemäischen Epizyklen und letztlich das kopernikanische Sonnensystem hervorbrachten, so war ihre mittelalterliche

6 Eine ausführliche Darstellung der Geschichte der chinesischen Mathematik findet sich in: SCC, Bd. 3, S. 1–168.

7 Diese epigrammatische Formulierung geht auf Leopold de Saussure zurück; s. SCC, Bd. 3, S. 229

Kosmologie doch sehr viel moderner als diejenige Europas, denn statt kristallener Himmelsschalen dachten sie in Kategorien eines unendlichen leeren Raumes und einer fast unendlichen Zeit.[8] Als im Jahre 1673 der Jesuit Ferdinand Verbiest (Nan Huai-Yen) das Observatorium in Peking wiederaufbaute und es mit neuen Instrumenten ausstattete, die noch genauer und großartiger waren als diejenigen von Kuo Shui-Ching,[9] war dies vollkommen selbstverständlich; und als im frühen 18. Jahrhundert Antoine Gaubil S. J. (Sung Chün-Jung) seine bedeutenden Arbeiten über Geschichte und Theorie der chinesischen Astronomie veröffentlichte, war die Sache besiegelt.[10]

Da der Durchbruch zuerst in Europa geschah, steuerte Europa verhältnismäßig mehr bei, gab die kristallenen Himmelsschalen auf und führte verfeinerte kalendrische Berechnungen ein, in denen die eklyptischen Koordinaten der Griechen[11] verschwunden waren, doch die den Weg in die bisher ungeahnten Welten freigaben, die das Teleskop bald eröffnen würde;[12] und vor allem wurden die neue Himmelsmechanik und Dynamik der Ära des Galileo vorgestellt. Die beiden gemeinsame Astronomie profitierte natürlich außerordentlich von den Aufzeichnungen himmlischer Phänomene (Eklipsen, Novae und Supernovae, Kometen etc.), die chinesische Astronomen so exakt sie konnten seit dem 5. vorchristlichen Jahrhundert aufgezeichnet hatten und über die sie in größerem Ausmaß als irgendeine andere Kultur verfügten.[13] Wenn schließlich die universale Astronomie heutzutage ausschließlich die griechischen Konstellationsmuster benutzt, so rührt das nicht im geringsten von ihrer Überlegenheit über die ganz anderen chinesischen Muster her; es ist einfach ein Nebeneffekt, der aus dem kometenhaften Aufstieg der modernen Wissenschaft im Westen als Ganzes erfolgte. Männer wie Flamsteed oder Herschel hätten es bizarr gefunden,

8 Vgl. SCC, Bd. 3, S. 408, 438 ff.

9 SCC, Bd. 3, S. 350 ff., 367 ff., 451 ff.

10 SCC, Bd. 3, S. 760 ff.

11 SCC, Bd. 3, S. 266 ff.

12 Vgl. Needham und Lu Gwei-Djen (1967)

13 SCC, Bd. 3, S. 409 ff. Diese Aufzeichnungen werden noch heute ständig von Astronomen benutzt; vgl. dazu die jüngste Diskussion über eine Nova im Jahre 1006 n. Chr. zwischen Goldstein, Goldstein & Ho Ping Yü, Minkowski, Marsden, Gardner & Milne; und die Debatte über die allmähliche Verlangsamung der Erdgeschwindigkeit, in der Curott sich auf klassische Aufzeichnungen von Sonnen- und Mondfinsternissen bezog.

von *Wei hsiu* oder *T'ien chi* statt von Skorpion zu sprechen,[14] aber hierfür gibt es keinen in der Sache liegenden Grund; es war ein zufälliges Ergebnis des Aufstieges moderner Wissenschaft zunächst in der westlichen Zivilisation. Vor solchen Nebeneffekten muß man immer auf der Hut sein. In jedem Fall aber war bis zur Mitte des 17. Jahrhunderts die Vereinigung der beiden Astronomien vollzogen.

Wie vollständig diese Fusion gewesen ist, kann man an dem Beispiel der großen astronomischen Himmelskarte des 18. Jahrhunderts aus dem königlichen Tempel der koreanischen Yi-Dynastie in Seoul sehen, die seit kurzem im Whippel-Museum für Wissenschaftsgeschichte in Cambridge aufbewahrt wird.[15] Zur Rechten zeigt sie die klassische Planisphäre aus dem Jahre 1395, die von Kwon Kun und seinen Mitarbeitern für Yi Thaejo erstellt wurde und die, obwohl der Projektion nach äquatorial, die chinesischen Namen der westlichen Tierkreishäuser um ihre Perpherie trägt. Im Zentrum befinden sich zwei Planisphären nach der Art der Jesuiten in ekliptischer Projektion, die die westlichen Gradierungen von 360 Grad statt der chinesischen von 365¼ Grad benutzen, die jedoch nicht nur das gesamte Muster der chinesischen Konstellationen aufweisen (wie wir gesehen haben, sehr unterschiedlich von den westlichen Mustern), sondern auch die uralte Einteilung der Sterne in drei Farben aufweist, die auf der altertümlichen Liste von Sternen basiert, die die Astronomen des 4. vorchristlichen Jahrhunderts, Shi Shen, Kan Te und Wu Hsien entworfen hatten.[16] Auf der linken Seite finden wir Diagramme mehrerer Planeten, dazu Texte, die die neuen Entdeckungen ihrer Monde und Phasen von Galileo und Cassini beschreiben; daneben Sonnenflecken, die man auf der Sonne entdeckt hatte und wie sie die chinesischen Astronomen seit dem 1. vorchristlichen Jahrhundert beobachtet hatten. Ein weiterer Text beschreibt die Auflösung der Sternnebel, Sternhaufen und die Milchstraße mit Hilfe des Teleskops. Die Arbeit der Jesuiten, die auf diesem Bild festgehalten wurde, erfolgte unter einem der Direktoren des chinesischen Büros für Astronomie, Ignatius Kögler S. J. (Tai Chien-Hsien). Das Gemälde muß etwa um das Jahr 1757, nicht lange nach seinem Tode, entstanden sein.

Zwei Virtuosen der chinesischen Optik, Po Yü und Sun Yün-Ch'iu,

14 Schlegel, G. (1875), S. 153 ff.
15 S. Needham und Lu Gwei-Djen (1966)
16 SCC, Bd. 3, S. 263

die zwischen 1620 und 1650 in Suchow lebten, liefern ein anderes, deutliches Beispiel. Sie stellten Apparate her wie Teleskope, zusammengesetzte Mikroskope, Vergrößerungsgläser, eine Laterna Magica usw.[17] Po Yü kann man in der Tat in eine Reihe stellen mit Leonard Diggs und J.-P. della Porta, Lippershey, James Mitius und Cornelius Drebbe und all jenen Männern, die an der Erfindung des Teleskops und des Mikroskops im Westen beteiligt waren. Es ist recht erstaunlich herauszufinden, daß innerhalb weniger Jahrzehnte chinesische Forscher heiß auf derselben Spur waren. Noch wissen wir nicht genau – und vielleicht werden wir es nie herausfinden – wie unabhängig sie waren; mögliche Zwischenträgerdienste der Jesuiten sind in diesem Falle unbekannt, doch man kann mit Sicherheit sagen, daß zu einem überraschend frühen Zeitpunkt, nämlich 1635, das Teleskop im Artilleriekampf in China eingesetzt wurde, und es besteht die Wahrscheinlichkeit, daß Po Yü selbst und unabhängig das Teleskop durch ein Herumhantieren mit Kombinationen bikonvexer Linsen erfunden hat, genauso wie einige der Erfinder im Westen, die wir oben genannt haben. Sun Yün-Ch'iu schrieb sogar eine Abhandlung mit dem Titel *Ching Shih* (Geschichte optischer Gläser). In dieser extremen Geschwindigkeit vollzog sich die Fusion zwischen den mathematischen und physikalischen Wissenschaften der westlichen und der chinesischen Kultur, nachdem sie erstmalig in Kontakt gekommen waren.

Nimmt man eine Wissenschaft der Zwischenstufe wie die Botanik, dann findet man ein ganz anderes Bild. In der Arbeit, die meine Mitarbeiter und ich vor kurzem über die Geschichte der Botanik durchgeführt haben,[18] war es außerordentlich interessant festzustellen, daß es nach den ersten Kontakten eine lange Verzögerung gab, und man kann sagen, daß der Fusionspunkt in der Botanik nicht vor 1880 erreicht worden ist. Die Benennung, Klassifizierung und Beschreibung von Pflanzen vollzog sich in traditionellen Bahnen. Noch bis zum Jahre 1848 hielt sich der eigenständige Stil in dem wichtigen Werk von Wu Ch'i-Chün mit dem Titel: *Chih Wu Ming Shih T'u K'ao* (Illustrierte Untersuchung der Namen und Wesensarten von Pflanzen). Obwohl diese großartige und gut illustrierte Abhandlung zu einem so späten Zeitpunkt geschrieben wurde, war ihr Charakter vollkommen traditionell und berücksichtigte keineswegs die Fortschritte in der Botanik, die durch Camerarius

17 Vgl. Needham und Lu Gwei-Djen (1967)
18 SCC, Bd. 6, T. I

und Linnaeus gemacht worden waren. Es ist wichtig, hier festzuhalten, daß die Mission der Jesuiten im 17. Jahrhundert relativ wenig für botanische Kontakte unternahm. Was sie vermittelten, ging nach Westen statt nach Osten, wie es z. B. die Flora Sinensis des Michael Boym S. J. (Pu Ni-Ko) bezeugt, die 1656 gedruckt wurde. Außerdem konnten die Missionare moderne Botanik nicht übermitteln, denn ihre Aktivitäten lagen zeitlich sowohl vor Camerarius wie vor Linnaeus. Doch im Jahre 1880, als Emil Bretschneider, der bedeutende Mediziner der kirchlichen Mission Rußlands, in Peking seine Arbeiten über chinesische Botanik unternahm, tauchten chinesische Botaniker auf, die in derselben Sprache redeten, sich über linnaeische Familien und natürliche Familien unterhielten, Männer, die wie die Naturalisten Europas die Funktion der Blume begriffen und die Möglichkeiten des Mikroskops für die Entdekkungen der Pflanzenmorphologie. In dieser Zeit konzentrierten sich die Anstrengungen vieler Forscher auch darauf, eine möglichst enge Verbindung zwischen den traditionellen chinesischen Pflanzennamen und den linnaeischen Binomen herzustellen, die für eine weitere Entwicklung unentbehrlich war. Man kann deswegen sagen, daß in der Botanik die Fusion nicht vor 1880 stattfand; sie etwa ein Jahrzehnt später anzusetzen, ist wahrscheinlich eine zutreffendere Annahme.

Wenn man dann zur Medizin übergeht, findet man eine Situation, in der die Fusion der Wissenschaften, sowohl der reinen wie der angewandten, zwischen dem Osten und dem Westen auch heute noch nicht vollzogen worden ist. Ich wage diese Aussage, obwohl Physiker sie nicht gerne hören und die Astronomen sie gleicherweise leugnen werden, weil der Gegenstandsbereich dieser Wissenschaften sicherlich viel einfacher ist, als der, mit dem sich die Biologen beschäftigen müssen und a fortiori der der Physiologen, der Pathologen und der Mediziner. Wann immer die lebendige Zelle betroffen ist und a fortiori die lebendigen Zellen in höheren Organisationsformen, sind die Rätsel verstrickter, sowohl die praktischen wie die kognitiven Hilfsmittel weniger angemessen, und dem Zweifel bleibt ein größerer Raum. Wie optimistisch man sich auch immer als junger Biologe oder Biochemiker fühlen mag, das Geheimnis des Lebens liegt noch immer nicht hinter der nächsten Ecke. Ich rede aus Erfahrung. Deswegen hat sich das Zusammentreffen der Traditionen der beiden Kulturen, ihre Fusion in ein einheitliches Modell medizinischer Wissenschaft noch immer nicht vollzogen.

Natürlich stellen sich viele, wenn sie heutzutage an chinesische Medizin denken, irgendeine Art von ›Volksmedizin‹ vor, etwas bizarres und ziemlich überholtes, eine Art sinnloser Kuriosität, doch in Wirklichkeit sind all diese Vorstellungen vollkommen falsch. Man muß zugestehen, daß die chinesische Medizin das Produkt einer sehr großen Kultur ist, einer Zivilisation, die in ihrer Komplexität und Subtilität der europäischen gleichkommt. Sie bewahrt einen mittelalterlichen Fundus von Theorien und enthält gleichzeitig einen Reichtum empirischer Erfahrungen, den man in Rechnung stellen muß. Genau wie in anderen Wissenschaften können wir viele chinesische Pioniertaten auffinden; z. B. die Zusammenstellung einer großen klassifikatorischen Beschreibung von Krankheiten ohne therapeutisches Material, das *Chu Ping Yuan Hou Lun* (Systematische Abhandlung über Krankheiten und ihrer Aethiologien) von Ch'ao Yuan-Fang aus dem Jahre 610, ein volles Jahrtausend vor Felix Platter und Thomas Sydenham. Oder das erste Handbuch der forensischen Medizin, das je in einer Zivilisation geschrieben wurde, das *Hsi Yuan Lu* (Reinigung von falschen Anschuldigungen) von Sung Tz'u (1247). Es erschien, noch lange bevor die Bücher von Fortunato Fidele und Paolo Zacchia in Europa die Grundlage dieses Gegenstandes legten. Jedoch sind die Begründungen für einige der wichtigsten chinesischen therapeutischen Praktiken – wie die Akupunktur, auf die ich sofort zurückkommen werde – noch nicht völlig verstanden worden, und es sind auch noch nicht alle Medikamente der sehr reichen traditionellen chinesischen Pharmacopëia unter biochemischen und pharmakologischen Perspektiven gänzlich geprüft worden.

Es ist genauso wichtig, daß bis jetzt die Konzepte noch kaum aufeinander abgestimmt worden sind. Der ursprüngliche Anreiz für diese Untersuchung resultierte aus Problemen der Übersetzung und technischer Terminologie. Dr. Wang Ching-Ning und ich haben schon vor längerer Zeit herausgefunden, daß man in allen anorganischen Wissenschaften ohne größere Schwierigkeiten das okzidentale Äquivalent der Worte eines alten oder mittelalterlichen chinesischen Schriftstellers finden kann, sobald man genau weiß, worüber er spricht. So kann man mit ihm quer durch die Jahrhunderte über Sonnenwenden *(Chih)* oder Tag- und Nachtgleichen *(Fen)*, Quadratwurzeln *(K'ai Fang)* oder Kometen *(Hui Hsing)*, Lowitzsche Bögen *(T'i)*, Steinsalz und Armfüßer *(shih yen*, zwei Wörter, die man auf zwei verschiedene Weisen schreiben kann) reden;

gleichfalls kann man sich in der Welt der Technologie über Wasserschöpfräder *(T'ung Ch'e)*, wassergetriebene Mühlräder *(Shui P'ai)* oder Ketten- und Gelenkmechanismen *(T'ieh Ho Hsi)* verständigen. Dies gilt genauso – in etwas geringerem Umfang – für Felder wie die Botanik und die Zoologie – wo »*Sui*« Stachel- oder Blütenstand und *T'ai* das Kapitulum oder Blumenkopf bedeutet, während sich die Corolla *(Pa)* deutlich von der Calyx unterscheidet. Gleichfalls kann *Wei* nichts anderes als der Magen eines Tieres heißen, noch *Tan Ch'u Wei* irgendetwas anderes als Pansen. Alchimie und frühe Chemie haben genauso wie im Westen und aus denselben Gründen ihre eigenen besonderen Probleme – absichtliche Verschleierung u. ä. –, doch selbst unter alchimistischen Anwandlungen poetischer Phantasie existiert eine weit größere Regelmäßigkeit als man annehmen möchte, so daß der ›Flußwagen‹ *(Ho Ch'e)* stets metallisches Blei bedeutet[19] und der ›Fuß links hinter Yü dem Großen‹ *(Yü yü liang)* bezeichnet stets die braunen, knötchenförmigen Massen von Hematiteisen (Eisenoxyd).[20] Ferner hatte auch China seinen Martin Ruhland, doch das chinesische *Lexikon Alchemiae* war fast 1000 Jahre älter als seines; es handelt sich um das *Shih Yao Erh Ya* (Synonymwörterbuch der Mineralien und Drogen) von Mei Piao um 806 und es ist auch heute noch äußerst nützlich. Genauso bedeutet auf dem Feld der Technologie *Tan* stets Alaun, *Shih Tan* immer Kupfersulfat und *Huo Yao,* das ›chemische Feuer‹ steht nie für etwas anderes als eine Zusammensetzung für Schießpulver. Im ganzen gesehen stellt uns die Terminologie mittelalterlicher chinesischer Chemie nicht vor fundamentale Schwierigkeiten, obwohl sie bislang noch nicht vollkommen enthüllt wurde. Dr. Ho Ping-Yü und ich haben herausgefunden, daß es sehr wohl möglich ist, die mittelalterliche chinesische alchimistische Literatur verständlich zu machen, obwohl es noch viele Jahre dauern wird, bis alle Geheimnisse bekannt sein werden.

Doch erst in der Medizin findet sich der Übersetzer in einer wirklich heiklen Position. Medizinische Texte sind gespickt mit technischen Ausdrücken, für die in westlichen Sprachen keine Äquivalente existieren. Zum Teil ganz gewöhnliche Wörter wie *han* (kalt), das

19 Doch hier ist Vorsicht geboten, denn im medizinisch-physiologischen Begriffssystem bezeichnen dieselben Worte die Plazenta.

20 Auch hier muß man vorsichtig sein, denn in der Botanik beziehen sich dieselben Worte auf bestimmte Pflanzen; es handelt sich um eine andere Bezeichnung für das Heilkraut aus der Lilienfamilie Liriope spicata und für das Riedgras Carex macrocephala.

in einem sehr technischen Verständnis benutzt wird, zum Teil eigens konstruierte Zeichen (die häufig den Radikal für ›Krankheit‹ benutzen), z. B. *T* (ansteckende epidemische Krankheit) oder *Nio, Yao* (malariaähnliche Fieber) oder *Li* (ruhrartige Erkrankungen verschiedener Organe). Die Schlüsselwörter der äußert systematisierten medizinischen Philosophie sind die schwierigsten, denn selbst chinesische Lexikographien wagen es nicht, sie zu definieren, denn es wurde stets angenommen, daß die Ärzte ihren korrekten Gebrauch während ihrer langen Ausbildungszeit erworben würden. Heutzutage haben natürlich die Schulen der traditionellen chinesischen Medizin viele Arbeiten hervorgebracht, die helfen, diese Termini zu verstehen, aber natürlich nicht, sie zu übersetzen. Da es im Westen, wo die Evolution physiologischen und medizinischen Denkens andere Bahnen durchlief, keine exakten Entsprechungen geben kann, haben meine Mitarbeiter, insbesondere Dr. Lu Gwei-Djen und ich, eine neue Übersetzungstechnik gewählt, die darin besteht, eine völlig neue Serie von ›Kunstwörtern‹ mit griechischen und lateinischen Wurzeln zu konstruieren, die dazu geschaffen sind, den innersten Sinn der chinesischen medizinischen technischen Termini zu bezeichnen und die wir dann systematisch benutzen. Alle anderen möglichen Vorgehensweisen setzen sich den schwersten Einwänden aus: läßt man den Begriff unübersetzt, dann wird das Ergebnis unlesbar; übersetzt man die Begriffe durch mechanischen Gebrauch der Wörterbücher, so werden sie archaisch, blaß und lächerlich und obendrein falsch; wohingegen ihre Ersetzung durch moderne technische Begriffe, die heutzutage in Gebrauch sind, die Gefahr birgt, die traditionellen Ideen in einem sehr gefährlichen Grade zu entstellen. Das Resultat unserer Methode liegt darin, die mittelalterlichen chinesischen Doktoren wie europäische medizinische Schriftsteller des 16. und 17. Jahrhunderts reden zu lassen, etwa wie Ambroise Paré oder Thomas Willis, die in derselben Sparte arbeiten, aber offensichtlich in einer völlig anderen Tradition, und das ist genau der Effekt, den wir erzielen wollen.

Im Grunde genommen bedeutet all dies, daß die medizinischen Philosophien und Theorien Chinas und des Westens sich noch keineswegs in der Sprache beider Traditionen ausdrücken lassen, so daß wir eine ganz andere Situation vorfinden, als auf den Gebieten der anorganischen und der einfacheren organischen Wissenschaften. Tatsächlich gibt es in der chinesischen Medizin wichtige technische Ausdrücke, wie *hsü* und *shih, piao* und *li,* die eine Übersetzung in eine westliche Sprache fast unmöglich machen – fast, doch wie wir glauben, nicht vollständig.[21] In meinen Diskussionen mit Dr. Lu und Prof. Ch'en Pang-Hsien, dem bedeutenden Medizinhistoriker, und anderen Kollegen in Peking im Jahre 1958 bewegten mich derartige Erwägungen sehr stark; und ihnen verdanke ich die Ideen, die in dem hier vorliegenden Aufsatz ausgedrückt sind.

Man sieht sich gezwungen (wie ich es hier tue), von ›moderner westlicher‹ Medizin zu reden. Es ist nicht gerecht, sie nur ›westlich‹ zu nennen, als sei sie völlig mit ›chinesischer‹ oder ›indischer‹ Medizin gleichgestellt, denn sie ist nachweislich in einem Maße auf moderner Wissenschaft aufgebaut, wie es bei der Medizin der nicht-europäischen Zivilisation nicht der Fall ist; genauso unfair wäre es jedoch, sie schlicht ›moderne‹ Medizin zu nennen, denn das würde bedeuten, daß keine nicht-europäische Zivilisation irgendetwas zu ihr beitragen könnte. Im Gegenteil, eine wahrlich moderne und universale Medizin wird solange nicht existieren, bis alle diese Beiträge gesammelt worden sind. Deswegen stelle ich ›moderne westliche‹ und ›chinesisch traditionelle‹ Medizin einander gegenüber.

Schauen wir uns nun statt der Fusionspunkte die Überholpunkte etwas genauer an. Ich glaube, man kann hoffen, eine gewisse Anzahl historischer Momente festzulegen, in denen die moderne Wissenschaft, so wie wir sie im Westen seit den Zeiten Galileis kennen, eindeutig und entscheidend gegenüber der chinesischen Wissenschaft in Führung ging. Man darf natürlich nicht die vorausgegangene Situation des Mittelalters vergessen, als fast jede Wissenschaft und jede Technik von der Kartographie[22] bis zu den chemischen Sprengstoffen[23] in China viel weiter entwickelt waren als im Westen.

21 Es versteht sich von selbst, daß vor einer Übersetzung der medizinischen Texte eine gründliche Inhaltsanalyse der chinesischen Begriffe vollzogen werden muß, in welcher die linguistischen Entsprechungen, die bei der Übersetzung verwandt werden, semantisch gerechtfertigt werden müssen. Diese Arbeit ist sicher außerordentlich schwierig. Das liegt nicht allein an den unterschiedlichen Konzepten, die in beiden Kulturen erstellt wurden, sondern auch daran, daß sich die medizinische Terminologie der Chinesen im Laufe der Jahrhunderte langsam veränderte. Trotzdem glauben wir an die Möglichkeit, die verschiedenen Ideen miteinander in Übereinstimmung zu bringen, wenn wir sie erst einmal ausreichend verstanden haben; zudem herrscht in der Sprache der chinesischen Medizin hinreichende Übereinstimmung in der Beschreibung identischer Phänomene, um in einer ersten Annäherung griechisch-lateinische Äquivalente zur Übersetzung verwenden zu können.

22 S. SCC, Bd. 3, S. 525 ff.

23 SCC, Bd. 5

Vom Anfang unserer Ära bis fast zu den Zeiten Columbus' waren chinesische Wissenschaften und Technologie sehr oft weit allem voraus, was die Europäer kannten. Schauen wir uns nur ein oder zwei Beispiele an: in China ist die Seismologie Generationen früher als im Westen entwickelt worden. Chang Hêng hatte im zweiten nachchristlichen Jahrhundert einen Apparat entwickelt, mit dem man den Scheitelkreis, die Richtung und die Stärke des zentralen Bebens lokalisieren konnte.[24] Und während die Landwirtschaftler Roms an der Beschreibung und Klassifizierung von Böden verzweifelten, führten ihre chinesischen Kollegen vor dem zweiten nachchristlichen Jahrhundert mehr als 50 definierte pedologische Begriffe ein und legten gleichzeitig die Fundamente jeglicher Ökologie und Pflanzengeographie.[25] Des weiteren konnte niemand in Europa (jenes Europa, das sich später seiner ›eisengepanzerten Pferde‹ und unwiderstehlichen ›Eisenrüstungen‹ rühmte) bis zum Jahre 1380 verläßlich auch nur einen einzigen Barren Gußeisen auftreiben, während die Chinesen seit dem ersten vorchristlichen Jahrhundert große Experten in der Kunst des Eisengusses gewesen sind.[26] Vor dem Jahre 1450 waren in Europa die Standardmethode der Umwandlung kreisförmiger und längsförmiger Bewegungen, die Verbindung von Exzenter- und Verbindungsstangen mit Pleuelstangen, nicht bekannt; in China gab es diese Methode schon seit 970, und die Verbindung ihrer ersten beiden Bestandteile geht mindestens bis zum Jahre 600 zurück.[27] Deswegen habe ich an anderer Stelle einmal gesagt, daß die physikalischen Wissenschaften der Chinesen das Niveau Leonardo da Vincis, aber nicht das von Galilei erreichten.[28] Wo können wir nun diese Wendepunkte des Überganges – diese Überholpunkte, wie ich sie nenne – finden, an denen

24 SCC, Bd. 3, S. 626 ff.

25 Es gibt eine Reihe zuverlässiger chinesischer Untersuchungen über die Entstehung der Bodenkunde, Ökologie und Pflanzengeographie, doch nichts ist davon in irgendeiner westlichen Sprache veröffentlicht worden. Hier wird man auf SCC, Bd. 6, warten müssen; die hierfür wichtigen Teile sind bereits fertiggestellt.

26 S. Needham (Eisen und Stahl).

27 Vgl. SCC, Bd. 4, T. 2, S. 369 ff., 380 ff. In unseren bisherigen Bänden konnten wir einen Vorsprung von 200 Jahren mit Sicherheit nachweisen. Doch seitdem Chêng Wei ein Rollbild des Malers Wei Hsien etwa aus dem Jahre 970 n. Chr. entdeckt hat, das eine große Wassermühle darstellt, die mit sich hin- und herbewegenden Riegeln operierte, muß man den Zeitraum auf fünf Jahrhunderte ausdehnen. Was allein die Verbindungs- und Exzenterstangen angeht, so vgl. man Bd. 4, T. 2, von SCC, S. 759.

28 SCC, Bd. 3, S. 160

die im Westen entstandene moderne Wissenschaft und Technologie sich eindeutig vom chinesischen Niveau abhob?
Ich glaube, daß man in den Fällen der Mathematik, Astronomie und Physik sagen kann, daß dieser Zeitpunkt fast genau mit dem Fusionspunkt zusammenfällt, vielleicht eine kurze Zeitspanne davorliegt. Natürlich brachten die Jesuiten auch die euklidische Geometrie und die ptolemäische planetarische Astronomie nach China – beide sehr alt und sicher kein Bestandteil der modernen Wissenschaften. Doch sie brachten auch die algebraischen Bezeichnungen von François Viète, die erst in der Mitte des 16. Jahrhunderts entwickelt worden waren,[29] später dann die Logarithmen von John Napier und darüber hinaus auch die neue Dynamik, Mechanik und Optik von Kepler und Galilei nach China. Wenn Tycho Brahe, der empirische Vater der modernen Astronomie, auf der Insel Hveen saß und seine Tabellen mit Daten ausfüllte, glich er sehr einem Chinesen, denn seine Vorstellungen und Techniken waren nicht viel fortschrittlicher als die von Shen Kua oder Su Sung; erst die nachfolgenden Generationen begannen, das chinesische Niveau zu überflügeln. Obwohl die Jesuiten die kopernikanische Theorie selbst herabspielten, veröffentlichten sie vollständig die Ergebnisse, die Galilei mit dem Teleskop seit 1610 erhalten hatte.[30] Wir erinnern uns, daß er die Idee dieses Instruments aus Holland bezogen hatte und dann sein eigenes herstellte; danach ging alles sehr schnell. Deshalb sieht es so aus, als wäre in der Mathematik, Astronomie und Physik der Überholpunkt nur wenige Jahrzehnte vor dem Fusionspunkt erfolgt.
Wie wir gesehen haben, ist der Zeitabstand in der Botanik sehr groß, denn der Fusionspunkt war nicht vor 1880 erreicht. Der Überholpunkt liegt wahrscheinlich irgendwann zwischen dem Jahr 1695, als Camerarius zum ersten Mal die Natur der Blume zeigte, dem Höhepunkt von Linnaeus im Jahr 1735 und dem Jahr 1780, in dem die restaurativen Arbeiten des bedeutenden Adanson erschienen. Man wäre versucht zu behaupten, die chinesische Botanik hätte den Standard von Magnolius oder Tournefortian, doch nicht den des Linnaeus erreicht, stände dem nicht das Faktum entgegen, daß das linnaeische System der Klassifizierung nach Geschlechtern eine Art Nebenlinie oder Ableger darstellt und nicht auf der generellen Linie des Fortschritts lag. Vielleicht wäre es gerechter, Adanson

29 SCC, Bd. 3, S. 438
30 Vgl. Needham und Lu Gwei-Djen

etwa um das Jahr 1780 als den Wendepunkt zu bezeichnen und davon auszugehen, daß erst damals die Botanik des Westens entscheidend gegenüber der chinesischen Botanik in Führung ging. Doch hiernach gab es zwischen 1780 und 1880 einen Zeitabstand von fast 100 Jahren; daher rührt das Überlegenheitsgefühl der Pflanzensammler des frühen 19. Jahrhunderts, die dennoch die chinesischen Gärtner bewunderten, deren Gärten sie mit Vergnügen ausplünderten.[31]

Als nächstes müssen wir die Frage erörtern: wann übernahm die westliche Medizin entscheidend die Führung vor der chinesischen Medizin? Ich gestehe, je mehr wir hierüber nachdenken, desto mehr neigen wir dazu, diesen Punkt später anzusetzen. Mir kommen langsam Zweifel, ob der Überholpunkt wirklich sehr viel früher als 1900 lag, vielleicht 1850 oder 1870. Hier muß man viele Dinge in Rechnung stellen.[32] So muß man z. B. die klinischen Entdeckungen (Morgagni und Auenbrugger, 1761, Corvisart, 1808, Laënnec, 1819) berücksichtigen;[33] den Aufstieg der pharmazeutischen Chemie (Pelletier und Caventou, 1820) besonders mit der Untersuchung der Alcaloiden,[34] das neue Verständnis der Neurophysiologie (Bell, 1811, Magendie, 1822); die Entwicklung der Bakteriologie nach Pasteur (1857),[35] die Ausbreitung der Immunologie seit Jenner, ca. 1798, die ihrerseits von der chinesischen Technik der Pockenimpfung ausging; die Entwicklung der antiseptischen Chirurgie (Lister 1865) und Anästhesie (1846); Radiologie (Röntgen, 1896), Radiotherapie (die Curies, 1901) und Radioisotopie (Joliot-Curie, 1931), dann die Parasitologie mit der Entdeckung des Malaria-Erregers und seines Lebenszyklus (Laveran, 1880, Ross, 1898); dann auch das Aufkommen der Vitamine (Hopkins, 1912),[36] Sulfonamide

31 Vgl. E. H. M. Cox, Plant-hunting in China; a History of Botanical Exploration in China and the Tibetan Marches, London 1945

32 Vgl. K. D. Keele, The Evolution of Clinical Methods in Medicine, London 1963

33 Pathologische Anatomie, Percussion, Auskultation, die Erfindung des Stethoskops. Die Verwendung des Thermometers lag etwas früher, die des Pulsschreibers sehr viel später.

34 Isolierung von Strychnin und Chinin.

35 Dazu war unbedingt das Mikroskop notwendig; vgl. Beale's *The Microscope in Medicine* (1954).

36 Die fundamentalen Beiträge der Biochemie zur klinischen Diagnose und Behandlung liegen nicht vor dem 20. Jh. Dieser Prozeß begann mit der qualitativen und quantitativen Analyse von Urin. Eine erste Systematisierung des Geschehens

(Domagk, 1932), Antibiotika (1940) usw.[37] Man muß hierüber noch tiefer nachdenken, doch wenn man statt des diagnostischen Verstehens den therapeutischen Erfolg als Kriterium wählt, so glaube ich nicht, daß die Medizin des Westens sehr viel früher als 1900 entscheidend vor der chinesischen Medizin gelegen hat.[38] Natürlich müssen Begriffe sorgfältig definiert werden. Die Arbeit des Vesalius geschah nicht umsonst. Chirurgie und die Anatomie des Leichnams waren deswegen vergleichsweise weit stärker als in China entwickelt, und das vor dem Jahre 1800. Es mag sehr wohl sein, daß alle medizinischen Grundlagenwissenschaften während des 19. Jahrhunderts schon sehr viel weiter fortgeschritten waren, als das, was hiervon in China bekannt war. Das gilt bestimmt für die Physiologie genauso wie für die Anatomie; doch aus der Perspektive des Patienten brauchten diese Wissensgebiete sehr lange bis zu ihrer Anwendung, so daß, falls wir einen rein klinischen Maßstab anlegen, der Patient in Europa zu Beginn des 20. Jahrhunderts kaum in einer besseren Lage war als der chinesische Patient.[39] An einem einzigen Tag im Jahre 1890 verlor mein Vater, selbst Arzt, sowohl seine erste Frau als auch seine geliebte Tochter durch Diphterie, da zu jener Zeit noch kein Antitoxin vorhanden war. Ich erwähne diese Familientragödie, um zu unterstreichen, daß es eine vollkommene Illusion sein mag anzunehmen, daß die europäische Medizin sich während des 18. und 19. Jahrhunderts einer fröhlichen Überlegenheit über die chinesische Medizin erfreut hätte. Das ›Darmfieber‹ des Burenkrieges kann uns als weiteres Beispiel dienen. Wenn man deswegen einen Reisenden wie Dr. Dinwiddie findet, der die Macartney-Gesandtschaft 1793 nach China begleitete und voller Herablassung auf die chinesische Wissenschaft und Medizin herabblickte, dann sieht man heute, daß er sehr wenig Anlaß hatte, so sehr mit

erfolgte durch Neubauer und Vogel, 1860, in meiner akademischen Jugend habe ich mich selber noch mit diesem Buch auseinandergesetzt.

37 Auf einem ganz anderen Blatt steht, wie lange sich mittelalterliche Praktiken in Europa halten konnten. Noch 1828 systematisierte man die Pulskunde Galens; das Königliche Krankenhaus in Manchester hörte erst 1882 damit auf, in großen Mengen Blutegel einzukaufen.

38 Um zwei letzte Beispiele zu nennen: das Elektrokardiogramm gibt es erst seit 1903, das Elektroenzephalogramm erst seit 1929.

39 Im Jahre 1826, dem Todesjahr von Laënnec und dem Erscheinungsjahr von D. M. P. Martinet's wichtigem *Manuel de Pathòlogie,* schrieb Keele, erstattete man den Grundlagenwissenschaften mehr Lippendienste, als sie in der medizinischen Praxis anzuwenden. Das galt selbst für Frankreich, das Land, in dem man sich am ehesten der Bedeutung der Grundlagenwissenschaften bewußt war.

sich zufrieden zu sein. Natürlich gab es 1900, vielleicht schon 1870 oder 1885, sehr gute und solide Gründe hierfür. Doch wenn der Übergang oder Überholpunkt so spät kam, so bedeutet dies mit Sicherheit, daß der Fusionspunkt auch jetzt noch nicht erreicht worden ist. Ohne Zweifel müssen noch einige Jahrzehnte vergehen, bevor wir davon sprechen können.

Heutzutage arbeiten die traditionellen Mediziner in China Seite an Seite und in vollständiger Kooperation mit den Ärzten, die wir vielleicht ›modern westlich‹ nennen können.[40] Dies ist eine sehr bemerkenswerte Errungenschaft, die meine Mitarbeiter und ich selbst 1952, 1958 und 1964 beobachten konnten. Sie kam in China durch eine nationale Renaissance zustande, durch soziale Bedingungen und die geringe Zahl von Medizinern, die während der vergangenen 15 Jahre im modernen Stil ausgebildet worden waren. Diese beiden Arten von Ärzten und Chirurgen führen gemeinsame Beobachtungen aus, gemeinsame klinische Untersuchungen, und die Patienten haben die Möglichkeit, zwischen einer Behandlung im traditionellen oder im modernen Stil zu wählen; in anderen Fällen entscheiden die Ärzte selbst über die bessere Behandlung und gehen demgemäß vor. Und wenn man sorgfältig das Chinese Medical Journal liest, so wird man bestimmte Felder finden, wie z. B. die Behandlung von Brüchen,[41] wo längere Überlegungen ergeben haben, daß es in der Tat sehr viele wertvolle Züge in den traditionellen Methoden gibt. Heute praktiziert man eine Kombination der chinesischen und der westlichen Vorgehensweise. Solche Fusionen werden immer häufiger vorkommen. Sie werden eine medizinische Wissenschaft hervorbringen, die modern und universal ist und nicht spezifisch modern westlich.

Nun möchte ich noch kurz etwas zur Frage der Akupunktur sagen.

40 Das wirft einige Fragen über die traditionellen chinesischen Vorstellungen von klinischer Diagnose, Diät und Therapie auf und berührt auch den Charakter der medizinischen Philosophie. Wir können diesen Problemen hier nicht nachgehen, müssen dafür den Leser auf Band 6 von SCC verweisen. Bis dahin wollen wir zumindest die am wenigsten irreführenden westlichen Werke über chinesische Medizin nennen: Beau, G., La Médicine Chinoise (1965), Chamfrault, A. und Ung Kang-Sam, Traité de Médicine Chinoise; d'après les Textes Chinois Anciens et Modernes (1954), Hume, E. H., The Chinese Way in Medicine (1940), Morse, W. R., Chinese Medicine (1934), Pálos, S., Chinesische Heilkunst; Rückbesinnung auf eine große Tradition (1963).

41 Vgl. Fang Hsien-Chih, Chou Ying-Ch'ing, Shang T'ien-Yü und Ku Yün-Wu, The Integration of Modern and Traditional Chinese Medicine in the Treatment of Fractures (1963–64).

Wie allgemein bekannt, handelt es sich hier um eine Therapiemethode, die vor mehr als 2000 Jahren entwickelt worden ist und zu der das Einstechen von sehr dünnen Nadeln in den Körper gehört. Die Einstichstellen sind nach einem Schema oder einer Karte angeordnet, das oder die auf traditionellen physiologischen Vorstellungen basiert und zu einem sehr frühen Zeitpunkt, sicherlich bereits in der T'ang- und Sung-Zeit, systematisiert worden sind.[42] Als wir in verschiedenen chinesischen Städten Akupunktur-Kliniken besuchten, konnten wir selbst sehen, wie die Implantierung der Nadeln erfolgte. Auch heute noch ist diese Methode über ganz China verbreitet. Das Problem entsteht bei der Frage nach ihrer Wirkung. Hierzu muß man sagen, daß es im Augenblick in China und Japan Dutzende von Laboratorien gibt, die mit den modernen Methoden der Physiologie und der Biochemie angestrengt herauszubekommen suchen, was genau vorgeht. Es gibt viele Möglichkeiten: z. B. könnte die Stimulierung des autonomen Nervensystems durch Akupunktur den Antikörper-Titer im Blut vermehren oder die Ausscheidung von Cortison durch die Nebennierenrinde heraufsetzen oder aber es könnte eine Neurosekretion in der Hypophyse ausgelöst werden. Eine Vielzahl experimenteller Ansätze steht offen. Zudem

42 Die Bücher von Soulié de Morant sind auch von neueren Veröffentlichungen in westlichen Sprachen nicht übertroffen worden. De Morant hatte seit 1901 bei zwei bedeutenden Ärzten in Peking und Shanghai studiert; nach seiner Rückkehr nach Frankreich, 30 Jahre später, stellte er sehr detailliert das klassische System der Akupunktur dar. Zu den Schriften, die in der Tradition seiner Lehren stehen, zählen die Bücher von Baratoux (1942, 1945) und dem Ehepaar Lavergne (1947). Seither ist die Kunde von der Akupunktur auf verschiedenen Bahnen nach Europa gedrungen. Der Einfluß von Wu Hui-P'ing aus Formosa stimulierte das Entstehen der Bücher von Lavier (1964, 1965), Moss (1964) und Lawson-Wood (1964). Der Vietnamese Nguyen van Nha beeinflußte die Untersuchungen von Felix Mann (1962a, 1962b, 1963) und auch aus Japan kamen Anregungen nach Europa (Nakayama und Sakurazawa, 1934). Nähert man sich der Akupunktur durch das Studium der Werke einiger zeitgenössischer europäischer Praktiker, sollte man eine gewisse Vorsicht walten lassen, denn (a) haben nur ganz wenige von ihnen sprachlichen Zugang zu den umfangreichen chinesischen Quellen aus vielen verschiedenen Zeitabschnitten, (b) wird häufig nicht recht deutlich, wie weit ihre Ausbildung ihnen einen direkten Zugang zu noch existierenden klinischen Traditionen der Chinesen vermittelt hat, (c) ist der geschichtliche Teil in ihren Arbeiten gemeinhin recht unakademisch und die darin enthaltenen Theorien stimmen nur in den seltensten Fällen und (d) sind ihre Arbeiten natürlich sehr stark durch westliche Vorstellungen von Krankheit, Äthiologie und Bedeutungslehre beeinflußt, die nicht die klassischen chinesischen Methoden einer holistischen Klassifizierung und Diagnose anzuwenden scheinen.

muß man erkennen, daß das System der Akupunktur in vielen Zügen mit gesicherten Erkenntnissen der Neurophysiologie übereinstimmt, insbesondere den Kopfzonen bei Säugetieren, die mit bestimmten Nerven verbunden sind, oder dem bemerkenswerten Phänomen verlagerten Schmerzes.

Bevor nicht für einige Jahrzehnte genaue klinische Statistiken vorliegen, wird niemand wirklich über die Effektivität der Akupunktur oder die anderer spezieller chinesischer Behandlungsweisen Bescheid wissen. Im Augenblick kommen die Chinesen nicht dazu, denn die praktische Arbeit der Gesundheitsversorgung von 700 Millionen Menschen läßt dies nicht sehr leicht zu. Doch ich habe gar keinen Zweifel, daß innerhalb eines Jahrhunderts exakte klinische Statistiken vorliegen werden, und dies wird ein fundamentaler Beitrag für unser Wissen über die traditionelle chinesische Medizin sein.

Nach einer (besonders im Westen) häufig geäußerten Meinung, wirkt die Akupunktur lediglich durch Suggestion. Wie so viele andere Dinge auch, gehöre sie in den Bereich der Quacksalberei. Was hier vorliegt, könnte man, glaube ich, eine Frage der relativen Glaubwürdigkeit (oder eine Berechnung der Leichtgläubigkeit) nennen: wir können auswählen, was uns zu glauben am schwersten fällt. Es mag sehr wohl schwieriger sein zu glauben, daß eine Behandlung, die von so vielen Millionen Menschen seit mehr als 20 Jahrhunderten betrieben und akzeptiert worden ist, keine physiologischen und pathologischen Fundamente hat, als zu glauben, daß sie nur einen rein psychologischen Wert hat. Natürlich hatten auch die Behandlungsarten des Blutlassens (Phlebotomie) und Urinoskopie im Westen eine nur ganz geringe physiologische und pathologische Basis, um ihre außerordentliche und sehr langwierige Popularität aufrechtzuerhalten. Doch keine von beiden wies die Subtilität des Akupunktur-Systems auf. Wahrscheinlich hat der Aderlaß einigen Wert bei hohem Blutdruck und natürlich konnten abnormale Urine Aufschluß über Krankheiten geben.[43] Doch keine dieser beiden Behandlungsmethoden trug viel zur modernen Pra-

43 Vgl. dazu Keele (1963) und Brockbank (1954). Keele hat völlig recht, wenn er die alten Chinesen wegen ihrer fehlenden »magisch-religiösen Krankheitsvorstellungen« beglückwünscht, obwohl er ihre traditionelle Medizinphilosophie als »metaphysisch« bezeichnet. Er hätte vielleicht noch hinzufügen können, daß jene Medizin auch frei von jenen Bestandteilen individueller Geburtsstunden-Astrologie war, die eine so unglückliche große Rolle in der mittelalterlichen europäischen Medizin spielte, wie Keele selbst nachwies.

xis bei. Was mich angeht, so kann ich nur sagen, daß es mir viel schwerer fällt, eine rein psychologische Erklärung der Akupunktur zu akzeptieren, als eine Erklärung im Rahmen der Physiologie und Pathologie. In chinesischen und japanischen Laboratorien werden z. Z. Tierexperimente unternommen, bei denen der psychologische Faktor ausgeschlossen ist, und die Ergebnisse unterstützen bis jetzt meine Ansicht. Sicherlich wird in absehbarer Zeit eine wissenschaftliche Erklärung dieser Methode gefunden werden. Doch bis dahin sind die chinesische und moderne westliche Medizin noch nicht miteinander verschmolzen.

Über den theoretischen Rahmen von Akupunktur und anderen traditionellen Methoden, wie z. B. die medizinische Gymnastik, die sehr früh in China entstand, bleibt noch einiges zu sagen.[44] Ich denke dabei einerseits an die unterschiedliche Bedeutung, die in der chinesischen und der westlichen Medizin der Hilfe zugemessen wird, mit der die heilende Kraft des Körpers unterstützt wird, und andererseits an das Zurückweisen von Angriffen eindringender Organismen. Diese Vorstellungen findet man sowohl in der westlichen wie in der chinesischen Medizin.[45] Denn trotz der scheinbar dominanten Ideen eines direkten Angriffs auf Krankheiten im Westen haben wir auch die Vorstellung der *vis medicatrix naturae*, von der mein Vater mir immer erzählte, als ich noch ein Junge war. Der Gedanke an Widerstand und die Verstärkung des Widerstands gegenüber Krankheiten ist seit Hippokrates und Galen ein Gedanke, der eng in die westliche Medizin eingewoben ist. Andererseits kann man festhalten, daß in China, wo man eine Dominanz des holistischen Ansatzes vermutet, auch die Vorstellung einer Abwehr externer Krankheitsträger existierte, ganz gleich, ob es sich um finstere Pneumata handelte, die *hsieh ch'i* von außen, von unbekannter Natur oder um Gifte oder Schadstoffe, die von Insekten, die über Nahrung gekrochen waren, zurückgelassen worden waren – dies ist eine sehr alte Vorstellung in China – so daß das Bekämpfen externer Krankheitsträger ganz gewiß auch im Denken der chinesischen Medizin vorhanden war. Man kann dies den *i liao*-Aspekt nennen (oder im normalen Sprachgebrauch, *chih ping* und die an-

44 Vgl. Dudgeon, J. (1895)

45 Die westlichen Standardwerke zur Geschichte der chinesischen Medizin sind: Hübotter, F., Die chinesische Medizin zu Beginn des XX. Jahrhunderts, und ihr historischer Entwicklungsgang (1929), Wang Chi-Min und Wu Lien-Tê, History of Chinese Medicine (1932) und Huard, P. und Huang Kuang-Ming (M. Wong), La Médicine Chinoise au Cours des Siècles (1959).

dere Tradition, die der *vis medicatrix naturae,* lief in China unter dem Namen *yang sheng*: das Verstärken des Widerstandes). Trotzdem glaube ich, ist es ganz klar, daß der Effekt der Akupunktur in der Richtung der Stärkung der Abwehrkräfte des Patienten (z. B. durch eine erhöhte Produktion von Antikörpern oder von Cortison) gesucht werden muß und nicht auf der Ebene eines Abwehrkampfes eindringender Pneumata oder Organismen, Giften oder Schadstoffen, d. h. nicht im charakteristisch ›antiseptischen‹ Angriff, der seit dem Ursprung der modernen Bakteriologie im Westen dominierte. Man kann dies an dem bedeutenden Faktum nachweisen, daß die Menschen des Westens zwar häufig bereit sind, den Wert der Akupunktur für Beschwerden wie Gicht oder Rheumatismus (für die die moderne westliche Medizin ohnehin wenig tun kann) anzuerkennen, chinesische Ärzte jedoch nie bereit waren, sei es Akupunktur, sei es die verwandte Moxabustion (mildes Ätzen und Hitzebehandlung) auf solche Gebiete zu beschränken; im Gegenteil, sie empfahlen und wandten sie gegen viele Krankheiten an, bei denen wir glauben, die angreifenden Organismen genau zu kennen, z. B. Typhus, Cholera oder Appendicitis, und sie behaupten, wenn schon nicht totale Heilung, so doch wenigstens extreme Linderung zu erreichen. Der Effekt ist somit ähnlich wie beim Cortison. Es ist sicher sehr interessant, daß beide dieser Vorstellungen (die Entwicklung feindlicher Medikamente und das Stärken der Widerstandskraft des Körpers) in beiden Zivilisationen und in der Medizin der beiden Kulturen entwickelt worden sind; und eine der Aufgaben, die eine angemessene Medizingeschichte Chinas vollbringen muß, wird darin bestehen, das Ausmaß zu bestimmen, nach welchen diese beiden kontrastierenden Ideen die Systeme des Ostens und Westens zu unterschiedlichen Zeiten beherrschten.

Die Dichotomie, die wir gerade herausgearbeitet haben, die Dichotomie zwischen einer Verstärkung der Verteidigung der Befestigung des Organismus auf der einen Seite, oder einer fliegenden Attacke gegen die Angreifer auf der anderen, ist ganz offensichtlich eng mit einer anderen Dichotomie verbunden, einem anderen Paar von Antithesen im pathologischen Denken. Die Idee des Angriffs auf externe Krankheitsträger, seien sie Parasiten oder Toxine, entspricht ziemlich genau der biologischen Idee des Stimulus, während die Verstärkung der Widerstandskraft des Patienten genausogut der biologischen Idee der Reaktivierung entspricht. Doch was nun, falls es überhaupt keinen Angriff von außen gibt und deswegen auch gar keine besondere Möglichkeit, auf ihn gut oder schlecht zu reagieren? Vielleicht könnte Krankheit durch ein Ungleichgewicht der normalen Prozesse innerhalb des Körpers ausgelöst werden, eine unzureichende Organisation, das nämlich, was die Griechen unter einer abnormalen *krasis* verstanden, das Nichtvermögen, zu einer richtigen Mischung oder Kombination zu gelangen. Tenkin, Jones, Edelstein u. a. haben in jüngeren Veröffentlichungen die Geschichte dieser Ideen im Westen ausgezeichnet skizziert. Doch es gibt noch wenige Kommentare über die außergewöhnlichen Parallelen in den Gedanken der Chinesen, die ständig Mängel im Gleichgewicht zwischen Yang und Yin und zwischen den Fünf Elementen hervorhoben. Die Aktualität dieser ganzen Fragen ist außergewöhnlich, denn die moderne Endokrinologie hat zur Genüge die negativen Folgen herausgearbeitet, die sich aus Funktionsstörungen der Drüsen ergeben. So ergibt sich auch hier die Notwendigkeit, bei einer angemessenen Untersuchung der Geschichte des medizinischen Denkens in China, die Parallelen mit dem Westen auf dem Gebiet der pathologischen Unausgeglichenheit zu berücksichtigen.

Diese Ausführungen wären unvollständig ohne einen Hinweis auf die Bedeutung der traditionellen chinesischen Pharmacopoëia. Ich glaube nicht, daß sich heutzutage noch irgendjemand etwas davon verspricht, die Pharmacopoëen traditioneller oder empirischer Art, die unter nichteuropäischen Völkern entwickelt wurden, abzuqualifizieren.[46] Seit der Erkenntnis der Bedeutung von Ephedrin nach der *Ephedra sinica*, in der chinesischen Pharmacopoëia, einem ihrer größten Triumphe, erlebten die Pharmakologen des Westens noch eine Reihe weiterer Überraschungen. So z. B. in dem berühmten Fall von Rauwolfia, mit ihren vielen starken und höchst spezifischen Alcaloiden. Die gesamte moderne Wissenschaft der Chemotherapie ist, wenn nicht direkt abhängig, so doch zumindest eng verbunden mit den Untersuchungen von natürlich vorkommenden Drogen, Alcaloiden oder ähnlichen hochkomplexen organischen Charakters. Die chinesische Pharmacopoëia steckt voller Hinweise, die aus dieser Perspektive für uns von größtem Interesse sind. Als ich während des Krieges in China ein wissenschaftliches Verbindungsbüro zwischen den chinesischen und den westlichen Verbündeten leitete, hatte ich als Direktor der wissenschaftlichen Gesandtschaft Großbritanniens in China eine Menge mit Dichroa febrifuga

46 Vgl. Ch'en K'o-K'uei, Mukerji, B. und Volicer, L. (1965) und die Monographie von Mosig, A. und Schramm, G. (1955).

(auf chinesisch *ch'ang shan)* zu tun. Damals suchte man dringend nach einem Ersatz für Chinin als Wirkstoff gegen Malaria und deswegen untersuchte man *ch'ang shan* sehr gründlich. In China arbeiteten verschiedene pharmazeutische Laboratorien an dieser Frage, die zu einem frühen Zeitpunkt im Kriege positive Resultate erzielten; im Westen wurden diese angezweifelt, doch dann untersuchte Dr. Thomas Work vom National Institute of Medical Research diese Pflanze, und wie sich herausstellte, war sie außerordentlich wirksam gegen Malaria.[47] Ihre Bedeutung ist leider, durch eine Vielzahl von Nebeneffekten, etwas eingeschränkt, die wahrscheinlich mit anderen Substanzen zusammenhängen, die auch in ihr vorhanden sind, doch wenn man den Aktivstoff isolieren könnte (und ich bin mir nicht ganz sicher, wie weit die Arbeit hier fortgeschritten ist), könnte man ein wertvolles Medikament erhalten.

Die Benennung von Pflanzen im linnaeischen System nach Personennamen wird häufig als etwas sehr Modernes betrachtet, doch manchmal wurden die Namen bestimmter Personen auch in China zur Bezeichnung von Heilpflanzen verwendet. So gibt es z. B. die *shih chün tzu*, die ihren Namen nach dem Arzt Kuo Shih-Chün erhielt, der sie in der Wu Tai oder T'ang-Periode, etwa um das 10. Jahrhundert n. Chr. untersuchte und anwandte. Hier handelt es sich um die *Quisqualis indica* (oder Schlingpflanze aus Rangun), ein wirklich sehr wertvolles Anthelminthicum, besonders für den Gebrauch in der Kindermedizin, das auch heute noch in großem Ausmaße verwandt wird.

Wenn wir nun die Ergebnisse unserer bisherigen Überlegungen zusammenfassen, dann können wir eine sehr einfache Tabelle aufstellen, um die bisher erwähnten Zahlen und Daten zusammenzufassen:

	Überholpunkt	Fusionspunkt	Abstand
Mathematik Astronomie Physik	1610	1640	30
Botanik	1700 oder 1780	1880	180 oder 100
Medizin	1800, 1870 oder 1900	noch nicht erreicht	?

47 Vgl. Chang Ch'ang-Shao (1945); Chang Ch'ang-Shao, Fu Fêng-Yung, Huang, K. C. und Wang, C. Y. (1948); Duggar, B. M. und Singleton, V. L. (1953); Fu Fêng-Yung und Chang Ch'ang-Shao (1948); Tonkin, I. M. und Work, T. S. (1945).

Man könnte versucht sein, hieraus ein vorläufiges ›Gesetz der Universal-Genese‹ abzuleiten. Es besagt, daß der Zeitraum, der zwischen Überholpunkt und Fusionspunkt, wie er zwischen der europäischen und einer asiatischen Zivilisation auftritt, sich nach Maßgabe der organischen Zusammensetzung des Gegenstandes und der Höhe des Integrationsniveaus der Phänomene, mit denen sie sich beschäftigt, erweitert. Trifft dieses generelle Prinzip zu, könnte man es an einer Untersuchung der Geschichte der Chemie im Osten und Westen überprüfen, für die man eine Zahl erwarten würde, die zwischen der für die physikalischen Wissenschaften und der für Botanik liegt.

Dieses Gebiet ist mit Schwierigkeiten bestückt, teilweise wegen zufälliger historischer Trends, die hier eingreifen. Die Chemie, die wir kennen, ist natürlich eine Wissenschaft – wie die Elektrizität – ihrem Charakter nach gänzlich eine Erscheinung der Zeit nach der Renaissance, in der Tat eher des 18. Jahrhunderts. Die Vorgeschichte der Chemie geht weit in das Altertum und ins Mittelalter zurück, in China mindestens genauso wie im Westen.[48] Im Westen gab es zunächst die mystischen Protochemiker von Alexandria und in China die pharmazeutischen Alchimisten. Die arabische Alchimie wurde sehr wahrscheinlich von China beeinflußt (sogar der Name ist wahrscheinlich chinesischen Ursprungs).[49] Von dort gelangte die Begeisterung für Alchimie in ihrer Verbindung zwischen der Kunst, Gold zu produzieren und der Suche nach dem Elixier der Unsterblichkeit an die europäischen Alchimisten des 12. bis 15. Jahrhunderts, zu deren Triumphen auch die Entdeckung des Alkohols gehörte.[50] Riesige Schätze der chinesischen Alchimie vom

48 Ich darf hier auf das bahnbrechende Buch von Li Ch'iao-P'ing, The Chemical Arts of Old China (1948) hinweisen. Untersuchungen über diskrete Gebiete erreichen, wie gewöhnlich, ein etwas höheres wissenschaftliches Niveau; vgl. dazu die Beiträge von Dubs, H. H. (1947), Sivin, N. (1965), Ho Ping-Yü und Needham, J. (1959a, 1959b), Ts'hao T'ien-Ch'in, Ho Ping-Yü und Needham, J. (1959). Das kurze Kapitel im Handbuch von H. N. Leicester, The Historical Background of Chemistry (1965) ist ausgewogen und verständnisvoll geschrieben.

49 Etymologien der Vorsilbe »chem-« aus griechischen oder ägyptischen Wurzeln waren seit jeher außerordentlich unbefriedigend. Die Ableitung aus dem chinesischen *chin* (gold) oder *chin i* (Goldsaft) wurden 1946 unabhängig von mir von S. Mahdihassan vorgeschlagen, der mittlerweile viele Aufsätze zu diesem Thema veröffentlicht hat. Vgl. Mahdihassan, S. (1946a, 1946b, 1951, 1953, 1957, 1959a, 1959b, 1961). Inzwischen wird diese Ansicht allgemein geteilt; vgl. Dubs (1961) und Schneider (1959).

50 Vgl. Taylor, F. Sherwood (1951) und Holmyard, E. J. (1957).

2. bis zum 14. Jahrhundert sind im *Tao Tsang* enthalten, und dazu gibt es noch gehaltvolle Texte aus anderen Sparten, die über Metallurgie und andere chemische Beschäftigungen Auskunft geben. Als Paracelsus im 16. Jahrhundert die Iatro-Chemie einführte, ahmte er nur unbewußt in Europa nach, was in China schon etwas eher entstanden war, mit dem einzigen Unterschied, daß es in jener Kultur nie ein Vorurteil gegen minerale Heilstoffe gegeben hatte. Die iatro-chemische Periode in China (zwischen dem 11. und dem 17. Jahrhundert) war so hervorragend, daß man nachweisen kann, wie die Adepten dieser Zeit in der Lage waren, Mixturen kristalliner Stereoid-Sexualhormone zu bereiten, die sie als Therapie für Fälle benutzten, für die sie normalerweise auch heute noch vorgeschrieben werden.

Doch all dies war nicht die moderne theoretische Chemie. Wie wir alle wissen, wurden die Grundlagen hierfür während des späten 18. und des frühen 19. Jahrhunderts gelegt; sie bestanden aus den Untersuchungen über die Natur des Gases von Priestley u. a. (1760 bis 1780), der ›Revolution in der Chemie‹, die durch Lavoisier (1789) hervorgerufen wurde, dann der Atomtheorie Daltons (1810), der die weitreichenden Einsichten des Begründers der organischen Chemie, Justus von Liebig (1830–1840) folgten. Das war bereits zu Beginn des Opiumkrieges und der T'ai P'ing-Rebellion, doch sobald in China wieder Ruhe einzog und die moderne Wissenschaft wieder Wurzeln fassen konnte, wurde die Chemie in ihren neuen Formen eingeführt. Es gab hier keine Widerstände gegen eine Fusion, denn in der Vergangenheit hatte es keine widerstreitenden chinesischen Theorien gegeben;[51] die grundlegenden Tatsachen chemischer Umwandlung, die Alchimisten, Industriearbeiter und Mediziner schon lange kannten, fügten sich einfach in die neuen Erklärungen ein, deren Überlegenheit gegenüber den traditionellen Theorien des Yin und Yang und der Fünf Elemente hier sehr viel offensichtlicher waren, als in der Physiologie oder der Medizin. Nach 1896 wurde moderne Chemie in allen chinesischen Universitäten unterrichtet und das Übersetzungsbüro der berühmten Rüstungswerkstätte von Kiangnan hatte seit deren Gründung durch Ting Jih-Ch'ang im Jahre 1865 Fachbücher veröffentlicht. Auch private Institutionen, wie der Ko chih Shu Yuan in Shanghai, der 1874

51 Das bedeutet nicht, daß es in der chinesischen Alchimie und in der chemischen Produktion keine Theorien gab, doch ihr Typus blieb stets im wesentlichen mittelalterlich.

eröffnet wurde, verbreiteten chemisches Wissen. Deswegen scheint es ganz gerecht, eine Periode von etwa 80 Jahren, sagen wir zwischen 1800 (dem wahrscheinlichen Überholpunkt) und 1880 (dem wahrscheinlichen Fusionspunkt) als Zeitabstand zu veranschlagen. Offensichtlich paßt dies hinreichend in unser allgemeines Bild, doch ich möchte es nicht zu stark betonen, teils wegen der zufälligen historischen Umstände und teils, weil die moderne Chemie als ein relativer Nachzügler in der modernen Wissenschaft, anders als die anderen Wissenschaften, die wir betrachtet haben, kein alternatives System anzubieten hatte, als sie auf das chinesische Kulturgebiet stieß.

Fassen wir zusammen: Wir haben den Zeitraum untersucht, der zwischen den ersten Keimen einer bestimmten Naturwissenschaft in ihrer *modernen Form* in der europäischen Kultur und ihrer Fusion mit den traditionellen Formen der chinesischen Kultur lag, bevor der universale Korpus der Naturwissenschaften unserer Tage entstand. Dieser Prozeß scheint um so länger zu dauern, je ›biologischer‹ die Wissenschaft ist, je organischer ihre Gegenstände sind. Auf dem schwierigsten aller Gebiete, dem Studium des gesunden und kranken menschlichen und des tierischen Körpers, ist dieser Prozeß immer noch längst nicht abgeschlossen. Es erübrigt sich, darauf hinzuweisen, daß unsere Position von der Annahme ausgeht, daß in der Untersuchung der natürlichen Phänomene alle Menschen potentiell gleich sind, daß der Universalismus der modernen Wissenschaft eine universale Sprache enthält, in der sich jeder verständlich ausdrücken kann, daß die Wissenschaften des Altertums und des Mittelalters (obwohl sie einen deutlichen ethnischen Stempel tragen), auf dieselbe natürliche Welt ausgerichtet waren und deswegen in den Strom der einen universalen Naturphilosophie einfließen konnten, und daß all dies gewachsen ist und unter Menschen weiter wachsen wird, *pari passu* mit der ständigen Weiterentwicklung von Organisation und Integration in der menschlichen Gesellschaft bis zur Entstehung einer kooperativen Weltgemeinschaft, die alle Völker einschließen wird, wie das Wasser, das die Meere bedeckt.

Wissenschaft und Gesellschaft im klassischen China

Ich möchte in diesem Beitrag eine Art Grundmuster der Organisation der chinesischen Gesellschaft skizzieren und werde dabei auf zahlreiche Punkte kommen, die mit den Problemen des Rationalismus, der Ethik und der Religion im Sozialleben verknüpft sind. Diese Punkte hängen mit meiner Untersuchung eines der für mich größten Probleme in der Geschichte der Kulturen und Zivilisationen zusammen – nämlich der Frage, warum die moderne Wissenschaft und Technik sich in Europa und nicht in Asien entwickelt haben. Je mehr man sich in die chinesische Philosophie vertieft, desto deutlicher tritt ihr zutiefst rationalistischer Charakter hervor. Je mehr man über die chinesische Technologie im Mittelalter erfährt, desto mehr drängt sich die Einsicht auf, daß in China viele Erfindungen und technologische Entdeckungen gemacht worden sind, die die Fortentwicklung nicht nur der westlichen Zivilisation, sondern der ganzen Welt wesentlich beeinflußt haben. Das gilt nicht allein für die allseits bekannten Fälle wie die Erfindung des Schießpulvers, des Papiers, der Druckkunst und des magnetischen Kompasses, sondern auch für viele andere Bereiche. Mir scheint, je mehr man über die chinesische Zivilisation weiß, desto verblüffender ist die Tatsache, daß sich dort moderne Wissenschaft und Technik *nicht* entwickelt haben.

Zunächst möchte ich kurz auf die Ursprünge der Zivilisation in China zu sprechen kommen; damit sind die Ursprünge des chinesischen Feudalismus gemeint, der etwa seit dem Jahre 1500 v. Chr. entstand. Man muß sich vor Augen halten, daß diese Form des Feudalismus ganz andere Züge trug als die anderen Zivilisationen. Sie wissen, daß die Flußtal-Zivilisationen von Mesopotamien und Ägypten bereits zu einem sehr frühen Zeitpunkt eng miteinander verbunden waren und, daß die alte Zivilisation des Industales mit der babylonischen Zivilisation zusammenhing. Nur eine große Flußtal-Kultur stand außerhalb dieses Beziehungsgefüges: die Zivilisation des Gelben Flusses, des Huang-Ho, in der – insbesondere in ihren höheren Regionen – die Wiege des chinesischen Volkes stand. Zwar gab es, wie ich gleich noch ausführen werde, einige Berührungspunkte mit der Bronzezeit Europas, doch davon abgesehen war die Zivilisation des Gelben Flusses eher vom Westen unabhängig als mit ihm verbunden.

Die Ursprünge dieser ersten Form der chinesischen Gesellschaft sind außerordentlich wichtig, denn man kann nachweisen, wie die chinesische Philosophie genau auf sie zurückgeht. Berühmte Gelehrte, wie der französische Sinologe Granet, haben gezeigt, daß der Ursprung der Städte in China wahrscheinlich mit der ersten Bearbeitung von Bronze zusammenhing; dies lag ohne Zweifel daran, daß die ersten Metallbearbeiter Einrichtungen von einiger Komplexität benötigten, die nur aufrechterhalten werden konnten, wenn man sie vor den Wechselfällen des Dorflebens der Urgemeinschaften schützte. Granet hat den Weg verfolgt, der von der primitiven, präfeudalen Gesellschaft zur feudalen Gesellschaft der Städte der vollentwickelten Bronzezeit in China führte.

So wissen wir heute, daß es sich bei vielen der Gedichte, im *Shih Ching*, dem berühmten »Klassiker der Poesie«, um alte Volkslieder handelt. Sie vermitteln uns noch heute etwas von der Atmosphäre der Lieder, die von den Gruppen junger Männer und Frauen gesungen wurden, die auf den Frühlings- und Herbstfesten jener Zeit miteinander tanzten und sich paarten; die Lieder erzählen von den Menschen, die aus ihren Dörfern zu diesen Treffen kamen, von den Jahrmärkten des Frühlings und des Herbstes. Die ersten Feudalfürsten bemächtigten sich des sakralen Charakters dieser Treffpunkte und verwandelten sie in den geheiligten Erdhügel oder Tempel des feudalen »Staates« in der Stadt, die damit erstmalig entstand. Während der Periode des Hochfeudalismus in China – etwa zwischen dem 8. und dem 3. Jahrhundert v. Chr. – wurden die feudalen Herrscher von einer Gruppe von Männern beraten und unterstützt, die sich später in einer philosophischen Schule wiederfanden, die wir als die Konfuzianische Schule kennen.

Die konfuzianischen Philosophen waren ursprünglich Berater der feudalen Fürsten, und das Hauptkennzeichen dieser Schule, (nicht nur des K'ung Fu-Tzu, sondern auch seiner großen Schüler Mêng Tzu und später Hsün Tzu und vieler anderer) war ein rationalistischer, ethischer Ansatz, der ein ernstes Streben nach sozialer Gerechtigkeit einschloß, so wie Konfuzius sie verstand. Über Konfuzius könnte ich viele Geschichten erzählen, hier nur ein Beispiel: Konfuzius reiste in einem Wagen und wollte einen Fluß überqueren, doch weder er noch seine Schüler konnten die Furt finden. Des-

Illustration aus einer Ausgabe des *Tao Tê Ching*, die in der frühen Ming-Zeit erschien. Das Bild zeigt, wie Li Tan auf dem Ritt nach Westen den Zollbeamten Kuan Yin trifft. Obwohl es sich bei beiden um halb-legendäre Figuren handelt, wird dem ersteren das *Tao Tê Ching* zugeschrieben und dem letzteren ein philosophisches Werk mit dem Titel *»Kuan Yin Tzu«*. Bertolt Brecht hat über dieses Zusammentreffen ein denkwürdiges Gedicht geschrieben, aus dem wir hier Teile zitieren:

Als er Siebzig war und war gebrechlich
Drängte es den Lehrer doch nach Ruh
Denn die Güte war im Lande wieder einmal schwächlich
Und die Bosheit nahm an Kräften wieder einmal zu.
Und er gürtete den Schuh.

Doch am vierten Tag im Felsgesteine
Hat ein Zöllner ihm den Weg verwehrt:
»Kostbarkeiten zu verzollen?« – »Keine.«
Und der Knabe, der den Ochsen führte, sprach: »Er hat gelehrt.«
Und so war auch das erklärt.

Doch der Mann in einer heitren Regung
Fragte noch: »Hat er was rausgekriegt?«
Sprach der Knabe: »Daß das weiche Wasser in Bewegung
Mit der Zeit den mächtigen Stein besiegt.
Du verstehst, das Harte unterliegt.«

(aus: *Legende von der Entstehung des Buches Taoteking auf dem Weg des Laotse in die Emigration*) halb schickte er einen von ihnen aus. Er sollte bei einigen Hermiten, die in der Nähe wohnten, nach einer günstigen Stelle fragen. Die Hermiten antworteten jedoch sarkastisch: »Euer Herr ist so weise und gescheit, er weiß alles, da weiß er sicherlich auch, wo die Furt ist.« Als Konfuzius dies berichtet wurde, war er traurig und sagte: »Sie mögen mich nicht, denn ich möchte die Gesellschaft reformieren, doch wenn wir mit unseren Nächsten nicht leben können, mit wem können wir dann leben? Mit den Tieren können wir nicht leben. Wenn die Gesellschaft so wäre, wie sie sein sollte, würde ich sie nicht verändern wollen.«

Der Grundzug der konfuzianischen Philosophie war zutiefst sozial – ohne Zweifel eine feudale Ethik, doch eine äußerst sozialbewußte. Die Konfuzianer waren von der Notwendigkeit überzeugt, die menschliche Gesellschaft so zu organisieren, daß sie unter den feudalen Gebräuchen ein Maximum an sozialer Gerechtigkeit zuließ, und sie waren entschlossen, auf diese Form der Organisation hinzuarbeiten. Damit unterschieden sie sich von anderen philosophischen Schulen, die sich weder für die menschliche Gesellschaft noch für deren Organisationsform interessierten. Bei den Hermiten, von denen ich gerade erzählt habe, kann es sich sehr wohl um frühe Repräsentanten einer Geisteshaltung gehandelt haben, die später unter dem Namen Taoismus bekannt wurde. Nach meiner Ansicht sind die beiden bedeutendsten Strömungen im chinesischen Geistesleben der Konfuzianismus und der Taoismus.

Das erklärte Ziel der Taoisten bestand in der Verfolgung des »Tao« und mit diesem Ausdruck »Der Weg« meinten sie die Ordnung der Natur. Sie interessierten sich für die Natur, ganz wie die Konfuzianer sich für den Menschen interessierten. Man könnte sagen, daß die Taoisten in ihrem Innersten fühlten, daß die Menschen erst dann, wenn sie mehr über die Natur wußten, die Gesellschaft so organisieren könnten, wie sie organisiert sein sollte. Die Taoisten haben uns eine Anzahl sehr wichtiger und tiefgründiger Texte hinterlassen, zu denen das berühmte Tao Tê Ching, »Das Buch der Tugend und des Tao«, gehört sowie die Schriften einiger Philosophen wie die des Chuang Tzu, den man mit Platon verglichen hat. Uns stehen diese Schriften in einer – wie bei allen klassischen Zeugnissen – mehr oder weniger entstellten Form zur Verfügung, die es aber immerhin noch ermöglicht, den Gedankengängen zu folgen.

Die taoistischen Einsiedler, die sich von der menschlichen Gesellschaft zurückzogen, um sich der Kontemplation über die Natur zu widmen, kannten natürlich keine wissenschaftliche Methode zur Untersuchung der Natur, doch sie versuchten sie auf eine intuitive und beobachtende Weise zu verstehen. Wenn ich ihr Interesse an der Natur richtig dargestellt habe, müßte man sie mit einigen der frühesten Ursprünge der Wissenschaft in Zusammenhang bringen können. Und das ist in der Tat möglich, denn die früheste Chemie und die früheste Astronomie in China stand mit dem Taoismus in Verbindung. Es wird heute allgemein anerkannt, daß die Alchimie – wie wir die Suche nach dem Stein des Weisen und der Droge der Unsterblichkeit nennen können – bis in die früheste kaiserliche Periode in China, vielleicht sogar noch etwas weiter, zurückreicht. Eine ihrer frühesten Erwähnungen fällt in die Zeit des Kaisers Han Wu-Ti (ca. 130 v. Chr.). Damals wandte sich der Zauberer Li Shao-Chün an den Kaiser und sagte: »Wenn Ihr dem Herde opfert, werde ich Euch zeigen, wie man aus gelbem Gold Gefäße herstellt, aus denen könnt Ihr trinken und Unsterblichkeit erreichen.« Vielleicht ist dies die älteste Erwähnung von Alchimie in der Weltgeschichte. »Dem Herde opfern« entspräche heute der Aufforderung: »Wenn Ihr meine Forschungen unterstützt, werde ich, usw.« Im 2. Jahrhundert n. Chr. wurde das älteste Buch, das man in der Geschichte der Alchimie kennt, erwähnt. Es handelte sich um die Arbeit des Wei Po-Yang aus dem Jahre 140 n. Chr. mit dem Titel »Die Einheit der drei Prinzipien«, Ts'an T'ung Ch'i. Diese Daten liegen um etwa 600 Jahre vor dem ersten Auftauchen von Alchimie in Europa.

Ich möchte jetzt einige Stellen aus taoistischen Schriften zitieren, und zwar aus dem *Tao Tê Ching*, um es etwas näher bekannt zu machen. Eine der merkwürdigsten Seiten des taoistischen Denkens liegt in seiner Betonung des Femininen, das uns an das »Ewig Weibliche« Goethes erinnert:

> Der Geist des Tales stirbt nie.
> Er heißt das geheimnisvolle Weibliche,
> und aus der Pforte des geheimnisvollen Weiblichen
> entsprangen Himmel und Erde. Es ist beständig mit uns;
> nutze es, wie Du willst, es wird nie austrocknen.
>
> (6. Kap., nach der Übersetzung von Waley)

Die Betonung des Weiblichen kann man als ein Symbol für die rezeptive Haltung gegenüber der Natur betrachten, die die Taoisten auszeichnete. Die feudale Haltung gegenüber der Organisation der

Gesellschaft war ausgesprochen maskulin. Die Einstellung der Taoisten bei ihren Untersuchungen der Natur war weiblich in dem Sinne, daß der Untersuchende der Natur nicht mit vorgefaßten Einstellungen entgegentreten kann. »Der Weise ist wie Himmel und Erde, er bedeckt alle Dinge, ohne Partei zu ergreifen.« Die Taoisten verstanden dieses unparteiische, unvoreingenommene An-die-Natur-Herangehen, das bescheidene Fragen und die Ehrfurcht vor der Natur so, wie es in dem Worte von dem »Tal, das alles Wasser empfängt, das in es fließt,« ausgedrückt wird. Ich glaube, sie verstanden, daß sich der Wissenschaftler der Natur in einem Geist der Demut, mit der Bereitschaft zur Akkommodation an sie nähern muß, und nicht mit jener maskulinen, soziologisierenden Entschlossenheit, wie sie die Konfuzianer kennzeichnete. Der interessante Abschnitt, in dem das größte Gut des Lebens mit dem Wasser verglichen wird, lautet:

Das Höchste Gute ist wie das des Wassers.
Die Güte des Wassers liegt in seinem Segen für die unzähligen Geschöpfe;
Doch es ist nicht streitbar,
sondern zufrieden mit den Orten, die alle Menschen verachten.
Hier liegt die Nähe des Wassers zum Tao.
(8. Kap., nach der Übersetzung von Waley)

Wer das Männliche kennt, doch am Weiblichen festhält,
wird wie eine Schlucht, empfängt alle Dinge,
und solcher Art als Schlucht
kennt man zu jeder Zeit die Macht, die man nie vergeblich anruft ...
Wer den Ruhm kennt, doch an der Bedeutungslosigkeit festhält,
wird wie ein Tal, empfängt alle Dinge,
doch als ein solches Tal
hat man zu jeder Zeit die Macht, die ausreicht ...
(28. Kap., nach der Übersetzung von Waley)

Oder wir kennen die schöne Geschichte im Chuang Tzu, die verdeutlicht, was die Taoisten unter »dem Weg« oder »der Ordnung der Natur« verstanden. Seine Schüler wollten herausfinden, was er unter Tao verstand und fragten: »Es kann doch nicht in den zerbrochenen Ziegeln dort drüben stecken?« Er antwortete: »Doch, es findet sich auch in diesen zerbrochenen Ziegeln.« Die Schüler stellten eine ganze Reihe ähnlicher Fragen und sagten schließlich: »Aber es kann doch nicht in jenem Stück Mist stecken?« Doch die Antwort lautete: »Doch, es ist überall.« Man kann diese Geschichte in einem religiös-mystischen Sinne interpretieren, als Anspielung auf die universale Wirksamkeit einer kreativen Kraft, doch die Verbindung zwischen dem Taoismus und den Anfängen der Naturwissenschaften zeigt, glaube ich, daß wir sie auf eine naturalistische Art verstehen sollten: die Idee einer Ordnung der Natur, die alles durchdringt.

Vor dem Hintergrund dieser Interpretation fällt uns noch eine andere Geschichte im Chuang Tzu ein, die berühmte Anekdote über den Metzger und den König von Wei. Der König schaute zu, wie der Metzger einen Ochsen für die Tischgesellschaft zerlegte und ihm fiel auf, daß er dazu nur drei Streiche mit seinem Beil benötigte. Er fragte deshalb, wie so etwas möglich sei. Der Metzger antwortete: »Mein ganzes Leben lang habe ich das Tao dieses Ochsen studiert. Da ich das Tao dieses Tieres untersucht habe, genügen mir drei Streiche und mein Beil ist genauso scharf wie vorher. Andere benötigen dazu fünfzig Streiche und dann sind ihre Beile stumpf.« Hier finden wir einen Hinweis auf primitive Anatomie, einen Anfang im Verständnis der Natur der Dinge.

Ich wollte Ihnen die vorwissenschaftlichen Elemente der Philosophie der Taoisten vorstellen und bin deshalb auf Alchimie, Astronomie und jetzt auch auf Anatomie zu sprechen gekommen. All diese Punkte sind fest verbürgt. Sehr viel weniger klar ist die Natur des Unterschiedes zwischen Taoisten und Konfuzianern. Ich möchte diesen Sachverhalt besonders betonen, da hier eine unerläßliche Voraussetzung für das Verständnis sowohl der präfeudalen wie der feudalen primitiven Gesellschaft in China liegt.

Im Tao Tê Ching findet man eine Reihe von Stellen, die sich gegen Erkenntnis zu richten scheinen. So z. B. im 19. Kapitel:

> Verscheucht die Weisheit, leget ab das Wissen,
> und das Volk wird hundertfachen Nutzen tragen.
> Verscheucht die Güte, leget ab die Moral,
> und das Volk wird aufmerksam und voller Mitleid sein.
> Verscheucht Geschick, und leget ab Profitinteresse,
> verschwinden werden Dieb und Räuber.
> Wenn diese drei Bedingungen erfüllt, und dann
> dem Volk das Leben scheint zu nüchtern,
> dann gebt ihm Beiwerk, gebt ihren Blicken Einfachheit,
> und ihren Händen dann den unbehaunen Block.
> Gebt ihnen Selbstlosigkeit,
> und Mangel an Bedürfnissen.
>
> (nach der Übersetzung von Waley)

»Verscheucht die Weisheit, leget ab das Wissen« klingt sicherlich verblüffend, denn die Taoisten gehörten zu den frühesten Denkern und Wissenschaftlern.

Doch wir kennen genau dieselbe Geschichte aus dem Ende des europäischen Mittelalters. Der Wissenschaftshistoriker W. Pagel hat dargestellt, wie im 17. Jahrhundert und zur Zeit des Galilei die Theologen der christlichen Kirche in zwei Lager gespalten waren. Auf der einen Seite standen die Rationalisten, auf der anderen die mystischen Theologen. Sie waren verschiedener Ansicht über ihre Einstellungen gegenüber der neuen Wissenschaft, die durch die Arbeit von Männern wie Galilei an Bedeutung zunahm. Bekanntlich haben sich die rationalistischen Theologen geweigert, durch Galileis Teleskop zu schauen, weil sie argumentierten: »Wenn wir lesen, was Aristoteles geschrieben hat, besteht nicht die geringste Notwendigkeit, durch das Teleskop zu blicken. Wenn wir etwas erblicken, was dort noch nicht niedergeschrieben ist, so kann es nicht wahr sein.« Dies war eine außerordentlich konfuzianische Haltung. Galilei entsprach eher den Taoisten, die der Natur eine Haltung der Demut entgegenbrachten und sich bemühten, ohne Vorurteile zu beobachten. Die mystischen Theologen hingegen sprachen sich für die Wissenschaft aus, weil sie glaubten, der unmittelbare manuelle Umgang mit den Dingen könne zu neuen Einsichten führen. Die mystischen Theologen waren rückständig insofern sie an Magie glaubten; doch sie glaubten auch an die Wissenschaft, denn in jenen frühen Phasen waren Magie und Wissenschaft eng miteinander verbunden.

Wenn ich glaube, daß ich dem Vorsitzenden Böses zufügen kann, indem ich Nadeln in seine Wachsfigur bohre, habe ich einen Glauben angenommen, für den es keine Grundlage gibt, doch immerhin handele ich in der festen Überzeugung, daß manuelle Operationen wirksam sind, und Wissenschaft ist daher möglich. Die rationalistischen Theologen und die Konfuzianer wandten sich gegen den Gebrauch der Hände. Es hat übrigens stets eine enge Verbindung zwischen der rationalistischen, anti-empirischen Einstellung und dem jahrhundertealten Überlegenheitskomplex der Beamten gegeben, jener Angehörigen der höheren Klassen, die herumsaßen, lasen und schrieben und sich von den mit den Händen arbeitenden niederen Klassen absetzten. Gerade weil die mystischen Theologen an die Magie glaubten, halfen sie den Anfängen der modernen Wissenschaft in Europa, während die Rationalisten sie behinderten.

In China war es nicht anders. Wenn es im *Tao Tê Ching* heißt: »Verscheucht die Weisheit«, dann bezieht sich das auf die Weisheit der Konfuzianer. Wenn es heißt: »Legt ab das Wissen«, so ist damit das soziale Herrschaftswissen, das scholastische, konfuzianische »Wissen« gemeint. Bei Chuang Tzu findet man häufig Stellen, in denen er sagt: »Was sollen alle diese Unterscheidungen zwischen Prinzen und Dienern? Ich werde es nicht zulassen, daß meine Schüler solche absurden Unterscheidungen beachten.« Hier stoßen wir auf ein politisches Element. Ich will mein Argument ganz klar machen: Das Verscheuchen der Weisheit und das Ablegen von Wissen bedeutete im klassischen Taoismus die Offensive gegen den ethischen Rationalismus der Konfuzianer, gegen das Wissen der Berater der feudalen Fürsten und es stand nicht für das Verscheuchen des Wissens von der Natur, denn genau das wollten die Taoisten erlangen. Natürlich wußten sie nicht, wie sie das anstellen sollten, denn sie entwickelten keine wissenschaftliche experimentelle Methode, doch immerhin trachteten sie danach.

Bevor ich auf diesen bemerkenswerten politischen Faktor näher eingehe, möchte ich noch einmal den vorausgegangenen Punkt hervorheben, denn er ist sehr wichtig für die Geschichte der Ethik und des Mystizismus.

Man kann nicht behaupten, daß der Rationalismus im Laufe der gesamten Geschichte die hauptsächliche Kraft des Fortschritts in der Gesellschaft gewesen sei. Zwar war dies manchmal der Fall, doch zu anderen Zeiten überhaupt nicht, denn im 17. Jahrhundert unterstützten in Europa z. B. die mystischen Theologen die Wissenschaftler. Schließlich wurden damals die Naturwissenschaften als »natürliche Magie« bezeichnet. Genauso war im klassischen China der ethische Rationalismus der Konfuzianer gegenüber der Entwicklung von Wissenschaft feindlich eingestellt, während der empirische Mystizismus der Taoisten sie beförderte. Wenn die Taoisten über das Tao sprachen, oder über das »Festhalten an dem Einen«, dann befindet man sich auf einer Stufe, in der Religion kaum von Wissenschaft getrennt ist, denn das Eine kann genausogut das Eins des religiösen Mystizismus wie die universale Ordnung der Natur sein, so wie wir sie im wissenschaftlichen Sinne verstehen. Wahrscheinlich sind beide Bedeutungen zutreffend und vielleicht befinden wir uns hier historisch am Ausgangspunkt beider Richtungen. Fêng Yu-Lan hat zu diesem Thema – zum Verhältnis von »mystischem« und »wissenschaftlichem« Denken – eine der besten Bemerkungen ge-

macht: »Die taoistische Philosophie ist das einzige mystische System in der Welt, das nicht fundamental antiwissenschaftlich war.«
Doch wenden wir uns wieder dem politischen Element zu. Wir haben gesehen, daß Aussagen wie »verscheucht die Weisheit, legt ab das Wissen . . .« im Sinne von »ich will nicht, daß meine Schüler diese absurde Unterscheidung zwischen Prinz und Dienern verstehen« interpretiert werden muß, daß heißt im Sinne von Klassenunterschieden. Die Taoisten waren gegen die feudale Gesellschaft, doch nicht unbedingt für eine *neue* Gesellschaft. Sie bevorzugten etwas *Altes* und wollten zu der primitiven Stammesgesellschaft vor dem Feudalismus zurückkehren – oder, wie sie selbst es ausdrückten, »bevor der Große Weg nach unten führte«. Bevor der »Große Weg nach unten führte«, »bevor die große Lüge anfing«, gab es keine Klassenunterschiede. Man muß nicht sehr viel im *Chuang Tzu* lesen, um herauszufinden, wie deutlich er werden kann. Ohne groß um die Sache herumzureden, behauptet er, der kleine Dieb wird bestraft, doch der große Dieb wird ein feudaler Fürst und die konfuzianischen Gelehrten versammeln sich schnell um seine Türen und wollen seine Berater werden! Ganz ohne Zweifel waren die Taoisten Feinde der feudalen Gesellschaft, und sie sehnten sich nach der primitiven Stammesgesellschaft vor der Klassendifferenzierung in Krieger, Fürsten und Volk.
So heißt es z. B. in dem Zusammenhang, in dem die zitierte Stelle »verscheucht die Weisheit, legt ab das Wissen« vorkommt, auch: »Wenn das Volk das Leben zu nüchtern findet, gebt seinen Blicken Einfachheit und seinen Händen einen unbehauenen Klotz.« Dies sind merkwürdige Ausdrücke. Als ich darüber nachdachte, fiel mir ein, hier könnte etwas ganz anderes gemeint sein, als das, was die europäischen Übersetzer gewöhnlich für den Sinn dieser Ausdrücke halten – nämlich das Eine des religiösen Mystizismus –, sondern die Einheit der Urgesellschaft vor der Aufteilung in Klassen. Hat man erst einmal diesen Schlüssel, ergeben sich sehr schnell einige weitere. Neben dem »unbehauenen Klotz« benutzten die Taoisten häufig Symbole der Homogenität. »Den Pfahl«, »die Tasche«, »den Balken«, »den Blasebalg« (wichtig für die Bronzeherstellung) und ein Wort, das gewöhnlich mit »Chaos« übersetzt wird. Durch das ganze taoistische Denken zieht sich dieses Gefühl, daß die Gesellschaft verdorben, verpfuscht worden ist, und daß man zur ursprünglichen Einfachheit zurückkehren müsse, das heißt zu dem Stadium vor der Klassendifferenzierung, vor dem Auftauchen der

ersten feudalen Fürsten. »Der größte Bildhauer ist der, der am wenigsten schnitzt«.

Hier muß man etwas sehr Merkwürdiges beachten. Wenn wir in den Büchern mit den ältesten Legenden Chinas, wie dem *Shan Hai Ching*, dem *Shu Ching*, dem *Tso Chuan* und dem *Kuo Yü* lesen, so finden wir, daß viele der frühesten legendären Könige, wie *Yao* und *Shun* mit Menschen oder Monstern – es ist nicht ganz klar, ob es sich um Tiere oder Menschen gehandelt hat – gekämpft haben sollen, doch es bleibt die außerordentliche Tatsache, daß die Namen der Wesen, mit denen sie kämpften, und die sie zerstörten, genau dieselben Vorstellungen anklingen ließen – *Huan-Tou*, die leere Tasche; *T'ao-Wu* der Pfosten oder Pfahl, der nicht behauen wurde. Dies ist ein merkwürdiges Zusammentreffen. Es legt nahe, daß die Wesen, gegen die die ersten Könige fochten, in Wirklichkeit Führer der ursprünglichen Stammesgesellschaften waren, die sich gegen die erste Unterscheidung in Klassen wehrten – große Rebellen, die niedergekämpft werden mußten. Man erfährt auch Namen wie *San Miao*, *Chio Li* usw. (die *Drei Miao*, die *Neun Li*), was auf die Existenz von Bruderschaften innerhalb dieser primitiven Gesellschaften hinweist. Zudem schreiben jene Legenden allen frühen Rebellen ein großes Geschick in der Metallbearbeitung zu. Es scheint, als ob die frühesten Könige oder Feudalfürsten in der Bronzemetallurgie die Grundlage der feudalen Macht über die neolithische Bauernschaft gesehen hätten, denn sie ermöglichte die überlegenen Waffen, auf denen die Herrschaft beruhte, und deshalb mußten sich die feudalen Fürsten die Technik der Metallbearbeitung aneignen. Offensichtlich leisteten die präfeudalen, kollektivistischen Gesellschaften, die die Metallbearbeitung entwickelt hatten, Widerstand gegenüber ihrer Transformierung in eine Klassengesellschaft, und vielleicht sollten wir unter diesen legendären Namen die Führer jener Gesellschaft suchen, die sich dem Wandel entgegenstemmten. Im Zusammenhang mit diesen Ausdrücken findet man noch eine weitere auffallende Bemerkung – »zur Wurzel zurückkehren«. Man hat dies in einem religiösen Sinne übersetzt, doch ich bin nicht so sicher, ob hier nicht auch eine doppelte politische Bedeutung vorliegt, denn im *Shu Ching* (Klassiker der Geschichte) findet man den Satz: »Die Wurzel wurde in Schach gehalten und konnte keine Triebe hervorbringen« neben einer Bemerkung über die fliehenden Heerscharen des *Kun*. *Kun* war einer der bekanntesten Rebellen der Frühzeit.

Ich lenke nun die Aufmerksamkeit auf die politische Bedeutung der taoistischen Philosophie. In allen Jahrhunderten gab es in China die verschiedensten Formen heimlicher Sekten, solche des bäuerlichen Typus und natürlich Geheimgesellschaften. In der ganzen chinesischen Geschichte gab es den Witz: »Konfuzianismus ist die Lehre der Gelehrten, wenn sie im Dienst sind, und Taoismus ist die Haltung der Gelehrten, wenn sie nicht im Dienst sind«, denn die Gelehrten waren im Mandarinat, dem Beamtentum, immer im Dienst oder außerhalb des Dienstes. Der Taoismus wurde in späteren Jahrhunderten zwar zu einer organisierten Religion mit ausgefeilter liturgischer Verehrungspraxis, doch er blieb stets mit Bewegungen gegen die Regierung verbündet, und während aller Dynastien – der *T'ang*, *Sung* und *Ming* – war er von politischer Bedeutung. Ich möchte dies besonders herausstellen, denn dieser Zug wird häufig von den westeuropäischen Erforschern des Taoismus übersehen.
Ein Buch wie das *Tao Tê Ching* ist durch seinen lakonischen und lapidaren Sprachstil für viele Interpretationen offen. Westliche Gelehrte, die wahrscheinlich klassischen Kommentaren wie dem des *Wang Pi* folgten, haben stets die mystische Deutung übernommen. Doch ich möchte auch einmal darstellen, was ein moderner chinesischer Gelehrter, der sich der *politischen* Implikationen bewußt ist, aus einer Passage machen kann. Es folgen zwei Versionen des 11. Kapitels, zunächst in der mystischen Tradition, dann in der modernen, politischen Fassung:

Dreißig Speichen bilden zusammen ein Rad
und in ihrer Mitte fügen sie sich ins Nichts;
Hierin liegt die Nützlichkeit eines Wagens.
Lehm wird gestaltet, zur Herstellung eines Topfes
und der Lehm formt sich um ein Nichts;
Hierin liegt der Nutzen eines Topfes.
Türen und Fenster werden durch die Mauern eines Hauses gestoßen
und sie umrahmen nichts;
hierin liegt der Nutzen eines Hauses.
Wenn es also vorteilhaft ist, etwas an einer Stelle zu haben
so muß es genauso vorteilhaft sein, dort nichts zu haben.
(nach der Übersetzung von Hughes)

Dreißig Speichen zusammen ergeben ein Rad,
als es keinen Privatbesitz gab,
wurden Wägen zum Gebrauch gemacht.
Man nimmt Lehm zur Herstellung von Krügen,
als es keinen Privatbesitz gab
machte man Krüge zum allgemeinen Nutzen.
Beim Bauen von Häusern braucht man Türe und Fenster,
als es keinen Privatbesitz gab
baute man Häuser zum allgemeinen Gebrauch.
Privatbesitz kann also zum Profit führen,
doch seine Abwesenheit zum allgemeinen Nutzen.
(nach der Übersetzung von Hou Wai-Lu)

Hier besteht überall eine klare Verbindung zu dem Interesse der frühen Taoisten an den Naturwissenschaften, denn, wie viele Gelehrte (z. B. Diels und Farrington bei der Untersuchung der westeuropäischen Antike – etwa bei den Griechen – gezeigt haben), gibt es eine ganz eindeutige Beziehung zwischen den Interessen für Naturwissenschaften und einer demokratischen Einstellung, insbesondere im Hinblick auf die Macht der Kaufleute. So gab es eine Verbindung zwischen der Naturwissenschaft der Ioner und dem Handel im östlichen Teil des Mittelmeerbeckens. Reines Interesse für natürliche Phänomene und Naturwissenschaften allein führten offensichtlich unter einer despotischen Herrschaft und bestimmten Formen des Bürokratismus zu nichts. Gegen Ende meiner Ausführungen werde ich auf diesen Punkt zurückkommen.

Es bleibt noch einiges über die alte Feudalzeit Chinas nachzutragen. Wir haben bereits erwähnt, daß zwischen der Bronzezeit in China und der in Europa ein Zusammenhang bestand. Waffen und Gebrauchsgegenstände wiesen in China ähnliche Muster wie in den Hallstatt- und La-Téne-Kulturen Europas auf. Normalerweise wird die Analogie zwischen dem feudalen China und unserer eigenen feudalen mittelalterlichen Periode in Europa hergestellt. Doch es ist einigermaßen geheimnisvoll, warum – wie zumeist behauptet wird – der Feudalismus in Europa um das 3. Jahrhundert n. Chr. begann und zur Zeit des Aufstiegs des Kapitalismus, nämlich in der Renaissance und der Reformation des 15. Jahrhunderts n. Chr. aufhörte, während in China der Feudalismus so viel früher auftrat, nämlich zwischen dem 14. und 2. Jahrhundert v. Chr. In Wirklichkeit steht die Analogie zwischen dem chinesischen und dem westeuropäischen Feudalismus nicht auf festen Füßen. Der chinesische

Feudalismus sollte nicht mit dem Feudalismus des hohen Mittelalters, sondern mit dem der Gesellschaft des vorrömischen Europas verglichen werden.

Der klassische chinesische Feudalismus entspricht wohl dem Stadium, in dem sich die europäische Gesellschaft in der Bronzezeit oder gegen Ende der Bronzezeit und zu Beginn der Eisenzeit – etwa 300 v. Chr., vor der römischen Eroberung von Gallien – befand. Archäologen nennen diese Gesellschaft »quasi-feudal«. Im wesentlichen bestand sie aus einer Reihe von Häuptlingen mit vielleicht einem Hohen König – einer Figur wie Conachur von Irland – und einer Reihe von Anführern in den abgestuften Rangfolgen einer ersten Form von Hierarchie. Jeder von ihnen verfügte über Waffenträger, die sich verpflichtet hatten, ihren Führern im Kriegsfalle Gefolgschaftstreue zu leisten. Die Armeen, die die Gallier zum Kampf gegen die Römer aufbrachten, bestanden aus diesen quasifeudalen Truppen. Sklavenhaltung von größerem Ausmaß spielte keine Rolle. Deshalb können wir sagen, daß der Feudalismus in Europa etwa von 1000 v. Chr. (wie in China) bis in das 15. Jahrhundert n. Chr. dauerte, doch daß er durch zwei bis drei Jahrhunderte eines Stadtstaat-Imperialismus in der Gestalt des Römischen Reiches überlagert wurde.

Es ist äußerst wichtig festzuhalten, daß die Einrichtung einer groß angelegten Sklaverei im klassischen China unbekannt war. Dieser Punkt ist nicht unumstritten, doch die Mehrzahl der historischen Quellen scheint darauf hinzudeuten, daß Sklaverei, wie man sie in den Zivilisationen des Mittelmeerraumes kannte – etwa in Ägypten, Babylonien, Rom oder Griechenland – nicht verbreitet war. Dies ist ein wichtiges Faktum. Die chinesische Gesellschaft ist nicht auf der Basis von Sklaverei, sondern auf der einer freien Bauernschaft geformt worden. Das hatte äußerst gravierende Auswirkungen auf den humanitären Charakter aller Formen der chinesischen Philosophie, sei sie konfuzianischer oder taoistischer Natur. Auf den ersten Blick fällt es schwer, hierfür eine Begründung zu sehen, denn es gab nichts, was die alten Chinesen davon abgehalten hätte, sich eine große Sklavenbevölkerung anzueignen, die aus Kriegsgefangenen, den Völkern der Mongolen oder Stämmen des Nordens, Tibetern oder Tanguten hätten rekrutiert werden können.

Wir sind hier bei einer wichtigen Frage angelangt, die uns auf das Problem der Ethik zurückbringt. Man kann natürlich sagen, daß Sklaverei nicht mit den ethischen Prinzipien des Konfuzianismus

in Übereinstimmung zu bringen war. Doch diese Art von Erklärung ist nicht sehr zufriedenstellend. Wir suchen nach etwas Konkreterem. Man kann ja Philosophie nicht getrennt von dem konkreten sozialen Hintergrund studieren, der auch viele technologische Faktoren einschließt. Ich schließe mich hier einem der größten Experten der chinesischen Bronzezeit, Creel, an und verweise mit ihm auf die Bedeutung des technologisch-militärischen Niveaus der herrschenden Klasse im Vergleich zu ihrer Bevölkerung. Nehmen wir den Extremfall eines mittelalterlichen Ritters in Westeuropa, der von Kopf bis Fuß in seiner Stahlrüstung steckt, mit Lanze und Schwert bewaffnet ist und auf einem ebenfalls gepanzerten Pferd sitzt. Er konnte in eine Ansammlung von Bauern hineinreiten und sie alle niedermähen, ohne daß diese in der Lage gewesen wären, sich zu verteidigen. Es ist ein Allgemeinplatz – wir lernen ihn in der Schule – daß das Aufkommen des Schießpulvers in Europa (nebenbei eine chinesische Erfindung) die feudale Macht zerbrach, da es ihre in der Bewaffnung der Ritter begründete technische Überlegenheit zerstörte.
Wie sah die Situation im klassischen China aus? Jahrhunderte bevor irgendjemand anderes auf den Gedanken kam, war dort der Kreuzbogen – eine äußerst gefährliche Waffe – erfunden worden. Wir wissen, daß die Mitglieder der feudalen Armeen im Alten China (damit meine ich die Zeit zwischen 800 und 300 v. Chr.) mit starken Bögen ausgerüstet waren. Gleichzeitig waren Rüstungen kaum entwickelt. Der Archäologe Laufer hat hierüber eine ausgezeichnete Monographie geschrieben. Die chinesischen Rüstungen entstanden sehr spät, in frühen Jahren kannte man nur ein Schutzgewand, das aus Bambus und Holz hergestellt wurde. Zudem gibt es im *Tso Chuan* zahllose Geschichten über feudale Fürsten, die durch Pfeilschüsse getötet wurden. Wenn die Masse des Volkes über starke Angriffswaffen verfügte, und die herrschende Klasse keine schützende Rüstung besaß, dann ergibt sich, daß das Gleichgewicht der Macht in der Gesellschaft anders verteilt war als beispielsweise in der Zeit der frühen römischen Kaiser, deren disziplinierte Legionen recht gut mit Bronze und Eisen gerüstet waren. Dort war eine Bevölkerung von Sklaven möglich, denn sie verfügte nicht über die Waffen und Rüstungen der Legionäre, noch hatte sie Zugang zu wirksamen Bögen. Wir alle wissen, wieviel Aufregung die Sklaven den Römern bei den wenigen Gelegenheiten bereiteten, in denen sie Zugang zu Waffenlagern fanden, wie beim Aufstand des Sparta-

kus. In China verlief die Geschichte anders, denn bereits seit einem sehr frühen Zeitpunkt verfügte das Volk über Kreuzbögen, und die Fürsten nur über eine sehr schwache Rüstung. Wenn das der Fall war, so bedeutete dies, daß die Bevölkerung Chinas überzeugt und nicht eingeschüchtert werden mußte; daher die Bedeutung der Konfuzianer. Im 4. Jahrhundert v. Chr. hätte in einem Staate wie *Shung*, *Wu* oder *T'u* das Volk, auf das sich der Fürst verlassen mußte, auf dem Schlachtfeld genausogut zu seinem Gegner überlaufen können. Es mußte von der Gerechtigkeit der Sache überzeugt werden. Um das zu bewirken, bedurfte es einer Klasse von »Sophisten«, eine Rolle, die hernach die Konfuzianer ausfüllten, um der Masse des Volkes die Aktivitäten und Tugenden des Feudalherren zu empfehlen, und um sie um ihn herum zu sammeln.

Sollte dies der Fall gewesen sein, können wir den humanitären und demokratischen Charakter der konfuzianischen Philosophen viel besser verstehen. *Mêng Tzu* war einer der ersten Denker in der Geschichte, der das Recht des Volkes, Tyrannen zu stürzen und zu töten, verteidigte. Die Abneigung gegenüber Gewaltanwendung – ein ganz eigentümlicher Zug der chinesischen Gesellschaft – mag mit diesen Fakten zusammenhängen. Außer bestimmten Formen von Haussklaverei gab es keine Sklaverei, jedenfalls keine massenhafte Sklaverei, wie man sie in den Zivilisationen des Mittelmeerraumes fand. Es gab eben nicht die Massen, die die Steine für die Monumente von Ägypten und Babylon heranschleppten oder in den spanischen Bergwerken arbeiteten, die Diodorus Siculus beschreibt, oder die zu späteren Zeiten die *Latifundia* der Römer bevölkerten. Vielleicht dürfen wir zwischen der Tatsache, daß es in China keine Sklaverei gab, und der technologischen Bedeutung Chinas für die Welt jenseits seiner Grenzen einen Zusammenhang sehen.

Der berühmte deutsche Archäologe Diels und viele andere Wissenschaftshistoriker haben darauf hingewiesen, daß das Unvermögen der frühen Zivilisation des Mittelmeerraumes, angewandte Wissenschaften zu entwickeln, mit der Existenz der Sklavenarbeit zusammenhing, da es dadurch keine Probleme der Arbeitskraftbeschaffung und keinen Anreiz für die Erfindung arbeitssparender Techniken gab. Dieser Punkt ist ziemlich trivial.

Wenn nun, wie es scheint, die Sklaverei in China keine Rolle spielte, kann es sehr wohl eine Verbindung zwischen dem sozialen Status und der technologischen Überlegenheit Chinas in jenen Jahren gegeben haben. Die heutigen Europäer stehen völlig unter dem Einfluß der Vorstellungen des letzten Jahrhunderts. Sie machen sich selten klar, daß vor drei- oder vierhundert Jahren das Leben in China angenehmer war als in Europa. Zu Zeiten Marco Polos erschien Hangchow im Vergleich zu Venedig oder den anderen schmutzigen Städten Europas wie das Paradies. Frühe Reisende wie Johannes Pico von Montecorvino berichten dasselbe. In China war der Lebensstandard höher als im Europa jener Tage.

Man erkennt zu Recht an, daß die Erfindung des Schießpulvers, des Papiers, der Druckkunst und des magnetischen Kompasses von China nach Westeuropa vermittelt wurden. Es gibt aber auch andere Erfindungen von derselben Art, die uns weniger bekannt sind. Ich will einige beschreiben: Die Geschichte der Geschirre von Zugtieren ist im Zusammenhang mit der Geschichte der sozialen Institutionen äußerst wichtig, denn sobald man über Sklaven verfügt, benötigt man keine brauchbaren Geschirre für Tiere. Wenn man andererseits brauchbare Geschirre für Tiere besitzt, benötigt man keine Sklaven. Hätten die Ägypter ihre Tiere mit Geschirren ausrüsten können, hätten sie Tiere zum Transport der riesigen Steinblöcke zum Bau der Pyramiden einsetzen können. Doch sie hatten keine Geschirre. Aus den Zeichnungen, die man zu Dutzenden im Britischen Museum besichtigen kann, geht hervor, daß sie Menschen zur Bewältigung dieser Kraftarbeit einsetzten.

Die Geschichte verlief wie folgt: 4000 Jahre lang – zwischen 3000 v. Chr., der Zeit der frühesten Bilder der Sumerer, bis zum Jahre 1000 n. Chr. in Europa – war lediglich eine Art von »Hals- und Leib«-Geschirr bekannt, bei dem der Zug des Wagens an der Passe ansetzte, bei jenem Punkt, an dem die Bauchriemen mit den Halsriemen zusammenliefen. Dieses Geschirr ist außerordentlich ineffizient, denn ein Tier, das damit ausgerüstet ist, kann nicht mehr als 500 kg ziehen. Die Erklärung liegt auf der Hand, denn der hauptsächliche Zug drückt auf die Luftröhre des Tieres und droht, es zu ersticken. Die modernen Geschirre, die wir als Kumt-Geschirre bezeichnen, werden anders angelegt und versetzen das Tier in die Lage, seine ganze Kraft anzuwenden, denn das Kumt greift an den Schultern an. Es ist kaum faßbar, daß die alten Geschirre bis zum Jahre 1000 n. Chr. in Europa Verwendung fanden.

Ich muß an dieser Stelle erwähnen, wie diese Fakten herausgefunden wurden. Ein außerordentlich findiger, pensionierter Offizier der französischen Armee, Lefebvre des Noëttes, ein Meister im Stellen einfacher Fragen, die niemand beantworten konnte, erkundigte sich nach dem Ursprung des modernen Kumt-Geschirrs. Dazu fiel keinem der Befragten etwas ein; deshalb sah er sich Tierzeichnungen aus allen Zivilisationen in Museen und die illustrierten Manuskripte in vielen Bibliotheken genauer an. Seit den frühesten Zivilisationen der Sumerer und der Babylonier bis zum Jahre 1000 n. Chr. – dem frühen Mittelalter – wurde, wie wir ausgeführt haben, das unwirksame »Hals- und Leib«-Geschirr gebraucht, danach verbreitete sich in Europa der Gebrauch des Kumt-Geschirrs. Doch es gab eine Ausnahme: China. In China kannte man das »Brustblatt«-Geschirr. An beiden Seiten des Tieres führt ein Riemenstrang entlang, und der Zug erfolgt von den Schultern aus. Anders als bei den Römern oder Griechen kannten die chinesischen Wagen keine waagerechten, sondern nur gebogene Deichseln, die in der Mitte mit dem Brustzug verbunden waren. Wir können dies auch das »Postillion«-Geschirr nennen, denn man benutzt es noch heute im Süden Frankreichs und nennt es dort »attelage de postillion«. Der Zug erfolgt an der richtigen Stelle. Das Tier wird nicht erstickt und kann schwere Gewichte bewegen. In den Halbreliefs der Han-Zeit findet man deswegen, daß die chinesischen Wagen drei- bis viermal größer waren, als alle vergleichbaren Fahrzeuge in Europa. Statt der zwei Männer – dem Wagenlenker und dem Fürsten – oder dem einzelnen babylonischen oder griechischen Krieger sieht man einen ganzen »Bus« mit vier bis fünf oder sogar sieben Leuten, die in dem Wagen sitzen und darüber sogar ein Dach – ein großes, abgerundetes Dach. Diese Wagen unterscheiden sich völlig von allem, was im Westen bekannt war. Es ist nun eindeutig, daß die Verbindung zwischen dem Kumt-Geschirr und dem Brustblatt-Geschirr eine recht enge ist, denn wenn man sich das Kumt als flexibel und nicht als starr vorstellt, käme es in genau dieselbe Position wie das Postillion- oder das Brustblatt-Geschirr, wenn der Wagen angezogen wird.

Wie verhält es sich mit den Daten? Das Brustblatt-Geschirr läßt sich zumindest bis in das Jahr 200 v. Chr., den Anfang der Han-Dynastie in China, zurückverfolgen, und man findet es während der gesamten chinesischen Geschichte nach der Feudalperiode. Hinzu kommt, daß das Brustblatt-Geschirr nur um 200 Jahre dem ersten Auftauchen des Kumt-Geschirrs in Europa vorausgeht. Der zweite wesentliche Punkt liegt darin, daß man gegen Ende des 5. Jahrhunderts n. Chr. in buddhistischen Grabzeichnungen und Skulpturen im Nordwesten Chinas sowohl das Brustblatt- als auch das

Kumt-Geschirr findet; das scheint doch sehr deutlich darauf hinzuweisen, daß zwischen 600 und 1000 n. Chr. ein wirksames Zuggeschirr nach Europa gelangte. Wer noch immer denkt, daß alles Gute aus Europa kam und daß die »große weiße Rasse« das großartigste Volk der Erde ist und die Weisheit erst mit ihm geboren wurde, sollte sich ein wenig dem Studium der Geschichte widmen, um zu erkennen, daß viele Dinge, auf die Europa stolz ist, im Ursprung überhaupt nicht europäisch sind. Es ist ganz klar, daß das wirksame Zugtiergeschirr zu diesen Dingen gehört. Die sozialen Bedingungen, die zu seiner Übertragung nach Europa führten, stehen auf einem anderen Blatt; es kann mit dem Erbauen der Kathedralen zusammengehangen haben, bei dem es notwendig wurde, schwere Steinblöcke zu bewegen. Zu dieser Zeit war die klassische Sklaverei des Mittelmeerraumes ausgestorben und das Feudalzeitalter war an dessen Stelle getreten, denn die feudale Gesellschaft erwies sich als sehr viel stärker als die Gesellschaft des niedergehenden römischen Reiches mit seinen Latifundien. Da in Europa die Sklaverei nicht länger existierte, war es notwendig, auf effektive Zugtiergeschirre zurückzugreifen und dazu boten sich Modelle aus einem Teil der Welt an, der nie Sklaverei gekannt hatte, nämlich China.

Ich hoffe, daß Sie mit meinen Ausführungen nicht ganz unzufrieden sind. Ich wollte keine besondere These verkünden. Mir ging es nur darum, das Grundmuster einer bestimmten Gesellschaft, der Feudalgesellschaft Chinas, nachzuzeichnen und auf seine Beziehungen zu Westeuropa hinzuweisen; hieraus, so hoffte ich, würden eine Reihe von Punkten folgen, die einen jeden interessieren, der über Fragen der Ethik, des Rationalismus und der Kultur nachdenkt. Wir haben gesehen, daß der Rationalismus nicht immer die am stärksten progressive Kraft in der Gesellschaft ist. Wir haben weiter gesehen, daß der Stand der militärischen Technologie die Art der Sozialphilosophie sehr stark beeinflussen kann. Darüber hinaus wurde deutlich, daß eine Frage der Moral, wie die der Sklaverei, eng mit technischen Faktoren zusammenhängen kann. Philosophische und ethische Gedanken lassen sich nicht von ihrer materiellen Basis trennen.

Wenn ich zum Schluß noch ein Wort über die sich weiter stellenden Probleme hinsichtlich des Entstehens der modernen Wissenschaft und Technologie hinzufügen darf, möchte ich folgendes sagen: Ich glaube, daß trotz des ausgezeichneten Standards der klassischen chinesischen Philosophie und trotz der Bedeutung der technologischen Entdeckungen, die die Chinesen in ihrer späteren Geschichte machten, die chinesische Gesellschaft im Grunde genommen dadurch daran gehindert wurde, moderne Wissenschaft und Technologie entstehen zu lassen, daß die Gesellschaft, die in China nach der feudalen Periode entstand, für diese Entwicklungen ungeeignet war. Als im Europa des 16. Jahrhunderts der Feudalismus zu Ende ging, trat der Kapitalismus an seine Stelle. Es folgte der Aufstieg der Kaufleute an die Macht, der uns zunächst den merkantilen, später den industriellen Kapitalismus brachte. Doch in China folgte auf die Niederlagen des Feudalismus der Bronzezeit ein Kaiserreich, und es entstand gar nicht erst die Frage nach einer zeitweiligen Aufhebung des Feudalismus durch einen kaiserlichen Stadtstaat wie Rom. Es passierte etwas ganz anderes. Der klassische Feudalismus wurde in China durch eine besondere Form der Gesellschaft ersetzt, für die es im Westen keine Parallele gibt. Man hat diese Gesellschaftsform als asiatischen Bürokratismus bezeichnet, in dem alle Fürsten außer einem davongefegt wurden – dem Sohn des Himmels, dem Kaiser, der das Land beherrschte und mit Hilfe einer gigantischen Bürokratie alle Steuern einzog. Die Leute, die diese Bürokratie stellten, das Mandarinat, waren Konfuzianer, und zweitausend Jahre lang kämpften die Taoisten mit einer kollektivistischen Hinhaltetaktik, die erst durch die Entwicklung des Sozialismus in unserer Zeit gerechtfertigt wurde. All dies war im Westen unbekannt und erfordert besondere und intensive Forschungen; doch es hatte zweifellos eine große Konsequenz – es verhinderte den Aufstieg der Kaufmannsklasse zur Macht. Die Frage, warum sich die moderne Wissenschaft und Technologie in unserer Gesellschaft und nicht in der chinesischen entwickelt haben, ist identisch mit der Frage nach dem Nichtentstehen des Kapitalismus in China und der Frage, warum es dort keine Renaissance, keine Reformation, keine jener epochemachenden Phänomene der großen Übergangsperiode zwischen dem 15. und dem 18. Jahrhundert gegeben hat.

Das wollte ich Ihnen erklären. Ich möchte Ihnen zum Schluß sehr gerne ans Herz legen, die großen Klassiker der chinesischen Philosophie einmal genauer zu studieren und gleichzeitig einen Parallelkurs in chinesischer Technologie zu nehmen. Das ist deswegen so aufregend, weil die chinesische Kultur wirklich das einzige andere Denkgebäude hervorgebracht hat, das in Komplexität und Tiefe dem unsrigen gleicht – vielleicht ist es dem unsrigen sogar überlegen, doch auf jeden Fall ist es von vergleichbarer Komplexität. Die Zivilisation der Inder, so interessant sie auch ist, ist doch sehr viel mehr ein Teil von uns selbst. Unsere Sprache ist indo-europäisch, vom Sanskrit abgeleitet. Unsere Theologie umschließt die Asketik der Inder; Vater Zeus kommt von Dyaus Pithar. Es gibt sehr viel mehr Parallelen zwischen der indischen und der europäischen Zivilisation. Wenn ich durch die Straßen von Kalkutta gehe, dann denke ich häufig: wenn man der Haut von vielen dieser Leute einige Pigmentstoffe entnähme, dann sähen sie genauso aus wie viele unserer unmittelbaren Freunde und Verwandte in England. Die chinesische Zivilisation hingegen hat die überwältigende Schönheit des gänzlich Anderen, und nur das gänzlich Andere kann unsere tiefste Liebe wachrufen und unseren heißen Wunsch, zu lernen.

Bemerkungen über die sozialen Beziehungen zwischen Wissenschaft und Technologie in China

Eine der faszinierendsten Problemstellungen in der vergleichenden Wissenschaftsgeschichte betrifft das Unvermögen der beiden großen asiatischen Zivilisationen, Chinas und Indiens, eigenständig *moderne* Wissenschaft und Technologie zu entwickeln. Unglückseligerweise werden ihre Beiträge zur klassischen und mittelalterlichen Wissenschaft nicht genügend zur Kenntnis genommen, denn nur vor diesem Hintergrund kann die einzigartige Erscheinung einer mathematisierten Naturphilosophie in Europa verstanden werden. Im Verhältnis zu Asien spielte Europa bis zum 14. Jahrhundert n. Chr. fast ausschließlich die Rolle des Empfangenden, nicht die des Gebers, das gilt ganz besonders für das Gebiet der Technologie. Was kann man nun über das soziale Milieu sagen, das diese Errungenschaften und dieses Unvermögen hervorbrachte?

An der Existenz eines Feudalsystems in den frühen Perioden der chinesischen Geschichte kann kein Zweifel bestehen. Vielleicht spricht man am besten von einem »Bronzezeit«-Protofeudalismus. Er erstreckte sich über eine Periode, die, grob gesagt, von der Mitte des 2. Jahrtausends v. Chr. bis zum Jahr 220 v. Chr., der ersten Einigung des Reiches dauerte. Für die Zeit danach wird der Gebrauch des Wortes »Feudalismus« immer schwieriger, denn während die erste Periode in gewissen Zügen dem mittelalterlichen Feudalismus Europas vergleichbar ist, sieht es in der späteren Zeit ganz anders aus. Das soziale System, das hier entstand, hat man als asiatischen Bürokratismus bezeichnet oder – diesen Ausdruck ziehen einige chinesische Gelehrte vor – als bürokratischen Feudalismus. Mit anderen Worten, als der erste Feudalismus in China zu Ende ging, trat kein merkantiler oder industrieller Kapitalismus an seine Stelle; statt dessen entwickelte sich ein bürokratisches System, das zum Verschwinden der aristokratischen und hereditären Prinzipien in der chinesischen Gesellschaft führte. Man könnte fast sagen, daß die Existenz individueller Feudalfürsten der intermediären Stufe aufhörte, und statt dessen nur ein einziger Feudalherr blieb, nämlich der Kaiser, der, gestützt auf eine gigantische Bürokratie, regierte und Steuern eintrieb.

Die Mitglieder dieser Bürokratie bildeten keine hereditäre Gruppe und stellten damit keine, im europäischen Sinne des Wortes, eigenständige Klasse dar. Es handelte sich vielmehr um einen Stand, der eine gewisse Durchlässigkeit aufwies; Familien stiegen in ihn auf und sanken wieder heraus. Dem Wesen nach war dieser Stand eine gelehrte Elite. Der Zugang zu ihr erfolgte, wie allgemein bekannt, zu einer späteren Zeit durch die staatlichen Examina, ein System, das während der Han-Dynastie im 1. oder 2. Jahrhundert v. Chr. begann, doch nicht vor dem 7. Jahrhundert unter der T'ang-Dynastie zur vollen Blüte kam; von da an wurde es bis zum Beginn der Republik im Jahre 1912 aufrechterhalten. Die Prüfungen – auch dies ist allgemein bekannt – bezogen sich ausschließlich auf literarische und kulturelle Topoi und enthielten keinerlei Fächer, die man in irgendeinem Verständnis wissenschaftlich nennen könnte. Immerhin waren die Prüfungen außerordentlich schwierig, besonders wenn man sich die extreme Komplexität der chinesischen Sprache und Literatur vor Augen hält. Doch in bestimmten Perioden und in unterschiedlichem Ausmaß gab es auch immer Möglichkeiten, an diesen Prüfungen vorbeizukommen und in die Hierarchie des Beamtentums ohne formale Qualifikation einzusteigen. Hier handelte es sich um das »Yin-Privileg«, das den Kindern der Beamten einen einfacheren Zutritt als Außenseitern ermöglicht. Was aber die einzelnen Mitglieder betraf, so war diese Klasse im großen und ganzen durchlässig. In einigen Perioden standen die Chancen für das Mitglied einer Bauernfamilie nicht schlecht. Bis dahin herrschte die Sitte, daß sich Bauern zusammenschlossen und gemeinsam einen Lehrer für ein besonders hoffnungsvolles Kind bezahlten, damit es den Aufstieg in den kaiserlichen Dienst schaffen konnte. Sie investierten damit in eine bessere ökonomische Zukunft seines Geburtsortes.

Untersucht man die Ursprünge dieses bürokratischen Systems, dessen Eigenarten sich so tief in die chinesische Gesellschaft eingeprägt haben, stößt man auf verschiedene geographische, hydrologische und ökonomische Faktoren. Einer der ersten westlichen Wirtschaftshistoriker Chinas, K. A. Wittfogel, hat den Ursprung der Bürokratie auf die Besonderheiten zurückgeführt, die sich aus der Eigenart und der frühen Entwicklung hydraulischer Ingenieursarbeiten für die chinesische Gesellschaft ergaben. In China haben mir viele einheimische Gelehrte diese Ansicht bestätigt, obwohl sie einen anderen Aspekt stärker hervorhoben. Doch die Auswirkungen dieser bedeutenden Bewässerungs- und Stauanlagen sind für die gesamte chinesische Geschichte unbezweifelbar. Kein Land der Welt kennt wohl so viele Legenden von heldenhaften Ingenieuren, wie z. B. den sagenhaften Kaiser *Yü*, dem Großen, der zum erstenmal in der chinesischen Geschichte »die Wasser kontrollierte«. In China schwankt der Niederschlag sehr stark mit den Jahreszeiten, denn das Land liegt in einem Monsungebiet; hinzu kommen noch starke Unterschiede von Jahr zu Jahr. Wenn man die Notwendigkeit von Bewässerung für den Reisanbau in Zentral- und Südchina und für die Kultivierung der Lößgebiete im Norden in Betracht zieht, und wenn man an die beständige Gefahr von Überschwemmungen denkt, die die Technik von Deichbauten erforderte, erkennt man sofort die außerordentliche Bedeutung dieser Arbeiten. Wir wissen, daß sie bereits in der feudalen Periode (5. Jahrhundert v. Chr.) begannen. Für die Wichtigkeit des Bewässerungssystems des Landes gibt es aber noch einen dritten Grund: Es stellte Transportmöglichkeiten her. Da Steuern und die Versorgungsgüter des Militärs nicht geld-, sondern naturalwirtschaftlich zusammengebracht wurden, erforderte die Akkumulation von Reis und Getreide in der Hauptstadt die Möglichkeit von Schwertransporten, wie sie durch Lastkähne auf Kanälen gegeben war. Es gab also drei Bedürfnisse – Bewässerung, Deichbauten, Transport des Steuergetreides – die nach einer Wasserwirtschaft verlangten. Westliche Wissenschaftler haben die Meinung vertreten, daß man den Ursprung des »Mandarinats« auf die Notwendigkeit zurückführen könnte, jene Millionen von Menschen zu überwachen, die für den Bau dieser Anlagen benötigt wurden. Demgegenüber begründen viele chinesische Gelehrte, die ich gelesen oder mit denen ich geredet habe, die Dominierung der Gesellschaft durch eine »Beamtenschaft« mit der ständig vorherrschenden Tendenz, Aufsichtsfunktionen an eine zentrale Autorität zu übertragen. Mit anderen Worten, die Ausführung der geplanten Wasserarbeiten überstieg gewöhnlich das Vermögen der feudalen Herren. Das ist auch die Meinung eines der bedeutendsten chinesischen Bücher, des *Yen T'ieh Lun* (Abhandlungen über Salz und Eisen), das im Jahre 81 v. Chr. geschrieben wurde.

Diese bemerkenswerte Arbeit liest sich wie das Protokoll einer Parteikonferenz (ich würde sagen wie das der Konferenz einer konservativen Partei). Es handelt sich um den dramatisierten Bericht einer historisch verifizierbaren Konferenz über die Nationalisierung der Salz- und Eisenindustrie, eine Maßnahme, die bereits 400 v.

Chr. vorgeschlagen worden war und 119 v. Chr. durchgesetzt wurde. Der Vorsitzende beginnt eine der Reden mit dem Hinweis, daß über die Verantwortlichkeit der kleinen lokalen Fürsten oder Gouverneure für kleinere Gebietsstreifen Übereinstimmung herrsche, daß aber die weitere Entwicklung von Flüssen, Kanälen und Schleusen der zentralen Autorität übertragen werden müsse. Was er damit sagte, blieb ein Grundzug der chinesischen Gesellschaft. Eine der frühesten Anstrengungen des Mandarinats galt in der Früheren Han-Dynastie der Nationalisierung von Salz und Eisen. Dies waren die wichtigsten – vielleicht auch die einzigen – Güter, die von Stadt zu Stadt wanderten. Alle anderen Erzeugnisse konnten *in situ* hergestellt werden. Die Produktion von Kleidern und Nahrungsmitteln geschah auf den Höfen oder in den lokalen Städten, doch die Produktion von Salz und Eisen war in den protoindustriellen Zentren konzentriert: Salz erhielt man aus den Solen oder von den Meeresküsten, Eisen aus den Erzgebieten. Salz und Eisen boten sich daher am ehesten zur Kontrolle und »Nationalisierung« an. An den Argumenten, die im Laufe dieser Debatte fielen, fällt auf, daß sowohl die konfuzianischen Gelehrten, die die Bürokraten der Han kritisierten, und die Bürokraten selbst, entschieden gegen die Kaufleute auftraten. Tatsächlich liegen eine Reihe interessanter Beweise für das Anwachsen von Kaufmannsgemeinschaften zur Zeit der ersten Einigung des chinesischen Reiches (220 v. Chr.) vor. Im *Shih Chi* (historische Erinnerungen) des *Ssuma Ch'ien*, das um das Jahr 90 v. Chr. entstand, steht ein ganzes Kapitel über die Kaufleute jener Zeit. Einige von ihnen waren außerordentlich wohlhabend, in ihren Reihen fand man Eisenfabrikanten und Salzkaufleute. Ihre Macht wurde von den frühen Bürokraten sofort attackiert und sehr schnell zerstört. Es wurden Luxusgesetze gegen sie erlassen und es wurden ihnen hohe Geldsteuern auferlegt.

Es gibt wahrscheinlich keine andere Kultur, in der das Konzept des Staatsdienstes so fest verwurzelt war. Ich selbst habe keine Ahnung, wann es zuerst nach China drang, doch dort wird man überall darauf gestoßen, selbst in der Folklore. In China gibt es nicht, wie in Europa, Geschichten von Helden und Heldinnen, die Könige oder Prinzessinnen werden, dort handelt es sich stets darum, in den Prüfungen einen vorderen Rang zu belegen oder einen bedeutenden Beamten zu heiraten. Dies war die einzige Art, zu Reichtum zu kommen. Ein berühmtes Sprichwort, das noch vor kurzem sehr verbreitet war, sagt: Um Reichtum zu erwerben, muß man Beamter werden und zu einem hohen Rang aufsteigen *(Ta kuan fa ts'ai)*. Die Akkumulation von Reichtum durch Bürokratie schuf jenes Phänomen, das westliche Besucher Chinas häufig als »Bestechung«, »Erpressung« usw. beschrieben, und über die sich so viele beklagten. Die Einstellung dieser Besucher war jedoch durch die Tatsache vorgeformt, daß in Europa eine enge historische Verbindung zwischen Religion und moralischer Rechtschaffenheit auf der einen und der quantitativen Buchführung und dem Kapitalismus auf der anderen Seite bestand, wofür es in China keine Entsprechung gibt. Zu keiner Zeit in der chinesischen Geschichte erhielten die Angehörigen des Mandarinats ein ordnungsgemäßes Gehalt, wie wir es im Westen für selbstverständlich halten. Zwar gab es ständig Bemühungen, dies zu etablieren; immer neue Anordnungen wurden erlassen, doch letztlich ohne Erfolg. Der Grund hierfür liegt wahrscheinlich darin, daß China nie eine voll entwickelte Geldwirtschaft kannte.

Steuern mußten in Naturalien bezahlt werden und wurden einer Art von zentralen Autorität übergeben, wobei man sich der Methoden der bereits erwähnten Binnenschiffahrt bediente. Es wurde unvermeidlich, daß dieser Tribut (aus der Perspektive des Kaisers) »an der Quelle besteuert wurde«. Das Chinesische kennt für dieses Verfahren viele Ausdrücke; einer der besten lautet *chung pao* (»mittel-zufrieden«). Die Pointe liegt darin, daß die Bauern nicht zufrieden waren, weil sie mehr zu zahlen hatten, als sie für angemessen hielten, und daß der Kaiser auch nicht zufrieden war, daß aber die Beamten in der Mitte außerordentlich zufrieden waren, denn sie konnten sich auf jeder Stufe des Transfers »einen Teil aus dem Kuchen schneiden«. Für dieses Wort braucht man einen Spezialbegriff, der keine moralischen Konnotationen trägt, um anzudeuten, daß es sich hier um eine natürliche Erscheinung in der mittelalterlichen Gesellschaft Chinas handelte. Wenn ein Beamter, sei es als Magistrat einer Stadt, sei es als Gouverneur einer Provinz oder als *Chuang Yuan* mit acht Städten unter seiner Verwaltung genug Kapital akkumuliert hatte, dann investierte er unweigerlich alles, was nicht für Luxusausgaben verwandt wurde, in Grund und Boden. Landkauf war die einzige Investitionsmöglichkeit. Das führte zu einem allmählichen Ansteigen der Zahl der Pachtbauern. Vor dem Sturz der Kuomintang waren 40 bis 50% aller Bauern Pächter, und die meisten ihrer Höfe waren unökonomisch klein.

Ich wende mich jetzt einer anderen Seite des bürokratischen Einflusses zu, der sich stets gegen die Kaufleute richtete. Die Mißachtung des Kaufmannes war (ganz im Gegensatz zu arabischen Vorstellungen) eine sehr alte Eigentümlichkeit des chinesischen Denkens. In der klassischen Reihenfolge der vier Rangstufen in der Gesellschaft kam zuerst der Gelehrte, dann der Bauer, an dritter Stelle der Handwerker und an vierter Stelle der Kaufmann; die Kaufleute nahmen den niedrigsten sozialen Rang ein (*Shih, Nung, Kung, Shang*). Natürlich gab es in China keine Entsprechung des Kastensystems oder einer Klassengesellschaft im orthodoxen Sinne des Wortes, doch als Gesellschaftsschicht genossen die Kaufleute ohne Zweifel den geringsten sozialen Respekt. Trotzdem schlossen sie sich schließlich in Gilden zusammen, doch diese Institutionen muß man genauer untersuchen. Ich kenne sie ein wenig, denn ich habe einmal in einem großen Haus gewohnt, das der Kaufmannsgilde gehörte. So richtete z. B. die Universität von Amoy ihre Bibliothek während des Krieges in Changting in einem großen Haus mit vielen Innenhöfen ein, das zuvor von den Kaufleuten von Chiangsi, die geschäftlich nach Fukien kamen, als Gildenhaus benutzt wurde. An der Existenz von Gilden kann kein Zweifel bestehen, doch wie in einigen brauchbaren Büchern nachgewiesen wurde, unterschieden sie sich stark von den Kaufmannsgilden in Europa. Sie ähnelten mehr Gesellschaften zum gegenseitigen Nutzen, Versicherungsunternehmungen, die unter anderem gegen Verluste im Transportwesen schützten, doch sie erlangten nie entscheidende Kontrolle oder Macht in den Städten, in denen die Kaufleute lebten und ihre Geschäfte ausübten oder ihre kleinen Produktionsanlagen betrieben.

Dies war der wesentliche Unterschied zwischen den Gilden in China und denen des Westens, und er entsprach dem zwischen der Stadt in China und dem Westen. Vielleicht kann man das alles in der Aussage zusammenfassen, daß in der chinesischen Kultur und Zivilisation und allen Kulturen, die davon abgeleitet waren, der Stadtstaat unbekannt war. Der europäischen Vorstellung vom Stadtstaat muß man die chinesische Vorstellung einer ummauerten Stadt entgegenhalten, die von vielen Dörfern umgeben ist, aus denen die Leute zum Markt und zum Handeln kommen und die die Hauptquartiere des Magistrats oder des Provinzgouverneurs beherbergt, die durch den kaiserlichen Hof eingesetzt wurden und allein ihren vorgesetzten Beamten in der bürokratischen Hierarchie verantwortlich waren. Zudem gab es gewöhnlich einen Militärmandarin; beide hatten sie ihre Büros in der Stadt. In gewissem Sinne handelte es sich um eine ummauerte, befestigte Stadt, die von den verantwortlichen lokalen Beamten »für die Krone gehalten wurde«. In der ganzen chinesischen Geschichte findet man kein Äquivalent für die Rolle eines Bürgermeisters, Ratsherrn, Stadtrats, Meisters oder Gesellen der Gilden oder für irgend ein anderes der bürgerlichen Individuen, die bei der Entwicklung der städtischen Institutionen im Westen eine so bedeutende Rolle spielten. Alle diese Einrichtungen waren völlig unbekannt. Denkt man an die Städte des Westens, fällt einem der Satz ein: Stadtluft macht frei. Für die chinesische Gesellschaft war dies eine unmögliche Vorstellung. Ein anderer wesentlicher Begriff wäre der der bürgerlichen Rechtssicherheit der europäischen Kaufleute, sich in ihren Städten frei zu versammeln und dort dem Adel und der sie umgebenden feudalen Gesellschaft alle möglichen Privilegien und Sondervorteile abzugewinnen. All dies ist dem chinesischen Kultur- und Geistesleben völlig fremd. Sir John Pratt hat diesen Punkt sehr schön herausgearbeitet, als er beschrieb, wie die Kaufleute in Schanghai um 1880 die kaiserliche Regierung um eine Art von Staatsprivileg ersuchten, das ihnen erlauben sollte, einen Bürgermeister, Ratsherrn usw. zu wählen und somit all die Institutionen aufzubauen, die die Städte der Länder des Westens kennzeichnen. Man kann sich die Verblüffung vorstellen, die diese Bitte auslöste, als sie den kaiserlichen Hof in Peking erreichte. Totales Unverständnis für die Haltung des Gegenübers kennzeichnete beide Seiten.

Es kann eigentlich nicht mehr stark bezweifelt werden, daß das Unvermögen der Kaufmannsklasse, im Staate zu einer Machtstellung aufzurücken, eng mit den Inhibitionen zusammenhing, die den Aufstieg der modernen Wissenschaften in der chinesischen Gesellschaft behinderten. Worin genau der Zusammenhang zwischen der frühen modernen Wissenschaft und den Kaufleuten besteht, ist noch nicht ganz geklärt. Nicht alle Wissenschaften scheinen eine gleich direkte Beziehung zu kaufmännischen Aktivitäten gehabt zu haben. So hatte z. B. die Astronomie in China einen recht hohen Stand erreicht. Es handelte sich um eine »orthodoxe« Wissenschaft, denn die Regulierung des Kalenders lag sehr im Interesse der herrschenden Machthaber. Seit ältesten Zeiten lag in der Annahme des vom Kaiser verkündeten Kalenders eine symbolische Anerkennung seiner Macht. Da die Chinesen gegenüber dem »prognostischen« Aspekt von Naturphänomenen sehr sensibel waren, hatten sie Aufzeichnungen über viele Vorgänge gesammelt, die im Westen zu jener Zeit unbemerkt geblieben waren. Ein Beispiel dafür war die Beobachtung von Nordlichtern. Genauso bewahrten die Chinesen Aufzeichnungen über Sonnenflecken, die sie durch dünne Jadescheiben oder ähnlich durchsichtiges Material schon zu einer Zeit beobachtet haben müssen, als man im Westen deren Existenz noch nicht einmal vermutete. Dasselbe gilt für Sonnenfinsternisse, die angeblich glückliche oder unglückliche Auswirkungen auf die Geschicke der Dynastie hatten.

Dann gab es noch die »unorthodoxen« Wissenschaften, beispielsweise Alchimie und Chemie, die stets mit dem Taoismus assoziiert waren. In der chinesischen Umwelt konnten jedoch weder Astronomie noch Chemie in ihre moderne Phase eintreten.

Im Westen scheinen die Kaufleute besonders eng mit der Physik verbunden gewesen zu sein, die in China stets besonders rückständig war, sieht man einmal von der aufregenden praktischen Entwicklung des magnetischen Kompasses ab. Vielleicht läßt sich dies auf das Bedürfnis der Kaufleute nach genauen Messungen zurückführen, ohne die der Handel kaum durchführbar war. Der Kaufmann mußte sich für die Eigenschaften der Dinge interessieren, mit denen er handelte. Er mußte wissen, wieviel sie wogen, wozu man sie gebrauchen konnte, in welchen Größen sie verfügbar waren, welche Behälter man zu ihrem Transport brauchte usw. In dieser Richtung könnte man nach der Verbindung zwischen einer merkantilen Zivilisation und den exakten Wissenschaften suchen. Doch neben der Handelsware gab es auch den Transport. Die Kaufleute der Stadtstaaten Europas verfolgten stets mit besonderem Interesse alle Entwicklungen auf dem Gebiete des Schiffbaus.

Wenn dies richtig ist, dann müssen wir in der Verhinderung des Aufstiegs der Kaufleute den Grund für das Nichtentstehen moderner Wissenschaft und Technologie in der chinesischen Kultur sehen. Ein weiterer Aspekt dieser Angelegenheit liegt in dem alten Antagonismus zwischen manueller und geistiger Arbeit, der sich durch alle Zeiten und alle Zivilisationen zieht. Den griechischen Ausdrükken *theoria* und *praxis* entsprechen *hsüeh* und *shu* im Chinesischen. Offensichtlich kann niemand diese Tradition völlig ablegen und zu dem Punkt vorstoßen, an dem es die für die Wissenschaft so unerläßliche gleichmäßige Beteiligung von Hand und Kopf gibt. Nur wenn die Klasse der Kaufleute ihre Mentalität auf die sie umgebende Gesellschaft übertragen kann, wird dieser Antagonismus aufgelöst. In China war das ganz einfach nie möglich. Dort gab es eine Restriktion der Technologie auf einen frühtechnischen Standard – z. B. Gebrauch von Holz statt Eisen bei der Konstruktion von Triebwerken.

Doch hier stoßen wir auf ein ungewöhnliches Paradox in der Geschichte. Nur wenige Historiker haben erkannt, wie stark Europa während der ersten vierzehn Jahrhunderte unserer Zeitrechnung in der technologischen Schuld Chinas stand. Die alte bürokratische Gesellschaft der Chinesen war im Hinblick auf technische Kreativität der Gesellschaft der Renaissance sicherlich unterlegen. Doch sie war sehr viel erfolgreicher als der europäische Feudalismus oder die Sklavenhaltergesellschaft der Hellenen gewesen, die diesem vorausgegangen war. China hatte Erfindungen hervorgebracht wie das wirksame Pferdegeschirr, das Heckruder, die erste kybernetische Maschine, die früheste Form des Impfens und sogar ein so einfaches Gerät wie den Schubkarren – sie alle kamen von Osten nach Westen und nicht *vice versa*. In Europa entwickelte sich in der Renaissance und mit dem Aufstieg des Kapitalismus eine Gesellschaftsform, in der Eisen zur Grundlage der ersten, die Welt vereinenden Zivilisation wurde. Daran ist besonders paradox, daß das Volk, das durch die Eigenarten seiner sozialen Organisation an einer vergleichbaren Entwicklung nicht teilhatte, die schwierige Kunst des Eisengießens schon 1300 Jahre vor dem Westen beherrschte. Im Westen war Gußeisen vor dem 14. Jahrhundert sehr ungewöhnlich. Die Römer mögen es gelegentlich hergestellt haben, doch in China war es schon im 1. Jahrhundert v. Chr. allgemein verbreitet. Nicht nur das Eisengießen war in China bekannt, das gleiche gilt für die Herstellung des eisernen Pflugschars (der übrigens auch von Osten nach Westen gelangte) und das Streichblech. Das Streichblech wurde zuerst in China eingeführt – in einer Gesellschaft, die nicht in der Lage war, den hohen Standard der Metallurgie der späten europäischen Gesellschaften zu erreichen.

Ein französischer Reisender, François Bernier, gehörte zu den ersten, die diesen Unterschied zwischen den Gesellschaften Asiens und denen des Westens erkannten. Er war Arzt am Hofe des Aurangzeb, eines der letzten Mogulenkaiser. In seinem Buch finden wir einige äußerst aufschlußreiche Abschnitte. Ich hatte das Glück, in Kalkutta auf ein Exemplar zu stoßen, und ich werde nie die Begeisterung vergessen, mit der ich es gelesen habe. Es wurde etwa um 1670 geschrieben und warf die Frage auf, »ob es ein Vorteil oder ein Nachteil für den Staat ist, wenn der König der Besitzer allen Landes ist, und man nicht das *meum* und *tuum* hat, das unter uns existiert«. Er kam zu dem Schluß, daß es ein »Nachteil« war, wenn ein Land eine Art von Gesellschaft hatte, die wir asiatischen Bürokratismus nennen. Viele Ausführungen galten dem Mandarinat oder einer äquivalenten Institution. In Indien handelte es sich, genau genommen, nicht um ein Mandarinat, doch immerhin um ein Beamtensystem, eine nicht erbberechtigte Bürokratie, deren Positionen von den Mogulen besetzt wurden.

Zum Schluß möchte ich die Vermutung äußern, daß der asiatische Bürokratismus keineswegs nur für Ostasien charakteristisch ist. Er könnte auch bei der Entwicklung der islamischen Gesellschaft und ihrer Wissenschaft eine entscheidende Rolle gespielt haben. Wie allgemein bekannt, war die arabische Wissenschaft der europäischen um vierhundert Jahre voraus. Allerdings sieht es so aus, als sei die frühe Gesellschaft des Islam eine im wesentlichen merkantile gewesen. Der Prophet selbst hat die Kaufleute häufig gepriesen, doch nur selten die Bauern, und man könnte die arabischen Städte am Rande der Wüsten als Kaufmannszentren betrachten, wobei der Wüste die Rolle des Meeres zukäme. Als aber die Eroberungen einsetzten und das Kalifat von Bagdad errichtet wurde, entstand eine Bewegung zur Organisierung der Herrschaftsmechanismen, die immer stärker auf einen bürokratischen Staat drängte, der eng dem früheren persischen Vorbild glich und dem chinesischen System recht verwandt erschien. Das würde bedeuten, daß die islamische Zivilisation als eine merkantile Kultur anfing und völlig bürokratisiert endete und daß hier vielleicht ein Grund für den Niedergang der arabischen Gesellschaft und speziell auch ihrer Wissenschaften und Technologien läge. Doch das wäre eine andere Geschichte.

Der Zeitbegriff im Orient

Das Ziel dieser Vorlesung ist eine Beschreibung der Zeitvorstellungen, die in der chinesischen Zivilisation vorherrschten.[1] Ich möchte den Anspruch untersuchen, nach welchem Europa die einzige Kultur mit einem wirklichen Geschichtsverständnis sein soll und – sollte das wirklich der Fall sein – dann weiter fragen, ob hier ein Zusammenhang mit dem Aufkommen der modernen Wissenschaft und Technik in der Renaissance und der Zeit der ›wissenschaftlichen Revolution‹ besteht.

Die *philosophia perennis* der chinesischen Kultur war ein organischer Naturalismus, der die Realität und Bedeutung von Zeit nie infrage stellte. Man muß dies mit der unbedeutenden Rolle in Verbindung bringen, die ein metaphysischer Idealismus in der chinesischen Philosophiegeschichte spielte. Zwar gab es Ansätze, wie etwa während der Vorherrschaft des Buddhismus in der *Liu Ch'ao* und *T'ang*-Periode oder unter den Anhängern des Wang Yang-Ming (1472-1529 n. Chr.), doch diese Ansätze führten nie zu einer philosophischen Tradition, die der europäischen vergleichbar gewesen wäre. Deshalb war ein subjektiver Zeitbegriff für das chinesische Denken untypisch. Natürlich meine ich damit das alte, das mittelalterliche oder das traditionelle Denken und nicht die Geisteshaltung der Gegenwart.

Zwar traten schon bei den alten taoistischen Denkern klare An-

1 Der Titel dieses Aufsatzes lautet im englischen Original »Time and Eastern Man«. Bei meinem Abstecher in die Vergleichende Anthropologie habe ich diesen Titel einem anderen Buch entnommen: »Time and Western Man« von P. Wyndham Lewis sorgte in den zwanziger Jahren für einigen literarischen Aufruhr. Es handelte sich um eine Polemik gegen die, wie der Autor glaubte, ebenso ungerechtfertigte wie voreingenommene Parteinahme für den Fluß der Zeit in großen Teilen der Literatur des 20. Jahrhunderts (Proust, Joyce, usw.); das Buch enthielt aber auch einen philosophischen Teil, in dem sich Lewis mit Einstein, Spengler, A. N. Whitehead und Samuel Alexander auseinandersetzte; seine besondere »bête noire« war dabei Bergson. Die meisten Teile dieses Werkes würde man heute nicht mehr ernst nehmen, falls man sie überhaupt je ernst genommen hat, doch so viel ich weiß, wird Wyndham Lewis' Literaturkritik noch immer sehr hoch geschätzt. Jedenfalls erweise ich ihm meine Reverenz für den Titel. Ich glaube, ich kann zeigen, daß der »Mensch des Westens« kein Monopol auf das Gefühl für lineare, kontinuierliche Zeit hatte und daß die Vorstellung vom »zeitlosen Orient« Unsinn ist.

deutungen von einem Relativismus in den Zeitvorstellungen auf, doch was immer in der Zeit oder in den Zeiten passierte, ob Aufstieg oder Niedergang, die Zeit selbst blieb für das chinesische Denken unausweichlich real. Hier zeigt sich eine deutliche Differenz etwa zu den Vorstellungen der indischen Zivilisation,[2] und eine Verwandtschaft mit den Einwohnern jener anderen Zone gemäßigten Klimas am westlichen Ende der Alten Welt.

Die Zeit in der chinesischen Philosophie und Naturphilosophie

Zur Zeit des Aristoteles waren in den philosophischen Schulen der Periode der streitenden Staaten (etwa 4. Jahrhundert v. Chr.) die Zeit und ihr Inhalt häufig das Thema von Diskussionen und Spekulationen.[3] Wir können uns kurz anschauen, was sie daran interessierte. Der Ausdruck, der heutzutage für ›das Universum‹ benutzt wird, *yü-chou*, bedeutet im wesentlichen ›Raum-Zeit‹. In einem Text aus dem Jahre 120 v. Chr. lesen wir:[4]

> Die ganze Zeit, die seit dem Altertum bis heute verstrichen ist, nennt man *chou;* den ganzen Raum in jeder Richtung, nach oben und nach unten, nennt man *yü.* Das *tao* (die Ordnung der Natur) ist in ihnen, doch niemand kann sagen, wo es sich aufhält.

Die ursprüngliche Bedeutung beider dieser alten Wörter war ›Dach‹, von einem Haus, einem Wagen oder einem Boot, woraus sich die Bedeutung von einer zu bedeckenden Ausdehnung ergibt. So sagt man auch im Englischen, daß sich diese oder jene Erscheinung über 10 oder 15 Jahrhunderte ›erstreckt‹. Die Lexikographen der *Han*-Zeit erklärten das Wort für Dauer *(chiu)* als eine Ablei-

2 Vgl. H. Zimmer, *Philosophies of India*, New York 1953, S. 450

3 Über dieses spezielle Thema gibt es, soweit ich weiß, weder auf chinesisch noch in irgendeiner westlichen Sprache eine systematische Abhandlung; man würde dafür noch sehr viele Nachforschungen benötigen, doch das Ergebnis würde die Mühen rechtfertigen. Marcel Granet hat diese Frage nur kurz berührt, vgl. sein *La Pensée Chinoise*, Paris 1934, S. 90 ff; er stützt sich dort hauptsächlich auf nicht-philosophische Quellen, und zu seiner Zeit war die Analyse der klassischen chinesischen Philosophie ohnehin erst recht wenig entwickelt. Das Thema ist nicht leicht, denn neben den eigentlichen Schwierigkeiten, die Argumente und Meinungen der Schriftsteller zu übersetzen, sind deren Texte uns häufig nur in einem relativ entstellten Zustand überliefert worden, so daß man sogar die hier verwendeten Zitatstellen nur als vorläufige Interpretation betrachten kann.

4 *Huai Nan Tzu*, Kap. 11

tung des Zeichens für *jen*, Mensch: ein Mensch, der seine Beine ausstreckt und ›eine Strecke‹ läuft, genauso wie sich ein Dach über einen Raum erstreckt, und die Zeit sich von einem bis zu einem anderen Ereignis erstreckt.

In den Schriften, die uns aus der Tradition der Schule der Mohisten *(Mo chia)*, den Anhängern des Mo Ti (zwischen 479 und 381 v. Chr.) erhalten sind, finden wir interessante Definitionen von Zeit und Raum. Die Mohisten waren jene Gruppe alter chinesischer Denker, die sich am stärksten für die Philosophie der Mathematik und Wissenschaft interessierten. Das Buch *Mo Tzu* entstand zu verschiedenen Zeiten. Die systematische Wiedergabe der Lehre von Meister Mo, einschließlich der über allgemeine Nächstenliebe (*chien ai)*, kann nämlich nicht sehr viel später als auf 400 v. Chr. datiert werden, während die kanonischen Schriften und ihre Erklärungen (eine Art corpus von Definitionen, die ein Kommentar erklärt) etwa aus dem Jahre 300 v. Chr. stammen, und die Kapitel über Technologie datieren noch ein halbes Jahrhundert später. Schauen wir einige der Definitionen an:

Dauer

(Kanon)	Dauer *(chiu)* umschließt alle einzelnen (unterschiedlichen) Zeiten *(shih)*.
(Erklärung)	Frühere Zeiten, die Gegenwart, der Morgen und der Abend sind alle miteinander verbunden und bilden die Dauer.[5]

Raum

(Kanon)	Raum *(yü)* umschließt alle verschiedenen Örter *(so)*.
(Erklärung)	Osten, Westen, Süden und Norden werden alle vom Raum umschlossen.[6]

Bewegung

(Kanon)	Wenn sich ein Gegenstand im Raume bewegt, können wir nicht (in einem absoluten Sinne) sagen, ob er näher kommt oder weiter entschwindet. Der Grund hierfür wird unter dem Titel ›Ausbreitung‹ *(fu)* (d. h. durch Abschreiten Koordinaten erstellen) angegeben.
(Erklärung)	Wenn man über den Raum redet, so darf man nicht nur an einen bestimmten Abschnitt *(ch'ü)* denken. Es handelt sich lediglich darum, daß der erste Schritt (beim Ab-

5 Vgl. SCC, Vol. IV, Teil 1, S. 2. Die Stelle erinnert an die absolutistische Definition der Zeit bei Strato von Lampsacus (um 300 v. Chr.), einem der Schüler des Aristoteles, und antizipiert Newton gegen Leibniz.

6 Vgl. SCC, Vol. III, S. 93

schreiten) näher liegt und daß die späteren Schritte weiter entfernt liegen. (Die Idee von Raum ähnelt der von) Dauer *(chiu)*. (Man kann sich einen gewissen Punkt in der Zeit oder im Raum als Anfang aussuchen und damit in einer gegebenen Periode oder Gegend arbeiten, in diesem Sinne) gibt es Begrenzungen (aber Zeit und Raum sind gleichermaßen) ohne Begrenzungen.[7]

Bewegung

(Kanon) Bewegung im Raum setzt Dauer voraus. Der Grund hierfür ist unter dem Titel ›früher und später‹ *(hsien hou)* angegeben.

(Erklärung) In der Bewegung muß die Bewegung (eines Beobachters) zunächst von dem ausgehen, was näher liegt und danach zu dem Entfernten fortschreiten. Das Nahe und Ferne stellen den Raum dar. Das Frühere und Spätere stellen die Dauer dar. Daß eine Person sich im Raume bewegt, setzt Dauer voraus.[8]

Bewegung, schrieb deshalb Forke,[9] führte genetisch zu den Ideen von Zeit und Raum. Die Entfernung, die ein sich bewegender Körper, ein Beobachter, zurücklegt, machen den Raum aus, und die Positionswechsel eines beobachteten, beweglichen Körpers, wie Sonne oder Mond, erwecken die Vorstellung von Zeit. Natürlich hat der Mensch, wie alle anderen Tiere und Pflanzen, seine eigene, eingebaute biologische Uhr, die auf intrinsische Bedürfnisse und die rhythmischen Kreisläufe von Helligkeit und Dunkelheit reagiert.

Die Philosophen führten heftige Debatten über Relativität und Unendlichkeit. Unter Hui Shih, aus der Schule der Logiker *(Ming Chia)*, wurden im 4. Jahrhundert v. Chr. viele merkwürdige Aussagen erörtert, die in manchem den Paradoxen der Eleaten von Griechenland ähneln. So sagte Hui Shih z. B.: »Die Sonne im Zenith ist die niedergehende Sonne, die geborene Kreatur ist die sterbende Kreatur,« und an anderer Stelle: »Geht man heute in den Staat *Yüeh*, so kommt man dort gestern an.«[10] Der kurze Moment

7 Vgl. SCC, Vol. IV, Teil 1, S. 55

8 Vgl. SCC, Vol. IV, Teil 1, S. 56

9 A. Forke, *Geschichte der alten chinesischen Philosophie*, Hamburg 1927, S. 413. Vgl. Aristoteles: »Bewegung ist der objektive Ort des Vor- und Nachseins« *Physica*, IV, 11, 219 a 8, 220 a 1).
In bezug auf die Zeit war Aristoteles ein Relationist, denn er glaubte, die Zeit existiere nur durch die Bewegung beweglicher Körper. Das hätten die Mohisten nicht gesagt.

10 Vgl. SCC, Vol. II, S. 190 ff.

des Mittags scheint illusorisch, und betrachtet man die Sonne auf verschiedenen Stellen der Erdoberfläche, so ist sie stets im Niedergang; Altern beginnt mit dem Augenblick der Zeugung, und je jünger der Organismus, desto schneller der Prozeß des Alterns. »Nach *Yüeh* gehen« impliziert wahrscheinlich eine Anerkennung der Existenz verschiedener Zeiteinteilungen in verschiedenen Gegenden. Die Mohisten glaubten nicht nur, daß die Zeit ständig von einem zum nächsten Moment fortschreitet, sondern auch, daß besondere Stellungen im Raum ständig wechseln; man kann daher sagen, daß sie die Bewegung der Erde erkannt hatten.

Raum und Zeit

(Kanon) Die Begrenzungen des Raumes (das räumliche Universum) wechseln ständig. Der Grund hierfür ist unter dem Titel ›Ausdehnung‹ *(ch'ang)* angeführt.

(Erklärung) Am Morgen und wiederum am Abend gibt es den Süden und den Norden. Der Raum hat jedoch schon längst seine Stellung gewechselt.

Raum und Zeit

(Kanon) Räumliche Positionen sind Namen für Vergangenes. Der Grund hierfür wird unter dem Titel ›Realität‹ *(shih)* angeführt.

(Erklärung) Obwohl wir wissen, daß ›dies‹ nicht länger ›dies‹ und jenes ›dies‹ nicht länger ›hier‹ ist, nennen wir es dennoch Norden und Süden. D. h., was bereits der Vergangenheit angehört, wird betrachtet, als gehöre es noch zur Gegenwart. Da wir es damals Süden nannten, fahren wir fort, es auch heute noch Süden zu nennen.[11]

Vielleicht stellten sich die Mohisten etwas vor, was wir heute als ein universales Raum-Zeitkontinuum bezeichnen würden, innerhalb dessen eine unendliche Zahl lokaler Raum-Zeiten koexistieren, und vielleicht ahnten sie, daß das Universum für verschiedene Beobachter, je nach ihrer Stellung im Gesamtbereich, sehr unterschiedlich ausschauen würde.

Dann gab es das unendlich lang Andauernde, das unendlich Kurze, das unendlich Große und das unendlich Kleine. Andere Paradoxe der Schule des Hui Shih beschäftigen sich – wie die des Zeno – mit

11 Vgl. SCC, Vol. II, S. 193. Das erinnert in gewisser Weise an die Erkenntnis des Boethus (um 50 v. Chr.), daß Bewegung und Ruhe den Wechsel der unabhängigen Zeitvariablen gemeinsam haben. »Es ist nicht richtig, die Ruhe in einem Ort als ›Ort‹ zu beschreiben,« (vgl. Simplicius, *Categ.* 433.30). Wie sein Vorgänger Strato gesagt hatte: Ruhe ist eine Bewegung entlang der Zeitachse.

dem Atomismus. In dem Buch *Lieh Tzu* kommt ein interessanter Abschnitt vor,[12] der, wie so häufig, in die Form einer Unterhaltung zwischen halbimaginären Personen gekleidet ist.

T'ang (der Hohe König) der *Shang* fragte Hsia Chi mit den Worten: ›Gab es zu Anfang bereits individuell unterschiedliche Dinge?‹ Hsia Chi antwortete: ›Falls es damals keine Dinge gegeben hat, wie könnte es jetzt welche geben? Wenn spätere Generationen vorgäben, in unserer Zeit hätte es keine Dinge gegeben, hätten sie dann Recht?‹ T'ang sagte: ›Haben Dinge kein Vorher und kein Nachher?‹ Worauf Hsia Chi antwortete: ›Das Ende und der Anfang der Dinge haben keine Grenzen, von denen aus sie begannen. Der Ursprung (des einen Dinges) mag als das Ende (des anderen) betrachtet werden; das Ende (des einen) mag als der Ursprung (des nächsten) gelten. Wer kann zwischen diesen Kreisläufen genau unterscheiden? Was jenseits aller Dinge und vor allen Ereignissen liegt, können wir nicht wissen!
Darauf sagte T'ang: ›Wie aber verhält es sich mit dem Raum? Gibt es Grenzen nach oben, nach unten, oder in die acht Richtungen?‹ Hsia Chi antwortete, hierüber wisse er nichts, doch als man ihn drängte, sagte er, ›wenn es keine gibt, kann es unendlich (Großes) geben. Wenn es welche gibt, muß es ein unteilbar (Kleines) geben. Wie können wir dies wissen? Wenn es jenseits von Unendlichkeit noch eine Nichtunendlichkeit gäbe, wenn innerhalb des unendlich Teilbaren noch ein Unteilbares existierte, dann wäre Unendlichkeit keine Unendlichkeit und das unendlich Teilbare würde ein Unteilbares enthalten. Deshalb kann ich das Unendliche und das unendlich Teilbare verstehen, doch nicht das Endliche und das Unteilbare ...!‹

Hier zeigt sich die Art von Argumentation, die über Zeit und Raum geläufig war. Etwas später in demselben Kapitel fährt Hsia Chi mit einer Erklärung der unendlichen Unterschiede in der Lebensspanne von Pflanzen und Tieren fort und entwickelt daraus die Lehre von der Relativität der Zeit, wie sie den verschiedenen Lebewesen erscheinen muß. Im *Chuang Tzu* heißt es:[13]

Der Mensch hat eine reale Existenz, doch sie hat nichts mit einer Festlegung im Raum zu tun; er hat eine wirkliche Dauer, doch sie hat nichts mit dem Anfang oder dem Ende in der Zeit zu tun.
Man kann den Einfluß oder das Wissen des Menschen nicht auf den physikalischen Raum, den sein Körper zufällig einnimmt, beschrän-

12 Das Werk wurde nicht vor 380 n. Chr. fertiggestellt, enthält aber viele Materialien aus der Zeit der Streitenden Staaten, der *Ch'in-* und *Han*-Periode (ab 4. Jahrhundert v. Chr.). Zum 5. Kapitel vgl. SCC, Vol. II, S. 198;
13 (Chuang Tzu), Kap. 23, übersetzt nach Legge, Vol. 2, S. 85

ken, noch sind Einfluß und Wissen durch die Zeitspanne zwischen den Momenten seiner Zeugung und seines Todes eingegrenzt, selbst wenn man diese genau identifizieren könnte. Doch obwohl Hsia Chi ein unendliches Raum-Zeit-Kontinuum bevorzugte, neigten die Mohisten eher zu einem Atomismus, zumindest in Beziehung auf die Definition des geometrischen Punktes und des genauen Zeitpunktes.

Zeitpunkte

(Kanon)	Anfang *(shih)* bedeutet einen Zeit(punkt).
(Erklärung)	Die Zeit hat manchmal eine Dauer *(chiu)*, manchmal nicht, denn der ›Anfangs‹punkt der Zeit hat keine Dauer.[14]

Trotz alledem spielte der Atomismus in einem physikalisch-chemischen Sinne nie eine bedeutende Rolle im traditionellen chinesischen Wissenschaftsdenken, das mit den Vorstellungen eines Kontinuums und einer Handlung auf Entfernung verbunden war.[15]
Wie fortschrittlich die Vorstellungen der Mohisten und Logiker waren, kann man bei einer Betrachtung des wissenschaftlichen Denkens der Griechen ermessen.[16] Die Mohisten kamen der Formulierung einer ›funktionalen Abhängigkeit‹ im Verhältnis von Bewegung und Zeit sehr nahe. Obwohl die Stoiker mit ihrer großen Betonung eines kontinuierlichen statt eines atomistischen Universums die ersten Anfänge einer mehrwertigen Logik entwickelten und mit der beständigen Variablen eines der Elemente für den Begriff der Funktion aufspürten, kamen sie von hier nicht viel weiter, denn sie konnten sich die Zeit nicht als eine unabhängige Variable, deren Funktion in Phänomenen bestand, vorstellen. Die Beschreibung von Bewegung in der analytischen Geometrie als ein Ortswechsel, der funktional von der Zeit abhängig ist, mußte die Mathematisierung der Physik in der Renaissance abwarten. Für die Peripatetiker war, wie wir später sehen werden, die Zeit eher zyklisch als linear; sie konnten sich die Zeit nicht als Koordinate vorstellen, die

14 Vgl. SCC, Vol. IV, Teil 1, S. 3 ff. Es gibt indische und semitische Parallelerscheinungen, von denen es aber historisch unwahrscheinlich ist, daß sie die Mohisten beeinflußt haben.

15 Vgl. J. Needham und K. Robinson, »Ondes et Particules dans la Pensée Scientifique Chinoise«, in: *Sciences*, 1960, I, Nr. 4, S. 65; dazu: SCC, Vol. IV, Teil 1, S. 3 ff., 9 ff., 202 ff.

16 Vgl. z. B. S. Sambursky, *The Physical World of the Greeks*, London 1956, S. 181 ff., 238 ff. und *The Physical World of Late Antiquity*, London 1962, S. 9 ff.

sich genauso von einem beliebigen Nullpunkt aus in die Unendlichkeit erstreckt, wie die abstrakten Koordinaten des Raumes, bei denen es sich tatsächlich um eine geometrische Dimension handelt, die mathematisch behandelt werden kann, wie es Galileo tat. Die Mohisten hatten keine deduktive Geometrie (obwohl sie eine entwickelt haben könnten) und ganz gewiß keine galileische Physik. Doch ihre Erklärungen erscheinen häufig moderner als die meisten der Griechen. Nur eine Wissenschaftssoziologie kann beantworten, warum sich ihre Schule in der späteren chinesischen Gesellschaft nicht entwickelte.[17] Zudem war für die meisten der Peripatetiker die Zeit ein wenig unwirklich,[18] und hierin folgten ihnen viele Neoplatoniker. In China teilten die Buddhisten diese Überzeugung als Teil ihrer allgemeinen Lehre von der Welt der Illusion, doch die einheimischen chinesischen Philosophen stimmten damit nie überein.

Die Mohisten diskutieren auch über Gesetzmäßigkeit. Betrachten wir z. B. den folgenden Abschnitt:

Ursächlichkeit

(Kanon)	Eine Ursache *(ku)* ist das, durch deren Wirkung etwas wird (entsteht, *ch'eng*).
(Erklärung)	Ursachen: eine nebensächliche Ursache gibt einen Umstand an, der nicht notwendig auf diese Weise sein muß, ohne den etwas jedoch nicht sein kann. Z. B. ein Punkt in einer Linie. Eine hauptsächliche Ursache bezeichnet einen Umstand, durch den eine Sache notwendig so ist *(pi jan)* (und ohne den sie nie sein kann). Wie im Falle des Sehvorganges, der im Sehen resultiert.[19]

Hier wird zwischen notwendigen Bedingungen und auslösenden Ursachen unterschieden. Die erstere Bedingung gleicht der Kompetenz der modernen Biologie, auf einen Stimulus zu reagieren. Einige andere Mohistische Vorstellungen, die wir bereits erwähnt haben, implizieren auch ein aufgeklärtes Verständnis der Beziehung zwischen Kausalität und Zeit. Das war im klassischen chinesischen Denken jedoch nicht immer so. Genau wie die klassischen und mittelalterlichen Europäer von aristotelischen letzten Gründen sprachen, so gibt es im klassischen China Anekdoten über diesen oder jenen Fürst, der zu seinen Lebzeiten keine Hegemonie über die

17 Vgl. SCC, Vol. II, S. 165 ff., 182, 201 ff., 203
18 Vgl. Aristoteles, *Phys.*, 217 b 33.
19 Vgl. SCC, Vol. II, S. 176

feudalen Staaten erringen konnte, weil ihm nach seinem Tode Menschenopfer dargebracht wurden.[20] Beide Tatsachen galten als Teil eines einzigen Musters, das genau genommen zwar nicht ohne Zeit operierte, doch in dem Zeit nur eine seiner Dimensionen war, und in dem Kausalität vorwärts wie rückwärts wirken konnte. Im Rahmen jener ersten chinesischen Naturphilosophie, die wir gleich behandeln werden, gab es an anderer Stelle Raum für Kausalitätsvorstellungen, die sich deutlich von den atomistischen Bildern Indiens oder des Westens unterschieden, in welchen die vorausgegangene Wirkung eines Phänomens der Grund für die Bewegung einer anderen Sache ist. Ein kausales Ereignis mußte nicht notwendigerweise zeitlich seiner Wirkung vorausgehen; es konnte sie auch wie eine Art absolute simultane Resonanz hervorbringen.[21] Obwohl diese Konzeption mit der hochgradig organischen Tendenz der chinesischen Wissenschaft und Philosophie weitgehend übereinstimmte, wurde sie nie wirklich ausgearbeitet. Deshalb kann man bezweifeln, ob sie bei der Verhinderung des Aufkommens moderner Wissenschaft und Technologie in der chinesischen Zivilisation eine größere Rolle spielte.

Die klassische Schule der Konfuzianer, die sich ständig mit menschlichen Angelegenheiten beschäftigte, interessierte sich überhaupt nicht für diese Spekulationen und lehnte sie sogar ab. Zeit tauchte in ihren Erwägungen nur in Beziehung auf die angemessenen Zeiten der Handlung des Weisen in der Gesellschaft auf. Das ›mittlere‹ (von zwei Extremen, T. S.) oder die ›Norm‹ *(chung)* war Leitlinie für Gefühl und Handlung, doch in ihrer Anwendung mußte sie flexibel sein, denn Umstände ändern Fälle; es ist nicht möglich, fixierte Verhaltensregeln festzulegen. Nach dem klassischen Buch, das den Titel ›Lehre von der Mitte‹ *(Chung Yung)* trägt, muß man daher dem ›zeitgemäßen Mittleren‹ *(shih chung)* folgen.[22] Auch

20 *Shih Chi,* Kap. 5 in der Übersetzung von Chavannes, Vol. 2, S. 45, zuerst festgestellt von M. Granet, vgl. *Danses et Légendes de la Chine Ancienne,* Paris, 2 Bde., 1926, Vol. 1, S. 104 ff. Der Vorfall soll sich im Jahre 621 v. Chr. zugetragen haben.

21 Zu diesen ungewöhnlichen Anschauungen über Kausalität in der chinesischen Naturphilosophie, z. B. »reticulare Verursachung« und »synchronistische Verursachung«, vgl. SCC, Vol. II, S. 288 ff.

22 *Chung Yung,* II, ii. Vgl. Fêng Yu-Lan, *History of Chinese Philosophy,* London 1937, Vol. I, S. 371, 391. Die Idee entspricht in etwa dem idios kairos (ἴδιος καιρός) der frühen christlichen Autoren, dem angemessenen oder entscheidenden Moment für eine göttliche und menschliche Handlung.

im ›Buch der Wandlungen‹ *(I Ching)* spielt diese Vorstellung einer allgemein angemessenen Zeitgemäßheit eine sehr bedeutende Rolle. Die neokonfuzianische Schule des Mittelalters hatte jedoch einen völlig anderen Ansatzpunkt: Diese Scholastiker kannten zu jener Zeit (11.-13. Jahrhundert n. Chr.) nicht nur alle alten Spekulationen der Mohisten und Taoisten, sondern auch die vielfältigen Philosophien des Buddhismus. Eklektisch entnahmen sie, was den Zielen ihrer neuen Synthese diente. Es ist hier nicht möglich, im Detail auf ihre unterschiedlichen Einstellungen gegenüber der Zeit einzugehen, doch die meisten von ihnen akzeptierten sie als real, objektiv und unendlich: so z. B. Shao Yung (1011-1077 n. Chr.);[23] andere hingegen, wie sein Sohn Shao Po-Wen (1057-1137 n. Chr.), betrachteten die Zeit als subjektiv, da es für das große *Tao* weder Vergangenheit noch Gegenwart noch Zukunft geben könne.[24] Wie wir sehen werden, glaubten die meisten an eine zyklische Wiederkehr innerhalb der Zeit.[25]
Diese Vorstellungen bezogen sie aus dem klassischen Taoismus. Nichts ist verblüffender, als die Erkenntnis zyklischen Wechsels bei den Taoisten, ihr Kriegsbewußtsein, ›Wiederkehr ist die charakteristische Bewegung des Tao (der Ordnung der Natur)‹, heißt es im *Tao Tê Ching*.[26] ›Das Fortschreiten durch Umdrehungen‹, schrieb Granet, ›ist die typische Tugend der Zeit.‹[27] Tatsächlich glaubten einige, daß die Zeit *(shih)* durch diese ungeschaffene und spontane *(tzu-jan)* unablässige Zirkulation *(yün)* von selbst hervorgebracht wird.[28] Die Gesamtheit der Natur *(t'ien)*, so meinten die Taoisten, könnte mit den Lebenszyklen lebendiger Organismen analogisiert werden. »Eine Zeit geboren zu werden und eine Zeit zu sterben«, eine Zeit für die Gründung einer Dynastie und eine Zeit für ihre Ablösung. Dies war die Bedeutung von Schicksal

23 Vgl. SCC, Vol. II, S. 455 ff.

24 Vgl. A. Forke, *Geschichte der neueren chinesischen Philosophie*, Hamburg 1938, S. 42.

25 Ein Gelehrter aus der *Ming* Zeit, Tung Ku, antwortete auf eine Frage, man könne von dem Anfang einer Zeit sprechen, wenn man nur an eine einzige Weltperiode *(yuan)* denke, doch nicht, wenn es sich um die endlose Kette aller Weltperioden handele. Vgl. SCC, Vol. III, S. 406

26 Kap. 40: vgl. SCC, Vol. II, S. 75 ff.

27 Granet, *La Pensée Chinoise*, Paris 1934, S. 90

28 Ich übernehme diese Formulierung aus einem Aufsatz von Fukunaga Mitsuji und dem Kommentar von T'an Chieh-Fu über die mohistischen Vorstellungen auf S. 3. Es gibt hier peripatetische und neoplatonische Parallelen; vgl. Sambursky, *The Physical World of Late Antiquity*, S. 15

(*ming*), daher auch die Ausdrücke (*shih-yün* und *shih-ming*). Damit findet sich der Weise ab; er weiß nicht nur, wie man vorwärts schreitet, er weiß auch, wie man sich zurückzieht.[29] Als in späteren Zeiten das wissenschaftliche Denken der Chinesen die Existenz natürlicher Zyklen – bisweilen vor anderen Zivilisationen – erkannt hatte, zeitigte diese Vertiefung in kreisförmige Bewegungen interessante Resultate: z. B. den meteorologischen Kreislauf des Wassers[30] oder den Blutkreislauf und das Zirkulieren von *pneuma* im menschlichen und tierischen Körper.[31] Diese Vorstellungen waren in fast allen Schulen, nicht nur bei den Neo-Konfuzianern vorherrschend. In diesem wie in anderen Fällen kann man eine deutliche Verbindung zwischen der zyklischen Weltanschauung und jenem anderen Paradigma des wissenschaftlichen Naturalismus der Chinesen erkennen: der Wellentheorie im Gegensatz zum Atomismus.[32]

Hier ergibt sich die wichtige Frage, wieweit die einzelnen Kreisläufe oder einzelne Teile von Kreisläufen für die klassischen und mittelalterlichen chinesischen Denker in Abschnitte eingeteilt und voneinander in diskrete Einheiten getrennt waren. In seinem einflußreichen Buch kommt Granet zu der Schlußfolgerung, daß die Zeit in der klassischen chinesischen Vorstellung stets in getrennte Zeitspannen, Strecken, Blöcke oder Kästen eingeteilt war, wie die organische Differenzierung des Raumes in besondere Ausdehnungen und Domänen.[33] *Shih* (Zeit) schien stets besondere Umstände,

29 SCC, Vol. II, S. 283

30 Vgl. SCC, Vol. III, S. 467 ff.

31 Dieses Thema wird in SCC, Vol. VI ausführlich behandelt; inzwischen vgl. P. Huard und Huang-Ming (M. Wong), »La Notion de Cercle et la Science Chinoise«, in: *Archives Internationales d'Histoire des Sciences*, 1956, Nr. 9, S. 111. Ein bemerkenswertes Resultat dieses Kreislauf-Bewußtseins förderten kürzlich Lu Gwei-Djen und J. Needham zutage, vgl. »Medieval Preparations of Urinary Steroid Hormones«, in: *Nature*, 1963, Nr. 200, S. 1047. Im Europa der Renaissance waren Philosophie und Mystizismus des Kreises und des Kreislaufes außerordentlich wichtig für die Entwicklungsphase der modernen Wissenschaft. W. Pagel hat diesen Einfluß in verschiedenen Aufsätzen nachgezeichnet, von denen wir hier nur einen erwähnen können: »Giordano Bruno; the Philosophy of Circles and the Circular Movement of the Blood«, in: *Journ. Hist. Med. & Allied. Sci.*, 1951, S. 6, 116

32 Vgl. SCC, Vol. IV, Teil 1, S. 3 ff., 9 ff.

33 Granet, *La Pensée Chinoise;* die Chinesen »zogen es vor, die Zeit als ein Zusammenspiel von Jahreszeiten, Zeitabschnitten und Epochen anzusehen« (S. 86); »Raum und Zeit wurde nie losgelöst von konkreten Handlungen begriffen« (S. 88); die Chinesen »zerlegten die ganze Zeit in Perioden, genauso wie

spezifische Verpflichtungen und Gelegenheiten zu implizieren;[34] es handelte sich um eine dem Wesen nach diskontinuierliche, ›geschachtelte‹ Zeit.[35] Diese Schlußfolgerung basierte nicht auf den Studien der philosophischen Schulen, die wir bereits erwähnten, sondern (wie es Granets Art war) auf der Mythologie, der Folklore und dem allgemeinen Weltbild der Klassiker und der klassischen Schriften, einschließlich der Literatur der *Ch'in* und *Han*. Dieses Weltbild wurde von wieder einem anderen Kreis von Denkern systematisiert: der protowissenschaftlichen Schule der Naturalisten. *(Yin Yang Chia)*, deren Wortführer Tsou Yen (350-270 v. Chr.), der älteste der Chi-Hsia-Akademiker war.[36] Die Naturalisten verfeinerten die Theorien der zwei fundamentalen natürlichen Kräfte, *yin* und *yang*, der Fünf Elemente und des Systems der symbolischen Entsprechungen, in denen eine große Zahl von Dingen und Entitäten in Fünfergruppen nach ihrer Übereinstimmung mit den Elementen Holz, Feuer, Erde, Metall und Wasser

sie den gesamten Raum in Regionen zerlegten« (S. 96); die Chinesen »gaben sich nie die Mühe, Raum und Zeit als homogene Matritzen vorzustellen, in denen man abstrakte Konzepte unterbringen konnte« (S. 113).

34 Granet, wie beschrieben.

35 Granet nannte dies häufig »liturgische Zeit«, da sie sowohl mit den Zeremonien der kosmischen Religion des Kaiserhauses wie mit jenen anderen verbunden war, die besondere Ereignisse in den Leben der einzelnen Familien kennzeichneten. Besondere Beachtung wurde der korrekten Bekleidung des Kaisers und seiner Gefolgschaft geschenkt, die mit den Jahreszeiten übereinstimmen mußte, wenn die Riten der *Ming T'ang* (des kosmischen Tempels) durchgeführt wurden. Genaue Angaben findet man dazu in W. E. Soothill, *The Hall of Light, a Study in Early Chinese Kinship,* London 1951, S. 30 ff. Nach dem offiziellen Beginn des Sommers würde es als unvorstellbarer Affront gegenüber Himmel und Erde gegolten haben, grüne Kleider zu tragen, die zum Holz, dem Element des Frühlings gehörten; alle Kleider, Fahnen und Kultobjekte mußten in rot umgewandelt werden, der Farbe, die dem Feuer, dem Element des Sommers zugehörte. Uns sind diese Gebräuche von den liturgischen Farben der katholischen Religion des Westens vertraut, obwohl sie dort nicht »Zeitblöcke« wie bei den alten Chinesen symbolisierten, noch mit abergläubischer Furcht belastet waren oder der Angst, die Gunst des Himmels zu verlieren. Dazu kamen in den Gebräuchen der Familien auch Zeitlücken vor, die »rites de passage«, die im Leben eines jeden einzelnen verbracht werden mußten; es handelte sich hier um zeitlich begrenzte Verbote, periodische Festlichkeiten und Obliegenheiten, die zu bestimmten Zeitabschnitten vollbracht werden mußten. Vgl. Granet, *La Pensée Chinoise,* S. 97 ff. und noch eine andere berühmte Untersuchung von ihm: »Le Dépot de l'Enfant sur le Sol«, Orig. in: *Revue Archéologique,* 1922, (5. Serie), Nr. 14/10, nachgedruckt in: *Etudes Sociologiques sur la Chine,* Paris 1953, S. 159.

36 Vgl. SCC, Vol. II, S. 232 ff.

klassifiziert wurden.[37] Da in dieser Schematisierung die Jahreszeiten von besonderer Bedeutung waren,[38] – wie auch die Doppelstunden von Tag und Nacht – (weil man die 12 Kreiszeichen zu ihrer Bezeichnung benutzte), war Zeit insoweit ›geschachtelt‹; und da diese Differenzierung der Zeit ordnungsgemäß auf Staaten, Dynastien, Herrscher und Regierungsperioden ausgedehnt wurde, kann man die außergewöhnliche politische Macht von Tsou Yen und seinen Anhängern in der späten feudalen und frühen kaiserlichen Periode verstehen. Erfolg oder Mißerfolg in Krieg und Frieden mochte sehr wohl von der Zugehörigkeit zu dem angemessenen Element und seinem ihm korrespondierenden Wesen im symbolischen Entsprechungssystem abhängen; hieraus rührte das Prestige der protowissenschaftlichen Seher. Aus all diesen Elementen formte sich das ursprüngliche chinesische Weltbild, auf ihm fußte während der nachfolgenden Jahrhunderte die traditionelle Naturphilosophie der Alchimisten und Akustikexperten, der Geomantiker und Pharmazeuten, der Schmiede, Weber und Handwerksmeister. In meiner eigenen Darstellung dieses Vorganges habe ich geschrieben: »Für die alten Chinesen war Zeit kein abstrakter Parameter, keine Folge von homogenen Momenten, sondern aufgeteilt in konkrete, getrennte Jahreszeiten und ihre Unterteilungen.[39] Die Vorstellung von Nachfolge war der des Wandels und der gegenseitigen Abhängigkeit untergeordnet.«[40]
Das war zwar gewiß richtig, aber doch nicht die ganze Wahrheit.[41]

37 Vgl. SCC, Vol. II, S. 242 ff., 253 ff., 261 ff., 273 ff.
38 Die vier Jahreszeiten waren den vier Elementen zugeordnet. Der sechste Monat stand jedoch unter der Schirmherrschaft der Erde, und so verfügten auch die Jahreszeiten über die richtige Zahl, nämlich 5.
39 SCC, Vol. II, S. 288
40 Granet, *La Pensée Chinoise*, S. 329 ff.; vgl. SCC, Vol. II, S. 289 ff.
41 Es ist ein wenig unglücklich, daß westliche Autoren, die sich über die Zeitvorstellungen geäußert haben, annahmen, daß diese Gedanken das chinesische Denken vollständig abdecken. So folgerte G. J. Whitrow in seiner *Natural Philosophy of Time*, London und Edinburgh 1961, S. 58, daß die Chinesen nur eine diskontinuierliche, »verschachtelte« Zeit kannten. Er erkennt sehr freundlich die Hilfe von SCC, Vol. II an, übersieht aber Fußnote (f) auf Seite 288, die ihn in eine andere chinesische Welt, die der Mohisten, geführt hätte. Er selbst widmet China natürlich nur eine einzige Fußnote. Es würde schwer fallen, sämtliche europäischen Vorstellungen zur Zeit in eine einzige Fußnote zu pressen, und ich bin sicher, daß wenige chinesische Autoren dies versuchen würden. Aufgrund der allgemeinen Gleichgültigkeit westlicher Autoren gegenüber dem chinesischen Denken muß man Whitrow für seine Anstrengungen loben, nicht kritisieren – doch in diesem Unterschied könnte eine Lehre stecken.

Denn obwohl zunächst einmal die Theorien der Naturalisten im allgemeinen weithin akzeptiert und zu einem gewissen Grade sogar für protowissenschaftliche Zwecke weiterentwickelt wurden, waren sie in einigen Bereichen der chinesischen Gesellschaft weniger wirksam als in anderen. Die konkurrierenden Schulen der Mohisten und der Logiker haben sich natürlich nie für sie interessiert, und in der langen Evolution der Astronomie und Kosmologie spielten sie eine vergleichsweise unbedeutende Rolle; zudem hatten, wie wir noch sehen werden, die Historiker auf der einen und die Masse des Volkes auf der anderen Seite, als sie sich an langfristige soziologische Studien und Spekulationen machten, wenig Verwendung für die verschachtelte Zeit der Naturalisten. Und zweitens: während in der Naturphilosophie zyklische Wiederholungen zwar wichtig waren, handelte es sich doch fast ausschließlich um die Zyklen der Jahreszeiten, Monate, Tage, Stunden usw. und solche, die sich aus biologischen oder sozialen Organismen ergeben, so spielten doch langfristige astronomische Perioden eine untergeordnete Rolle und Vorstellungen eines ›Großen Jahres‹ (s. unten), die eine zeitliche Wiederkehr implizierten, waren völlig unbedeutend. Drittens: man kann nachvollziehen, wie im Laufe der Zeit die politische Anwendung der Naturphilosophie immer mehr bezweifelt wurde. Zur Zeit der *Ch'in* und *Han* fanden intensive und besorgte Debatten über die richtigen Farben, Musiknoten, Instrumente, Opfer usw., die einer bestimmten Dynastie oder einem Kaiser angemessen waren, statt. Noch im 6. Jahrhundert n. Chr. kam es vor, daß solche Fragen lebhaft diskutiert wurden.[42] Doch danach scheint die politische Bedeutung der symbolischen Zuordnungen ständig abgenommen zu haben.[43] Alles in allem gab es im chinesischen Denken sowohl geschachtelte wie kontinuierliche Zeit.[44]

42 Um das Jahr 543 n. Chr. empfahl der berühmte taoistische Waffenschmied und Metallurge Ch'iwu Huai-Wên, der mutmaßliche Erfinder von Schmelzstahl, seinem Kaiser Kao Tsu von der Östlichen *Wei*-Dynastie, die Farbe der Flagge dieser Dynastie von rot auf gelb zu ändern, um in Übereinstimmung mit der Theorie der Fünf Elemente die Westliche *Wei* zu erobern.

43 Wenn dieser Punkt voll ausgearbeitet würde, wäre vielleicht ein weiteres Kapitel der Geschichte der spontanen Entwicklung wissenschaftlicher Kritik in China geschrieben. Es herrschte nie ein Mangel an rationalistischem Skeptizismus (vgl. SCC, Vol. II, S. 365 ff.), und es gab andere Beispiele für die Entwicklung eines kritischen wissenschaftlichen Denkens, das ganz unabhängig von den Einflüssen der europäischen Renaissance existierte (S. SCC, Vol. IV, Teil 1, S. 189 ff.)

44 Wie wir noch sehen werden, hatten im späteren Verlauf der chinesischen

Auf verschiedene Weise waren beide wichtig, die erstere für einige Wissenschaften und Techniken, die letztere für Geschichte und Soziologie.[45]

Es kann sein, daß wir hier den Schlüssel zur Antwort auf die Frage gefunden haben, warum sich die moderne Wissenschaft nicht spontan in China entwickelte. In dem Maße, in dem die traditionelle Naturphilosophie an eine Zeitvorstellung in verschiedenen Unterteilungen gebunden war, läßt sich das Auftreten eines Galileo vielleicht schwerer vorstellen, der die Zeit zu einer abstrakten geometrischen Koordinate nivellierte, zu einer kontinuierlichen mathematisierbaren Dimension. Andererseits weist die chinesische Astronomie jene Aufschachtelung der Zeit nicht besonders häufig auf; so findet man beispielsweise nie die Verbindung eines bestimmten Planetenumlaufes mit einem Element oder einer Farbe, obwohl die Planeten selbst natürlich nach den Elementen benannt wurden. In der Geschichte der hiermit verwandten Erfindung des mechanischen Uhrwerkes (wie wir sehen werden, eine rein chinesische Erfindung) deutet nichts auf eine Behinderung hin, die durch die Vorstellung scharfer Grenzen durch Zeitabschnitte entstanden wäre. Die Uhren wurden kontinuierlich bedient und schlugen Jahrzehnt um Jahrzehnt kontinuierlich weiter.

Das Kreisförmige impliziert notwendigerweise weder ein repetitives noch ein periodisch diskontinuierliches Element. Der Kreislauf der Jahreszeiten in einem gegebenen Jahr *(annus)* war nur ein Glied *(annulus)* in einer unendlichen Kette der Dauer, die sich über Vergangenheit, Gegenwart und Zukunft erstreckte. Durch die Verwendung von zwei ineinandergreifenden Reihen zyklischer Zeichen, – die eine bestand aus 10, die andere aus 12 Charakteren –, war den Chinesen auch eine Zeitmessung in 60er Perioden geläufig. Seit dem 15. Jahrhundert v. Chr. benutzte man sie zur Tageszählung und seit dem 1. Jahrhundert n. Chr. zum Zählen von Jahren. Hieraus resultierte ein System, das von himmlischen Erscheinungen unabhängig war und eine ›Woche‹ *(hsün)* von 10 Tagen erbrachte. In einer vornehmlich agrarischen Zivilisation mußte das Volk genau wissen, was es zu einer bestimmten Zeit zu tun gab. Hieraus resultierte die göttliche, kosmische Pflicht des kaiser-

Geschichte indische Vorstellungen von einer langfristigen Wiederkehr einen nicht unerheblichen Erfolg in China, somit gab es auch zyklische Zeit.

45 Dasselbe gilt, wie wir noch sehen werden, auch für die Proto-Archäologie.

lichen Herrschers (Sohn des Himmels, *T'ien Tzu*) in China, den Mond/Sonnen-Kalender *(li)* zu verkünden. Die Anerkennung des Kalenders war eine Demonstration der Treue, die in etwa der Autorität des Abbildes des Herrschers und seiner Inschrift auf den Münzen anderer Zivilisationen entsprach.[46] Da himmlische Größenordnungen inkommensurabel und allmählichen Wandlungen unterworfen sind, mußte zu allen Zeiten an den Kalendern gearbeitet werden. Kaum ein Mathematiker und Astronom der chinesischen Geschichte war nicht mit dieser Aufgabe betraut. Zwischen 370 v. Chr. und 1742 n. Chr. wurden nicht weniger als 100 ›Kalender‹ oder Reihen astronomischer Tafeln produziert. Sie enthielten Konstanten von immer größerer Genauigkeit und beschäftigten sich mit der Festlegung von Sonnenfinsternissen, Tages-, Monats- und Jahreslängen, den Bewegungen der Sonne und des Mondes, den Umlaufszeiten von Planeten u. ä.[47] Früh erkannte man saros-ähnliche, metonische und callippische Verfinsterungen.[48] In der Geschichte der chinesischen Wissenschaft und Kultur spielte der Kalender eine wahrhaft zentrale Rolle. Und da ein Kalendersystem mehrere Jahre oder Jahrzehnte überdauerte, wurde es selber zu Geschichte.

Zeit, Zeitmessung und chinesische Geschichtsschreibung

Wie eng die Verbindung zwischen diesen beiden war, beweist der Titel eines hohen Beamten, des *T'ai Shih* (oder *T'ai Shih Kung*

46 Vgl. Granet, *La Pensée Chinoise*, S. 97

47 In SCC, Vol. III, S. 390 ff. finden sich einige Materialien zu diesem wichtigen Thema, doch leider war unsere Behandlung nicht völlig angemessen. Zu jener Zeit glaubten wir, daß das Interesse am Kalender eher archäologischer und sozialhistorischer Natur als wissenschaftlichen Ursprungs war, und hatten nicht genügend in Rechnung gestellt, daß jeder »Kalender« ein ganzer Satz von astronomischen Tabellen und Konstanten gewesen war, der stets eine erhebliche Verbesserung gegenüber seinem Vorgänger darstellen sollte. Eine Schwierigkeit, selbst für Wissenschaftler, die der chinesischen Sprache mächtig sind, liegt darin, daß die größte Autorität in der Geschichte der chinesischen Ephemeriden, Dr. Yabuuchi Kiyoshi, sein umfangreiches Gebiet fast ausschließlich auf Japanisch veröffentlicht hat. Der Wissenschaft wäre sehr gedient, wenn dieses Werk entweder in Chinesisch oder einer westlichen Sprache zu einem praktischen Handbuch zusammengefaßt werden könnte. Bis dahin bleibt die Monographie von Chu Wên-Hsin, *Li Fa T'ung Chih*, Schanghai 1934, über das chinesische Kalendersystem unentbehrlich.

48 Vgl. SCC, Vol. III, S. 406 ff.

oder *T'ai Shih Ling)*. Heute übersetzen wir diesen Titel in allen mittelalterlichen und späten Texten als ›königlicher Astronom‹, denn es handelte sich um den Direktor der Abteilung für Astronomie im Staatsdienst und hatte im Laufe der Zeit immer weniger mit Staatsastrologie zu tun. Für die frühe *Han*-Zeit wäre jedoch auch ›königlicher Astrologe‹ keine falsche Übersetzung, doch es ist wichtig, daß auch die Wiedergabe mit ›königlicher Geschichtsschreiber‹ nicht falsch wäre. Dies nämlich war der Titel, den der erste der großen Historiker Chinas, Ssuma Ch'ien, und sein Vater Ssuma T'an vor ihm, trugen. Man hat bereits erwogen, ob nicht der Begriff ›königlicher Zeitnehmer‹ eine bessere Übersetzung wäre, denn in dem Amt sollten sicherlich die Funktionen eines irdischen Archivars mit denen eines Himmelsbeschreibers verbunden werden. Spürt man dem Zeichen *shih* etymologisch soweit wie möglich nach, so findet man ein Piktograph, das eine Hand zeigt, die etwas hält: vielleicht ein Zeichen für Zentralität, womit Unparteilichkeit gemeint sein könnte, oder der Sitz in der Hauptstadt; vielleicht die Schale, in der der Schiedsrichter klassischer Bogenwettbewerbe die Einsätze bewahrte – zwar ein Gefolgsmann doch unparteiisch und intelligent. Noch ist nicht entschieden, ob die primäre Funktion des *T'ai Shih* irdischer oder himmlischer Art war;[49] doch immerhin ist sicher, daß um die Mitte des 1. Jahrhunderts v. Chr. die Abteilung für Astronomie und die Abteilung für Historiographie zwei völlig getrennte Zweige der bürokratischen Organisation waren. Die Abteilung für Historiographie war mit der Aufbewahrung der Aufzeichnungen und Archive der gegenwärtigen Dynastie betraut, und mußte die Geschichte der vorausgegangenen Dynastie schreiben. Der Theorie nach war diese Abteilung von der Manipulation durch den regierenden Monarchen oder die herrschenden Beamten geschützt.[50]

49 Zu den interessantesten Beiträgen der letzten Jahre zählen: F. Jäger, »Der heutige Stand der Schi-ki (Shi Chi) Forschung«, *Asia Major*, 1933, 9/25; B. Watson, *Ssuma Ch'ien, Grand Historian of China*, New York 1958, S. 70 ff., 204 ff., 220; F. A. Kierman, *Ssuma Ch'ien's Historiographical Attitude as Reflected in Four Late Warring States Biographies*, Wiesbaden 1962, S. 4 ff., 48 ff. es spricht einiges dafür, daß das Amt des *T'ai Shih* erblich sein konnte und auch häufig war, denn *Ssuma T'an* erzählte seinem Sohn, ihre Familie entstamme einer Linie von *T'ai Shih* aus dem kaiserlichen Hause der *Chou. T'aishih* könnte aber auch als Nachname abgeleitet worden sein, wie im Falle des T'aishih Chiao von *Ch'i* (320 bis 270 v. Chr., dazu Kierman, ibid., S. 39) und T'aishih Shu-Ming (474 bis 546 n. Chr.), eines taoistischen Gelehrten und Zauberers.

50 Das galt im allgemeinen auch für die Praxis. Eine Darstellung dieses Systems

Angesichts der realistischen Einstellung der Chinesen gegenüber der Zeit, war es ganz charakteristisch, daß China über die vielleicht größte aller klassischen historischen Traditionen verfügte.[51] Man kann ohne Zögern eingestehen, daß unter allen alten Völkern die Chinesen das am feinsten entwickelte historische Bewußtsein hatten; eine Qualität, die die Datierung von Ereignissen in ihrer Zivilisation vergleichsweise leicht macht. In der Archäologie findet man hierfür täglich Beweise, denn Gegenstände und Inschriften wurden peinlich genau datiert. Keine andere Kultur hat uns eine derartige Menge historischer Schriften hinterlassen, wie sie die 245 offiziellen Dynastischen Geschichten darstellen, die mit dem *Shih Chi* (Historische Erinnerungen) des Ssuma Ch'ien, die um etwa 90 v. Chr. abgeschlossen wurden, begannen und mit der *Ming Shih* (Geschichte der Mingdynastie), die 1736 n. Chr. fertiggestellt wurde, endeten. Der geläufige Ausdruck ›die chinesischen Annalen‹, den man so häufig trifft, zeigt, wie wenig westliche Autoren das Wesen der Dynastiegeschichten verstanden haben. Sicherlich enthalten sie auch die grundlegenden Annalen der aufeinanderfolgenden Regierungen. Doch gleichzeitig findet man in ihnen eine große Zahl von Abhandlungen über spezielle Themen wie Astronomie, Ökonomie, Organisation der Beamtenschaft, Administrative Geographie, Wasserwirtschaft, Steuer- und Währungsfragen, Recht und Gesetz, Hofzeremonien usw. usw. Schließlich enthalten sie einen ungeheuren Reichtum an Biographien von Individuen, die mit zum wertvollsten Material in den dynastischen Geschichten gehören. Glücklicher-

findet man in Yang Lien-Shêng, »The Organisation of Chinese Official Historiography, Principles and Methods of the Standard Histories from the T'ang through the Ming Dynasty« in: *Historians of China and Japan*, hrsg. v. W. G. Beasley und E. G. Pulleyblank, London 1961, S. 44. Der Beitrag von A. F. Hulsewé in demselben Band (S. 31), »Notes on the Historiography of the Han Period«, zeigt, wie diese aus der alten Organisation der *T'ai Shih* entstand, die man als Astronomen-Annalisten bezeichnen kann. In der *T'ang*-Periode hatte diese Organisation ihre endgültige Form gefunden.

51 Zur allgemeinen historiographischen Tradition der Chinesen vgl. die Einführung zu dem gerade erwähnten Buch (von E. G. Pulleyblank und W. G. Beasley) und besonders die kurze, doch schon seit langem klassische Abhandlung von C. S. Gardner, *Chinese Traditional Historiography*, Cambridge, Mass. 1938, nachgedruckt 1961. Han Yu-Shan's *Elements of Chinese Historiography*, Hollywood, Calif. 1955 ist auch ein brauchbares Nachschlagewerk, doch mit vielen Ungenauigkeiten. Auf chinesisch gibt es eine aktuelle Monographie von Chin Yü-Fu, *Chung-Kuo Shih-Hsüeh Shih* (Geschichte der chinesischen Historiographie), Peking 1962. Einen kurzen Überblick über die chinesische Historiographie bringt SCC, Vol. I, S. 74 ff.

weise wird die Größe der historischen Tradition der Chinesen, der Arbeit eines Volkes, das Zeit ernst nahm, mittlerweile mehr und mehr von westlichen Gelehrten gewürdigt.[52]

Man hat jedoch die Frage aufgeworfen, ob es sich beim Zeitbegriff der chinesischen Historiker nicht eher um eine ›geschachtelte‹ als um eine kontinuierliche Zeit gehandelt habe.[53] Es ist natürlich wahr, daß der Gedanke einer einzigen Zeitrechnung, wie die Datierung nach Olympia im Jahre 776 v. Chr. oder unsere eigene christliche Zeitrechnung, die im frühen 6. Jahrhundert n. Chr. definiert wurde, in China nicht spontan entstand.[54] Die Jahre wurden nach Dynastien und Regierungen gezählt und (seit etwa 175 v. Chr.) nach besonderen Regierungsperioden *(nien hao)* innerhalb von Regentschaften. Doch die Historiker erarbeiteten eine zusammenhängende ›einspurige‹ Theorie dynastischer Legitimität und bemühten sich sehr, die Chronologie von Ereignissen in gleichzeitigen kleineren Dynastien, zeitlich überlappenden Königreichen und Barbarenvölkern mit den Einteilungen auf der Hauptskala der zeitlichen Abfolge zu koordinieren.

Einer der größten Astronomen, der auf diesem Gebiet der Zeitmessung mit Joseph Scaliger[55] und Isaac Newton[56] in einer Reihe

52 Das gilt zumindest für jene, die sich die Mühe gemacht haben, selber die chinesische Historiographie kennenzulernen. Ein trauriges Beispiel für Urteile aus Unkenntnis zitiert E. G. Pulleyblank (in: W. G. Beasley und E. G. Pulleyblank, op. cit.), S. 135. Dem muß man leider die Vorlesung von H. Butterfield, *History and Man's Attitude to the Past; their Role in the Story of Civilisation,* Foundation Day Lecture, London School of Oriental Studies, 1961, hinzufügen.

53 In einem Artikel von O. van der Sprenkel, »Chronology, Dynastic Legitimacy, and Chinese Historiography«, einem Beitrag zur *»Study Conference at the London School of Oriental Studies«* aus dem Jahre 1956, der damals vervielfältigt, doch leider nicht gedruckt wurde.

54 Vgl. Fußnote Nr. 197.

55 Joseph J. Scaliger (1540 bis 1609 n. Chr.) begründete die moderne historische Chronologie mit seinem *Opus Novum de Emendatione Temporum (Thesaurus Temporum),* Paris 1583. Siehe dazu J. W. Thompson und B. J. Holm, *A History of Historical Writing,* 2 Bde., New York 1942, Bd. 2, S. 5. Diese Arbeit ist zwar für die westliche Welt außerordentlich wertvoll, und sie bemüht sich auch um einige Aussagen über arabische, persische und mongolische Historiker, doch sie schließt bewußt, wenn auch stillschweigend China aus der Übersicht aus, ohne deshalb in ihrer Einleitung auf eine Hervorhebung des besonderen Geschichtsbewußtseins des christlichen Europas zu verzichten.

56 Sir Isaac Newton, *The Chronology of Ancient Kingdoms Amended, to which is prefixed a Short Chronicle from the First Memory of Things in Europe to the Conquest of Persia by Alexander the Great,* London 1728. Siehe dazu: F. Manuel, *Issac Newton, Historian,* Cambridge 1964.

steht, war Liu Hsi-Sou (ca. 1060 n. Chr.). Sein *Liu Shih Chi Li* (Herrn Liu's harmonisierte Kalender) enthielt die Ergebnisse seiner *Ch'ang Shu* (Kunst der Abstimmung langfristiger Daten), zu denen er mit 60-er Zyklen der Identifizierung von Schaltmonaten, Daten von Sonnenwenden usw. gelangt war.[57]

Zudem beschränkte sich die chinesische Geschichtsschreibung keineswegs auf die Erarbeitung eines äußeren Rahmens für die dynastische Geschichte. In späteren Zeiten entstanden verschiedene Formen ›kontinuierlicher Geschichtsschreibung‹, in denen lange Zeitabschnitte behandelt wurden, einschließlich des Aufstiegs und Falls verschiedener Dynastien. Ssuma Ch'ien hatte hierfür selbst ein Beispiel gegeben, denn sein *Shih Chi* begann im entferntesten Altertum und reichte bis etwa in das Jahr 100 v. Chr. in der frühen *Han*-Dynastie. Er entwarf jedoch kaum Theorien über die Arbeit des Historikers. In der *T'ang*-Zeit wurde jedoch mit dem *Shih T'ung* (Allgemeines über Geschichte) des Liu Chih-Chi(661 bis 721 n. Chr.), das 710 fertiggestellt wurde, Geschichtsphilosophie scharfsinnig untersucht – es handelte sich um die erste Abhandlung über die Methode der Geschichtsschreibung schlechthin,[58] die sehr gut einen Vergleich mit den Arbeiten der europäischen Pioniere Bodin und de la Popelinière, achteinhalb Jahrhunderte später, aushält.[59] Zu jener Zeit hatte China mit Chang Hsüeh-Ch'eng

57 Zum allgemeinen Hintergrund des Lebens von Liu Hsi-Sou siehe Yabuuchi Kiyoshi, »The Development of the Sciences in China from the 4th to the End of the 12th Century A. D.«, *Journal of World History*, 1958, 4 330. Ch'ang Shu-Methoden wurden erstmalig im 3. Jahrhundert von *Tu Yü* bei seinen Untersuchungen der *Ch'un Ch'iu* Periode angewandt. *Liu Hsi-Sou's* Arbeiten, die die Zeit zwischen dem Anfang der *Hyn*-Dynastie bis zum Ende der *Wu Tai* Periode erfaßt hatten, wurden später für die *Sung, Yuan* und *Ming* von seinem großen Nachfolger, *Ch'ien Ta-Hsin* (1728-1804 n. Chr.) fortgesetzt. Heute liegen uns natürlich sehr detaillierte und genaue chronologische Tabellen zur chinesischen Geschichte vor; siehe z. B. A. C. Moule und W. P. Yetts, *The Rules of China*, 221 v. Chr. bis 1949 n. Chr., London 1957.

58 Vgl. dazu die ausgezeichnete Untersuchung von E. G. Pulleyblank, »Chinese Historical Criticism; Liu Chih-Chi und Ssuma Kuang« in: *Historians of China and Japan*, hrsg. v. W. G. Beasly und E. G. Pulleyblank, S. 135

59 Jean Bodin (1520 bis 1596 n. Chr.) *Methodus ad facilem Historiarum Cognitionem* (Paris 1566) und L. V. de la Popelinière (1540 bis 1608 n. Chr.), *Histoire des Histoires; Premier Livre de L'Idée de L'Histoire Accomplie* (Paris 1599). Dies waren die ersten im Westen erschienenen Bücher, die die Gesetze, Ursachen und Entwicklungen diskutierten und das Fundament für eine geschichtliche Methode und Kritik legten; vgl. Thompson und Holm, a. a. O., vol. 1, S. 561, 563, vol. 2, S. 5

(1738–1801 n. Chr.) seinen Giambattisto Vico.[60] Liu Chih-Chi's Sohn, Liu Chih (ca. 732 n. Chr.) und ein anderer *T'ang*-Gelehrter Tu Yu (735-812 n. Chr.) erfanden eine neue Form enzyklopädischer Institutionengeschichte: Liu Chih verfaßte das Werk *Cheng Tien* (Einrichtungen der Regierung). Tu Yu schrieb die berühmte Arbeit *T'ung Tien* (Umfassende Institutionen; eine Sammlung von Quellenmaterialien über politische und Sozialgeschichte) aus dem Jahre 801 n. Chr. Der qualitative Höhepunkt dieser Art von Arbeiten war jedoch immer noch nicht erreicht. Das geschah erst in der *Yuan* Zeit, als 1322 das *Wen Hsien T'ung K'ao* (zusammenfassende Untersuchung der Geschichte der Zivilisation) von Ma Tuan-Lin erschien.[61] Die 348 Kapitel dieser klaren und herausragenden Darstellung waren im wesentlichen eine Geschichte der Institutionen, die für Ma, im Zusammenhang mit den Sozialstrukturen und den damit implizierten ökonomischen Umständen, eine viel wichtigere Form der Geschichte abgaben, als jeglicher chronologische Katalog zufälliger Ereignisse. Diese Suche nach kausalen Abfolgen in der Geschichte, dem größere Bedeutung zugemessen wurde als dynastischen und militärischen Veränderungen und Umstellungen, war für jene Zeit außerordentlich fortgeschritten; es lag hier ein Parallelfall zur Sozialgeschichte vor, die ein annähernder Zeitgenosse Ma's, der große Ibn Khaldun[62] veranlaßt hatte, und zu den Institutionengeschichten, die später von Pasquier, Giannone und de Montesquieu geschrieben wurden.[63] Das *Wen Hsien*

60 Zu seiner Person vgl. die Monographie von P. Demiéville, »Chang Hsüeh-Ch'êng and his Historiography«, in: *Historians of China and Japan*, hrsg. v. W. G. Beasley und E. G. Pulleyblank, S. 167, besonders S. 184. Über Vico (1668 bis 1744 n. Chr.) siehe Thompson und Holm, a. a. O., vol. 2, S. 92 ff.

61 Über diese drei großen Unternehmungen lohnt sich, neben dem Aufsatz von E. G. Pulleyblank über Liu Chih-Chi, auch die Lektüre von E. Balazs' »L'Histoire comme Guide de la Pratique Bureaucratique; les Monographies, les Encyclopédies, les Recueils de Status«, in: *Historians of China and Japan*, hrsg. v. W. G. Beasley und E. G. Pulleyblank, S. 78. Dazu auch Han Yu-Shan, a. a. O., S. 60 ff.

62 Wie heute allgemein bekannt ist, erarbeitete Abd al-Ramān ibn Khaldun (1332 bis 1406 n. Chr.) eine allgemeine Theorie der historischen Entwicklung, die auf klimatische, geographische, moralische und spirituelle Faktoren, sowie auf Gesetze des nationalen Aufstiegs und Niedergangs einging. Vgl. sein *Kitāb al-'Ibar wa-Diwān al-Mubtada' wa-l-Khabar-fi Ayyām al-'Arab wa-l-Aiam wa-l-Barbar* (Abhandlung über lehrreiche Beispiele und Zusammenstellung von Subjekten und Prädikaten, die sich mit der Geschichte der Araber, der Perser und der Berber befassen).

63 E. Pasquier (1529-1615 n. Chr.), *Les Recherches de la France*, Paris, 1560,

T'ung K'ao enthielt gleichzeitig ausgearbeitete kritische Analysen der Originalquellen und ist durch bemerkenswerte Scharfsicht und profundes Urteilsvermögen geprägt.
Als zu Beginn des 6. Jahrhunderts n. Chr. Kaiser Wu der *Liang*-Dynastie (Hsiao Jen) Wu Chün den Auftrag gab, eine *T'ung Shih* (allgemeine Geschichte) zu verfassen, war der erste Schritt in Richtung auf eine erzählende kontinuierliche Geschichte gemacht. Wu Chün hat diesen Auftrag in 620 Kapiteln erfüllt, doch sie sind uns nicht erhalten.[64] Erhalten ist uns jedoch das *T'ung Chih* (Historische Sammlungen) des Cheng Ch'iao (1104-1162 n. Chr.), das um etwa 1150 n. Chr. entstand. Cheng Ch'iao war erfolgreicher in der Formulierung seiner Theorie der ›Synthesis‹ oder ›Verwandtschaft‹ *(hui t'ung chih tao)* als in seiner Arbeit als Historiker: die *Lüeh*, die monographische Abteilung seiner Arbeit, eine nach Themen ausgerichtete historische Enzyklopädie, ist der einzige Teil, den man heute noch benutzt und bewundert.[65] Die Vorgängerin dieses Werkes war die größte aller kontinuierlichen Geschichtsschreibungen Chinas, das *Tzu Chih T'ung Chien* (Umfassender Spiegel [der Geschichte] zur Hilfe der Regierung), das 1084 n. Chr. von Ssuma Kuang (1019-1086 n. Chr.) und einer Gruppe von Mitarbeitern fertiggestellt wurde.[66] In 354 Kapiteln erstreckt es sich

1611; Pietro Giannone (1676-1748 n. Chr.), *Storia Civile del Regno de Napoli*, Neapel 1723; Charles Louis de Secondat de Montesquieu (1689-1755), *De l'Esprit des lois*, Paris 1748. Dazu vgl. Thompson und Holm, a. a. O., vol. I, S. 6, vol. 2, S. 61 ff., 90, 561. Butterfield, a. a. O., S. 13 stellt die Frage, ob irgendeine nichteuropäische Zivilisation die Historiographie von Gesetzen und Institutionen entwickelt hat.

64 Han Yu-Shan, a. a. O., S. 49

65 Han, a. a. O., S. 49, 61 und Balazs, a. a. O., S. 84, 90

66 Balazs, a. a. O., Yang Lien-Shêng, a. a. O., und Pulleyblank, a. a. O. Im zuletzt zitierten Artikel findet man einen sehr plastischen Bericht über die Methoden des Ssuma Kuang und seiner Mitarbeiter Liu Pin, Liu Shu und Fan Tsu-Yü. Einige der Techniken der mittelalterlichen chinesischen Geschichtsschreibung waren bemerkenswert modern. So wurden z. B. im Büro für Geschichtsschreibung in der *Sung* Dynastie verschieden gefärbte Tinten verwendet, um die unterschiedlichen Texte auseinanderzuhalten. Diese Sitte geht bis auf das Jahr 500 n. Chr. zurück, als sie der große pharmazeutische Naturwissenschaftler Tao Hung-Ching bei der Herausgabe seiner Pharmacopoeia einführte. Der Historiker Li Tao (1115 bis 1184 n. Chr.) war für sein ausgefeiltes Karteikartensystem bekannt, er verfügte über eine Reihe von zehn Schränken mit jeweils zwanzig Schubladen; alle Noten und Dokumente eines bestimmten Jahres wurden in einer der Schubladen sortiert und später dann in chronologischer Reihenfolge nach Monaten und Tagen aufgefächert in bestimmte Ordner übertragen. Dieses System wurde bei der Zusammenstellung seines *Hsü Tzu Chih T'ung Chien Ch'ang Pien* (Zusätzliche Fort-

über die gesamte Periode von 403 v. Chr. bis 959 n. Chr. und wurde in den nachfolgenden Jahrhunderten ständig kommentiert, zusammengestrichen, verarbeitet, imitiert und erweitert. Die in dieser Arbeit ausgebreiteten 13 Jahrhunderte kann man mit den 14 Jahrhunderten, die Edward Gibbon[67] behandelte, vergleichen. Das Werk löste noch eine andere Form von Geschichtsschreibung aus, die *chi shih pen mo* (Erzählungen größerer Ereigniszusammenhänge von Anfang bis Ende), denn als Yuan Shu (1165-1205 n. Chr.) von der Masse des historischen Materials in seinem ›Umfassenden Spiegel‹ schier erdrückt wurde, wählte er 239 spezielle Themen aus und verfolgte sie einzeln und getrennt in seinem *T'ung Chien Chi Shih Pen Mo.*[68] Hierdurch wiederum entstand in den nachfolgenden Jahrhunderten ein ganzes Genre historischer Literatur. Auf diese Weise überwanden die Chinesen die ›Aufschachtelung‹ der Zeit.

Achten wir noch einmal genau auf den Titel des Meisterwerkes von Ssuma Kuang – ›Zur Hilfe der Regierung‹. In der chinesischen Vorstellung von Geschichte existierte ein scheinbarer Widerspruch. In China galt als gute Geschichte, was a) objektiv, b) offiziell und c) normativ war. In seiner Lehre von der ›Klarstellung der Begriffe‹ *(cheng ming)* hatte Konfuzius selbst darauf insistiert, daß man die Dinge bei ihrem Namen nennen müsse,[69] ohne Rücksicht auf bisweilen machtvolle politische Interessen; somit war es die Pflicht des Historikers, – obwohl er eine Art von Beamter war, ein Nutznießer der Autorität, ohne Angst oder Begünstigungen –, Urteile über die Taten der Vergangenheiten abzugeben, ›zur Bestrafung der Übeltäter und zum Ruhme der Wohltäter‹.[70] In China

führung des umfassenden Geschichtsspiegels zur Hilfe beim Regieren) benutzt, der die Erzählung bis in das Jahr 1180 n. Chr. fortführte. Wieweit diese Ordnungssysteme erst mit Li Tao entstanden, ist unbekannt; es ist jedoch mehr als wahrscheinlich, daß sie bereits seit den Tagen des Wu Chün (T'ao Hung-Ching's Zeitgenossen) entwickelt worden waren. Ssuma Kuang und seine Mitarbeiter haben bestimmt ein ähnliches System benutzt. Zum Leben und Werk des Li Tao siehe Sudo Yoshiyuki, in: *Komazawa Shigaku,* (Komazawa Studien für Geschichte), 1957, 6, 1.

67 Vgl. Thompson und Holm, a. a. O., vol. 2, S. 74 ff.

68 Dazu Pulleyblank, a. a. O., S. 158

69 Siehe Hsü Shih-Lien, *The Political Philosophy of Confucianism,* London 1932, S. 43 ff.; Yang Lien Shêng, a. a. O., S. 52

70 Die Objektivität und Verläßlichkeit der offiziellen Geschichtsschreiber Chinas (die Kritikern wie Butterfield offensichtlich unbekannt sind) ist häufig diskutiert worden, in den meisten Fällen sind Sinologen zu einem sehr positiven Befund

konnte die Regierung Adelsprädikate und Ehrungen an Lebende und an Tote verleihen (was sie auch tat); hiermit legte sie eine Haltung an den Tag, die in gewisser Weise von unserer eigenen Einstellung gegenüber der Zeit abweicht. Somit war es nur natürlich, daß auch die Erstellung einer gerechten und definitiven Aufzeichnung der Vergangenheit zu ihren Funktionen gehörte. Letztlich diente die Geschichtsschreibung auch einem wesentlichen moralischen Zwecke ›zur Hilfe der Regierung‹, sie beriet in administrativen Maßnahmen, ermutigte tugendhaftes Verhalten und sollte von Verbrechen abhalten. Hierin bestand die grundlegende ›Ruhm und Schande‹ *(pao pien)*-Theorie der chinesischen Geschichtsschreibung: ein vornehmes Unterfangen des menschlichen Geistes, wie sehr es auch den konservativen Historikern des modernen Westens mißfiel.[71] Was an dieser Verbindung paradox erscheint, wurde durch eine tiefgreifende, wenn auch nie ausgesprochene Überzeugung aufgelöst, der alle Generationen chinesischer Historiker nachhingen, nämlich daß dem Prozeß der sozialen Entfaltung und Entwicklung eine intrinsische Logik, ein eingebautes *Tao* zu eigen ist, das ›Menschlichkeit‹ *(shan hsing, pu hu jen chih hsin, ts'e yin chih hsin)*[72] langfristig mit positiven sozialen Konsequenzen belohnte, während das Gegenteil nicht wieder gutzumachendes Übel nach sich zog.[73] Diese Voraussetzung galt als empirisch überwältigend

gekommen. Vgl. dazu H. H. Dubs, »The Reliability of Chinese Histories«, in: *Far Eastern Quarterly*, 1946, 6, 23; E. R. Hughes, »Importance and Reliability of the I Wên Chih«, *Mélanges Chinois et Bouddhiques*, 1939, 6, 173; und die Debatte in *Oriens Extremus*, H. H. Frankel, »Objektivität und Parteilichkeit in der offiziellen chinesischen Geschichtsschreibung« 1958, 5, 133, mit der Erwiderung von H. H. Dubs, 1960, 7, 120. Eine herzliche Anerkennung der Ideale der chinesischen Historiographen findet man bei E. Haenisch, »Der Ethos der chinesischen Geschichtsschreibung«, *Saeculum*, 1950, 1, 111. Die Verläßlichkeit der umfangreichen astronomischen Aufzeichnungen in den offiziellen Geschichten Chinas ist eine hiervon getrennt zu behandelnde Frage, sie wird in SCC, vol. III, S. 417 ff. diskutiert.

71 Hierbei denke ich natürlich an H. Butterfield's anregendes Büchlein, *The Whig Interpretation of History*, London 1951.

72 Vgl. Mencius, II (1), vi, 1-7 und VI (1), vi, 4-7

73 Das war völlig anders als das karma der Buddhisten, denn die Vergeltung erreichte nicht notwendigerweise das Individuum entweder in diesem oder in einem anderen Leben, sie führte aber zum Ruin seines Hauses oder seiner Familie oder seiner Dynastie oder schließlich der sozialen Gruppe, der er zugehörte. Diese konfuzianische Form von »kosmischer Reziprozität« war im wesentlichen sozialer Natur, ihre Ursprünge lagen viele Jahrhunderte vor dem Eindringen des Buddhismus und anderer indischer Ideen über Wiedergeburt nach China. Dazu

abgesichert. Somit ist die Geschichte die Manifestation des *Tao* und hat ihre Ursprünge im Himmel.[74] Wie konnte man sich je vorstellen, daß das Zeitgefühl der Chinesen dem der Europäer unterlegen wäre? Man könnte fast das Gegenteil behaupten; denn die Verkörperung des *Tao* in der Geschichte war ein kontinuierlicher Prozeß, der sich ständig erneuerte.[75]

Man könnte mit Recht sagen, daß innerhalb der chinesischen Kultur die Geschichtsschreibung die ›Königin der Wissenschaften‹ war, nicht die Theologie oder irgendeine Form der Metaphysik, noch weniger die Physik oder Mathematik. Geschichtsschreibung trug sogar dazu bei, das Aufkommen der Naturwissenschaften zu verhindern, die sich bis zum Ende ihrer autochtonen Entwicklung auf Hypothesen des mittelalterlichen Typus beschränkten und nie jene Mathematisierung erreichten, von der die modernen Wissenschaften in Europa und nur in Europa hervorgebracht wurden. Manche Wissenschaftler haben sogar behauptet, daß die Vorherrschaft der Geschichtswissenschaft allein schon ein ausreichender Grund für das Unvermögen der chinesischen Kultur war, eine systematische Logik nach der Art des Aristoteles oder der Scholastiker aus den beeindruckenden Anfängen der Mohisten und Logiker zu entwikkeln.[76] Wenn eine explizite syllogistische Logik das Aufkommen von Naturwissenschaften begünstigt hätte (ein etwas umstrittener

kann man im *Huai Nan Tzu* eine fast epigrammatische Aussage finden (Kap. 13, übers. v. Morgan, S. 160).

74 Nach einem Spruch des Konfuzius, der in der *Han*-Zeit sehr verbreitet war, »ist es viel treffender und deutlicher, wenn man das *Tao* in den Handlungen, in den Tatsachen selbst zeigen kann, als das *Tao* in leeren Worten auszudrücken«, (*Shih Chi*, Kap. 130). Das *Tao* wohnt in der Natur und in der Geschichte, man kann es nicht außerhalb dieser Welt suchen.

75 Das hat niemand deutlicher ausgesprochen als der berühmte Chang Hsüeh-Ch'êng (siehe die Auslegung bei Demiéville, a. a. O., S. 178 ff.). Die kanonischen Klassiker, sagte er, sind wirkliche Geschichte – es gab keine Unterscheidung zwischen *Ching* und *shih* – dadurch hatte alle Geschichte kanonischen Wert. Chang Hsüeh-Ch'eng kanonisierte die Geschichte, er wurde dadurch zum Vorläufer seines jüngeren Zeitgenossen Hegel und eine Generation später von Karl Marx, obwohl diese beiden ihn natürlich nicht kannten.

76 Vielleicht waren sie zu brillant, denn sie zeigen viele Spuren von dialektischer Logik, im Gegensatz zur formalen Logik, und diese Neigung wurde stark durch die dialektische Logik der Inder verstärkt, die mit dem Buddhismus nach China drang (vgl. SCC, Vol. II, S. 77, 103, 180 ff., 194, 199, 258, 423 ff., 458). Die Naturwissenschaften konnten mit dialektischer Logik wenig anfangen, wenn sie nicht zuvor durch das Stadium formaler Logik gelaufen waren.

Punkt),[77] so lag hier ein anderer begrenzender Faktor vor, denn das mittelalterliche China verfügte noch nicht über diesen Typus von Logik. Auf der Suche nach konkreten Ursachen für diesen großen Unterschied, hat Stange die sozialen Bedingungen der klassischen Philosophen Chinas und Griechenlands einander gegenübergestellt und dabei besonders den protofeudalen, bürokratischen Charakter der einen und die Stadtstaat-Demokratie der anderen Seite hervorgehoben.[78] Die Griechen hatten relativ wenig eigene Geschichte. Sie schauten eher mit Neugier als mit Verehrung auf die Zeitalter von Babylonien und Ägypten, mit deren Moral sie nichts besonderes anfangen konnten; es reizte sie vielmehr, in ihren Versammlungen *coram publico* mittels rigoroser logischer Prozesse einen Beweis zu führen, und das in einer Umgebung, wo jeder als gleichberechtigter Bürger galt und sich ein jeder wehren konnte. Somit war es ganz natürlich, daß sich die formale Logik unter den Philosophen der griechischen Demokratien entwickelte. Die chinesischen Philosophen waren in einer ganz anderen Position: zwar hatten auch sie einige wichtige Akademien und Gesellschaften, in denen sie miteinander diskutieren konnten,[79] doch gemeinhin besuchten sie die Höfe der regierenden feudalen Prinzen als Berater und als Minister. »Der chinesische Philosoph«, schrieb Stange, »konnte seine Vorstellungen über eine politische Situation nicht wie sein griechischer Kollege in einer Versammlung gleichberechtigter Männer derselben Rangordnung diskutieren, er konnte seine Gedanken nur dann verwirklichen, wenn er das Ohr des Prinzen gewann. In Diskussionen mit seinem absoluten Herrscher waren die demokratischen Methoden logischer Argumentation nicht anwendbar, hier bedurfte es einer völlig anderen Methode, nämlich des Zitierens historischer Beispiele, die einen großen Eindruck machen konnten. Nur so konnte es geschehen, daß der Beweis durch ein

77 Es ist nicht ganz klar, ob dies ein helfender oder ein benachteiligender Faktor war. Auf jeden Fall könnte in der wissenschaftlichen Revolution Europas das mystisch-empirische Moment viel bedeutender als das der Logik und auch der Mathematik gewesen sein.

78 Vgl. H. O. H. Stanges anregenden Aufsatz »Chinesische und Abendländische Philosophie; ihr Unterschied und seine geschichtlichen Ursachen«, *Saeculum*, 1950, I, 380.

79 Das gilt besonders für die berühmte *Chi-Hsia* Akademie im Staat *Ch'i*, die um 325 v. Chr. gegründet wurde, die Gruppe von Gelehrten-Wissenschaftlern, die Lü Pu-Wei zwischen 260 und 240 n. Chr. um sich sammelte, und Liu An's Gruppe von Naturphilosophen, die zwischen 140 und 120 v. Chr. wirkten (vgl. SCC, Vol. I, S. 95 ff., 111, Vol. III, S. 195 ff.)

historisches Beispiel bereits sehr früh in der chinesischen Geschichte über den Beweis durch ein logisches Argument triumphierte.« Ganz ohne Zweifel lassen sich aus den sozialen Unterschieden zwischen den sklavenhaltenden Stadtstaatdemokratien der klassischen westlichen Welt auf der einen und den feudalen und protofeudalen bürokratischen Staaten und Kaiserreichen Chinas auf der anderen Seite weitreichende Unterschiede der kulturellen Entwicklung erklären.[80] Ihrem Wesen nach war die chinesische Methode analogisch: gleiche Ursachen gleiche Wirkungen, so wie es damals war, so ist es jetzt und wird es stets bleiben. Dieser Glaube war tief verwurzelt. Hieraus rührte die überragende Dominanz der Geschichtswissenschaft (und all ihrer Hilfswissenschaften) während der ganzen chinesischen Geschichte. Die Vorstellung, daß Europa die einzige wirklich geschichtsbewußte Zivilisation war, ist unhaltbar – Clio fühlte sich in einem chinesischen Kleid genauso wohl.

Mechanische und hydromechanische Zeitmessung

Die Beziehung zwischen China und der Chronometrie wurde erst in jüngster Zeit angemessen gewürdigt. Dennoch ist es angesichts des richtigen Verständnisses für konkrete Zeit, sei sie himmlischer oder irdischer Natur, die sich in der chinesischen Kultur findet, nicht überraschend, daß wir chinesischen Handwerkern und Ge-

80 Man sollte hieraus nicht schließen, daß die chinesische Gesellschaft des Altertums keine demokratischen Elemente enthielt. Genau das Gegenteil ist der Fall, doch die weitreichenden Auswirkungen können hier nicht diskutiert werden. Stanges Betonung der Rolle der Stadt-Staat-Demokratie für die Entwicklung der formalen Logik in Griechenland erinnert an einen ähnlichen Gedanken von Vernant, der versuchte, deduktive Geometrie aus demselben sozialen Milieu abzuleiten. Er betrachtet die Darstellung geometrischer Lehrsätze auf der Agora als eine Form logischer Mathematik, die besonders gut zu einer Ansammlung von gleichgestellten Disputanten paßte, einer demokratischen Urteilsfindung, genau wie die spätere Schrift der Griechen eine demokratisierte Schrift war. Bei Arithmetik und Algebra handelte es sich um stärker spezialisierte, bürokratische Techniken, die sich weniger dazu eignen, öffentlich dargestellt zu werden. Die Bevorzugung algebraischer Methoden, die in China genauso wie in Babylon sehr stark ausgeprägt war, wäre somit ganz natürlich mit dem bürokratischen Gesellschaftssystem entstanden, das sich so deutlich gegen die sklavenhaltenden Stadt-Staat-Demokratien absetzte. Vgl. J. P. Vernant, in *Scientific Change; Historical Studies in the Intellectual, Social and Technical Conditions for Scientific Discovery and Technical Invention, from Antiquity to the Present*, hrsg. v. A. C. Crombie, London 1963, S. 102; und *Les Origines de la Pensée*, Paris 1964.

lehrten des Mittelalters die erste Lösung des Problems mechanischer Zeitmessung verdanken. Dem Auftauchen von Uhren im europäischen Westen gingen sechs Jahrhunderte mechanischen Uhrwerks in China voraus.[81]

Natürlich wurden auch im alten Babylonien und in Ägypten Sonnenuhren und Wasseruhren entwickelt. Seit der frühesten Geschichte verbreiteten sie sich ja aus dem Zweistromland über die ganze Alte Welt. In China waren Sonnenuhren normalerweise äquatorial und gelangten nie zu der Komplexität der arabischen und westlichen Formen, da es keine euklidische, deduktive Geometrie gab. Doch sie regten zu vielen Sprichwörtern an, die unseren eigenen ähneln – ›mit einem Zentimeter Gold kann man keinen Zentimeter Zeit kaufen (wörtlich hell und dunkel)‹ *(ts'un chin nan mai ts'un kuang yin)*, ›ein Fuß breit Jade ist kein Schatz, doch für ein Handbreit Schatten sollte man kämpfen‹ *(ch'ih ti fei pao, ts'un yin shih ching)*.[82] Die Wasseruhr wurde wesentlich weiter entwickelt; die Chinesen benutzten einen Typus, der nach dem Einflußprinzip funktionierte. Die Stabilisierung der Druckpunkte gelang ihnen durch eine Vervielfältigung der Zahl übereinander angeordneter Gefäße und später durch die Einführung von Überlaufmechanismen bei konstantem Pegelstand. Der Behälter wurde zudem ständig auf einer Laufwaage gewogen; später wog man auch das Zwischengefäß. Das wiederum führte wahrscheinlich zum Anbringen einer ganzen Serie von solchen Gefäßen auf einem sich drehenden Rad. Hierdurch gelang der große Durchbruch zur genauen Zeitmessung.[83]

Die Erfindung der mechanischen Uhr bezeichnet einen der wichtigsten Wendepunkte in der Geschichte der Wissenschaft und Technik, vielleicht sogar der gesamten Kunst und Kultur der Menschheit.[84] Die Schwierigkeit bestand darin, die Rotation einer Räderanlage so zu verlangsamen, daß sie mit der großen Himmelsuhr übereinstimmte, mit jenen offensichtlichen Tag- und Nacht-Wenden

81 Zum Thema dieses Abschnittes vgl. J. Needham, Wang Ling und D. J. de S. Price, *Heavenly Clockwork, the Great Astronomical Clocks of Mediaeval China*, Cambridge 1960, sowie SCC, Vol. IV, Teil 2, S. 435 ff.

82 Über die Sonnenuhr in China vgl. SCC, Vol. III, S. 302 ff.

83 Über die Wasseruhr in China vgl. SCC, Vol. III, S. 313 ff. und auch Needham, *Wang und Price* a. a. O., S. 85 ff.

84 J. L. Synge, »A Plea for Chronometry«, in: *New Scientist*, 1959, 5, 410 hat mit Recht gesagt, daß die Zeitmessung von allen Meßarten in der Physik die größte Rolle spielt.

der Himmel, die Himmelsbeobachter und Astronomen seit den Anfängen der Zivilisation untersucht hatten. In der Geschichte der Beherrschung von Kraft war die Unruh die erste große Errungenschaft. Zur Zeit ihres Entstehens stellte die mechanische Uhr, die uns heute allen so vertraut ist, einen überragenden Triumph menschlicher Erfindungsgabe dar: sie lieferte das vielleicht größte Werkzeug der wissenschaftlichen Revolution des 17. Jahrhunderts, sie bildete die Handwerker aus, die für die Apparate moderner experimenteller Technik gebraucht wurden und ermöglichte ein philosophisches Modell für ein Weltbild, das auf der Grundlage der ›Analogie des Mechanismus‹ entstand. Doch wann genau entstand sie? Bis vor kurzem begannen Bücher über Zeitmessung mit ein paar Kapiteln über Sonnenuhren und Wasseruhren und schlugen dann einen Salto mortale zur Erfindung der Spindelunruh der mechanischen Uhren des frühen 14. Jahrhunderts in Europa. Offensichtlich fehlten hier einige Glieder. So wissen wir mittlerweile, daß eine wirksame Unruh erstmalig mindestens 600 Jahre früher erfunden wurde, und zwar nicht im Westen; daß diese Unruh für eine hydromechanische Uhr gebaut wurde, erläutert genau die Art dieses Verbindungsgliedes.

Unser Wissen resultiert aus der kürzlich vorgenommenen Untersuchung eines Buches, das einer der größten Staatsmänner der *Sung*-Periode, zugleich ein Naturwissenschaftler und ein Astronom, Su Sung (1020-1101 n. Chr.), schrieb. Im Jahre 1090 verfaßte er eine monographische Beschreibung des komplizierten astronomischen Uhrenturms, der während der vorausgegangenen zwei Jahre unter der Aufsicht und in Zusammenarbeit mit dem Ingenieur Han Kung-Lien in der Hauptstadt *K'aifeng* errichtet worden war. Das Buch trägt den Titel *Hsin I Hsiang Fa Yao* (Neuer Entwurf für eine Armillarsphäre). In den ersten beiden Kapiteln wird die Himmels- und die Erdkugel behandelt, im dritten sehr detailliert der horologische Mechanismus beschrieben.

Da das Beobachtungsinstrument im obersten Stock ebenso wie der Globus auf dem ersten Stock und all die Glockenmännchen, die sich auf jeder Etage des pagodengleichen Zeitansagers zeigten, mechanisiert waren, handelte es sich hier um das erste astronomische Uhrwerk in der Geschichte. Damit enthielt es auch den ersten Mechanismus zur Übertragung der Bewegung von Sonne und Sternen. Den Antrieb erhielt man nicht durch ein fallendes Gewicht – wie später in Europa – sondern durch die Kette eines Wasserrades mit Schaufeln wie bei einem Mühlrad oder einer Pelton-Turbine. Die Hemmung, die die Vorwärtsbewegung ausglich, stammt aus einer Anordnung von Waagebalken und Verbindungsgelenken, die statisch blieben, solange sich eine jede Schaufel füllte, die sich aber dann sofort löste, um ein Gatter zu öffnen und eine Speiche freizulassen. Dadurch wurde die nächste Schaufel unter dem ständig fließenden Wasserstrom in Position gebracht. Somit wurde eine gleichförmige Bewegung durch die Unterteilung der Arbeit einer angetriebenen Maschine in Intervalle von gleicher zeitlicher Länge erreicht – die Erfindung eines Genies.

Doch es war nicht *Su Sungs* eigene Erfindung. Nachdem man einmal seine technische Terminologie verstanden hatte, konnte man in der früheren Literatur Aufzeichnungen über die Konstruktionen ähnlicher hydromechanischer Uhren verfolgen. Eine Schlüsselstelle fand man dann für das Jahr 725 n. Chr., während der *T'ang*-Dynastie, als die erste dieser Unruhen von einem tantristischen-buddhistischen Mönch I-Hsing – vielleicht dem bedeutendsten Mathematiker und Astronomen seines Zeitalters – und einem Militäringenieur Liang Ling-Tsan entworfen wurde. Es ist jenseits allen Zweifels verbürgt, daß ihre Uhren über Kettenunruhen und über Mond-Sonne-Planetarien verfügten. Und es ist noch offen, ob die Erfindung der Unruh nicht noch weit früher datiert, nämlich zu Zeiten des Chang Hêng (78-139 n. Chr.), denn seit dieser Zeit erwähnen viele Textstellen die automatische Rotation von Himmelsgloben, die in Übereinstimmung mit den Bewegungen des Himmels standen. Unglückseligerweise sprechen sie sich nicht über die Mechanismen dieser »Proto-Uhren« aus. Es ist überhaupt nicht verwunderlich, daß diese Entwicklungen so viel früher in China stattfanden als in Europa, denn dort war die Bezeichnung der Stellungen der Sterne nach äquatorialen Koordinaten (die den modernen Deklinationen und richtigen Aszensionen entsprechen) allgemein verbreitet, in Gegensatz zu den ekliptischen Koordinaten der Griechen.[85] Sämtliche Sternbewegungen folgen dem ersteren Modell, während sich im letzteren nichts bewegt, so daß es ganz natürlich war, ein bewegliches Modell zu entwerfen, »zur Hilfe der Berechnung«. Wir wissen noch immer nicht, ob das chinesische System der Unruh in Europa etwa 100 Jahre vor dem Auftauchen der Spindel-Uhren in Gebrauch war, doch einige Gründe sprechen für

85 Vgl. S. 122 f.

diese Annahme. Zumindest hätte das Bewußtsein, daß das Problem mechanischer Zeitmessung bereits irgendwo gelöst worden war, die ersten Konstrukteure mechanischer Uhren in Europa inspirieren können.[86]

Westliche Schriftsteller haben sich ausführlich über den »zeitlosen Orient« geäußert, doch auf welche Zivilisationen auch immer ihre Äußerungen gepaßt haben mögen, China befand sich nicht darunter. Es widerspricht aller Vorstellungskraft, daß die umfangreichen Zeugnisse der Gelehrsamkeit in der chinesischen Literatur, von denen wir in dieser Vorlesung nur wenige erwähnen können, hätten vollendet werden können, falls deren Autoren nicht »auf die Uhr geblickt hätten«. In einem Buch, das man dem großen Literaturkritiker Liu Hsieh (gestorben ca. 550 n. Chr.) zuschreibt, dem *Hsin Lun* (Neue Abhandlungen) findet man einen interessanten Teil mit dem Titel *Hsi Shih* (Zeit sparen).[87] Dort heißt es:

Die Edlen des Altertums, die Gutherzigkeit und Rechtschaffenheit in der Welt verbreiten wollten, kämpften ständig gegen die Zeit. Klaftern von Jade maßen sie keine Bedeutung zu, doch nur der Bruchteil eines Schattens (auf der Sonnenuhr) war ihnen so kostbar wie Perlen. So konnte es geschehen, das Yü der Große[88] mit der Zeit um die Wette lief, um seine Arbeit zu vollenden und den Fragen von Nanjung keine Beachtung schenkte.[89] So kam es, daß Tao Chung nicht zu laufen aufhörte, bis die Sohlen seiner Füße so hart wie Eisen waren. Konfuzius klagte jedem Moment nach, der ihn vom Lesen abhielt, und Mo Ti war auf den Beinen, bevor sein Bett warm werden konnte. Sie alle wandten ihre Tugenden und ihre Geisteskraft zur Rettung vor den Unbillen ihrer Zeit an, und damit hinterließen sie einen guten Ruf für 100 Generationen.

86 Vgl. Abb. 1 (S. 238), die wir dem Aufsatz von F. A. Ward, »How Timekeeping became Accurate«, in: *Chartered Mechanical Engineer*, 1961, 8, 604 entnommen haben und mit der Zustimmung von J. H. Combridge und von jenem beraten leicht veränderten. Die Graphik zeigt, wie die Unruh der chinesischen Wasserradkettengetriebe sehr viel genauer funktionierte als die frühen Spindeluhren Europas. Ihr Standard wurde wahrscheinlich erst durch die Einführung des Uhrenpendels und nachfolgender Verbesserungen um die Mitte des 17. Jahrhunderts übertroffen.

87 Nachgedruckt in T'u Shu Chi Ch'êng, *Jen shih tien*, Kap. 4

88 Ein halblegendärer Kulturheld und Wasserbauingenieur.

89 Eine Figur im *Chuang Tzu*.

Bisher haben wir über Philosophie, Geschichte, Chronologie und Horologie gesprochen. Als nächstes müssen wir fragen, was eigentlich in diesem endlosen Strom der Zeit vorging, den die Chinesen so ernst nahmen. Zunächst einmal: welches war der Stellenwert des biologischen Wandels und der Evolution? Betrachtet man die Vorstellungen, die sich die traditionelle chinesische Kultur von lebendigen Wesen machte, so findet man nie einen Glauben an die Festgelegtheit von Arten. Das hing damit zusammen, daß die Chinesen nie der Vorstellung einer besonderen Schöpfung anhingen, weil sie sich eine Schöpfung *ex nihilo* durch eine höchste Gottheit nicht vorstellen konnten; folglich gab es auch keinen Grund für die Annahme, daß verschiedene Arten von Lebewesen sich im Lauf der Zeit nicht ineinander verwandeln konnten. Eine aufmerksame Beobachtung würde zeigen, was hier möglich und unmöglich war. So waren die chinesischen Vorstellungen vom Leben einerseits viel offener als die des mittelalterlichen oder selbst des Europas des 18. Jahrhunderts, andererseits verhinderte ihre stoisch-epikuräische, nicht-kreationistische Einstellung das Durchsetzen einer Idee, die im Westen (zumindest während mancher Zeitabschnitte) das Anwachsen der Naturwissenschaften begünstigte: die Vorstellung von Naturgesetzen, die von einem höchsten himmlischen Gesetzgeber erlassen worden waren.[90] Ohne die Annahme eines mehr oder weniger persönlichen Schöpfers konnte man nicht an einen himmlischen Gesetzgeber für Tiere, Pflanzen, Mineralien und Menschen denken; die Wirkungen des *Tao* waren irgendwie mysteriöser, obwohl sich den »gewissenhaften und erhabenen« Beobachtern und Experimentatoren, deren es nicht wenige gab, bestimmte eindeutige Regelmäßigkeiten *(ch'ang tao)* ganz sicherlich enthüllen würden.

Somit nahm in der chinesischen Literatur das Wissen um Metamorphosen eine sehr viel bedeutendere Stellung ein als in den Schriften des Westens.[91] Man kann zahlreiche Texte zitieren, um zu zeigen,

90 Zum generellen Problem des Ursprungs und der Entwicklung der Idee von Naturgesetzen in den verschiedenen Zivilisationen der Alten Welt vgl. SCC, Vol. II, S. 518 ff. Eine etwas revidierte Fassung dieses Berichtes findet sich in dem Aufsatz »Menschliche Gesetze und die Naturgesetze«, in diesem Band S. 260 ff.

91 Bislang liegt weder auf Chinesisch noch in irgendeiner westlichen Sprache eine angemessene Abhandlung über die Geschichte der Biologie in der chinesischen Kultur vor. Das soll aber in ausgewogener Form in SCC, Vol. VI geschehen.

wie die Möglichkeit langsamer evolutionärer Veränderungen und Verwandlungen akzeptiert wurde.[92] Unter den Philosophen der Periode der streitenden Staaten, den Zeitgenossen des Aristoteles (4. Jahrhundert v. Chr.), wurde die Erkenntnis der *scala naturae* entwickelt, und später erfolgte eine unabhängige Entfaltung der Theorie der ›Seelenleiter‹, mit unterschiedlichen und weniger animistischen Begriffen wie beispielsweise in dem Buch *Hsün Tzu* (3. Jahrhundert v. Chr.). Erkenntnisse über die tierischen (und sogar pflanzlichen) Verwandtschaftsverhältnisse der Menschen führten im 1. Jahrtausend v. Chr. zu einer Auflösung jener Streitigkeiten über die menschliche Natur, die die Philosophen der späten *Chou-* und *Han-*Zeit so beschäftigt hatten, als diese über die dem Tier verwandten Züge des Menschen nachdachten. So glaubte Tai Chih (etwa 1260 n. Chr.), daß die höherentwickelten sozialen Tendenzen den Menschen zu eigen seien, während seine antisozialen Eigenschaften jene Bestandteile seiner Natur reflektierten, die er mit den niederen Tieren teilte.[93] Dieser Gedanke schärfte das Interesse der Neokonfuzianer für komparative Tierpsychologie, in der man vielleicht ›ein Aufblitzen von Rechtschaffenheit‹ *(i i tien)* erkennen könnte.[94] In einem berühmten Abschnitt des *Chuang Tzu* (4. Jahrhundert v. Chr.) findet sich eine direkte Aussage über evolutionäre Umwandlungen, obwohl mehrere der dort erwähnten Arten heute nicht mehr identifiziert werden können. Gleichfalls finden wir in diesem Buch die Vorstellung von einem Zusammenhang zwischen biologischem Wandel und Anpassung an bestimmte Umwelten sowie eine Vorahnung der Idee natürlicher Auslese, wenn in bestimmten Abschnitten die ›Vorzüge der Nutzlosigkeit‹ hervorgehoben werden.[95] Vielfältige biologische Diskussionen findet man auch in dem Buch des großen Skeptikers Wang Ch'ung, das den Titel *Lun Hêng* (Ausgewogene Diskurse) trägt und etwa 83 n. Chr. geschrieben wurde. Wang bestand darauf, daß der Mensch zwar das edelste aller Tiere, aber immerhin ein Tier sei, verwarf mythologische Erzählungen von Geburten, aber nicht die Möglichkeit einer spontanen Entstehung; alle Verwandlungen,

92 Einzelheiten der in diesem Abschnitt beschriebenen Ereignisse findet man bei J. Needham und D. Leslie, »Ancient and Mediaeval Chinese Thought on Evolution«, *Bulletin National Institute of Science of India*, 1952, 7 (Symposium on Organic Evolution), 1

93 Vgl. SCC, Vol. II, S. 21 ff.

94 SCC, Vol. II, S. 488 ff.

95 Das heißt für diejenigen, die einem nachstellten. SCC, Vol. II, S. 78 ff.

auch die scheußlichsten, galten ihm als grundsätzlich natürlich, und er erwähnt ›Kapriolen‹, genetische Vererbung, Tierwanderungen und Tropismen.

Nach der Ausbreitung des Buddhismus in China reizte das Interesse an einer Philosophie der Seelenumwandlung zu erneuten Untersuchungen über embryologische Entwicklungsprozesse und Metamorphosen. Zu Beginn des 12. Jahrhunderts n. Chr. versuchte Chêng Ching-Wang einige allgemein akzeptierte natürliche Transformationen zu analysieren, die er mit der ›Seelenleiter‹ in Verbindung brachte und aus der Perspektive der buddhistischen Seelenwanderungen zwischen niederen und höheren Seins-Ebenen interpretierte. Durch moralisch positive Handlungen wurden einige Geister ermächtigt, auf der Leiter emporzusteigen, während andere Geister (durch böse Taten) zum Abstieg gezwungen wurden.[96]

Im Denken der Neokonfuzianer wurde dem evolutionären Naturalismus zentrale Bedeutung zuteil. Es handelte sich hier um eine Bewegung, die auf die Systematisierung des Denkens zielte und zeitlich nicht weit von den scholastischen Philosophen Europas entfernt lag, mit denen jene chinesischen Denker oft verglichen werden. Genauso wie die Europäer die griechische Philosophie mit den Lehren der christlichen Theorie harmonisieren wollten, bezogen sich die Neokonfuzianer in der Ausarbeitung ihrer eigenen philosophischen Synthese auf den Konfuzianismus, den Taoismus und den Buddhismus. Doch ihr organischer Materialismus unterschied sich so sehr von den europäischen Scholastikern, daß man ihren bedeutendsten Vertreter, Chu Hsi (1131-1200 n. Chr.), mit zumindest gleicher Begeisterung den Herbert Spencer oder den Thomas v. Aquin Chinas nannte. Die Neokonfuzianer arbeiteten mit nur zwei fundamentalen Konzeptionen, um das dem Menschen sichtbare Universum zu verstehen: *ch'i* (wir würden es heute Materie-Energie nennen), und *li,* das Prinzip der Organisation und Strukturierung in allen seinen Ausprägungen. Eine Zivilisation, die nicht nur moderne Wissenschaften nicht entwickelt hatte, sondern deren Schicksal es darüberhinaus war, diese gar nicht spontan entwickeln zu können, gelangte mit einem auffallend geringen Aufwand an Prinzipien zu einem Weltbild, das sehr mit moderner Wissenschaft übereinstimmt. Das Universum der Neokonfuzianer war im wesentlichen moralisch: nicht etwa weil jenseits von Zeit und Raum eine moralische, persönliche Gottheit existiert hätte, die ihre Schöp-

96 SCC, Vol. II, S. 421 ff.

fung überwachte, sondern weil das Universum die Eigenschaft hatte, moralische Werte und ethisches Verhalten hervorzubringen, sobald eine Organisationsebene erreicht war, auf der sich diese Prinzipien manifestieren konnten. Die Organisationsformen im Tierreich beginnen, an diese Ebene heranzureichen (daher das »Aufblitzen von Rechtschaffenheit«), doch erst im völlig entwickelten Nervensystem gesellschaftlich organisierter Menschen zeigt das Universum ethische Werte. Somit hatten die chinesischen Philosophen ihren evolutionären Naturalismus lange vor Darwin formuliert. Doch ihnen schwebte eine ganze Folge dieser phylogenetischen Entwicklung und nicht eine einzige evolutionäre Abfolge vor.

Die chinesischen Philosophen traten hier ohne Zweifel das Erbe indischen Denkens an, das ihnen der Buddhismus vermittelt hatte und das aufeinander folgende Zeitabschnitte vorsah, die zwar endlich sind, aber überaus lange andauern und zu denen das *kalpa* und das *mahakalpa*[97] gehören. Sämtliche Neokonfuzianer glaubten, daß das Universum durch wechselnde Zyklen von Aufbau und Zerstörung schreitet. Erstmalig systematisiert wurde diese Vorstellung durch einen taoistischen Vorläufer des Neokonfuzianismus, Shao Yung (1011-1077 n. Chr.), der die Zwölferserie zyklischer Schriftzeichen auf die verschiedenen Phasen des Universums abbildete.[98] Wahrscheinlich waren es die Meditationen über ständig wiederkehrende Weltkatastrophen oder Kataklismen, die Chu Hsi zu seinen auffallend richtigen Anschauungen über die Natur der Fossilien führten und die andere Gelehrte der *Sung*-Zeit, wie Shen Kua (1031-1095 n. Chr.) zu ihren tiefsinnigen Gedanken über das Entstehen von Bergen und Erosionsvorgängen anregten.[99] Andere Denker, wie Hsü Lu-Chai (1209-1281 n. Chr.), wandten die Hexagramme des Buchs der Wandlungen auf die Phasen des evolutionären Zyklus an, und Wu Lin-Ch'uan (1249-1333 n. Chr.) schätzt deren Länge auf 129600 Jahre.[100] Wie die Berechnungen astronomischer Perioden nach Millionen von Jahren,[101] die in der

97 Vgl. Zimmer, H., *Philosophies of India,* S. 224, 226 über die *Jaina* Zyklen; dazu auch sein *Myths and Symbols in Indian Art and Civilisation,* hrsg. v. J. Campbell (New York 1946), S. 11 ff., 16 ff., 19 ff. Dort schreibt er über die *kali-yuga,* die letzte und schlimmste aller vier Weltzeiten.

98 Vgl. SCC, Vol. II, S. 485, auch Vol. IV, Teil 1, S. 11

99 Siehe SCC, Vol. III, S. 598 ff., 603 ff.

100 SCC, Vol. II, S. 486 ff., Vol. III, S. 406

101 Vgl. SCC, Vol. II, S. 420, Vol. III, S. 120, 408. Im Jahre 724 errechnete der große Mönch und Astronom *I-Hsing* die Zahl der Jahre, die seit dem »Großen

T'ang-Zeit durchgeführt wurden, waren diese Weltbilder unendlich viel weiträumiger als jene, die im Europa des 17. und 18. Jahrhunderts entstanden, in denen der Zeitpunkt der Schöpfung auf den 22. Oktober des Jahres 4004 v. Chr. um 6 Uhr nachmittag festgesetzt wurde.[101a] So stellte man sich die biologische und die soziale Evolution in einer zyklischen Anordnung vor; jeder Prozeß würde immer wieder von neuem beginnen, jeder Zyklus war von dem nächsten durch eine Art *Ragnarök,* eine Götterdämmerung getrennt, in der alles wieder in Chaos zerfiel, doch die gleichzeitig den Beginn für eine neue Evolution bezeichnete. Man könnte sagen, daß die einzelnen Aktionen des Welttheaters, wie wir es uns heute vorstellen, durch eine ganze Serie von Wiederholungen ersetzt wurden. Und während der Aufstieg langsam vor sich ging, erfolgte der Niedergang rapide. Die Neokonfuzianer hätten William Harveys Worte über Individuen wohlwollend aufgenommen:

> Zum Aufbau und Unterhalt lebendiger Wesen bedarf es zahlreicherer und gekonnterer Operationen als für ihre Auflösung und ihren Abbruch, denn das Entstehen und Vollenden all der Dinge, die leicht und geschwinde zugrundegehen, ist langsam und schwierig.

Zeit und soziale Devolution oder Evolution: *Ta T'ung und T'ai P'ing*

Wir haben über soziale Evolution gesprochen, die im Weltbild der Neokonfuzianer jedoch eher implizit als deutlich definiert war. Zur Frage nach den Geschicken der menschlichen Gesellschaft in der Geschichte gab es zwei deutlich entgegengesetzte Einstellungen. Die einen glaubten an das Goldene Zeitalter einer Urgesellschaft oder an ein Zeitalter von weisen Königen, wonach sich die Menschheit ständig zu ihrem Schlechteren entwickelt hätte.[102] Andere sa-

Ursprung« *(T'ai Chi Shang Yuan)* oder dem allgemeinen Zusammentreffen der Planeten verstrichen war und kam auf 96 961 740 Jahre. Es ist irrelevant, daß eine generelle Zusammenstellung unmöglich ist, wichtig ist nur die enorme Ausdehnung der Zeitperioden, mit denen die chinesischen Astronomen des Mittelalters sich auseinanderzusetzen bereit waren.

101 a So lautete die berühmte Berechnung des Gelehrten James Usher, Erzbischof von Armagh. Vgl. seine *Chronologia Sacra* (Oxford 1660), S. 45 und *Annals of the World* (Oxford 1658), S. 1. An dieser Stelle sei Prof. H. Trevor-Roper für seine freundliche Unterstützung gedankt.

102 Z. B. der bedeutende Klassiker der Mediziner im 2. Jh. v. Chr., *Huang Ti Nei*

hen in gewissen kulturellen Heldengestalten die Vorläufer einer großen Zukunft; hier lag die Betonung auf Entwicklung und Evolution einer primitiven Wildengesellschaft.[103]

Die erste Einstellung war für die klassischen Philosophen des Taoismus charakteristisch, sie verband sich mit einer allgemeinen Opposition zur protofeudalen und zur feudalen Gesellschaft.[104] Sie kam immer wieder auf das alte Paradies eines allgemeinen Stammesadels zurück, auf kooperative Einfachheit und auf ungeregelten Kollektivismus (›als Adam grub und Eva spann, wo war denn da der Edelmann?‹); ein Zeitalter, das vor der historischen Differenzierung in Fürsten, Priester und Diener lag. In diesen Gedanken wurden sie wahrscheinlich durch das Fortbestehen präfeudaler Beziehungen unter einigen Stämmen am Rande der chinesischen Gesellschaft bestärkt, die wir heute als *Miao, Chiang, Lo-lo* und *Chia-jung*-Völker kennen, und die erst heute, nach mehr als 2 Jahrtausenden, in die chinesische Gesamtgesellschaft integriert werden. Und tatsächlich bewahrten die Taoisten viel von ihrer Opposition gegen eine feudale und feudalbürokratische Gesellschaft aus dem 4. Jahrhundert v. Chr. durch die gesamte chinesische Geschichte hindurch, und dies auch noch zu einem Zeitpunkt, nach dem ihre Schule einen mystischen Nihilismus für Scholaren und eine kirchliche Organisation für die armen Bauern hervorgebracht hatte. Das geht allein schon daraus hervor, daß sie bei allen agrarischen Rebellionen unter allen Dynastien ständig wieder auftauchten; sie verharrten in einer permanenten Oppositionshaltung, die nur der egalisierende Sozialismus des modernen Chinas befriedigen konnte.[105] Natürlich gibt es viele europäische Parallelfälle für die taoistische Vorstellung eines Goldenen Zeitalters: die Cronia und die Saturnalien Roms, die an die vergangenen Zeiten

Ching Su Wên (Kap. 14), in dem die Weltgeschichte in klassische *(shang ku)*, mittelalterliche *(Chung ku)* und jüngste *(tang chin)* Zeiten periodisiert wurde und in dem weiter ausgeführt wird, daß die Anfälligkeit der Menschen gegenüber Krankheiten zugenommen hat, so daß im Laufe der Zeit immer stärkere Drogen und Behandlungsmethoden erforderlich wurden.

103 Ein ganzes Kapitel des *Huai Nan Tzu* (ca. 120 v. Chr.) ist dem Nachweis sozialen Wandels und Fortschritts gewidmet, der sich seit dem Altertum zugetragen hat, und es finden sich viele Hinweise auf materielle Verbesserungen (Kap. 13, übers. v. Morgan, S. 143 ff.). Das *Huai Nan Tzu* ist in vieler Hinsicht sehr taoistisch, doch dies war eher eine Einstellung des *Han*-Taoismus als des Taoismus zur Zeit der Kämpfenden Staaten.

104 Vgl. SCC, Vol. II, S. 86 ff., 99 ff., 104 ff., 115 ff.

105 Vgl. SCC, Vol. II, S. 60

des Cronos und Saturns erinnerten, die Ablehnung eines überzivilisierten Lebens durch die Stoiker und die Epikuräer, die christliche Lehre des menschlichen Sündenfalles (die vielleicht aus der alten sumerischen Klage über das verlorene soziale Glück in einer Gesellschaft ohne Fürsten herrührt), die Geschichten einer ›Insel der Glückseligen‹ und schließlich die Bewunderung für den edlen Wilden im 18. Jahrhundert, die durch die ersten Kontakte der Europäer mit den echten ›Paradiesen‹ des Pazifik geweckt wurde.[106]
Durch irgendeinen literarischen Zufall finden sich die berühmtesten Aussagen der Taoisten über eine Theorie der regressiven Devolution in den Büchern anderer philosophischer Schulen: dem *Huai Nan Tzu* aus dem 2. Jahrhundert v. Chr. und dem konfuzianischen *Li Chi* (Aufzeichnung der Riten) aus dem 1. Jahrhundert v. Chr. Von dem zuletzt genannten Werk wollen wir hier eine Passage aus dem Kapitel *Li Yün* zitieren:[107]

Als das große *Tao* herrschte, war die ganze Welt eine Gemeinschaft *(t'ien hsia wei kung)*.[108] Begabte und tugendhafte Männer wurden (als Führer des Volkes) ausgewählt; ihre Worte waren aufrecht und sie förderten Harmonie. Die Menschen behandelten die Eltern der anderen wie ihre eigenen und liebten die Kinder der anderen wie ihre eigenen. Für die Alten war bis zu deren Tod ausreichend Vorsorge getroffen, für die Gesunden gab es genug Arbeit, und die Kinder wurden erzogen. Gegenüber Witwen, Waisen, Menschen ohne Kindern und Krüppeln legte man Freundlichkeit und Mitleid an den Tag, so daß für alle gesorgt wurde. Jedem Mann wurde seine Arbeit zugewiesen und jeder Frau ein Heim, in das sie gehen konnte. Man warf nicht gerne wertvolle Dinge weg, doch das bedeutete nicht, daß hier in privaten Lagerhäusern Schätze gehortet

106 Vgl. SCC, Vol. II, S. 127 ff.
107 Kap. 9, übersetzt von Legge, vol. 1, S. 364 ff., hier leicht verändert aus SCC, Vol. II, S. 167. *Li Yün* mag man als »Die Verwandlung Sozialer Institutionen« übersetzen. Die Ausdrucksweise paralleler Passagen im *Mo Tzu*, (Kap. 11, 12, 13, 14, 15, übers. v. Mei Yi Pao, S. 55, 59, 71, 80, 82) legen das Entstehungsdatum in das 4. Jh. v. Chr., nicht in das erste nachchristliche Jahrhundert. Doch ihrer Tendenz nach waren diese Abschnitte eher »progressiv« als »regressiv«, denn sie kritisierten die herrscherlosen Zeiten des Altertums als eine Periode, in der die Menschheit »völlig durcheinander« war, und sie verlegten den Zustand des *Ta T'ung* in die Zukunft, erreichbar durch die Anwendung von universeller Liebe *(chien ai)*. Der genaue Ausdruck *Ta T'ung* wird im *Mo Tzu* nicht benutzt. Einen ähnlichen, doch viel kürzeren Bericht wie im *Li Chi*, findet man im *Huai Nan Tzu* (120 v. Chr.), Kap. 2. Dort verwendet man den Ausdruck *Ta Chih* (die ideale Herrschaft) statt *Ta T'ung;* vgl. die Übersetzung v. Morgan, S. 35
108 Wörtlich »zum allgemeinen Gebrauch«, d. h. nicht das Eigentum der Kaiser, Feudalherren und Patrizierfamilien.

wurden. Die Menschen strengten gerne ihre Kräfte bei der Arbeit an, doch das bedeutete nicht, daß sie für privaten Vorteil arbeiteten. Auf diese Weise wurden selbstsüchtige Pläne unterdrückt und konnten sich nicht behaupten. Es gab keine Diebe, Räuber und Verräter, und deshalb blieben die Außentüren der Häuser offen und wurden niemals geschlossen. Dies war die Zeit der Großen Gemeinschaft *(Ta T'ung)*.[109]
Doch nun ist das große *Tao* aus dem Gebrauch gekommen und niedergegangen. Die Welt (das Reich) ist zu einem Familienerbstück geworden. Die Menschen lieben nur noch ihre eigenen Eltern und ihre eigenen Kinder. Wertvolle Dinge und Arbeit werden nur noch zum eigenen Nutzen gebraucht. Mächtige Männer, die glauben, die Vererbung von Gütern sei stets die Regel gewesen, befestigen die Stadtwälle und die Mauern der Dörfer und verstärken sie durch Gräben und Teiche. Beziehungen zwischen Herrscher und Minister, Vater und Sohn, älterem und jüngerem Bruder, Mann und Frau hängen sie an den Fäden ›Riten‹ und ›Rechtschaffenheit‹ auf. Ganz in diesem Sinne regulieren sie den Konsum, verteilen sie Land und Wohnstätten, fördern sie Krieger und ›Wissen‹; all dies verfolgen sie nur wegen ihres eigenen Nutzens. Deshalb entstehen ständig selbstsüchtige Pläne, deshalb wird zu den Waffen gegriffen. Hierdurch zeichneten sich die Sechs Fürsten (*Yü* ›der Große‹, T'ang, Wên Wu, Ch'eng und der Fürst von *Chou*) aus ... Diese Zeit nennt man die Geringere Ruhe *(Hsiao Kang)*.

Zweifelsohne sympathisierten die Mohisten bis zu einem gewissen Grad mit dieser Darstellung der idealen, kooperativen, vielleicht sogar sozialistischen Gesellschaft, die angeblich in der fernen Vergangenheit existiert hatte, doch sie war nie Bestandteil der konfuzianischen Ideologie. Immerhin erfreute sich die Idee einer Gesellschaft der großen Gemeinschaft trotz der späteren universellen Beherrschung des chinesischen Lebens durch den Konfuzianismus einer gewissen Unsterblichkeit, denn falls diese Gesellschaft wirklich einmal auf der Erde existiert hatte, könnte man sie vielleicht

109 Diesen Ausdruck könnten wir genauso gut als »Große Gemeinschaft« übersetzen. In einem unterschiedlichen Sinne wurde er von den Philosophen der Kämpfenden Staaten benutzt. Dort bezeichnete er die Parallele zwischen dem Mikrokosmos (Mensch) und dem Makrokosmos (Universum). Dafür findet man ein Beispiel im *Lü Shih Ch'un Ch'iu* (239 v. Chr.), Kap. 62 (in der Übersetzung von Richard Wilhelm auf S. 160). Die Vorstellungen liegen jedoch nicht ganz so weit auseinander, denn für die alten Chinesen war die soziale Gemeinschaft tatsächlich »von der Natur intendiert« und Klassenunterschiede und -kämpfe galten als eine Verletzung der natürlichen Ordnung, zudem als eine Verletzung, die die Natur in Unruhe versetzen und zu Naturkatastrophen oder doch wenigstens ungünstigen Wetterbedingungen führen würde. *T'ung* läßt als »Mit-Sein« auch die Übersetzung »Große Gleichheit« zu.

wieder ins Leben rufen.[110] Durch seine Betonung von Entwicklung und sozialer Evolution arbeitete auch der Konfuzianismus in dieser Richtung. Und obwohl die unzähligen Bauernaufstände in der chinesischen Geschichte gedanklich selten die Erstellung einer neueren und besseren Dynastie[111] transzendierten, neigten gleichzeitig ihre stärker visionären Elemente häufig dazu, die Zeitdimension von der regressiven in die progressive Konzeption umzuwandeln. Zu unserer Zeit, 1900 Jahre nach den *Han*, haben diese beiden kleinen Worte *Ta T'ung*, ungeheuer an numinöser, emotionaler und revolutionärer Gewalt gewonnen.[112]

In der Tat gab es eine parallel (oder besser invers) aufsteigende konfuzianische Sequenz, doch bevor wir diese untersuchen, müssen wir einen Blick auf eine andere, verwandte Vorstellung werfen, jene des *T'ai P'ing* (Großer Frieden und Gleichheit).[113] Hier handelte es sich um eine andere ›machtvolle Aussage‹, deren Interpretation jedoch weit auseinanderging.[114] Hier waren das goldene Zeitalter und die verwirklichbare Utopie nicht sehr deutlich auseinanderzuhalten; in den klassischen Texten findet man sehr selten eindeutige Aussagen darüber, ob es sich um eine Zeit in der ältesten Vergangenheit handelte, die nie wiederkehren würde, oder ob man darauf nur in der Zukunft hoffen könnte. Zweifelsohne bemühten sich viele kaiserliche Regentschaften bewußt darum, diese Periode zu erreichen. Der Ausdruck taucht erstmalig 239 v. Chr., in den *Lü Shih Ch'un Ch'iu* (den Frühlings- und Herbstannalen des Meisters *Lü)* auf, einem berühmten Kompendium der Naturphilosophie. Dort bezeichnet er einen Zustand des Friedens und des Wohlstandes, der durch eine Musik, die mit den zyklischen Operationen

110 Vgl. den interessanten Aufsatz von Hou Wai-Lu »Socialnye Utopii Drevnego i Srednevekovogo Kitaia (Soziale Utopien im Alten und Mittelalterlichen China)«, *Voprosy Filozofii*, 1959, 9, 75

111 Vgl. Shih Yu-Chung, »Some Chinese Rebel Ideologies«, *T'oung Pao*, 1956, 44, 150

112 Über die Geschichte der Ta T'ung-Vorstellungen in China gibt es ein wertvolles Büchlein von Hou Wai-Lu, Chang Kai-Chih, Yang Chao und Li Hsüeh-Chin, *Chung-Kuo Li Tai ›Ta T'ung‹ Li Hsiang*, Peking 1959

113 Im Wort *p'ing* stecken beide Bedeutungen.

114 Das wird zur Zeit sehr intensiv von Sinologen, Historikern und Sozialphilosophen untersucht. Die beste Behandlung dieses Themas in einer westlichen Sprache ist wahrscheinlich die von W. Eichhorn, »T'ai-P'ing und T'ai-P'ing Religion«, in: *Mitteilungen des Instituts für Orientforschung*, 1957, 5, 113, dazu auch T. Pokora, »On the Origins of the Notions of T'ai-P'ing and Ta-T'ung in Chinese Philosophy«, in: *Archiv. Orientalní*, 1961, 29, 448

der Natur harmonisiert, magisch hervorgebracht werden kann.[115] In den folgenden Jahrhunderten lag die Betonung manchmal auf sozialem Frieden, der durch die konfliktfreie Zusammenarbeit verschiedener sozialer Klassen, die alle mit ihrem Los zufrieden waren, entstand, zu anderen Zeiten auf der Harmonie der natürlichen Phänomene (die der Mensch vielleicht herbeiführen konnte), die einen Überfluß der Früchte dieser Erde produzierte, dann wiederum auf der Vorstellung von Gleichheit. Hier gab es Anspielungen auf jene primitive, klassenlose Gesellschaft, die letztendlich doch wieder hergestellt werden könnte. Bisweilen nahm man an, daß der Große Friede unter den weisen Königen der Urzeit existierte, andere behaupteten, dieser Zustand sei hier und jetzt durch eine gute kaiserliche Regierung herbeizuführen, und noch eine andere Schule vertrat die Meinung, dieser Zustand werde in einer zukünftigen Zeit eintreten. Es lohnt sich, einige dieser unterschiedlichen Meinungen zu zitieren.

Die mysteriöse soziale Magie des Meisters Lü taucht erneut im *Ch'ien Han Shu* (Geschichte der früheren *Han*-Dynastie), ca. 100 v. Chr., in dem Kapitel über Riten auf. Dort heißt es, die vollständige Anwendung der Riten der früheren Könige werde den Zustand *T'ai P'ing* herbeibringen.[116] Dies hatte eine besondere Beziehung zu den jahreszeitlichen Zeremonien des *Ming T'ang*, des kosmischen Tempels, in welchem der Kaiser und seine Helfer im Namen des Volkes vor dem Himmel ihre liturgischen Aufgaben verrichteten. In der Biographie des Ministers Tou Ying (gest. 131 v. Chr.) wird von dessen Unterstützung des *Ming T'ang* und anderer zeremonialer Maßnahmen berichtet, die als der Weg bezeichnet werden, durch den der Große Friede erreicht werden könne.[117] Das Buch *Huai Nan Tzu* (120 v. Chr.) verbindet ausdrücklich die Erreichung dieses Zustandes mit der rituellen Reinheit und Sauberkeit der kosmischen Tempeldienste.[118] Andererseits lesen wir in der Biographie des Tungfang Shuo (gest. ca. 80 v. Chr.), daß durch die soziale Harmonie unter den Menschen die natürlichen Voraussetzungen zum Glücke der Menschheit geschaffen würden.[119] Der ökonomische Teil des *Ch'ien Han Shu* geht sogar soweit, den Aus-

115 Kap. 22, übers. v. R. Wilhelm, S. 56
116 Kap. 22, W. Eichhorn, a. a. O., S. 116
117 *Ch'ien Han Shu*, Kap. 52, W. Eichhorn, a. a. O., S. 123
118 Kap. 2, W. Eichhorn, a. a. O., S. 123
119 *Ch'ien Han Shu*, Kap. 65

druck *T'ai P'ing* auf Jahre zu beziehen, in denen Rekordernten erzielt wurden. In einem Abschnitt des *Chuang Tzu* finden wir den Hinweis, daß das höchste Ziel, eine gute Regierung: *T'ai P'ing* nicht durch menschliches Geschick und Planung, sondern nur durch das Verfolgen des *Tao* des Himmels erreicht werden kann.[120] »Das *Tao* des Himmels besteht in ständiger Bewegung, nicht darin, Tugenden oder materielle Güter an einem bestimmten Ort zu häufen, und dadurch bringt es alle Dinge zur Vollendung *(t'ien tao yün erh wu so chi, ku wan wu ch'êng)*«.[121] Hier finden wir gleichzeitig das Thema der Großen Gleichheit und des Großen Friedens, dessen Echo durch sämtliche taoistischen Schriften dringt. »Gleichheit aller Dinge und Meinungen« lautete die Lehre der Mitglieder der *Chi-Hsia*-Akademiker P'êng Meng, T'ien P'ien und Shen Tao (zwischen 320-300 v. Chr.),[122] und genauso lautete der Titel eines echten Kapitels des *Chuang Tzu,* das einige von Chuang Chous Schlüsselvorstellungen über taoistische Epistemologie, wissenschaftliche Weltanschauungen und demokratische Soziallehre enthält.[123] »Der große Weg (des *Tao* der Gerechtigkeit und der Rechtschaffenheit)«, schreibt das *Tao Tê Ching* »ist breit und eben *(ta tao shen i)*« – ein Satz, der an die Aussagen der hebräischen Propheten erinnert: »Machet eben die Wege des Herrn«, und der an die mystischen Dichtungen von Wegbefestigungen aller Zeiten und Völker rührt: »Alle Täler sollen ausgefüllt und alle Berge sollen abgetragen werden«.[124] Die egalitäre Bedeutung kann nicht in Zweifel gezogen werden, denn im weiteren Verlauf des Gedichtes wird den feudalen Fürsten vorgeworfen, Reichtum anzuhäufen und die Bauern zu unterdrücken; »dies sind die aufrührerischen Methoden von Giganten, dies ist nicht der große Weg.«[125]

120 Kap. 24

121 Kap. 13 *T'ien Tao),* übers. v. Legge, Vol. I. S. 330, 337

122 Vgl. Fêng Yu-Lan, *A History of Chinese Philosophy,* vol. I, S. 153 ff. Diese Männer waren alle Mitglieder der *Chi-Hsia* Akademie, die Prinz Huan von *Ch'i* etwa im Jahre 325 v. Chr. gegründet hatte.

123 Kap. 2, *(Chi Wu Lun),* übers. v. Legge, vol. 1, S. 176 ff.

124 Vgl. Isaiah, XL, 3, 4. Auch das Denken der Hindus und Buddhisten kannte die Mystik des Ausgleichens: Die »alluviale« Flachheit, die durch die Weltkatastrophen und Überschwemmungen herbeigeführt wird, und auf der die Buddhas und Bodhisattven wandeln. Zu dieser Idee vgl. P. Mus, »La Notion de Temps Réversible dans la Mythologie Bouddhique«, in: *Annuaire de l'Ecole Pratique des Hautes Etudes (Section des Sciences Religieuses),* 1939, S. 15, 33 ff., 36

125 Kap. 53, übers. v. Wu, S. 75, übers. v. Ch'u, S. 66, übers. v. Duyvendak, S. 117

Viele alte Texte behandeln *T'ai P'ing* jedoch nur als das Goldene Zeitalter der weisen Könige in der ältesten Vergangenheit: so z. B. Chia I in seinem *Hsin Shu* (etwa 170 v. Chr.),[126] der Alchimist Wu Pei, wenn er mit seinem Fürsprecher, dem Prinzen von *Huai-Nan* (etwa 130 v. Chr.),[127] redet, sowie das Kapitel über Riten im *Shih Chi* (etwa 100 v. Chr.)[128] und das Buch *Yin Wên Tzu.*[129] Andere Stellen machen deutlich, daß man in bestimmten, wirtschaftlich blühenden Zeiten davon ausging, daß der Große Friede bereits erreicht worden sei. Der erste chinesische Kaiser Ch'in Shih Huang Ti strebte ganz offensichtlich danach;[130] um das Jahr 210 v. Chr. nahm er für sich in Anspruch, diesen Zustand eingeführt zu haben; eine Inschrift aus jenem Jahr sagt: »Das Volk freut sich über die Regelungen und Maßnahmen, man beglückwünscht sich zur Aufrechterhaltung des Großen Friedens.«[131] Genauso betrachtete Lu Wên-Shu (um 70 v. Chr.) die Regentschaft des Han Wên Ti (179-157 v. Chr.) als eine Periode des *Tai P'ing.*[132] Eine Erörterung dieser verschiedenen Meinungen kann man im *Lun Hêng* (83 n. Chr.) finden; in einem Kapitel wird die Zuordnung dieses Attributs zur Zeit der klassischen Weisen Yao und Shun aufgezeichnet, in einem anderen steht, viele Menschen glaubten, dieses Zeitalter würde durch das Erscheinen des Phoenix und des Einhorns angekündigt, und in einem dritten Kapitel äußert Wang Ch'ung seine eigene Überzeugung, daß die Prosperität von *T'ai P'ing* mehrere Male während der beiden *Han*-Dynastien vorgekommen sei.[133]

126 Kap. 52 *(Hsiu Chêng Yü)*, übers. v. Eichhorn, a. a. O., S. 118
127 *Ch'ien Han Shu*, Kap. 45
128 Kap. 23, übers. v. Chavannes, vol. 3, S. 211
129 Kap. 2 *(Ta Tao)*; dort lehrt T'ien P'ien über das *Shu Ching* (Klassiker der Geschichte) und er führt aus, daß zu Zeiten des (legendären) Kaisers Yao T'ai P'ing geherrscht hätte.
130 *Shih Chi*, Kap. 6, übers. v. Chavannes, vol. 2, S. 180
131 *Shih Chi*, Kap. 6, übers. v. Chavannes, vol. 2, S. 189
132 *Ch'ien Han Shu*, Kap. 51
133 Das findet man sowohl im Kapitel 26 *(Ju Tsêng)* übers. v. Forke, vol. 1, S. 494; Kap. 50 *(Chiang Jui)* übers. v. Forke, vol. 1, S. 364; und Kap. 57 *(Hsüan Han)*, übers. v. Forke, vol. 2, S. 192 ff. Wang Ch'ung bekämpfte auch (in Kap. 56) die übertriebene Verehrung von Weisen und den Glauben an ein goldenes Zeitalter *(Ch'i Shih* – alle Generationen sind sich mehr oder weniger ähnlich), übers. v. Forke, vol. 1, S. 471 ff. Es ist interessant, daß der Ausdruck *T'ai P'ing* in sehr vielen Ortsnamen auftaucht, und daß er zur Bezeichnung von nicht weniger als sechs Regierungsperioden gewählt wurde. Sie lagen in den folgenden Dynastien:

Wir kommen nun zur Einbettung der Vorstellung von *T'ai P'ing* in eine zeitliche Sequenz, die der des *Ta T'ung* entspricht. Sie entstand aus der Exegese des *Ch'un Ch'iu* (Frühlings- und Herbstannalen) durch die Gelehrten der *Han*-Dynastie. Bei diesem Buch handelt es sich um eine Chronik des Feudalstaates *Lu* zwischen den Jahren 722 und 481 v. Chr. Es gab eine hartnäckige Tradition, nach welcher Konfuzius selbst dieses Buch herausgegeben hatte. Seit ältester Zeit wird es durch 3 traditionelle Kommentare begleitet, die man als das *Tso Chuan*, das *Kuliang Chuan* und das *Kungyang Chuan* kennt.[134] Die Erweiterung des Meister Tso Ch'iu datierte die Geschichte ein wenig zurück bis in das Jahr 452 v. Chr.; sie setzte sich aus klassischen schriftlichen und mündlichen Zeugnissen mehrerer Staaten (nicht nur *Lu*) zwischen 430 und 250 v. Chr. zusammen; zusätzlich gab es jedoch noch viele spätere Veränderungen und Zusätze durch konfuzianische Gelehrte der *Ch'in* und der *Han*.

Die Kommentare des Meister Kuliang und des Meister Kungyang unterschieden sich hiervon dadurch, daß keiner ihrer Bestandteile aus unabhängigen, historischen Zeugnissen herrührte, sondern daß sie sich auf Wort-für-Wort-Erklärungen der Chronik beschränkten.[135] Bedeutend hieran war der Glaube, daß den genauen Begriffen, die Konfuzius in der jeweiligen historischen Situation gebraucht hatte, ein großes moralisches Gewicht zukam. Im zweiten und ersten Jahrhundert v. Chr. schlossen sich die Gelehrten der *Han*-Dynastie zu Schulen zusammen, die sich auf das Studium jeweils einer dieser traditionellen Überlieferungen spezialisierten, für die man sogar getrennte Lehrstühle an der kaiserlichen Universität errichtete.[136] Einer der Gelehrten, die aus der Tradition des Mei-

San Kuo (Wu), 256 n. Chr., Nördliche *Yen*, 409 n. Chr., Nördliche *Wei*, 440 n. Chr., *Liang*, 556 n. Chr., *Sung*, 976 n. Chr. und *Liao*, 1021 n. Chr. *Ta T'ung* wurde zweimal für die Bezeichnung von Regierungsperioden gewählt, nämlich *Liang*, 535 bis 546 n. Chr. und *Liao*, 947 n. Chr.

134 Eine recht gute Einleitung zu dieser Literatur findet man bei P. van der Loon »The Ancient Chinese Chronicles and the Growth of Historical Ideals«, in: *Historians of China and Japan*, hrsg. v. W. G. Beasley und E. G. Pulleyblank, London 1961, S. 24.

135 Alle drei waren angeblich aus den mündlichen Lehren des Konfuzius abgeleitet.

136 Diese Einrichtung stammt aus dem Jahre 124 v. Chr. Der öffentliche Titel eines *Po-Shih* (Doktor oder Professor) war jedoch schon im 3. Jahrhundert v. Chr. aufgetaucht, das Prinzip der kaiserlichen Prüfungen im Jahre 165 v. Chr. Man kann davon ausgehen, daß die Existenz der kaiserlichen Universität damit

ster Kungyang hervorkamen, war der bedeutende Philosoph Tung Chung-Shu (179-104 v. Chr.). Tung entwickelte eine Theorie der drei Zeitalter *(San Shih)*, in der er die Ereignisse im Ch'un Ch'iu nach drei Gesichtspunkten klassifizierte: solche, bei denen Konfuzius selbst Zeuge gewesen war (541-480 v. Chr.), solche, von denen er durch mündliche Überlieferung erfahren hatte (626-542 v. Chr.) und solche, die er nur aus schriftlichen Aufzeichnungen kannte (722-627 v. Chr.).[137] In der späteren *Han*-Periode wurde diese Klassifikation in eine aufsteigende, sozialevolutionäre Reihe gebracht, die zunächst nur auf die konfuzianische Redaktion bezogen, später aber universell angewendet wurde. Die zentrale Figur in dieser Bewegung war Ho Hsiu (129-182 n. Chr.), dessen Schriften der Standardkommentar des *Kungyang Chuan* wurde.[138] Er schrieb:

Konfuzius sah (und machte deutlich), daß in dem Zeitalter, von dem er durch überlieferte Aufzeichnungen gehört hatte, eine Ordnung aus Schwäche *(Shuai Luan)*[139] entstanden war, und zwar konzentrierte er seinen Verstand hauptsächlich auf die allgemeinen (Bezüge). Deshalb betrachtete er seinen eigenen Staat *(Lu)* als den Mittelpunkt und behandelte das übrige chinesische Reich als etwas, das außerhalb (seines Planes) lag. Ihm naheliegende Dinge behandelte er äußerst sorgfältig, erst dann kümmerte er sich um Dinge, die weiter entfernt lagen ...
In dem Zeitalter, von dem er durch mündliche Zeugnisse erfahren hatte, sah (und machte er deutlich), daß aus dem nahenden Frieden *(Shêng*

begann, daß Kaiser Han Wu Ti »Schüler« *(ti-tzu)* und Professoren materiell unterstützte. Im Jahre 10 v. Chr. gab es bereits 3000 Studenten, die natürlich nicht alle »von der Gründung« lebten. Der Ausdruck *T'ai Hsüeh,* der jahrhundertelang zur Bezeichnung der Universität diente, taucht erstmalig in einem Schreiben des Tung Chung-Shu an den Kaiser auf. Tung fordert in diesem Schreiben die Gründung der Universität, doch der Kaiser zog die Pläne des Kungsun Hung vor.

137 Vgl. Fêng Yu-Lan, *History of Chinese Philosophy,* vol. 2, S. 81

138 Fêng Yu-Lan, a. a. O., vol. 2, S. 83. Der Abschnitt findet sich am Ende des ersten Kapitels des *Kungyang Chuan.*

139 In diesem Ausdruck schwingt etwas von der Theorie des Goldenen Zeitalters mit, denn *Shuai* bedeutet Niedergang und Dekadenz genauso wie Schwäche. Es ist jedoch zweifelhaft, ob dies intendiert war, denn eine alternative Form dieses Ausdrucks, den man in vielen Texten gefunden hat, lautet *Chü Luan: chü* bedeutet gewaltsame Besetzung oder in Besitznahme, die Eroberung von Ländern und Gütern, Rebellion usw., d. h. das Korrelat von Schwäche; mit anderen Worten, der gesellschaftliche Zustand, der im Testament des Heiligen Lucas, 11, 21 beschrieben wird, oder das »Gesetz der Fische« des Buddhismus, permanenter Bruderkrieg. Vgl. Hsiao Kung-Ch'üan. »K'ang Yu-wei and Confucianism«, in: *Monumenta Serica,* 1959, 18, 96, S. 142

P'ing) eine Ordnung entstand. Deshalb betrachtete er die chinesische Ökumene als Mittelpunkt, die Volksstämme der Barbaren an den Grenzen als etwas, was außerhalb (seines Planes) lag. Deshalb zeichnete er sogar jene Versammlungen außerhalb (seines eigenen Staates) auf, die nicht zu einer Einigung gekommen waren, und erwähnte sogar die großen Beamten von kleineren Staaten ... Für das Zeitalter, das er (persönlich) erlebte, machte er deutlich, daß aus dem Großen Frieden *(T'ai P'ing)* eine Ordnung entstanden war. Zu dieser Zeit wurden Volksstämme der Barbaren Teil der feudalen Hierarchie, und die ganze (bekannte) Welt, sei sie fern oder nah, groß oder klein, wurde vereint. Deshalb konzentrierte er sich noch stärker auf die sorgfältige Erstellung von Aufzeichnungen (von Vorfällen des Zeitalters), und deshalb schätzte er Liebe und Rechtschaffenheit so hoch ein ...

Hier finden wir die formale Struktur eines Prozesses sozialer Evolution vor, der sich innerhalb der Zeit vollzieht, eine Struktur, die in die allgemeinen Vorstellungen des Volkes übernommen werden kann, als etwas, das sich auf die gesamte Zivilisation anwenden läßt.

Schon vor den Zeiten des Ho Hsiu hatte der religiöse Taoismus, der im Volke reifte, diese Interpretation von *T'ai P'ing* in Besitz genommen.[140] Die moderne Forschung beschäftigt sich z. Z. intensiv mit einem Corpus klassischer Dokumente, deren hauptsächlicher Teil aus einem Buch besteht, das den Titel *T'ai P'ing Ching* (Kanon des Großen Friedens) trägt. Dieses Werk ist schwierig zu datieren, da es wahrscheinlich zu verschiedenen Zeiten zwischen der Periode der kämpfenden Staaten (ca. 4. Jahrhundert v. Chr.) und dem Ende der späteren *Han*-Dynastie (220 n. Chr.)[141] geschrieben wurde. Der größere Teil dieses Buches beschäftigt sich mit religiösen und abergläubischen Praktiken, Weissagungen und prophetischen Warnungen, doch man findet auch Abschnitte, die eine Verbindung zum revolutionären Taoismus der großen nationalen Aufstände herstellen – den ›roten Augenbrauen‹, die Fan

140 Wenn Pokora, a. a. O., recht hat, so stammten die Ideen des Ho Hsiu wahrscheinlich durch die Vermittlung des *Yü Chi* (120-200 n. Chr.) direkt aus den volkstümlichen progressiven Apokalypsen. *Yü Chi* war ein Naturwissenschaftler und Arzt, einer der Väter der taoistischen Kirche und wahrscheinlich der Autor von mehr als einem der Bücher, die den Stoff des *T'ai P'ing Ching* bildeten.

141 Der Gesamttext ist in jüngster Zeit unter dem Titel *T'ai P'ing Ching Ho Chiao* von Wang Ming herausgegeben worden (Peking 1960). Wang versuchte eine Rekonstruktion des Originals des Hauptteils. Pokora, a. a. O. gibt eine kurze Beschreibung dieses Buches und Eichhorn, a. a. O. bespricht den Inhalt einiger der dort enthaltenen Dokumente.

Ch'ung im Jahre 24 n. Chr. anführte, und der ›Gelbturbane‹ unter Chang Chio (184-205 n. Chr.).[142] Man muß natürlich in Betracht ziehen, daß das *T'ai P'ing Ching* und die ihm angeschlossenen Texte in den nachfolgenden Jahren durch Taoisten, die sich gegenüber der herrschenden Sozialordnung loyal verhielten, gereinigt wurden.[143] Immerhin war der volkstümliche, religiöse Taoismus der *Han*-Zeit chiliastisch und apokalyptisch; den Großen Frieden gab es eindeutig in der Zukunft genauso wie in der frühesten Vergangenheit. Der ›Kanon‹ erzählt von sozialer Solidarität auf dem Lande, Versündigungen gegen die Gemeinschaft und deren Vergebung, einer antitechnologischen Einstellung, der Überwindung von Auseinandersetzungen in Dörfern und von der außerordentlich bedeutenden Position, die Frauen in dieser Gesellschaft eingeräumt wurde. Zudem findet man eine Theorie der Zyklen, die in direktem Gegensatz zu denen der Neokonfuzianer steht, die wir gerade erwähnt haben und die ein Licht auf die Aktivitäten eines anderen berühmten taoistischen Rebellenführers, Sun En (gest. 402 n. Chr.), wirft.[144] Da sich die Sünden der bösen Generationen der Menschheit zu Gipfeln auftürmen, werden alle Menschen durch weltweite Katastrophen, Überschwemmungen und Seuchen dahingerafft – *fast* alle, denn ein ›heiliger Rest‹ (ein ›Samenvolk‹, *chung min*), das durch den Taoismus gerettet wird, kann sich behaupten und findet einen neuen Himmel und eine neue Erde des Großen Friedens und der Gleichheit unter der Führung des Friedensfürsten *(Ta T'ai-P'ing Chün):* hier handelt es sich natürlich um Lao Tzu. Danach wendet sich alles wiederum zum schlechteren, bis eine neue Erlösung notwendig wird. Anders also als die Zyklen der Neokonfuzianer, die sich nur sehr langsam entwickelten und mit einem Blitzschlag endeten, begannen die der religiösen Taoisten direkt aus dem Chaos, so herrlich wie am Ersten Tag, und fielen

142 Zu ihm vgl. W. Eichhorn, »Bemerkungen zum Aufstand des Chang Chio und zum Staate des Chang Lu«, in: *Mitteilungen des Instituts für Orientforschung,* 1955, 3, 291.

143 Trotzdem enthält es wortgewandte Passagen, die ganz in der Tradition jenes revolutionären Denkers Pao Ching-Yen stehen, der (falls es sich nicht um eine literarische Schöpfung von Ko Hung handelte) in der späteren Hälfte des 3. Jh. n. Chr. gelebt haben muß; vgl. SCC, Vol. II, S. 434 ff.

144 Zu seiner Person vgl. W. Eichhorn, »Description of the Rebellion of Sun En and earlier Taoist Rebellions«, in: *Mitteilungen des Instituts für Orientforschung,* 1954, 2, 325 mit einem Anhang, »Nachträgliche Bemerkungen zum Aufstand des Sun En«, S. 463

dann langsam ab bis zum Letzten Tage. Doch ganz gleich, ob man sich in diesen zyklischen Perioden die Zeit als geschachtelt vorstellte, das Ideal des *T'ai P'ing* blieb nun ständig, Rebellion für Rebellion, auf die Fahnen des chinesischen Volkes geschrieben. Es war das ausdrücklich ersehnte Ziel des Ch'en Ch'ien-Hu (ca. 1425 n. Chr.), eines Revolutionärs aus der *Ming*-Zeit, und lieferte natürlich auch den Namen für die Große Bewegung des *T'ai-P'ing T'ien-Kuo*, die zwischen 1851 und 1864 fast die *Mandschu-(Ch'ing)*-Dynastie gestürzt hätte, und die heute in China als Vorläufer der Volksrepublik betrachtet wird.[145]

Doch war das noch nicht alles. Einer der bedeutendsten Reformer und Repräsentanten des modernen chinesischen Denkens, K'ang Yu-Wei, der (von 1858-1927) in der Phase der intellektuellen Auseinandersetzungen lebte, als China die neuen Ideen aufnahm und verarbeitete, die der Kontakt mit der modernen wissenschaftlichen Zivilisation des Westens erbracht hatte, entnahm viel diesen uralten Träumen und Fortschrittstheorien. Seine klassischen Studien führten ihn zur Annahme von Hypothesen, die sich zwar im

145 Die Standardarbeit zu dieser großen, aber letztlich fehlgeschlagenen Revolution ist die von Lo Erh-Kang. *T'ai-Ping T'ien-Kuo Ko-Ming Chan Chêng Shih* (Geschichte des Revolutionären Krieges des *T'ai P'ing T'ien-Kuo)*, Peking 1949; seither sind acht Bände mit Quellenmaterial von Hsiang Ta u. a. herausgegeben worden, *T'ai P'ing T'ien-Kuo*, Peking 1957. Zusätzlich darf ich noch drei zeitgenössische Klassiker erwähnen, den ersten schrieb ein Dolmetscher der Britischen Regierung, den zweiten ein Missionar und den dritten ein Glücksritter, der mit den Armeen der T'ai P'ing gekämpft hatte: T. T. Meadows, *The Chinese and their Rebellions, viewed in connection with their National Philosophy, Ethics, Legislation and Administration, to which is added an Essay on Civilization and its Present State in the East and West* (Bombay und London 1856, Stanford, Calif., n. d. 1953). In dieser Arbeit entspricht das (durchaus nicht uninteressante) Hintergrundmaterial der wertvollen Beschreibung aus erster Hand. W. H. Medhurst, *Pamphlets issued by the Chinese Insurgents at Nanking; to which is added a History of the Kwang-se (Kuangsi) Rebellion, gathered from Public Documents; and a Sketch of the Connection between Foreign Missionaries and the Chinese Insurrection; concluding with a critical view of several of the above Pamphlets* (Shanghai 1853). Dieses Buch beschäftigt sich hauptsächlich mit dem Fast-Christentum der *T'ai P'ing* Revolutionäre. Lin-Le (Ling-Li, d. h. A. F. Lindley), *Ti-Ping Tien-Kwoh; the History of the Ti-Ping Revolution, including a Narrative of the Author's Personal Adventures*', London 1866, geht mehr auf das Abenteuerliche als auf die Geschichte ein, doch da es sich um die Arbeit eines Mannes handelte, der eine Gegenposition zu der militärischen Intervention anderer Fremder (Ward, Burgevine und Gordon) im imperialistischen Lager bezog, vermittelt es wertvolle Einsichten in die Charakterzüge der Führer der *T'ai P'ing*, die man sonst nirgendwo findet.

Lichte der modernen historischen Philologie nicht halten lassen;[146] Doch seine Gedanken waren tief von zwei Richtungen beein-

146 Es handelt sich hier um eine komplexe Frage, die wir nur kurz ansprechen können. Sie berührt die Kontroverse zwischen den »Alten Texten« und »Neuen Texten«, die die Gelehrten der *Han*-Zeit nicht weniger entzweite als die der späten *Ch'ing*-Periode, die sich wieder in *Han*-Forschungen gestürzt hatten. Der Zwist war durch die im 2. Jh. v. Chr. erfolgte Entdeckung einer Reihe von Versionen der Klassiker (des *Shu Ching* oder »Klassiker der Geschichte«, des *Shih Ching*, oder Buch der Oden, des *Tso Chuan* und des *Chou Li*) entstanden, die von den zuvor akzeptierten Textfassungen abwichen, und die in der archaischen Schrift der Frühen (Westlichen) *Chou* geschrieben waren. In der traditionellen Version heißt es, die Entdeckung sei während der Zerstörung des angeblichen Hauses des Konfuzius 135 v. Chr. geschehen, als der Prinz Kung von *Lu* (Lu Kung Wang), Liu Yü, seinen Palast erweiterte. Ähnliche Texte sollen sich aber auch in der Sammlung des großen Buchliebhabers Liu Tê (130 v. Chr.), des Prinzen von *Ho-Chien* (Ho Chien Wang), befunden haben. Die Terminologie ist ziemlich verwirrend, denn die »Alten Texte« waren die, die man in der Früheren *Han* neu entdeckt hatte, während die »Neuen Texte« über die alte Autorität einer ungebrochenen Verwendung verfügten. Man kann sie sich als »Texte mit alter Schrift« und »Text mit neuer Schrift« merken. Die jahrhundertelangen Diskussionen in Gelehrten-Kreisen haben endlich zu der Überzeugung geführt, daß die Geschichte der einzelnen Entdeckung eine Legende war, und daß zumindest einige der »Alten Versionen« Fälschungen darstellen, obwohl die Texte des *Shu Ching* nicht mit den jetzigen Kapiteln der »Alten Texte« übereinstimmten, von denen man weiß, daß sie um etwa 320 n. Chr. aus alten Fragmenten zusammengestellt wurden. Aus der Perspektive der Wissenschaftsgeschichte ist diese Kontroverse von besonderem Interesse, da die Mitglieder der »Neu-Text-Schule« (d. h. diejenigen, die die Texte akzeptierten, die in der offiziellen Lehrtradition standen) philologisch auf sicherem Boden standen, daneben aber alle die abergläubischen Pseudowissenschaften in jener Zeit, und damit gleichzeitig jene Offenheit gegenüber der Empirie übernahmen, in der sich die Keime der experimentellen Wissenschaft entwickeln konnten. Demgegenüber vertrauten die Anhänger der »Alt-Text-Schule« den falschen oder doch zumindest zweifelhaften Dokumenten, obgleich sie zu einer rationalistischen, aufgeklärten Einstellung neigten, die jedoch die proto-wissenschaftlichen Versuche weniger förderte als ihre Gegner das taten (man denkt an Alchimie, Pharmazie, die Untersuchung des Magnetismus usw.). Zu den bedeutendsten Vertretern der »Alt-Text-Schule« gehörten Liu Hsin (50 v. Chr.-23 n. Chr.) und Tung Chung-Shu, der uns bereits begegnet ist. In späteren Jahren war die Einstellung der klassischen Gelehrten gegenüber der Wissenschaft völlig gleichgültig; es ging um die Authentizität der Klassiker. Soweit man heute sagen kann, gab es zahlreiche Unterschiede zwischen der »alten« und der »neuen« Version, obwohl sie nicht sehr ins Gewicht fielen, doch im 19. Jahrhundert war man überwiegend der Meinung, daß für einige der Klassiker überhaupt keine »neuen« Versionen mehr vorlägen, während die »alten« von den Gelehrten der *Han*-Zeit selbst produziert worden wären. K'ang Yu-Wei führte eine aufwendige Kampagne zur Unterstützung der »Neu-Text-Schule«. Er glaubte, daß Liu Hsin selbst alles, was noch vom *Tso Chuan* und *Chou Li* übrig geblieben war, gefälscht hatte, und daß der *Kungyang Chuan* und das *Li Chi* die einzigen ver-

flußt: der offensichtlich mohistischen Großen Gemeinschaft *(Ta T'ung)* und dem taoistischen Konzept des Großen Friedens und der Gleichheit *(T'ai P'ing)*. Beide Konzepte interpretierte er progressiv sozial-evolutionär. Den ersten Begriff wählte er als Titel einer außergewöhnlichen Utopie, des *Ta T'ung Shu* (Buch der Großen Gemeinschaft),[147] das um 1884 geschrieben, 1913 teilweise gedruckt und nicht vor 1935 vollständig abgeschlossen wurde. Noch 1956 erschien in Peking ein Nachdruck, und seit 1958 liegt auch eine verkürzte englische Übersetzung vor.[148] Im Westen kann man jetzt diese großartige, vielleicht visionäre, doch äußerst praktische und wissenschaftliche Beschreibung der Zukunft lesen, die man nicht zu unrecht mit H. G. Wells vergleichen kann: eine Vision, derer kein chinesischer Gelehrter fähig gewesen wäre, wiese sein intellektueller Hintergrund tatsächlich jene zeitlosen und statischen Züge auf, die man nur zu häufig dem chinesischen Denken zuschrieb.

läßlichen Pfade darstellten, über die man noch an den wahren Konfuzius gelangen konnte. Er sah in Konfuzius auch eher einen bedeutenden Reformer als einen Konservativen. Aus dieser Haltung entstanden seine beiden Bücher, das *Hsin Hsüeh Wei Ching K'ao* (Untersuchung der gefälschten Werke der Hsin Dynastie), 1891, und das *K'ung-Tzu Kai Chih K'ao* (Konfuzius als Reformer), 1897. Obwohl sich die philosophischen Überzeugungen *K'ang's* heutzutage nur noch schwer halten lassen, wird doch deren Verbindung mit seinem Glauben an eine konfuzianische Förderung der Idee von sozialem Fortschritt und Evolution deutlich geworden sein. Es ist nicht ganz klar, ob in seiner eigenen Entwicklung den philologischen Schlußfolgerungen oder der Sozialphilosophie die Priorität zukam.

Zu der Auseinandersetzung über »alte oder neue Texte« vgl. Tjan Tjoe Som (Tsêng Chu-Sen), *Po Hu T'ung, the Comprehensive Discussions in the White Tiger Hall* (Leiden, 1949), vol. 1, S. 137 ff.; Fung (Fêng)Yu-Lan, *A History of Chinese Philosophy* (übers. v. D. Bodde, Princeton 1953), vol. 2, S. 7 ff., 133 ff., 673 ff., Woo Kang (Wu K'ang), *Les Trois Théories Politiques du Tch'ouen Ts' ieou (Ch'un Ch'iu),* (Paris 1932), S. 186 ff.; C. S. Gardner, op. cit., S. 9, 56 ff. Eine detaillierte Beschreibung der Gedanken K'ang Yu-Wei's findet sich in Hsiao Kung-Ch'üan, »K'ang Yu-Wei and Confucianism«, in: *Monumenta Serica,* 1959, 18, 96.

Ob Konfuzius selbst eine progressive oder reaktionäre Rolle spielte, wird unter Gelehrten, sowohl in China als im Westen, noch ständig diskutiert. Eine sympathetische und recht überzeugende Darstellung der progressiven Rolle des Konfuzius findet sich bei H. G. Creel, *Confucius, the Man and the Myth* (New York, 1949, London, 1951).

147 Man beachte, daß der Titel aus dem *Li Chi* stammte, der fortschrittliche Inhalt jedoch aus der traditionellen Entwicklung des *Kungyang Chuan* und dem *Mo Tzu.*

148 Vgl. L. G. Thompson, Ta T'ung Shu: *The One-World Philosophy of K'ang Yu-Wei,* London 1958

K'ang Yu-Wei prophezeite eine übernationale kooperative Weltgemeinschaft mit internationalen Institutionen, aufgeklärter Sexual- und Rassenpolitik, öffentlichem Besitz der Produktionsmittel und aufregenden wissenschaftlichen und technologischen Fortschritten, die selbst vor dem Gebrauch der Atomenergie nicht haltmachten. In unserer Zeit wurden die charismatischen Aussagen früherer Zeiten zu nationalen Slogans der politischen Parteien: für die Kuomintang *»T'ien hsia wei kung«* (die ganze Welt werde eine Gemeinschaft) und für die Kommunisten *»T'ien hsia ta t'ung«* (die Welt werde zur großen Vereinigung).

Das bisher Gesagte belegt schlüssig, daß die chinesische Kultur ein sehr empfindsames Zeitbewußtsein zeigte. Die Chinesen lebten nicht in einem zeitlosen Traum – im Gegenteil: die Geschichte war für sie vielleicht realer und lebendiger als für jedes vergleichbare klassische Volk; und ganz gleich, ob sie sich die Zeit als einen ständigen Niedergang nach der Vollendung des Altertums vorstellten oder als Wechselspiel zwischen glorreichen und katastrophalen Zyklen oder als Beleg für zwar langsame, aber doch unaufhaltsame Evolution und Fortschritt, auf jeden Fall erbrachte die Zeit realen und fundamentalen Wandel. Die Chinesen waren überhaupt kein Volk, das ›von der Zeit keine Notiz nahm‹. Und wieweit sie die Zeit in Begriffen des Fortschritts faßten, können wir an einem anderen Gedankengang demonstrieren.

Die Vergötterung von Erfindern und die Erkenntnis klassischer technologischer Stufen in der Zeit

Keine Zivilisation schenkte in ihrer klassischen Literatur dem Erinnern und Verehren historischer Erfinder und Innovatoren größere Aufmerksamkeit als die chinesische, und vielleicht trieb auch keine andere Kultur deren tatsächliche Vergötterung noch spät in ihrer Geschichte so weit.[149] Texte, die man als technisch-geschichtliche Enzyklopädien oder Aufzeichnungen von Erfindungen und Entdeckungen bezeichnen könnte, bilden ein eigenständiges Genre.[150] Das älteste dieser Art ist das *Shih Pên,* (Buch der Ursprün-

149 Die Moral dieser Geschichte steht in *Huai Nan Tzu,* dort heißt es, die Kulturhelden verdienten göttliche Verehrung dank ihrer überragenden Verdienste um das Wohlergehen der Menschheit (Kap. 13, übers. v. Morgan, S. 178).
150 Vgl. SCC, Vol. I, S. 51 ff.

ge), in dem zum großen Teil ganz einfach die Namen und Taten der legendären oder halblegendären Kulturhelden und Erfinder wiedergegeben werden, die man häufig als »Minister« des Gelben Kaisers ausgab, und in dem somit eine Fülle legendärer Zeugnisse systematisiert wurde, die zahlreicher war als die der »technischen Götter« der Antike des Mittelmeerraumes. Nach diesem Werk erfand Su Sha die Herstellung von Salz, Hsi Chung Räder und Wagen, Chiu Yao den Bogen, Kung-shu P'an den drehbaren Mühlstein und Li Shou die Rechenkunst. Man hat diese Namen nach fünf oder sechs Klassen unterschieden: die Beschützer der Familienverbände und Vorfahren, die zu Helden herabgestuften Götter der Antike, die göttlichen Fürsprecher der Zünfte, die zu Erfindern hochstilisierten mythischen Helden, dann einige erfundene Namen von durchsichtiger etymologischer Bedeutung (so das erste Beispiel, das wir oben genannt haben), und schließlich die Erfinder, an deren historischer Existenz kein Zweifel bestehen kann, wie das vierte der obigen Beispiele. Die Geschichte des uns heute in acht Versionen vorliegenden Textes des *Shi Pên* ist verwickelt, aber immerhin kann als verbürgt gelten, daß er nichts mit dem Historiker, Meister Tsoch'iu, zu tun hat, wie es die Gelehrten des 3. Jahrhunderts n. Chr. behaupteten. Wahrscheinlich wurde der Text erstmalig zwischen 234 und 228 v. Chr. im Staate *Chao* zusammengestellt, nur wenig später als das *Lü Shih Ch'un Ch'iu.* In den Jahrhunderten nach der *Han*-Zeit findet man mehr als ein Dutzend Bücher, die in diese Kategorie passen, und noch in der *Ming*-Zeit, als Lo Ch'i im 15. Jahrhundert seinen *Wu Yuan* (Über den Ursprung der Dinge) schrieb, gab es noch Autoren, die dieses Themas nicht müde wurden.

Zeugnisse über historische Erfinder wurden so sehr geschätzt, daß eine Liste ihrer Namen einem der größten Werke der naturalistischen Philosophie Chinas, dem *I Ching* (Buch der Wandlungen) angefügt wurde. Hier handelt es sich um einen sehr merkwürdigen Klassiker; sein Ursprung liegt wahrscheinlich in einer Sammlung bäuerlicher Weissagungen, die sehr viel Material über klassische Praktiken der Voraussage enthielt und in letzter Entwicklung als ein elaboriertes System von Symbolen mit ihren Erklärungen erschien – 64 Formen langer und kurzer Linien in allen möglichen Permutationen und Kombinationen. Da allen diesen Mustern eine besondere abstrakte Idee zugeordnet war, übernahm das ganze

System die Funktion einer Fundgrube für Konzepte der sich entwickelnden chinesischen Wissenschaft. Die Symbole sollten angeblich eine Stufenleiter von Kräften darstellen, die in der externen Welt am Werke waren. Eine ständig wachsende Zahl von Zusätzen in der Form von Appendices und Kommentaren von vielen hervorragenden Denkern ließ das Buch im Laufe der Zeit zu einem der bemerkenswertesten Werke der Weltliteratur werden. In der traditionellen chinesischen Gesellschaft erhielt es dadurch ein ungeheures Ansehen, so daß auch heute noch philosophische Sinologen diese Texte mit großem Interesse studieren.[151] Erst vor wenigen Jahren schrieb einer von ihnen über das Konzept der Zeit im *I Ching,* und er wies nach, wie untrennbar dieses Konzept mit dem Thema »Wandel, das einzig Unwandelbare im Universum« verbunden ist.[152] Hingegen meinen andere Sinologen, daß das *I Ching* im großen und ganzen eher einen hemmenden Einfluß auf die Entwicklung der Naturwissenschaften in China ausgeübt habe, da es dazu verführte, in schematischen Erklärungen zu verharren, die letztlich überhaupt keine Erklärungen waren. Tatsächlich handelte es sich um ein immenses Registratursystem für Ungewöhnlichkeiten in der Natur, eine bequeme geistige Liege, die die Bedürfnisse nach weiteren Beobachtungen und Experimenten ausschaltete.[153]

Die Datierung des *I Ching* ist eine äußerst umstrittene Angelegenheit, doch wir liegen wahrscheinlich nicht sehr falsch, wenn wir für den kanonischen Text (eine Zusammenstellung von Omina) das 8. Jahrhundert v. Chr. annehmen, obwohl dieser Teil nicht vor dem 3. Jahrhundert v. Chr. fertiggestellt wurde, während die wesentlichen Zusatzschriften (die »zehn Flügel«) aus der *Ch'in-* und *Han-*Zeit stammen müssen und nicht vor dem 2. Jahrhundert n. Chr. abgeschlossen wurden. Einer dieser Zusätze stellt eine merkwürdige Verbindung zwischen den großen Erfindungen und einer ausgewählten Zahl von Symbolen her.[154] Hier wird behauptet, daß die kulturellen Helden von eben jenen Symbolen inspiriert worden

151 Vgl. H. Wilhelm, *Die Wandlung; acht Vorträge zum I-Ging (I-Ching),* Peking 1944.

152 H. Wilhelm, »Der Zeitbegriff im ›Buch der Wandlungen‹«, *Eranos Jahrbuch,* 1951, 20 321

153 Vgl. SCC, Vol. II, S. 336 ff.

154 Nach der Übersetzung von Richard Wilhelm; vgl. dazu auch SCC, Vol. II, S. 327

wären. Mit anderen Worten: die Gelehrten der *Ch'in-* und *Han-*Zeit fanden es notwendig, zusätzliche Begründungen für die Erfindungen anzuführen, und sie bezogen diese Begründungen aus der Sammlung von Symbolen in dem Ideengebäude des *I Ching*. Netze, das Weben von Stoffen, Bootsbau, Häuser, die Künste der Bogenschützen, der Müller und der Buchhalter, sie alle wurden sehr findig von topoi wie »Zusammenhalten«, »Auflösung«, »großes Übergewicht«, »Zersplitterung«, dem »kleinen Übergewicht« und dem »Durchbruch« abgeleitet. Die Botschaft liegt hier, meiner Ansicht nach, wesentlich in der Verehrung, die den hochgeschätzten technischen Weisen des Altertums dadurch entgegengebracht wurde, daß man sie in das sublime Weltsystem des »Buch der Wandlungen« einschloß.

Es gab auch konkretere liturgische Verehrung. Alle Reisenden, die einmal eine Zeitlang in China und seinen Provinzen verbracht haben, sind zutiefst von den vielen schönen Votivtempeln beeindruckt, die nicht-taoistischen Göttern oder Buddhas oder Bodhisattven gewidmet sind, sondern normalen Männern und Frauen, die ihrer Nachkommenschaft Segen gebracht haben. Einige bewahren das Andenken an große Dichter, wie die *Tu Fu Ts'ao T'ang* in *Ch'êngtu*, andere das großer Kommandanten, wie es im *Kuang Kung Ling* südlich von *Loyang* geschieht. Doch den Technikern wurde eine besonders hervorragende Stellung eingeräumt. Schon zweimal durfte ich in *Kuanhsien* im Tempel des Li Ping (309 bis 240 v. Chr.), des großen hydraulischen Ingenieurs und Governeurs der Provinz Szechuan, meine Reverenz bezeugen (wörtlich oder metaphorisch). Dieser Tempel steht seit Jahrhunderten im großen Einschnitt, der unter seiner Führung durch den Kamm eines Gebirges gemacht wurde. Dieses Werk teilt den Fluß *Min* in zwei Teile und bewässert noch heute ein Areal von etwa 75 km^2, das etwa 5 Millionen Menschen ernährt, die den Boden dort frei von der Gefahr von Dürre und Überflutung bebauen können. In diesen Tempeln der Macher und Erbauer, die durch öffentliche Akklamation vergöttert wurden, ist jeder Zweig von Wissenschaft und Technik vertreten. So gibt es einen Tempel für den bedeutenden Arzt und Alchimisten der *Sui-* und *T'ang-*Zeit, Sun Ssu-Mo (ca. 601 bis 682 n. Chr.), und selbst in der *Ming-*Zeit war diese Sitte noch nicht ausgestorben, denn Sung Li (gestorben 1422 n. Chr.), der Ingenieur, der für den Bau der höchsten Abschnitte des Großen Kanals praktikable Vorschläge machte, erhielt nach seinem Tode am Ufer eben dieses Kanals einen Votivtempel.[155] In diesen Tempeln opferte man nicht nur Männern. Huang Tao-P'o (um 1296 n. Chr.) war eine berühmte Textiltechnikerin, die wesentlich dazu beitrug, daß sich der Anbau, das Spinnen und Weben von Baumwolle, das sie in Hainan gelernt hatte, im Yangtzetal ausbreitete. Alle Städte und Dörfer der Baumwollgebiete verehrten sie und errichteten ihr nach ihrem Tode viele Votivtempel.[156] Somit kann man unmöglich an dem Vorurteil festhalten, das chinesische Volk hätte keine Einsicht in den technischen Fortschritt gehabt. Dieser Fortschritt mag vielleicht langsamer gewesen sein als das, woran wir uns seit dem Entstehen der modernen Wissenschaft gewöhnt haben, doch das Prinzip ist deutlich.

Wir können es noch auf eine ganz andere und eher unerwartete Art erkennen. Die Vorstellung von drei größeren technologischen Stufen der menschlichen Kultur, Steinzeit, Bronzezeit und Eisenzeit, die einander in einer universalen Reihenfolge ablösen, ist als der Eckpfeiler aller modernen Archäologie und Frühgeschichte bezeichnet worden.[157] In ihrer modernen Form verfestigte sich diese Theorie 1836 mit dem dänischen Archäologen C. J. Thomsen,[158] der sie zur Ordnung seiner reichhaltigen Sammlungen im Nationalmuseum von Kopenhagen, dessen Direktor er war, benutzte.[159] Er hatte das Glück, daß im nachfolgenden Jahrzehnt die von ihm vorgenommene Generalisierung durch die strategraphischen Ausgrabungen seines Landsmannes J. J. A. Worsaae (ebenfalls in Dänemark) erstmalig auf eine wissenschaftliche Basis gestellt wur-

155 Der Große Kanal verbindet Hangchow im Süden Chinas mit Peking. Er stellt den ersten gelungenen Höhenkanal in jeglicher Zivilisation dar. Er verläuft u. a. durch die Ausläufer der Berge von Shantung. Dieser Teil war ursprünglich von dem Astronomen und Ingenieur Kuo Shou-Ching entworfen worden. Im Jahre 1287 n. Chr. führten der mongolische Militäringenieur Oqruqči (Ao-Lu-Ch'i) und sein chinesischer Kollege Ma Chih-Chên den Plan aus. Er konnte jedoch anfänglich nicht das ganze Jahr über befahren werden, bis im Jahre 1411 Sung Li erfolgreich einige Bergströme eindämmte und zusätzliche Kanäle anlegte, die dem Hauptbett Wasser zuführten. Damit war dafür gesorgt, daß jederzeit in allen Abschnitten ein angemessener Wasserstand erreicht wurde. Nähere Details findet man in SCC, Vol. IV, Teil 3

156 Einzelheiten in SCC, Vol. V

157 G. Daniel, *The Three Ages*, Cambridge 1943, S. 9, der dort zustimmend R. A. S. Macalister, *Textbook of European Archaeology*, London 1921 zitiert.

158 Vgl. sein *Ledetrad til Nordiske Oldkindighed* (Kopenhagen 1836), deutsch übers. *Leitfaden zur nordischen Altherskunde* (Kopenhagen 1837)

159 Vgl. dazu einen anregenden Aufsatz von R. F. Heizer, »The Background of Thomsen's Three-Age System«, in: *Technology and Culture* 1962, 3, 259

den.[160] Trotz mancher Kritik, die in nachfolgenden Jahren an dieser Klassifizierung geübt wurde, behauptete sie sich jedoch für die Perioden des klassischen Altertums und als ein Teil des menschlichen Wissens. Einige einschränkende Faktoren grenzten ihre allgemeine Annahme ein. So mußte man zunächst anerkennen, daß steinerne Artefakte tatsächlich von Menschen hergestellt worden waren (und diese Anerkennung geschah nur langsam nach der Renaissance, als die Bekanntschaft mit existierenden Primitivvölkern wuchs).[161] Zudem mußte man die Korrelation geordneter Reihen von geologischen Strata in zeitlicher Reihenfolge verstehen und aus dem Gefängnis traditioneller biblischer Chronologie ausbrechen, um die archäologischen Beweise für das wahre Altertum des Menschen zu erkennen.[162] Außerdem mußte man notwendigerweise die archäologischen Funde mit einigen Kenntnissen über die Verteilung von Metallen zusammenbringen und die primitivsten Techniken der Kupfer-, Bronze- und Eisenherstellung rekonstruieren. Nichts destotrotz: Thomsen stellte nur den Kristallisationspunkt einer allgemeinen Idee dar, die seit der Mitte des 16. Jahrhunderts »in der Luft« gelegen hatte, einer Zeit, in der es neugierige »Fossilien«-Forscher gab, die als Humanisten sehr genau griechische und lateinische Texte kannten. Sie waren sich ganz sicherlich des Abschnitts bei Lukretius bewußt, der die drei Zeitalter unterscheidet:

160 Vgl. sein *Primaeval Antiquities of Denmark,* aus dem Dänischen übers. v. W. J. Thoms, London 1849

161 Der Gedanke, daß es sich bei den abgesplitterten und polierten Steinen des Neolithikums um Meteoriten gehandelt habe, ist in Europa recht alt. Von dort ist um das 8. Jh. n. Chr. die Kunde wahrscheinlich nach China gedrungen, denn der Pharmakologe und Naturwissenschaftler Ch'en Ts'ang-Ch'i (713-733 n. Chr.) spricht als erster von »Donner-Äxten« *(p'i-li fu).* Diese Bezeichnung bürgert sich später in der wissenschaftlichen Literatur der Chinesen ein. Vgl. SCC, Vol. III, S. 434, 482 und B. Laufer, *Jade* (Field Museum, Chicago, 1912, repr. Perkins, Pasadena, 1946), S. 63 ff. Die Chinesen kannten seit jeher Feuerstein und Pfeilspitzen *(Shih nu).* Sie brachten sie mit einem weit entfernten Volk aus dem Nordosten, den sogenannten *Su-Shen* in Verbindung. Es gibt eine sehr alte Anekdote, nach der Konfuzius diese Erklärung abgab, als ein Sperber mit solch einer Pfeilspitze im Kopf tot in den Innenhof des Palastes des Prinzen von *Ch'en* stürzte; Konfuzius fügte noch hinzu, daß man in den Schatzkammern ähnliche Exemplare aus dem Altertum finden könne, und so soll es sich tatsächlich verhalten haben. *(Shih Chi,* Kap. 47, übers. v. Chavannes, vol. 5, S. 340ff. Vgl. Laufer, op. cit. S. 55 ff.). Bei dem Ausdruck *Su-Shen* kann es sich um die älteste chinesische Transkription der Jurchen, des Tartaren- oder Tungusenvolkes gehandelt haben, die später die *Chin*-Dynastie gründeten (1115 bis 1234 n. Chr.) und mit den *Mandschus* verwandt waren.

162 Vgl. SCC, Vol. III, S. 173

arma antiqua manus ungues dentesque fuerunt
et lapides et item silvarum fragmina rami,
et flamma atque ignes, postquam sunt cognita primum.
posterius ferri vis est aerisque reperata.
et prior aeris erat quam ferri cognitus usus,
quo facilis magis est natura et copia major.[163]

... Des Menschen alte Waffen
waren Hände und Nägel und Zähne, auch Steine und Äste,
gebrochen von den Bäumen der Wälder, und Flammen und Feuer,
sobald man sie kannte. Hiernach ward die Kraft des Eisens,
der Bronze entdeckt; doch Bronze war bekannt
und benutzt vor dem Eisen,
da viel biegsamer ihre Natur und reicher vorhanden.

Man hat diesen Abschnitt »nur ein generelles Schema der Entwicklung der Zivilisation«, genannt, das »völlig auf abstrakter Spekulation basiert.«[164] Ich bin mir nicht so sicher, ob Lukretius nicht doch einmal den Splitter einer Pfeilspitze in die Hand genommen hat. Auf jeden Fall sagten seine Zeitgenossen in China genau dasselbe, und sie zeigten keine geringere Einsicht in den historischen Aufstieg des Menschen aus primitiver Wildheit; zudem hatten sie vielleicht bessere und sichere Begründungen für ihre Behauptungen.

Der Text des Lukretius stammt etwa aus dem Jahre 60 v. Chr. Das *Yüeh Chüeh Shu* (Verlorengegangene Aufzeichnungen des Staates von *Yüeh*), eines feudalen Fürstentums, das 334 v. Chr. durch den Staat *Ch'u* vereinnahmt wurde, wird dem Yuan K'ang, einem Gelehrten der Späteren *Han*-Zeit zugeschrieben, dessen Arbeiten, in denen ganz sicherlich alte Dokumente und mündliche Überlieferungen verarbeitet wurden, um 52 n. Chr. vollendet wurden. Im Kapitel über die Arbeit eines Waffenschmiedes finden wir den folgenden Abschnitt:[165] der Prinz von *Ch'u* (Ch'u Wang) diskutiert mit einem Berater namens Fêng Hu Tzu:

163 De Rer. Nat., V, 1283 ff.

164 Daniel, loc. cit., S. 13. Man könnte diese Worte viel besser auf Hesiods Bericht von den fünf Zeitaltern (Gold, Silber, Bronze, heroisch und eisern) anwenden, die man beim besten Willen nicht als eine Beschreibung tatsächlicher technologischer Perioden heranziehen kann, obwohl das bisweilen versucht wurde. Vgl. J. G. Griffiths, »Archaeology and Hesiod's Five Ages« in: *Journal of the Histories of Ideas*, 1956, 17, 109 mit einem Kommentar von H. C. Baldry, S. 553 ff.; F. J. Teggart, »The Argument of Hesiod's Works and Days«, in: *Journal of the Histories of Ideas*, 1947, 8, 45

165 Kap. 13. Darauf hat als erster im Westen Friedrich Hirth, 1904, aufmerk-

Der Prinz von *Chu* fragte: ›Weshalb können eiserne Schwerter genauso wunderbare Kraft haben wie die berühmten Schwerter des Altertums?‹
Feng Hu-tzu antwortete: ›Jedes Zeitalter kennt eine besondere Art, (Dinge herzustellen). Zur Zeit des Hsien Yuan, Shen Nung und Ho Hsü wurden Waffen aus Stein gemacht und (man benutzte Steine) um Bäume zu fällen, und Häuser zu bauen ... In der Zeit des Huang Ti wurden Waffen aus ›Jade‹ gemacht, man benutzte (diesen Stein) auch noch für andere Zwecke und um die Erde umzugraben ... Als Yü (der Große) Deiche aushob und das Wasser regulierte, wurden Waffen aus Bronze hergestellt. (Mit Instrumenten aus Bronze) wurde der Engpaß von *I Ch'üeh* aufgeschnitten und das Tor von Lung-men durchstochen; der Yang Tze wurde (in eine bestimmte Richtung) geführt und der Gelbe Fluß so gelegt, daß sie in das östliche Meer strömten – damit wurden alle Gegenden miteinander verbunden und das ganze Reich lebte in Frieden. (Mit bronzenen Werkzeugen) baute man auch Häuser und Paläste ... In unserer Zeit benutzt man Eisen zum Waffenschmieden, deshalb mußte sich jede der drei feindlichen Armeen ergeben ... Die Macht eiserner Waffen ist wahrhaftig ausschlaggebend. Deshalb besitzt auch Ihr, mein Prinz, einen scharfsinnigen Vorteil‹.
Der Prinz von Ch'u antwortete: ›Das sehe ich ein; so muß es gewesen sein!‹

Außer der Zwischenstufe der »Jade-Subperiode«, die sich vielleicht auf Steine einer besseren Qualität bezieht, vielleicht aber auch nur auf bearbeitete Steine (im Gegensatz zu unbearbeiteten Steinen) hinweist, haben wir hier eine Sequenz, die genauso klar ist wie die des Lukretius. Und Yuan K'ang hatte einen doppelten Vorteil: Erstens, stand er in einer abgrenzbaren Tradition.[166] Wenn wir die

sam gemacht: »Chinesische Ansichten über Bronzetrommeln«, in: *Mitteilungen des Seminars für Orientalische Sprachen,* 7, 200, S. 215 ff. Es handelt sich hier um eine brillante Pionierleistung auf dem Gebiet der Geschichte der Metallurgie und der Proto-Archäologie. Auf die Frage der Periodisierung kam Hirth später zurück. Vgl. sein; *Ancient History of China, to the End of the Chou Dynasty* (New York 1908, repr. 1923), S. 236. Die Datierung des *Yüeh Chüeh Shu* und seines angeblichen Kompilatoren beruht auf einer Aussage gegen Ende des dritten Kapitels, daß im Jahre 52 n. Chr. 567 Jahre seit einem bestimmten Ereignis in der Geschichte der Yüeh vergangen seien. Damit gelangte man zum Datum 515 v. Chr. Es handelt sich dabei jedoch lediglich um einen hinzugefügten Satz, der nicht den ganzen Stoff des Buches datieren kann. Interne Evidenzen über den Stil der betreffenden Passage führten Hirth zu einer Datierung ins 5. Jh. v. Chr., man kann dies zwar unmöglich beweisen, doch als Schätzung scheint es nicht unwahrscheinlich. Es würde mit unseren Kenntnissen über die Eisenindustrie jener Zeit übereinstimmen. Die Stelle im *Yüeh Chüeh Shu* beschäftigt noch immer das Interesse der Archäologen; vgl. Chang Kuang-Chih, *The Archaeology of Ancient China* (New Haven, 1963), S. 2

166 »Die Chinesen«, schrieb Hirth *(Bronzetrommeln,* S. 215) »begannen recht

Bücher der Philosophen der Zeit der Kämpfenden Staaten lesen, stoßen wir immer wieder auf ein deutliches Bewußtsein der Stadien, die die Menschheit durchlaufen hat, bevor sie die hohe Zivilisation der späten *Chou*-Periode erreichte.[167] Seit dem 5. Jahrhundert v. Chr. arbeiteten die Taoisten und die Legalisten an einer hochgradig wissenschaftlichen Version der klassischen Geschichte und der sozialen Evolution.[168] Ihnen standen die klassischen Epen von Yao und Shun zur Verfügung, die in Chroniken wie dem *Chu Shu Chi Nien* (Bücher aus Bambus) enthalten waren, einem Text, der aus dem Staate *Wei* überliefert war, wie das *Ch'un Ch'iu*, das aus dem Staate *Lu* gekommen war. Zudem besaßen sie eine Liste der Kulturhelden und Erfinder, die letztlich den Stoff des *Shih Pên* ausmachten, und schließlich waren sie mit einem großen Teil der mündlichen mythologischen Tradition vertraut. Aus allen diesen Quellen formten sie ihre Sequenz der Kulturstadien, in der sie sich bewußt auf die Sitten der primitiven Völker, die sie umgaben, bezogen. Sie erwähnten Menschen, die in Nestern in den Bäumen wohnten (vielleicht in Pfahlbauten) oder in Löchern im Boden (einschließlich der Höhlenwohnungen), sie sprachen von der Stufe der Nahrungssammlung, und dem Ursprung des Feuers und gekochter Mahlzeiten, sie erzählten von den Anfängen des Lebens, der Entwicklung der Kunst der Töpfer (deren neolithische *Yangshao* und *Lungshan* Erzeugnisse heutzutage so berühmt sind) und von den ersten Inschriften auf Knochen und Panzern der Schildkröten. Ein Abschnitt in dem Buch *Han Fei Tzu* (ca. 260 v. Chr.), der eine Rede von Yu Yü an den Prinzen von *Ch'in* widergibt, legt nahe, daß der Autor sowohl rote als schwarze neolithische Töpfereien gesehen hatte, und daß ihm auch die Bronzegefäße der *Shang* mit ihren tiefen Reliefs vertraut waren.[169] Holz, Stein,

früh mit einer Untersuchung der Entwicklungsperioden der Frühgeschichte, und sie zogen ihre Schlüsse aus Grabfunden und anderen kulturellen Relikten.«

167 Es war eines der größten Verdienste meines Lehrers Gustav Haloun, diesen Zusammenhang herausgearbeitet zu haben. Vgl. seinen Aufsatz: »Die Rekonstruktion der chinesischen Urgeschichte durch die Chinesen«, *Japanisch-Deutsche Zeitschrift für Wissenschaft und Technik*, 1925, 3, 243. Mein t'ung chuang, Laurence Picken, erschloß mir die Bedeutung dieses Aufsatzes.

168 Vgl. z. B. *Chuang Tzu*, Kap. 29, *Kuan Tzu*, Kap. 84, *Mo Tzu*, Kap. 25, *Shang Chün Shu*, Kap. 7, *Han Fei Tzu*, Kap. 10, *Lü Shih Ch'un Ch'iu*, Kap. 117. Dazu die späteren Arbeiten in: *Li Chi*, Kap. 5, 9, *Lieh Tzu*, Kap. 5, *Ho Kuan Tzu*, Kap. 13, *Huai Nan Tzu*, Kap. 13

169 Kap. 10. Vgl. die Übersetzung von W. K. Liao, vol. 1, S. 85 ff.; Chang Kuang-Chih (loc. cit.). Im *Shih Chi*, Kap. 5, übers. v. Chavannes, vol. 2,

»Jade« (bearbeiteter Stein), Bronze und Eisen wurden – wie in dem Abschnitt, den wir gerade aus dem *Yüeh Chüeh Shu* zitiert haben – mit einem oder dem anderen der mythologischen Herrscher in Verbindung gebracht.[170] Über diese antike »Protoarchäologie« könnte man ein ganzes Buch schreiben.[171]

Zweitens, unterschied sich China insofern von Europa, als die drei technologischen Zeitalter viel schneller aufeinander gefolgt waren, und somit eher der Geschichte denn der Frühgeschichte angehörten. Im Königreich der *Shang* (15.-11. Jahrhundert v. Chr.) wurden Werkzeuge aus Stein noch allgemein gebraucht, und das setzte sich bis in die Mitte der *Chou*-Zeit fort, wahrscheinlich bis zur Entdeckung des Eisens, denn es scheint, als ob Bronze für landwirtschaftliche Werkzeuge nie sehr verbreitet gewesen wäre. Bezeichnenderweise hielt sich unter den Ärzten ständig der traditionelle Glaube, daß ihre Akupunkturnadeln in klassischer Zeit scharf zugespitzte Steine gewesen seien.[172] Die neolithischen Kulturen, die vor der *Shang*-Zeit lagen, kannte man unter dem generellen Namen der *Hsia*-Periode, und man wußte recht genau, daß sie über keine Bronze verfügt hatten. Kupfer, Zinn- und Bronzemetallurgie erreichten jedoch unter den *Shang* sehr schnell ein hohes Maß an technischer Vollendung, und noch bis in die Mitte der *Chou*-Periode wurde das »schöne Metall«, wie man es nannte, für wunderbare sakrale Bronzegefäße und Erinnerungsstücke verwandt.[173]

S. 40 ff. gibt es eine parallele Stelle. Das Ereignis soll sich im Jahre 626 v. Chr. zugetragen haben. Bei dem Prinzen von *Ch'in*, an den sich Yu Yü wandte, handelte es sich um denselben Grafen Mu, der wenige Jahre später starb und dem beim Begräbnis Menschenopfer dargebracht wurden, »deshalb hatte er nie die Vormachtstellung erringen können, usw.«.

170 Hirths Vorstellung *(Ancient History*, S. 13 ff.), daß die legendären »Kaiser« der Chinesen als »Symbole der . . . Phasen der chinesischen Zivilisation« und als »Repräsentanten vorbereitender Kulturperioden« angesehen werden sollten, kann man heute teilen. Die Kritik von B. Laufer (*Jade*, S. 70 ff.) schoß weit neben das Ziel. Haloun *(Rekonstruktion)* glaubte, es habe sich bei ihnen allen ursprünglich um kosmologische Götter von Weltregionen und Schutzpatronen von Sippen gehandelt, die dann zu Kulturhelden und später zu »Herrschern« wurden.

171 Es ist sehr merkwürdig, daß noch niemand die relevanten Abschnitte der *Chou, Ch'in* und *Han* Literatur über die Antike aus dieser Perspektive untersucht hat.

172 Die wohl älteste Anspielung steht im *Shan Hai Ching* (Klassiker der Berge und der Flüsse), einem Text aus der *Chou*-Zeit, Kap. 4, übers. von de Rosny, S. 158

173 Sogar bis zur *Ch'in*- und Frühen *Han*-Zeit, denn Ch'in Shih Huang Ti be-

Eisen wurde erstmalig in belegter historischer Zeit eingeführt, kurz vor der Geburt des Konfuzius, etwa gegen die Mitte des 6. Jahrhunderts v. Chr.,[174] und es bereitet heute keine Schwierigkeiten, die tiefgreifenden ökonomischen und sozialen Folgen nachzuvollziehen, die hierdurch entstanden.[175] Es ist also noch viel weniger berechtigt, Generalisierungen des Yuan K'ang genauso ungeniert beiseite zu schieben wie jene des Lukretius. »Hier handelt es sich nicht um den Fall«, schrieb einmal ein Autor, »in dem ein Genie der Wissenschaft um 2000 Jahre zu früh gekommen ist; vielmehr jongliert eine wache Intelligenz mit Möglichkeiten, für die es keine faktische Grundlage gab, noch einen Ansatz, sie zu überprüfen.«[176] Keine dieser Alternativen ist anwendbar. Die Gelehrten der *Chou-* und der *Han-*Zeit unternahmen keine formationskundlichen Ausgrabungen, doch sie hatten eine viel sicherere Grundlage für ihre Überzeugung von der Wahrheit der drei technologischen Stadien, als es einer solchen Kritik einfallen könnte. Denn das Tempo der Entwicklung ihrer Zivilisation hatte sie zu Historikern gemacht, bevor sie Prähistoriker werden konnten.

Wissenschaft und Wissen als zeitlich kumulatives, kooperatives Unternehmen

Man kann die Vorstellung einer progressiven Entwicklung des Wissens noch jenseits der Stufe altertümlicher Techniken verfolgen. Es wäre falsch, anzunehmen, daß die chinesische Kultur diese Vorstellung nie entwickelte, denn man kann zu jeder Periode literarische Evidenzen finden, die beweisen, daß die chinesischen Gelehrten und

fahl nach der Einigung des Reiches alle Bronze zurück an seinen Hof als eine Maßnahme zur Abrüstung und ließ dort kolossale Figuren errichten. *(Shih Chi,* Kap. 6)

174 Vgl. J. Needham, »Remarks on the History of Iron and Steel in China«; ausführlicher in »The Development of Iron and Steel Technology in China«, Newcomen Soc. London, 1958 (Dickinson Memorial Lecture).

175 Vgl. Chêng Tê-K'un, *Archaeology in China,* vol. 3, Chou China (Toronto 1963), S. 246 ff.; Chang Kuang-Chih, op. cit. S. 195 ff.
Ein bemerkenswerter Zug der chinesischen Eisentechnik, der heute allgemein anerkannt wird, liegt in dem Phänomen, daß Gußeisen fast zur gleichen Zeit wie Eisen hergestellt wurde; das ist deswegen auffällig, weil man im Westen 1700 Jahre zu dieser Entwicklung brauchte. Hierfür gibt es eine Reihe von technischen Gründen, doch ein großes Verdienst kommt den alten chinesischen Eisengießern zu.

176 R. H. Lowie, *The History of Ethnological Theory,* London 1937, S. 13

Wissenschaftler, trotz ihrer Verehrung für die Weisen des Altertums, an einen Fortschritt über den Wissensstand ihrer entfernten Vorfahren hinaus glaubten.[177] Die Serien astronomischer Tafeln (»Kalender«) machen diesen Punkt deutlich, denn jeder neue Kaiser verlangte nach einer neuen, die notwendig besser und akkurater als ihre Vorgänger sein sollte.[178] Kein Mathematiker oder Astronom hätte je in der chinesischen Geschichte davon geträumt, für das von ihnen selbst betriebene Wissenschaftsgebiet einen kontinuierlichen Fortschritt und Verbesserungen auszuschließen. Wie recht sie damit hatten, mag man aus der Abbildung 1 ersehen, die zeigt, wie die mechanische Zeitmessung immer exakter wurde. Dasselbe könnte man auch von den pharmazeutischen Naturwissenschaftlern sagen, deren Beschreibungen des Reiches der Natur ständig zunahmen. In Abbildung 2 sind die Zahlen für wesentliche Eintragungen in den Pharmakopoëien zwischen 200 und 1600 n. Chr. so angeordnet, daß sie die Wissenszunahme über die Jahrhunderte darstellen; der außergewöhnlich scharfe Anstieg unmittelbar nach dem Jahre 1100 n. Chr. ist möglicherweise auf die zunehmende Bekanntschaft mit fremden, besonders arabischen und persischen Mineralien, Pflanzen und Tieren zurückzuführen.[179]

177 Mr. Arthur Clegg hat mich auf die Bedeutung dieses Punktes hingewiesen.

178 Als hervorstechendes Beispiel mag man hier die säkularen Variationen in der Länge des tropischen Jahres anführen. Im Laufe der Zeit hatten die chinesischen Astronomen erkannt, daß sie es mit einer sehr langsam fortschreitenden Verkürzung *(hsiao chang)* zu tun hatten; dies wurde zunächst 1194 n. Chr. berechnet und durch außerordentlich genaue Beobachtungen im Jahre 1282 bestätigt. Der Wert, den man für diese winzige Frist erhielt, war allerdings viel zu groß; vielleicht wollte man drei noch bestehende Beobachtungen, die im ersten Jahrtausend v. Chr. vorgenommen worden waren (und wahrscheinlich sehr starke Ungenauigkeiten enthielten), »retten«, doch die ganze Geschichte ist ein bemerkenswertes Beispiel für die kumulativen und progressiven Anstrengungen der Chinesen, nach und nach alle zuvor übernommenen Werte zu verbessern. Die Geschichte beweist genauso, wie man trotz statistischer Fehler häufig zu im wesentlichen korrekten Schlußfolgerungen gelangte, die großzügiger und offener waren, als alle Vorstellungen, die sich die Europäer jener Zeit glaubten leisten zu können. Ein anderes Beispiel ist das der richtigen Bewegungen (SCC, Vol. III, S. 270). Über die säkularen Variationen der Länge des tropischen Jahres vgl. Nakayama Shiguru, *Japanese Journal of the History of Science,* 1963, 68, 128 und *Abstracts of Communications to the Xth International Congress of the History of Science,* New York 1962, S. 90 sowie *Japanese Studies in the History of Science,* 1963, 2, 101.

179 Die hier benutzten Angaben stammen alle aus: Yen Yü, »Shih-liu Shih-chi-ti Wei Ta K'o-Hsüeh Chia Li Shih-Chen (Der große Wissenschaftler des 16. Jahrhunderts, Li Shih-Chen), in: *Chung-Kuo K'o-Hsüeh Chi-Shu Fa-Ming ho K'o-*

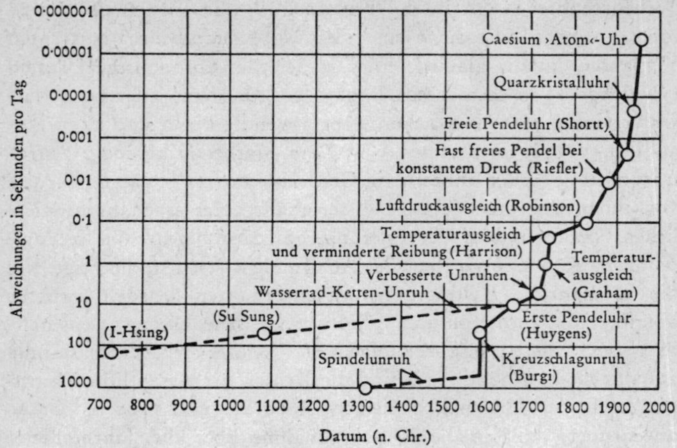

Abb. 1 Die Karte zeigt die zunehmende Genauigkeit mechanischer Uhren im Laufe der Jahrhunderte.

Es könnte sich sehr wohl lohnen, die Verhältnisse in China detailliert mit jenen Europas zu vergleichen. Bury hat in seiner bedeutenden Arbeit vor einiger Zeit nachgewiesen, daß für die Zeit vor Francis Bacon nur sehr verstreute Rudimente des Fortschrittsgedankens in der westlichen Gelehrtenliteratur gefunden werden können.[180] Das Entstehen dieses Gedankens hing mit der berühmten Kontroverse des 16. und 17. Jahrhunderts n. Chr. zwischen Anhängern der »Alten« und denen der »Modernen« zusammen, denn die Untersuchungen der Humanisten hatten deutlich gemacht, daß es sehr viele neue Dinge gab, die die klassische Welt des Westens nicht besessen hatte, etwa das Schießpulver, die Druckkunst und den magnetischen Kompaß. Es ist lange übersehen worden, daß diese (und viele andere Erfindungen) aus China oder anderen

Hsüeh Chi-Shu Jen Wu Lun Chi (Chinesische Entdeckungen in Wissenschaft und Technik und ihre Repräsentanten), hrsg. von Li Kuang-Pi und Ch'ien Chün-Yeh, Peking 1955, S. 314; vgl. auch Chêng Chih-Fan, »Li Shih-Chen and his Materia Medica«, in: *China Reconstructs*, 1963, 12 (no. 3), 29. In SCC, Vol V bringen wir einen ausführlichen Bericht über die chinesischen Traditionen der pharmazeutischen Naturgeschichte und der Rolle, die Li Shih-Chen darin spielte.

180 J. B. Bury, *The Idea of Progress*, London 1920

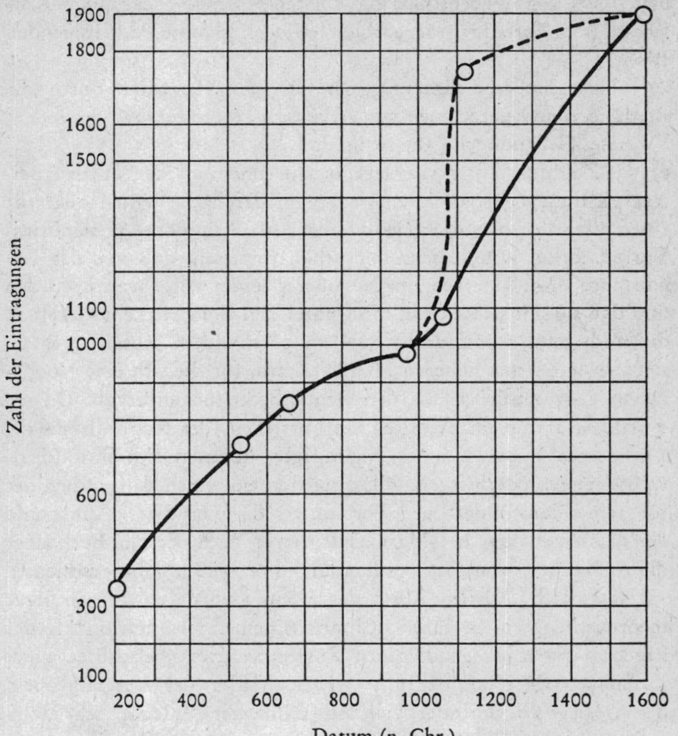

Abb. 2 Die Tabelle zeigt den Anstieg in der Zahl der eingetragenen Daten in den chinesischen Pharmakopoëien im Laufe der Jahrhunderte.

Teilen Asiens gekommen waren, doch die Geschichte der Wissenschaft und Technologie, so wie wir sie kennen, entstand gleichzeitig aus der Verwirrung, die diese Entdeckung hervorgerufen hatte.[181] Bury hatte ganz allgemein über die Verbindung zwischen Fortschrittsgedanken und Kulturgeschichte gearbeitet; Zilsel erweiterte diesen Ansatz, um über das Verhältnis zwischen Fortschritt und

181 Vgl. SCC, Vol. IV, Teil 2, S. 6 ff.

dem Ideal von Wissenschaft zu arbeiten.[182] Das »Ideal des wissenschaftlichen Fortschrittes« enthielt, wie er glaubte, die folgenden Ideen:

a) Wissenschaftliche Erkenntnis wird Stein für Stein durch die Beiträge von Generationen von Arbeitern aufgebaut,

b) dieses Gebäude wird nie fertig und

c) das Ziel des Wissenschaftlers liegt in einem affektneutralen Beitrag zu diesem Gebäude, entweder um der Sache willen oder für einen öffentlichen Nutzen, jedoch nicht für Ruhm oder persönlichen Vorteil. Zilsel konnte sehr deutlich nachweisen, daß vor der Renaissance diese Überzeugungen äußerst selten vorgebracht wurden und daß sie sich selbst dann nicht unter den Gelehrten entwickelten, die noch immer nach individuellem persönlichen Ruhm strebten, sondern unter den höheren Handwerkern, für die sich eine Kooperation ganz natürlich aus den Arbeitsbedingungen ergab. Da die soziale Situation im Zeitalter des Entstehens des Kapitalismus die Aktivitäten dieser Männer begünstigte, konnten sich ihre Idealvorstellungen durchsetzen. Zilsel spürte dem ersten Auftauchen der Idee eines kontinuierlichen Fortschritts der Handwerkskunst und der Wissenschaften bei Mathias Roriczer nach, dessen Buch über die Architektur von Kathedralen im Jahre 1486 n. Chr. erschien.[183] »Wissenschaft«, schrieb Zilsel deswegen, »wurde sowohl in ihrer theoretischen wie in ihrer utilitaristischen Interpretation als das Ergebnis einer uneigennützigen Zusammenarbeit betrachtet, einer Zusammenarbeit, an der alle Wissenschaftler der Vergangenheit, der Gegenwart und der Zukunft teilhatten.« Heute, schrieb er weiter, scheint dieses Ideal fast selbstverständlich – doch kein Brahmane, Buddhist, Moslem, kein lateinischer Scholastiker, kein konfuzianischer Gelehrter und keiner der Humanisten aus der Renaissance, kein Philosoph oder Rhetoriker des klassischen Altertums hat dieses Ideal je erreicht. Zilsel hätte wohl besser den Hinweis auf die konfuzianischen Gelehrten unterlassen, bis man in Europa etwas mehr über sie wußte. Denn es sieht so aus, als sei der Gedanke, wissenschaftliche Kenntnisse durch kumulative, uneigen-

182 E. Zilsel, »Die Entstehung des Begriffs des wissenschaftlichen Fortschritts« in: E. Zilsel, *Die sozialen Ursprünge der neuzeitlichen Wissenschaft,* hrsg. v. Wolfgang Krohn, Frankfurt/M. 1976, S. 127-150. Vgl. S. Lilley, »Robert Recorde and the Idea of Progress, a Hypothesis and a Verification«, in: *Renaissance and Modern Studies,* 1959, 2, 1.

183 Der Titel dieses Buches hieß *Von der Fialen Gerechtigkeit,* hrsg. v. A. Reichensperger, Trier 1845

nützige und kooperative Unternehmungen zu vermehren, im mittelalterlichen China sehr viel weiter verbreitet gewesen, als irgendwo im Westen vor der Renaissance.

Dies wäre mit Zitaten zu belegen, doch zunächst sollte man daran erinnern, daß die Beschäftigung mit der Astronomie in China seit jeher nicht in den Händen individueller, exzentrischer Sterngucker lag;[184] sie wurde durch den Staat finanziert, und der Astronom selbst war in der Regel kein Freischaffender, sondern ein Mitglied der kaiserlichen Bürokratie, dessen Observatorium häufig im kaiserlichen Palast angesiedelt war.[185] Ohne Zweifel brachte dies nicht nur Vorteile, doch es führte immerhin dazu, daß die Gewohnheit, kumulativ zusammenzuarbeiten, sehr tief in der chinesischen Wissenschaft verwurzelt war. Ganze Gruppen ausgezeichneter Rechner und Instrumentenbauer versammelten sich um so bedeutende Persönlichkeiten wie I-Hsing (682-727 n. Chr.), Shen Kua (1031-1059 n. Chr.) und Kuo Shuo-Ching (1231-1316). Was für die Astronomen galt, traf natürlich auch für die Naturalisten zu, denn viele der Pharmacopoëien entstanden durch kaiserlichen Auftrag, und wir wissen von den großen Gruppen, die – wie z. B. das Team von Su Ching (zwischen 620 und 660) – gemeinschaftlich über 20 Jahre auf dem Gebiet der Heilkräuterbestimmung und der Taxonomie arbeiteten. In dieser Beziehung ähnelten die mittelalterlichen Wissenschaftler Chinas, die auf dem Wissen ihrer Vorgänger aufbauten, den Historikern, die sich auch in größeren Arbeitsgruppen zusammenfanden, um jene phantastischen und gigantischen Werke zu schreiben, die wir bereits erwähnt haben.

Einige Stimmen aus der Vergangenheit sollen nun diese vielleicht unerwartete Kennzeichnung der chinesischen Kultur beleben. Die Wissenschaft ist kumulativ, insofern jede Generation auf dem Wissen von der Natur aufbaut, das vorausgegangene Generationen erreicht haben, doch sie hält ständig Verbindung mit der Natur, um herauszufinden, was man durch empirische Beobachtungen und neue Experimente hinzufügen kann. »Bücher und Experimente«,

184 Das ist natürlich nicht meine Beschreibung der großen Astronomen Griechenlands, doch ihre Zeitgenossen können sie sehr wohl dafür gehalten haben; man denke nur an die Anekdote, die Platon über Thales erzählte (*Theaet.*, 174 a): Thales fiel in den Brunnen, als er die Sterne betrachtete. Es kann sich dabei noch um etwas anderes gehandelt haben, (vgl. SCC, Vol. III, S. 333) doch hier können wir die Geschichte wörtlich nehmen.

185 Vgl. SCC, Vol. III, S. 171 ff., 186 ff.

schrieb Edward Bernard 1671 n. Chr., »arbeiten gut zusammen, trennt man sie jedoch, dann vermitteln sie etwas Unvollständiges, denn der Ungebildete wird, ohne es zu wollen, durch die Arbeiten der Alten antizipiert, und der Mann der Bücher wird getäuscht, wenn er sich Geschichten, statt der Wissenschaft zuwendet.«[186] Dieses Thema des Empirizismus war in der chinesischen Tradition außerordentlich ausgeprägt. »Jene, die mit Deichen und Flüssen umgehen können,« heißt es im Buch *Shen Tzu* (wahrscheinlich 3. Jahrhundert n. Chr.), »sind zu jeder Zeit dieselben; sie lernten ihre Arbeit nicht von Yü, sondern sie lernten vom Wasser.«
»Jene, die sich im Bogenschießen auszeichnen«, heißt es im Buch *Kuan Yin Tzu* (8. Jahrhundert n. Chr.), »lernten vom Bogen und nicht von Yi dem Schützen ... jene, die denken können, lernten es von sich selbst und nicht von den Weisen.«[187] Dies ist zum Teil auch die Pointe jener prächtigen Geschichte von Pien, dem Stellmacher im *Chuang Tzu,* der seinen feudalen Fürsten, den Prinzen von *Ch'i* tadelte, weil er nur herumsaß und in alten Büchern las, statt sich die Kunst des Regierens durch ein eigenständig erworbenes Wissen über die Natur des Volkes anzueignen, so wie der Handwerker aus seiner eigenen Erfahrung im Umgang mit den Eigenschaften von Holz und Metall lernt.[188] Somit wirkten stets neben der konfuzianischen Verehrung der Weisen und den taoistischen Klagen über ein verlorenes Zeitalter der primitiven Gemeinschaften auch diese anderen Anschauungen, nach denen wahre Erkenntnis gewachsen sei und noch unendlich weiter wachsen könne, wenn sich die Menschen die Dinge nur direkt anschauten und sich auf das bezögen, was andere Menschen bei der Betrachtung von Gegenständen als verläßlich empfunden hatten. *Ko wu chih chih* – »Wissen erreicht man durch die Untersuchung von Gegenständen« – so lautete jener Kernsatz im *Ta Hsüeh* (Das Große Lernen), ein Buch, das später zu den Klassikern gezählt wurde, und wahrscheinlich von Yocheng K'o, einem Schüler des Mencius, etwa um 260 v. Chr. geschrieben wurde; und genauso lautete die zentrale Losung der chinesischen Naturwissenschaftler und Wissenschaftler durch die ganze Geschichte.[189]

186 Nach S. J. Rigaud, zitiert bei A. F. Titley, »Science and History«, in: *History* 1938, 23: 108
187 Vgl. SCC, Vol. II, S. 73
188 Vgl. SCC, Vol. II, S. 122
189 Vgl. SCC, Vol. I, S. 48

Es gibt in der chinesischen Geschichte kein Jahrhundert, aus dem man nicht Zitate nennen könnte, um diese Vorstellung von Wissenschaft als einem kumulativen, uneigennützigen und kooperativen Unternehmen zu belegen. K'ung Jung (208 n. Chr.) meinte in einer später ständig zitierten Stelle, die Gedanken der intelligenten Menschen seien oft für die Zeit, in der sie lebten, den Worten der Alten weit überlegen, und um diesen Punkt zu verdeutlichen, bezog er sich auf die Verwendung von Wasserrädern, die beim Zermahlen von Getreide und Mineralien einen Satz von Hämmern auslösten.[190] Schon im Jahre 20 n. Chr. hatte Huan T'an die Sequenz von Menschenkraft, Tierkraft und Wasserkraft in der Industrie verfolgt, eine Sequenz, die kaum weniger bedeutend war, als jene der drei technologischen Zeitalter, die wir bereits diskutiert haben.[191] Auf dem Gebiet der Astronomie und der Geophysik bat Liu Ch'uo im Jahre 604 n. Chr. den Thron, eine neue Forschung der Messung von Sonnenschatten zu autorisieren, und er schlug die geodätische Untersuchung eines meridianen Kreises vor. Er sagte:

Damit werden Himmel und Erde ihre Formen nicht verbergen können, und damit werden die himmlischen Körper gezwungen, ihre Abmessungen mitzuteilen. Wir werden die glorreichen Weisen des Altertums übertreffen und unsere noch bestehenden Zweifel (über das Universum) auflösen. Wir ersuchen Eure Majestät, den abgenutzten Theorien früherer Zeiten keinen Glauben zu schenken und diese nicht zu benutzen.

Seinem Wunsch wurde jedoch erst im nächsten Jahrhundert stattgegeben, als unter der Aufsicht von I-Hsing und dem königlichen Astronomen Nankung Yüeh zwischen 723 und 726 n. Chr. die bemerkenswerte Untersuchung eines Meridians von 2400 km Länge erfolgreich durchgeführt wurde. Hierdurch erhielt man Resultate, die von früheren Ergebnissen abwichen, und ihre Beschreibungen beweisen eine aufgeklärte Anerkennung der Tatsache, daß überkommene Vorstellungen vom Universum verbesserten wissenschaftlichen Beobachtungen Platz machen müssen, selbst wenn dadurch die »Gelehrten früherer Zeiten« *(Hsien ju)* diskreditiert würden.[192] Gegen Ende des 11. Jahrhunderts n. Chr. wurde die

190 Vgl. SCC, Vol. IV, Teil 2, S. 392. Er elaboriert hier nur die Lehre, die im *Huai Nan Tzu* so scharf formuliert wurde, Kap. 13, übers. v. Morgan, S. 143 ff.
191 SCC, loc. cit.
192 Die gesamte Geschichte kann man in SCC, Vol. IV, Teil 1, S. 44 ff., 53, nachlesen; weitere Details findet man bei A. Beer, Ho Ping-Yü, Lu Gwei-Djen, J. Needham, E. G. Pulleyblank und G. I. Thompson, »An Eighth-Century

Idee eines kumulativen Fortschritts mit dem Aberglauben konfrontiert, daß eine jede neue Dynastie oder Regierungszeit »alle Sachen erneuern müsse«, als nämlich ein neuer Premierminister den großen astronomischen Uhrenturm des Su Sung zerstören wollte. Doch zwei Beamtengelehrte, Ch'ao Mei-Shu und Lin Tzu-Chung, die diese Uhr sehr bewunderten und sie als einen großen Fortschritt gegenüber allem betrachteten, was zuvor auf diesem Gebiet geschaffen worden war, unternahmen äußerste Anstrengungen, sie zu retten. Sie hatten Erfolg, und die große Uhr schlug weiter bis zu dem Schicksalsjahr 1126 n. Chr., als die Hauptstadt der *Sung* von den *Jurchen Chin* Tataren genommen wurde. Sie transportierten sie zu ihrer eigenen Hauptstadt, in der Nähe des heutigen Peking, und bauten sie dort wieder auf; danach lief sie noch einige Jahrzehnte.[193] Im Zusammenhang mit diesen astronomischen Uhren finden wir häufig den Ausdruck »etwas so Bemerkenswertes hat man noch nie gesehen«. Dies geschieht z. B. in der Beschreibung einer hydromechanischen Uhr mit sehr zierlichen Glockenmännchen, die unter der Oberaufsicht des letzten Kaisers der *Yüan*, Shun Ti, im Jahre 1354 n. Chr. erbaut worden war, und obwohl man diesen Ausdruck für eine Stereotype halten kann, enthüllt er doch die Tatsache, daß sich die chinesischen Gelehrten sehr wohl der wissenschaftlichen und technischen Errungenschaften bewußt waren, die im Vergleich zu den Arbeiten der Weisen des Altertums keineswegs geringfügig waren.[194]

Die im Westen weitverbreitete Vorstellung, daß die traditionelle chinesische Kultur statisch oder stagnierend war, erweist sich angesichts dieser Evidenzen als ein typisches okzidentales Mißverständnis. Es wäre jedoch gerecht, sie »homöostatisch« oder »kybernetisch« zu nennen, denn in der chinesischen Gesellschaft herrschte stets die Tendenz, nach allen Unruhen wieder zu der ursprünglichen Form (eines bürokratischen Feudalismus) zurückzukehren, ganz gleich, ob diese Unruhen durch Bürgerkriege, femdländische Eroberungen oder Erfindungen und Entdeckungen zustande gekommen waren. Es ist in der Tat verblüffend, wie weltbewegend

Meridian Line; I-Hsing's Chain of Gnomons and the Prehistory of the Metric System«, *Vistas in Astronomy*, 1961, 4, 3

193 Vgl. SCC, Vol. IV, Teil 2, S. 496 ff.; ebenso J. Needham, Wang Ling und Derek J. de Solla Price, *Heavenly Clockwork* (Cambridge 1960), S. 116 ff.

194 Vgl. SCC, Vol. IV, Teil 2, S. 307; ebenso Needham, Wang und Price, op. cit., S. 133 ff.

die Wirkungen chinesischer Erfindungen für die Sozialsysteme Europas waren, als sie dorthin ihren Weg gefunden hatten, doch die chinesische Gesellschaft ließen sie fast unberührt. Wir haben vom Schießpulver gesprochen, das im Westen so nachdrücklich zur Überwindung des militärisch-aristokratischen Feudalismus beitrug, aber 500 Jahre nach seinem ersten Gebrauch in China, sahen die Mandarine im wesentlichen noch genauso aus wie vor dieser Zeit. Die Anfänge des westlichen Feudalismus sind mit der Erfindung des Steigbügels in Verbindung gebracht worden, doch in China, seiner ursprünglichen Heimat, entstand keine vergleichbare Verwirrung der sozialen Ordnung. Man kann auch die Beherrschung des Eisengießens erwähnen, die in China gute 13 Jahrhunderte vor Europa erreicht wurde – dort wurde sie zu vielen Zwekken, friedlichen und kriegerischen, herangezogen, hier brachte sie die Kanone hervor, die die Mauern der feudalen Burgen zerstörten, sowie die Maschinen der industriellen Revolution. Der wissenschaftliche und technologische Fortschritt in China vollzog sich in einem langsamen, aber sicheren Tempo, und er wurde durch das außerordentliche Wachstum im Westen erst nach der Geburt der modernen Wissenschaft in der Renaissance völlig überholt. Es ist wichtig sich klarzumachen, daß die chinesische Gesellschaft trotz ihrer selbstregulierenden und stabilisierenden Mechanismen den Gedanken eines wissenschaftlichen und sozialen Fortschritts und eines realen Wandels in der Zeit kannte. Somit gab es – wie groß auch immer die Kräfte des Konservatismus sein mochten – keine ideologische Schranke gegenüber dieser besonderen Art der Entwicklung der modernen Naturwissenschaften und Technologie, als die Zeit einmal reif war.

Zeit und Geschichte in China und dem Westen

Unter allen Fragen, die wir bis jetzt behandelt haben, kommen wir jetzt vielleicht zu der bedeutendsten: könnten die Unterschiede (wenn es sie überhaupt gab) in den Zeit- und Geschichtsvorstellungen, die jeweils für China und den Westen charakteristisch waren, mit der Tatsache zusammenhängen, daß die moderne Wissenschaft und Technik nur in der zuletzt genannten Zivilisation entstanden? Dieses Argument, das eine ganze Reihe von Philosophen vorgebracht haben, besteht aus zwei Teilen, 1. dem angeblichen Nachweis, daß die christliche Kultur sehr viel stärker historisch orientiert war, als irgendeine andere, und 2. der Anschauung, daß sich dies ideologisch vorteilhaft auf die Verbreitung der modernen Naturwissenschaften in der Renaissance und die wissenschaftliche Revolution auswirkte.[195]

Die erste Hälfte des Argumentes ist unter okzidentalen Geschichtsphilosophen schon seit langem bekannt.[196] Im Unterschied zu anderen Hochreligionen war das Christentum unauflöslich mit der Zeit verbunden, denn die Inkarnation, die der gesamten Geschichte Bedeutung und Struktur verlieh, geschah zu einem festgelegten Zeitpunkt.[197] Zudem war das Christentum in Israel verwurzelt, einer Kultur, in deren großer prophetischer Tradition die Zeit stets als etwas Reales und als das Medium eines echten Wandels gegolten hatte. Die Hebräer waren die ersten Menschen der westlichen Zivilisation, die der Zeit einen Wert beimaßen, sie waren die ersten, die in der zeitlichen Abfolge von Geschehnissen eine Theophanie und eine Epiphanie sahen. Für das christliche Denken war die gesamte Geschichte um ein Zentrum strukturiert, einen zeitlichen Mittelpunkt, die Historizität des Lebens Christi. Die

195 Der Nukleus dieser Fragestellung entstand aus einem Gespräch, das ich 1950 in Baltimore mit Dr. O. Temkin führte. Während meiner Zeit in China im 2. Weltkrieg hatte ich schon viel über diese Frage nachgedacht. Für die weiteren Ausführungen in diesem Aufsatz ist es vielleicht interessant und bedeutend, daß ich mich mit vielen chinesischen Freunden über Faktoren unterhalten habe, die die Entstehung moderner Wissenschaften in China verhindert haben könnten, daß jedoch nicht ein einziger von ihnen das chinesische Geschichtsbewußtsein bzw. dessen Abwesenheit als möglichen Faktor nannte.

196 Vgl. besonders O. Cullmann, *Christus und die Zeit,* Zürich 1945; ders., *The Interpretation of History,* New York und London 1936; P. Tillich, *Der Protestantismus. Prinzip und Wirklichkeit.* Stuttgart 1950; R. Niebuhr, *Faith and History: a Comparison of Christian and Modern Views of History,* London 1951; ders., *The Self and the Dramas of History,* London 1956; T. F. Driver, *The Sense of History in Greek and Shakespearean Drama,* New York 1960; C. H. Dawson, *The Dynamics of World History,* J. J. Murllo, Hrsg., London 1957; ders., *Progress and Religion; an Historical Enquiry,* London 1929

197 Erst mit dem Vorschlag des Dionysius Exiguus im Jahre 525 n. Chr. begann die Sitte, Jahre regelmäßig in ihrem zeitlichen Abstand zu Christi Geburt zu bezeichnen; es ist weniger bekannt, daß die Minus-Serie (der Jahre v. Chr.) erst im 17. Jh. n. Chr. eingeführt wurde, vielleicht erstmalig von Bossuet im Jahre 1681. Dieses System ist heute fast überall verbreitet; die Chinesen reden von *kung yuan, ch'ien* oder *hou,* »vor« oder »nach« in der »öffentlichen« oder »internationalen« Zeitrechnung; das zeugt vielleicht von dem Durchsetzungsvermögen der modernen Technologie als der im besonderen Sinne christlichen, westlichen Zivilisation.

Geschichte erstreckte sich von der Schöpfung über den Ewigen Bund des Abraham zur parousia (παρουσία; der Wiederkunft Christi), dem messianischen Millenium und dem Ende der Welt. Das primitive Christentum kannte keinen zeitlosen Gott; das Ewige ist, war und wird stets[198] αἰώνων τῶν αἰώνων, »bis in die Zeiten der Zeiten« bleiben, wie es in den feierlichen Worten der orthodoxen Liturgien heißt; es manifestiert sich in einem kontinuierlichen, linearen Zeitprozeß der Erlösung, dem Plan, oikonomia (οἰκονομία) der Erlösung. In dieser Weltanschauung war das wiederkehrende Gegenwärtige stets einzigartig, unwiederholbar, entscheidend und mit einer offenen Zukunft, die durch die Handlungen des Individuums beeinflußt werden konnte und würde, eines Individuums, das die irreversible und bedeutungsvolle Gerichtetheit des Ganzen unterstützen oder behindern konnte. Somit wurde ein moralischer Zweck in der Geschichte, eine Vergöttlichung des Menschen betont, in ihr waren ein tieferer Sinn und Werte in dem Maße verkörpert, in dem Gott selbst die Natur des Menschen auf sich genommen hatte und als ein Symbol allen Opfers gestorben war.[199] Das Weltgeschehen war ein göttliches Drama, das auf einer einzigen Bühne aufgeführt und nur einmal gegeben wurde.
Gewöhnlich setzt man diese Anschauung scharf von der des griechischen und römischen Weltbildes ab, besonders des ersteren,[200] in welchem gemeinhin zyklische Vorstellungen dominierten.[201] Wir haben bereits die Beschreibung nachfolgender Zeitalter bei Hesiod erwähnt; ihre ständige Wiederkunft ist eine der wenigen Lehren, von denen wir sicher sein können, daß sie auf Pythagoras zurückgingen.[202] Auf der anderen Seite des Spektrums hellenistischen

198 Rev., 1, 4
199 Vgl. Irenaeus, *Contra Haeresios*, IV, 37, 7
200 Das römische Denken war anders, das zeigt sich in den »linearen« Epen des Vergil, den metrischen Chroniken, die ihnen vorangingen, und der Theorie der urbs aeterna; vgl. Eliade (nächste Fußnote), S. 201 ff. und C. S. Lewis, »Historicism«, *Month*, 1950 (NS), 4, 230
201 Dazu vgl. insbesondere M. Eliade, *Le Mythe de l'Eternel Retour; Archétypes et Répétition* (Gallimard, Paris, 1949). Eliade eröffnet seinen Bericht mit einer beeindruckenden Untersuchung über die jahreszeitlichen Riten der alten und primitiven Völker, die ihnen, so glaubt er, halfen, sich vor der psychologischen Furcht vor der vergehenden Zeit und dem ausgesprochenen Schrecken alles Neuen und Irreversiblen zu schützen (S. 80, 128, 184, 217). Diese Wiederholungen, zu denen die berechneten Langzeit-Zyklen der Astronomie stießen, führten zu dem indo-hellenischen Universum der zyklischen Zeit.
202 Porphyrios, *Vita Pythagoras*, 19

Gedankengutes stand die Lehre der Stoiker von den vier Weltperioden[203] und der fatalistische Pietismus des Markus Aurelius.[204] Eudemus, ein Schüler des Aristoteles, stellte sich eine vollkommene Wiederkehr der Zeit vor, so daß er einmal (oder ständig) wieder unter seinen Studenten sitzen würde; selbst Aristoteles[205] und auch Platon[206] spekulierten häufig darüber, daß jede Kunst und Wissenschaft schon viele Male voll erblüht und dann wieder untergegangen wäre, oder daß die Zeit noch einmal zu ihren Anfängen zurückkehre und alle Dinge in ihren Urzustand zurückfänden. Solche Vorstellungen wurden natürlich häufig mit der langfristigen Wiederkehr in der beobachtbaren und berechenbaren Astronomie kombiniert, hieraus entstand die wahrscheinlich babylonische Vorstellung des »Großen Jahr«. Zyklische Wiederkehr verbot natürlich alle wirkliche Neuheit, denn die Zukunft war im wesentlichen geschlossen und vorherbestimmt, die Gegenwart nicht einmalig, und alle Zeit im Grunde genommen Vergangenheit. »Was gewesen ist, wird sein, und was geschehen ist, wird geschehen,[207] und unter der Sonne gibt es nichts Neues«. Man konnte sich deshalb Erlösung nur als eine Flucht aus der Welt der Zeit vorstellen. Diese Vorstellung soll dazu beigetragen haben, daß die Griechen so stark von den zeitlosen Strukturen der deduktiven Geometrie und der Formulierung der platonischen ›Ideen‹[208] fasziniert wurden.

203 Chrysippus, *Fragmente* 623-627; Zeno, *Fragmente* 98, 109; Eudemus, *Fragmente* 51

204 *Meditationes*, XI 1

205 *Physica*, IV, 14, 223 b 21, *Problemata*, XVII, 3

206 *Politicos*, 269, c ff.; *Republic*, VIII, 546

207 *Ecclesiastes* I, 9 (nach der Luther Bibel: Prediger I, 9: »Was ist's, das geschehen ist? Eben das hernach geschehen wird. Was ist's, das man getan hat? Eben das man hernach wieder tun wird; und geschieht nichts Neues unter der Sonne.«)

208 Vgl. Driver, op. cit., S. 38 ff. Wissenschaftshistoriker können die Verdienste der euklydischen, deduktiven Geometrie um die westliche Welt nicht häufig genug herausstreichen, ich entsinne mich hingegen noch einer Unterhaltung mit Dr. Paul Lorenzen, die wir 1949 in Bonn führten, in der er meinte, Europa hätte mehr Geometrie, als für den Erdteil gut sei. Natürlich war Geometrie ein wesentlicher Stützpfeiler der modernen Wissenschaft, doch sie hatte den negativen Effekt, zu schnell den Glauben an alle möglichen abstrakten, zeitlosen axiomatischen Gesetze zu stärken, die angeblich selbstevident sein sollten, und sie führte weiter zu einer zu großen Bereitschaft, strenge logische und theologische Formulierungen zu akzeptieren. Als diese mit der Autorität ausgestattet wurden, die der lateinische Klerus von den römischen Rechtsgelehrten geerbt hatte, war, nach dem Machtanstieg der Kaufmannsklasse, die Explosion der Reformation unvermeidlich; der Westen leidet noch immer unter den Schlagwörtern jener Zeit. China war dage-

Der Gedanke der Erlösung von den endlosen Wiederholungen des Lebensrades erinnert sofort an die Weltanschauung des Buddhismus und des Hinduismus; und tatsächlich scheint in dieser Beziehung das nichtchristliche griechische Denken sehr stark dem indischen zu gleichen.[209] 1000 *mahayugas* (4 Milliarden Jahre nach menschlicher Zeitrechnung) machten einen einzigen Brahmatag aus, eine einzige *kalpa*, die in Wieder-Schöpfung und Evolution heraufdämmerte und mit der Auflösung und Reabsorbierung aller Sphären der Welt und aller ihrer Kreaturen im Absoluten endete.[210] Der Aufstieg und Niedergang einer jeden *kalpa* brachte ständig erneut auftretende mythologische Ereignisse:[211] Abwechselnde Siege von Göttern und Titanen, Inkarnationen der *Vishnu*, das Aufwühlen des ›Milchigen Ozeans‹, um die Medizin der Unsterblichkeit zu erhalten sowie die epischen Taten im *Rāmāyana* und im *Mahābhārata*. Hieraus resultierten die unzähligen Reinkarnationen des Buddha, die in den *Jātaka* Geburtsgeschichten erzählt werden.[212] Im indischen Denken gab es die Dimension des histo-

gen algebraisch und »babylonisch«, nicht geometrisch und »griechisch«. Gegensätze galten daher eher als praktisch und approximativ denn als theoretisch und absolut, niemand fühlte sich zur Formulierung zeitloser axiomatischer Gesetzmäßigkeiten verpflichtet. Hieraus wohl rührten die ethischen Vorstellungen, die man als empirisch, historisch und »statistisch« bezeichnen kann, die wenig ideologische Fanatik kannten und keinerlei Verfolgung der Religion um ihrer selbst willen.

209 Vgl. Eliade, op. cit., S. 167 ff. Der Glauben an die periodische Zerstörung und Wiedergeburt des Universums geht bis in das 10. Jh. v. Chr. zurück. *Atharvaveda*, X, 8, 39, 40.

210 Vgl. Zimmer, *Myths and Symbols*, S. 11 ff.; 16 ff.; Eliade, op. cit., S. 169 ff.

211 Ich glaube, es ist recht wichtig, daß man bei allem hier Erwähnten von der »Wiederkunft in der Zeit« statt von der »Reversibilität der Zeit« in den zyklischen Welttheorien spricht (obwohl manche Autoren häufig diesen Ausdruck gebrauchen), denn es gab in der Tat in der Mythologie des Buddhismus eine echte Doktrin der Reversibilität, die sehr viel weiter reichte und sehr viel weniger bekannt war. P. Mus hat sie in seinem bereits erwähnten Aufsatz »La notion de Temps Réversible dans la Mythologie Bouddhique« untersucht. Als Bedingung für die Erlösung von *samsāra*, dem Kontinuum des Werdens, dem Zeitungeheuer *Mahākāla*, der in den Fresken von *Tunhuang* alles verschlingt, mußte der hoffnungsvolle Boahisattva den Fluß der Zeit umdrehen, er mußte alle seine vorherigen Existenzen in umgekehrter Reihenfolge *(pratilomam)* durchschreiten. Nach seiner letzten Wiedergeburt durfte er sich dann »Erstgeborener der Zeit« nennen und triumphierend zum Gipfel des kosmischen Berges schreiten, bevor er ins *Nirvāna* verschwand.

212 Eliade, a. a. O., S. 172 ff. Es existiert eine vollständige Übersetzung des Pāli Kanon: *The Jātaka or Stories of the Buddha's Former Births, translated by various hands*, hrsg. v. E. B. Cowell (Cambridge), 6 Bde., mit Index-Band, 1895-1913

risch Einzigartigen eigentlich nicht, daher blieb Indien, wie kaum bestritten, unter allen großen Zivilisationen diejenige mit dem geringsten Geschichtsbewußtsein.[213] Im hellenischen und hellenistischen Gedankenkreis, der nicht von Israel beeinflußt wurde, durchbrachen nur einige wenige bemerkenswerte Geister die vorherrschende Lehre der Wiederkunft: Herodot und Thukydides gehörten, wenn auch nur bedingt, zu ihnen. Natürlich wurde die Hoffnungslosigkeit der Weltanschauung in Indien sehr stark durch die Weisheit (eher ein hinduistischer als ein buddhistischer Gedanke) der Pflicht des Hausherrn und Ehemannes in seiner Generation modifiziert. Hier handelt es sich um eine Art von Stoizismus, der dem normalen sozialen Leben einen Ehrenplatz im Lebenszyklus eines jeden Individuums einräumte.

Paul Tillich hat in fast epigrammatischer Form die besonderen Eigenschaften dieser beiden Weltanschauungen zusammengebracht.[214] Im indo-hellenischen Gedankenkreis herrscht die Raum- über die Zeitvorstellung, denn die Zeit ist zyklisch und ewig, sodaß die zeitliche Welt weniger real ist als die Welt der zeitlosen Formen und auch keine letzten Werte hat.[215] Das Sein muß durch das Werden angestrebt werden, Erlösung erreicht man über das Individuum, nicht über die Gemeinschaft, wofür der sich selbst errettende prateyeka Buddha das vornehmste Beispiel ist. Die Zeiten der Welt verschwinden nacheinander in der Zerstörung, daher ist die angemessenste Religion entweder der Polytheismus (die Vergötterung des gesamten Raumes). Dies mag weltbejahend ausschauen, insofern es sich hedonistisch auf die vergehende Gegenwart konzentriert, doch ein Blick in die Zukunft wird nicht gewagt, und beständige Werte werden nur in der Zeitlosigkeit gesucht. Diese Haltung ist somit ihrem Wesen nach pessimistisch. Im jüdisch-christlichen Weltbild triumphiert andererseits die Zeit über den Raum, denn seine Bewegungen sind zielgerichtet und bedeutungsvoll, sie bezeugen einen uralten Kampf zwischen Gott und den Mächten der Finsternis (hier verbindet sich das klassische Persien

213 Eine gute Abhandlung über diesen Punkt findet man bei K. Quecke, »Der Indische Geist und die Geschichte«, *Saeculum*, 1950, I, 362

214 Tillich, *Der Protestantismus*, S. 54; Niebuhr, *Faith and History*, S. 15 ff.

215 Tatsächlich ist die Zeit fast völlig im Raum aufgelöst, denn wenn jedes Ereignis unendlich häufig wiederholt wird, dann ist Vergänglichkeit nur eine Illuson und dann gibt es keinen irreversiblen Wandel – jedes Moment ist wie eine »Standfotografie« aus einem Film, der immer wieder vorwärts und rückwärts gespult werden kann (Eliade, S. 184).

mit Israel und der Christenheit),[216] und in diesem Kampf wird das Gute obsiegen, die zeitliche Welt ist ihrem Sein nach gut. Das wahre Sein ist dem Werden immanent und die Erlösung geschieht durch die Gemeinschaft und in der Geschichte. Die Weltepoche ist auf einen zentralen Punkt gerichtet, der dem gesamten Prozeß Bedeutung verleiht, alle selbstzerstörerischen Züge überwindet und etwas Neues schafft, das durch keine Zeitzyklen zunichte gemacht werden kann. Daher ist die am meisten angemessene Religion der Monotheismus, mit einem Gott, der die Zeit und alles, was in ihr geschieht, kontrolliert. Dies mag als eine die Welt transzendierende Lehre und als eine Verachtung aller Dinge dieses Lebens erscheinen, doch der Glaube, der hieraus entsteht, ist an die Zukunft genauso wie an die Vergangenheit gebunden, denn die Welt selbst ist erlösbar, nicht illusorisch, und das Königreich Gottes wird sie beanspruchen. Somit ist diese Weltanschauung ihrem Wesen nach optimistisch.

Deshalb können wir das Geschichtsbewußtsein des Christentums ganz sicherlich als historische Tatsache betrachten. Der zweite Teil des Arguments, auf den Geschichtsphilosophen bislang eher hinwiesen als ihn ausgearbeitet zu haben, behauptet, daß dieses Bewußtsein direkt zum Entstehen moderner Wissenschaft und Technik zur Zeit der Renaissance beigetragen hat und deshalb zusammen mit anderen Faktoren als Moment ihrer Erklärung herbeigezogen werden kann.[217] Wenn dadurch das Entstehen von moderner

216 Vgl. Eliade, a. a. O., S. 185 ff., 191

217 Man betrachte dazu insbesondere das kürzlich veranstaltete Symposium von F. d'Arcais, A. Buzzati-Traverso, A. C. Jemolo, E. de Martino, Rev. R. Panikkar und U. Spirito, »Progresso Scientifico e Contesto Culturale«, in: *Civiltà delle Macchine*, 1963, II (no. 3), 19. Auch das anregende, aber etwas konfuse Buch von L. D. del Corral, *El Rapto de Europa; una Interpretación Histórica di Nuestro Tiempo* (Madrid 1954) berührt diese Frage. Dasselbe gilt für das Buch von Karl Jaspers, *Vom Ursprung und Ziel der Geschichte*, Zürich 1949. Jaspers begreift den Aufstieg der modernen Wissenschaft und Technik als die wesentlich neue und einzigartig machtvolle Komponente der westlichen Zivilisation, doch für einen so bedeutenden Denker sind seine Erklärungen merkwürdig tentativ und zögernd. Im Gegensatz zu anderen Darstellungen der westlichen Geschichtsphilosophie handelt es sich hier nicht um ein Werk, in dem das Christentum im Mittelpunkt steht, es hebt vielmehr die Periode der großen Religionsstifter aller Zivilisationen der Alten Welt im 5. Jh. v. Chr. hervor. Ich darf hier auch einen Artikel von P. F. Douglass, »Christian Faith and Political Philosophy«, in: *Religion in Life*, 1941, 10, 267 erwähnen, der auf viele Faktoren, die möglicherweise die christlichen Elemente in der europäischen Kultur mit dem Aufstieg der modernen Wissenschaften verbinden, eingeht. In diese Gedanken wurde ich durch

Wissenschaft und Technik in Europa erklärt werden kann, kann vielleicht die Abwesenheit (oder die gewollte Abwesenheit) dieses Faktors in einem anderen Teil der Welt auch das Ausbleiben der wissenschaftlichen Revolution in jenen anderen Kulturen erläutern.

Es kann gar kein Zweifel daran bestehen, daß die Zeit ein grundsätzlicher Parameter allen wissenschaftlichen Denkens ist – dies betrifft die Hälfte des natürlichen Universums, wenn auch nur ein Viertel der Dimensionen des allgemeinen Menschenverstandes – wenn also die Zeit in ihrer Bedeutung herabgewürdigt wird, kann sich dies nicht günstig auf die Entwicklung der Naturwissenschaften auswirken. Sie darf nicht als illusorisch abgetan, noch im Vergleich mit dem Transzendenten und Ewigen abgewertet werden. Sie liegt an der Wurzel allen Wissens von der Natur, sei es, daß es auf Beobachtungen beruht, die zu unterschiedlichen Zeiten durchgeführt wurden, denn diese setzen die Gleichförmigkeit der Natur voraus, sei es, daß es auf Experimenten beruht, die notwendig eine Zeitspanne einschließen, deren exakte Messung wünschbar erscheint.[218] Die Erkenntnis der Kausalität, die sich so grundlegend für die Wissenschaften auswirkte, wurde ganz sicher durch einen Glauben an die Wirklichkeit der Zeit begünstigt. Auf den ersten Blick ist es jedoch nicht ganz offensichtlich, warum diese Begünstigung eher durch die lineare Zeit des jüdisch-christlichen Denkens als durch die zyklische Zeit des indisch-hellenischen Denkens gefördert wurde, denn bei ausreichend langen Zeitzyklen wären sich die Forscher ihrer kaum bewußt geworden.[219] Es kann aber sein, daß

Professor Roderick Scott 1944 in Ch'angting in Fukien eingeführt, der dort an der christlichen Universität von Fukien lehrte, die aus Fuchow evakuiert worden war. Prof. Scott befaßte sich ausführlich mit dem Ausmaß der Veränderungen, die chinesische Erfindungen in Europa ausgelöst hatten, die doch die chinesische Gesellschaft nicht ändern konnte. Viele Jahre später habe ich mich ganz auf diese Frage konzentriert. Vgl. meinen Beitrag zu *Legacy of China* (Oxford 1964). Ich kann jedoch nicht die Meinung von Scott und Douglas teilen, daß der wesentliche Grund für den Unterschied im Christentum liegt.

218 Kann das mit der Tatsache zusammengehangen haben, daß die Griechen im Vergleich zu ihren wissenschaftlichen Theorien sehr wenig experimentierten?

219 Zudem gab es in einer vollständigen zyklischen Zeitmatrix die Lehre des karma, der automatischen, angemessenen Vergeltung guter oder böser Taten, die sich über mehrere nachfolgende Reinkarnationen des Einzelnen erstreckte. Diese Vorstellung war (und ist) für den Buddhisten von fundamentaler Bedeutung, ganz gleich, welcher philosophischen Schule er in der Frage nach der Wirklichkeit

die Theorien über die Wiederkunft die Psychologie einer beständigen, kumulativen, nie abgeschlossenen Naturwissenschaft unterminierten, ein Ideal, das von den höheren Handwerkern stammte, doch erst in der Royal Society und ihren Virtuosen Frucht trug. Wenn nämlich die Summe aller wissenschaftlichen Anstrengungen der Menschen von vornherein zur unausweichlichen Auflösung verurteilt war, und dann erst wieder durch endlose Arbeiten in unermeßlichen Zeiträumen rekonstruiert werden mußte, dann war es besser, eine radikale Flucht in die religiöse Meditation anzutreten, oder eine stoische Gleichgültigkeit zu suchen, statt sich wie ein korallenbauender Polyp und dessen Kollegen beim blinden Aufbau eines Riffs am Rande eines lebendigen Vulkans aufzuzehren. Ganz sicherlich wurde die psychologische Kraft hierdurch nicht immer geschwächt, denn sonst hätte Aristoteles nie an seinen zoologischen Studien gearbeitet, deren Titel für unseren Gedankengang bedeutsam ist: Historia animalium, περὶ ξώων στορίας. Dieser Titel verweist auf die ursprünglich undifferenzierte Bedeutung von »Geschichte« als eines Wissens, das durch Untersuchungen gewonnen wurde – daher benutzen wir noch immer den Ausdruck Naturgeschichte.[220] Für die wissenschaftliche Revolution, in der die Zusammenarbeit von so vielen Menschen ein wesentlicher Bestandteil war (anders als bei dem Individualismus der griechischen Wissenschaft), spricht einiges für die Annahme, daß das Vorherrschen einer zyklischen Zeitvorstellung einen inhibitorischen Effekt ausgeübt hätte und eine lineare Zeitvorstellung ihren offensichtlichen Hintergrund bildete.

Soziologisch könnte sich diese Vorstellung auch noch anders ausgewirkt haben, es könnte die Entschiedenheit derer verstärkt haben, die für eine »Reform von Kirche und Staat von der Wurzel her« arbeiteten und dadurch nicht nur die »neue oder experimentelle Wissenschaft«, sondern auch die neue Ordnung des Kapitalismus schufen. Müssen die frühen Reformer und Kaufleute nicht an die

der Zeit anhängt. Wie jedoch an anderer Stelle bereits hervorgehoben (SCC, vol. II, S. 418 ff.) hat das Gesetz des *karma* keine stimulierenden Auswirkungen auf die Vorstellung von Kausalität in der Wissenschaft, oder von Naturgesetzen, wahrscheinlich weil sich die Buddhisten im Grunde genommen nur für die moralische Komponente interessierten, während wissenschaftliche Kausalität ethisch neutral sein muß.

220 Dazu gehörte auch das persönliche Wissen der Chronisten, der rerum gestarum scriptores.

Möglichkeit einer revolutionären, entschiedenen und irreversiblen Umwandlung der Gesellschaft geglaubt haben? Natürlich kann die lineare Zeitvorstellung nicht die fundamentalen ökonomischen Bedingungen geschaffen haben, die diese Entwicklung möglich machten, doch sie könnte einer der psychologischen Faktoren gewesen sein, die den Fortschritt unterstützten. Der Wandel selbst hatte nichts weniger als göttliche Autorität, denn der Neue Bund hatte den Alten abgelöst, die Prophezeiungen waren eingetreten und mit dem Ferment der Reformation, das durch die Traditionen aller christlichen Revolutionäre von den Donatisten bis zu den Hussiten ging, träumten die Menschen wieder apokalyptisch von der Gründung eines Königreiches Gottes auf der Erde. Zyklische Zeit konnte keine Apokalypse enthalten. In vieler Hinsicht wies die wissenschaftliche Revolution, so nüchtern sie auch war und so sehr sie auch von Fürsten patronisiert wurde, Verwandtschaft mit diesen Visionen auf: »Diese entmutigende Maxime, *nil dictum quod non dictum prius*«, schrieb Joseph Glanvill 1661 n. Chr., »kann ich nicht billigen. Ich kann meinen Glauben nicht mit dem Brief des Salomons verbinden; die letzten Jahrhunderte haben uns Dinge gezeigt, die das Altertum nie gesehen hat, nein, nicht einmal im Traum.«[221] Vollendung fand man nicht länger in der Vergangenheit, Bücher und alte Autoren wurden zur Seite gelegt, und statt weiter an den Spinnweben der Vernünftelei zu weben, wandten sich die Menschen mit ihrer neuen Technik mathematisierter Hypothesen der Natur zu, denn die Methode der Erfindung selbst war entdeckt worden. Im Laufe der folgenden Jahrhunderte beeinflußte die lineare Zeitvorstellung die modernen Naturwissenschaften noch stärker, denn man fand heraus, daß selbst das Universum der Sterne eine Geschichte hat und die kosmische Evolution wurde als der Hintergrund der biologischen und der sozialen Evolution erforscht.[222]

221 *Scepsis Scientifica; or Confest Ignorance the Way to Science, in an Essay on the Vanity of Dogmatising and Confident Opinion* (London 1661, 1665). Repr. und ed. v. J. Owen (London 1885)

222 Einen interessanten Ausblick auf zwei Phasen dieses Prozesses vermittelt: W. Baron und B. Sticker, »Ansätze zur historischen Denkweise in der Naturforschung an der Wende vom 18. zum 19. Jahrhundert; I. Die Anschauungen Johann Friedrich Blumenbachs über die Geschichtlichkeit der Natur; II, Die Konzeption der Entwicklung von Sternen und Sternsystemen durch Wilhelm Herschel«, in: *Archiv für Geschichte der Medizin und der Naturwissenschaften*, 1963, 47, 19.

Dann säkularisierte die Aufklärung die jüdisch-christliche Zeitvorstellung im Interesse eines Glaubens an den Fortschritt, den wir heute noch teilen; wenn also heute »Humanisten« oder Marxisten mit Theologen diskutieren, so tragen sie nur verschieden gefärbte Uniformen, zumindest für einen indischen Betrachter der Szene handelt es sich um dieselben Uniformen, die lediglich mit der Innenseite nach außen getragen werden.

Damit kommen wir zu einer Erörterung der Position der chinesischen Zivilisation; wo stand sie in dem Streit zwischen linearer, irreversibler Zeit und dem »Mythos der ewigen Wiederkehr«? Ganz ohne Zweifel enthielt die chinesische Zivilisation Elemente beider Vorstellungen, doch ganz generell gesagt und trotz allem, was wir bis jetzt aufgeführt haben, dominierte meiner Meinung nach die Linearität. Natürlich war auch die europäische Kultur ein Amalgam, denn obwohl die jüdisch-christliche Haltung sicherlich überwog, war die indisch-hellenische nie ausgestorben – man kann dies heutzutage noch an der Spenglerschen Geschichtsphilosophie sehen.[223] Während Aurelius Augustinus (der Heilige Augustinus 354-430 n. Chr.) das christliche System einer einbahnigen Zeit und Geschichte in seiner *Stadt Gottes*[224] ausarbeitete, neigten Clemens von Alexandrien (ca. 150-220 n. Chr.), Minucius Felix (um 175 n. Chr.) und Arnobius (300 n. Chr.) zu einer Bevorzugung astraler Zyklen, wie sie sich in der Vorstellung des *Annus Magnus*, des »Großen Jahres« niederschlugen. Ähnliches geschah im 12. und 13. Jahrhundert, als Joachim von Flores (1145-1202 n. Chr.) in seinem *Liber introductorius ad evangelium eternum*[225] seine evolutionäre apokalyptische Theorie der drei Zeitalter nie-

223 Vgl. dazu auch die augenblicklichen Debatten zwischen Radioastronomen und anderen, die nicht nur in Cambridge für einige Aufregung gesorgt haben, und in der sich die Theorie der »Unbeweglichkeit« des Universums und die der »Expansion und Kontraktion« und ihrem Nebenaspekt der Schöpfung und Neuschöpfung gegenüberstehen. Die Vorstellung eines »Großen Jahres« ist noch keinesfalls tot, obwohl man sie vielleicht in ihrer wissenschaftlichen Arbeitskleidung nur noch schwer erkennt.

224 Vgl. auch *Confessiones*, XI

225 Joachims' vielleicht größter Schüler war William Blake, der 600 Jahre später über die Vermittlung der Anabaptisten, der Brüder des Freien Geistes, und anderer Repräsentanten eines revolutionären Christentums die mystisch apokalyptische, »antinomische« Tradition fortsetzte. Vgl. dazu die Untersuchung von A. L. Morton, *The Everlasting Gospel; a Study in the Sources of William Blake*, London 1958.

derlegte, die nacheinander durch die drei Personen der Dreifaltigkeit inspiriert waren. Gleichzeitig aber fanden Bartholomäus Anglicus (ca. 1230 n. Chr.), Siger von Brabant (1277 n. Chr.) und Pietro d'Abano (gestorben 1316 n. Chr.) es immerhin diskussionswürdig, wenn nicht gar glaubwürdig, daß sich die Geschichte nach 36 000 Sonnenjahren bis in das geringste Detail von neuem vollziehen wird, da dann die Planeten und Konstellationen wieder zu ihren ursprünglichen Ausgangspositionen zurückkehrten.[226]
In China lag der Fall ähnlich. Die spekulativen Philosophen des frühen Taoismus glaubten eher an eine zyklische Zeit, im späteren Taoismus mit seinen ständig wiederkehrenden Tagen des Gerichtes und im Neokonfuzianismus mit seiner kosmischen, biologischen und sozialen Evolution, die nach den periodischen »Nächten« des Chaos immer wieder erneuert wurde, verhielt es sich genauso. Die beiden letzteren wurden zweifelsohne durch den indischen Buddhismus beeinflußt, der die Sagen von den *mahayugas, kalpas, mahakalpas* nach China brachte, doch das galt nicht für den frühen Taoismus, der vor dieser Zeit lag. In ihm finden wir überhaupt keine entwickelte Form dieser Lehre, sondern nur eine poetische Ataraxie, die auf der Annahme der Reihenfolge der Jahreszeiten und der Lebensspannen der lebendigen Kreaturen basierte.[227] Doch all dies berücksichtigt weder die Masse des chinesischen Volkes im Laufe seiner Geschichte, noch die Rolle der konfuzianischen Gelehrten, die die Bürokratie besetzt hielten, den Kaiser in den Riten eines überlieferten »Kosmismus« oder der Verehrung der Natur unterstützten und das Personal für die Büros für Astronomie und Historiographie stellten.[228] Seit über einem Jahrhundert

226 Vgl. hierzu L. Thorndike, *A History of Magic and Experimental Science during the First Thirteen Centuries of our Era,* New York 1947, Vol. 2, S. 203, 370, 418, 589, 710, 745, 895.
227 Ein Beispiel für die dauerhafte Resignation gegenüber dem zyklischen »Rad des Schicksals«, die Abfolge von Prosperität und Abstieg *(shêng shuai),* findet man in der Unterhaltung zwischen dem Kaiser Tao-Kuang (er regierte zwischen 1821 und 1850) und einem seiner hohen Beamten, Pi Kuei, die Meadows übersetzte; vgl. ders. a. a. O., S. 123 ff., 130, 134. »Fürwahr, in allen Angelegenheiten folgt Niedergang auf Prosperität!« wiederholte der Kaiser immer wieder.
228 Liu Chih-Chi (vgl. S. 195) verwies auf den Unterschied zwischen diesen beiden Disziplinen und empfahl sogar die astronomischen Monographien aus den Dynastie-Geschichten herauszunehmen, vielleicht weil sie sich so viel mit den »zeitlosen«, »unhistorischen«, wiederkehrenden Zyklen beschäftigten. Immerhin unterstützte er das Studium der Naturgeschichte; vgl. Pulleyblank, a. a. O., S. 145. Eine erstaunliche Parallele findet man in SCC, Vol. III, S. 634.

haben Sinologen das lineare Zeitbewußtsein der chinesischen Kultur erkannt. Doch was bei ihnen verbreitet ist, gehört noch lange nicht zum Allgemeingut der westlichen Intellektuellen.[229] So schrieb Derk Bodde in einem interessanten Aufsatz:[230] »Es besteht eine Verbindung zwischen der intensiven Beschäftigung mit menschlichen Angelegenheiten und dem Zeitgefühl der Chinesen – dem Gefühl, daß menschliche Angelegenheiten in einem zeitlichen Rahmen gesehen werden sollten. Das Ergebnis bestand in der Akkumulierung des ungeheuren Schatzes historischer Literatur, die sich über mehr als drei Jahrtausende erstreckt. Diese Geschichte diente einem moralischen Zweck, denn durch das Studium der Vergangenheit konnte man lernen, wie man sich selbst in der Gegenwart und in der Zukunft verhalten mußte ... Dieses Zeitbewußtsein der Chinesen bezeichnet einen anderen scharfen Unterschied zwischen ihnen und den Hindus.« Die große historische Tradition der Chinesen haben wir bereits erwähnt. Sie ging von der Inkarnation von Liebe *(jen)* und Rechtschaffenheit *(i)* in der menschlichen Geschichte aus und zielte auf das Bewahren ihres bezeugten Auftretens in den Angelegenheiten der Menschen. Ihre Neigung zu »Lob und Tadel« *(pao pien)*, »zur Hilfe beim Regieren«, war vielleicht eine Beschränkung und führte häufig zum Erstarren in toten Konventionen, doch sie hatte nichts mit dem *karma* des buddhistischen Glaubens zu tun. Diese Tradition hielt den Glauben aufrecht, daß auf übles soziales Handeln üble soziale Ergebnisse folgten und daß diese zum persönlichen Ruin eines üblen Herrschers führen könnten. Vielleicht würden diese Resultate auch (oder nur) auf sein Haus oder seine Dynastie ausstrahlen, doch daran, daß es Resultate gab, konnte kein Zweifel bestehen. Diesen Gedanken war ein System von Belobungen und Bestrafungen für gute oder schlechte Handlungen, die sich aus einer Reihe von Reinkarnationen eines bestimmten Individuums ergaben, recht fremd, denn die konfuzianischen Historiker beschäftigten sich mehr mit der Gemeinschaft als mit dem Individuum. Hätten sie nicht über ein lineares Zeitverständnis verfügt, wäre es schwer vorstellbar, war-

229 Nur jemand, dem chinesische Tradition vollständig unvertraut war, konnte wie C. Dawson schreiben, daß »es unter Philosophen und Religionslehrern zu allen Zeiten von Indien bis Griechenland und von China bis Nordeuropa die Regel und nicht die Ausnahme war, die Bedeutung der Geschichte zu leugnen« *(Dynamics of World History*, S. 271)

230 D. Bodde, »Dominant Ideas (in Chinese Culture)«, in: *China*, hrsg. v. H. F. McNair (Berkeley und Los Angeles 1946), S. 18 ff., 23

um sie mit einem solch ausgeprägten Geschichtsbewußtsein und solchem Bienenfleiß gearbeitet hätten. Außerdem haben wir gesehen, daß sowohl Theorien über soziale Evolutionen, als auch technologische Zeitalter, die durch erfinderische Kulturheroen eingeleitet wurden, sowie eine Würdigung des kumulativen Wachstums reinen und angewandten menschlichen Wissens keineswegs in der chinesischen Kultur fehlten.

Schließlich kann man die jüdisch-christliche Haltung, den Fluß der Zeit an einem ganz besonderen Punkt in Raum und Zeit festzumachen, auch überbewerten. Die erste Einigung des Reiches durch Ch'in Shih Huang Ti im Jahre 221 v. Chr. war für das historische Denken der Chinesen ein unvergeßlicher Brennpunkt, der um so bedeutender war, als die Einheit zwischen Säkularem und Heiligem durch keine Spaltung zwischen Kaiser und Papst je aufgebrochen wurde. Oder man nehme das Leben des Weisen, des Lehrers der 10 000 Generationen, Konfuzius (K'ung Ch'iu 552-479 v. Chr.), des höchsten ethischen Schöpfers der chinesischen Zivilisation, des ungekrönten Kaisers, dessen Einfluß heute in den Siedlungen von Singapur noch genauso lebendig ist wie in den Kommunen von Shantung und der den unausweichlichen, sei es traditionellen, sei es technischen, sei es marxistischen Hintergrund des chinesischen Geisteslebens bestimmte; sein Leben war mindestens ebenso historisch wie das Leben von Jesus. Daß die konfuzianische Weltanschauung im wesentlichen rückwärts gerichtet sei, ist eine These, die angesichts der in diesem Papier vorgebrachten Beweise kaum einem strengeren Blick standhält: Das *Tao* des Weisen wurde nicht in seiner eigenen Generation verwirklicht, doch er versicherte, daß Männer und Frauen in Frieden und Harmonie leben würden, wo immer und wann immer es verwirklicht würde. Als dieser Glaube, der weniger außerweltlich als das Christentum ist (denn *T'ien Tao,* der Weg des Himmels, war im engeren Sprachgebrauch nicht übernatürlich), sich mit den revolutionären Ideen des taoistischen Primitivismus verband, begannen die radikalen, apokalyptischen Träume von *Ta T'ung* und *T'ai P'ing* ihre starken Wirkungen auszuüben, Träume, für die Menschen kämpfen konnten und es auch taten: Tillich schrieb: »Die Gegenwart ist eine Folge der Vergangenheit, doch keineswegs eine Antizipation der Zukunft. In der chinesischen Literatur gibt es hervorragende Aufzeichnungen der Vergangenheit, doch keine Hoffnungen auf

die Zukunft.«[231] Auch hier hätte man besser mit Schlußfolgerungen über die chinesische Kultur gewartet, bis die Europäer mehr über sie wußten. Das Apokalyptische, das beinahe Messianische, häufig das Evolutionäre und (in seiner eigenen Art) das Progressive, auf jeden Fall das zeitlich Lineare, all diese Elemente waren zu jeder Zeit vorhanden. Seit dem Königreich der *Shang* hatten sich diese Gedanken spontan und eigenständig entwickelt, und obwohl die Chinesen himmlische oder irdische Zyklen entdeckten oder erfanden, waren dies die Elemente, die in den Gedanken der konfuzianischen Gelehrten und der taoistischen Bauern dominierten. So merkwürdig es all jenen erscheinen mag, die immer noch in den Begriffen des »zeitlosen Ostens« denken, im großen und ganzen ähnelte die chinesische Kultur viel mehr dem iranisch-jüdisch-christlichen Typ als dem indo-hellenischen.
Die Schlußfolgerung liegt auf der Hand. Wenn die chinesische Zivilisation nicht wie in Westeuropa (aus eigenem Antrieb) die moderne Naturwissenschaft entwickelte (obwohl sie gegenüber den 15 Jahrhunderten, die vor der Renaissance lagen, viel weiter entwickelt war), hatte dies nichts mit ihrer Einstellung zur Zeit zu tun. Man muß natürlich noch andere ideologische Faktoren untersuchen, ganz abgesehen von den konkret geographischen, sozialen und ökonomischen Bedingungen und Strukturen, die vielleicht ausreichen, die Beweislast zu tragen.

231 Tillich, *Der Protestantismus*, a. a. O. S. 50

Menschliche Gesetze und die Gesetze der Natur

Es ist wohl eine der ältesten Vorstellungen der westlichen Zivilisation, daß, ganz wie irdische Gesetzgeber bindende Verpflichtungen des positiven Gesetzes einführten, genauso auch eine himmlische und zu höchst rationale Gottheit eine Serie von Gesetzen niedergelegt haben mußte, denen Mineralien, Kristalle, Pflanzen, Tiere und der Lauf der Sterne zu gehorchen hatten. Wir wissen, daß diese Idee eng mit der Entwicklung der modernen Wissenschaft in der Renaissance verknüpft ist. Könnte das Fehlen dieser Idee in anderen Gebieten einer der Gründe sein, warum moderne Wissenschaft nur in Europa entstand? In anderen Worten: waren Naturgesetze notwendig?

Selbst die verläßlichsten Bücher und Monographien der Wissenschaftsgeschichte geben nur selten eine Antwort auf die Frage, wann in der Geschichte Europas oder des Islams der Begriff ›Naturgesetze‹ in seinem modernen, wissenschaftlichen Verständnis zuerst gebraucht wurde. Seit dem 18. Jahrhundert war er natürlich eine gebräuchliche Redewendung – die meisten Europäer kennen Verse, wie die folgenden aus dem Jahre 1796:

> Praise the Lord for He hath spoken
> Worlds His mighty voice obeyed;
> Laws, which never shall be broken,
> For their guidance He hath made.

Doch diese Zeilen hätten sicherlich nicht von einem klassischen Gelehrten der autochtonen Tradition Chinas geschrieben werden können. Warum?

Der Wille des Gesetzgebers konnte durch Regeln und eingeführte Vorschriften nicht nur Gesetze schaffen, die auf überliefertem Brauchtum basierten, sondern auch Gesetze, die ihm für die größere Wohlfahrt des Staates (oder die größere Macht der besitzenden Klasse) gut erschienen und die keine Begründung in *mores* oder Ethik haben mochten. Dieses ›positive‹ Gesetz entsprang der Natur des Befehls eines früheren Herrschers, sie resultierte in einer Verpflichtung der Beherrschten, und genau festgelegte Sanktionen folgten auf Überschreitung. Dieser Sachverhalt wird im chinesischen

Denken durch den Begriff *fa* ausgedrückt. Desgleichen werden die Sitten der Gesellschaft, die auf ethischem Verhalten basierten (z. B. daß der Mensch im Normalfall weder seine Eltern ermordet, noch dies tun sollte) oder alte Tabus (z. B. Inzest) durch *li* widergegeben, ein Begriff, der jedoch zusätzlich eine Menge zeremonialer und Opfervorschriften enthält.

Ferner haben wir gelernt, daß das römische Gesetz zwei Teile anerkannte: zum einen das zivil gefaßte Recht eines bestimmten Volkes oder Staates (positives Gesetz), *lex legale,* wie es später genannt wurde; und zum anderen das Recht der Völker *(jus gentium),* das mehr oder weniger dem Naturgesetz *(jus naturale)* entsprach. Das *jus gentium* sollte dem *jus naturale* folgen, solange nicht das Gegenteil offenkundig wurde. Ihre Identität wurde im römischen Gesetz, wenn auch nicht sehr überzeugend, vorausgesetzt, denn a) würden einige Sitten sicherlich der natürlichen Vernunft nicht selbstverständlich sein, und b) gab es Anordnungen, die es verdient hätten, von der gesamten Menschheit anerkannt zu werden, doch die es tatsächlich nicht waren (z. B. die Ablehnung von Sklaverei). Der historische Ursprung dieses ›Naturgesetzes‹ lag in der zunehmenden Anzahl von Kaufleuten und anderen Fremden, die sich in Rom niederließen, die keine Bürger waren und deswegen nicht unter das römische Gesetz fielen und die nach ihren eigenen Gesetzen gerichtet werden wollten. In dieser Situation konnten die römischen Rechtsberater nur nach dem kleinsten gemeinsamen Vielfachen der Gebräuche aller bekannten Völker greifen und so versuchen, zu kodifizieren, was der größten Zahl von Menschen am ehesten als Gerechtigkeit erschien. Aus diesem Zusammenhang entstand die Konzeption des Naturgesetzes.

Es war somit ein Mittelwert dessen, was alle Menschen überall als natürlich und gerecht empfanden, und »es kam eine Zeit«, wie Maine sagt, da

das *jus gentium* aufhörte, ein unwürdiges Beiwerk des *jus civile* zu sein und als ein großes, obwohl vielleicht noch unvollständig entwickeltes Modell betrachtet wurde, dem sämtliches Gesetzeswerk soweit wie möglich entsprechen sollte.

Man findet diese Unterscheidung bei Aristoteles, der die positiven Gesetze als δίκαιον νομικόν bezeichnet und von den natürlichen Gesetzen als δίκαιον φυσικόν spricht. Er sagt:

Das Polisrecht ist teils Natur-, teils Gesetzesrecht. Das Naturrecht hat überall dieselbe Kraft der Geltung und ist unabhängig von Zustimmung

oder Nicht-Zustimmung (der Menschen). Beim Gesetzesrecht ist es ursprünglich ohne Bedeutung, ob die Bestimmungen so oder anders getroffen wurden, wenn es aber festgelegt ist, dann ist es verbindlich, z. B. daß das Lösegeld (für einen Kriegsgefangenen) eine Mine betragen soll oder daß eine Ziege zu opfern ist und nicht etwa zwei Schafe (...)
Nun meinen manche, alles Recht sei von dieser Art, weil Naturdinge unveränderlich seien und überall dieselbe Kraft hätten – z. B. brennt das Feuer bei uns genau so wie bei den Persern – während sich die Anschauungen über das Recht vor ihren Augen ändern. Indes so ohne weiteres ist das nicht richtig, sondern nur mit Einschränkung. (...) Bei uns aber gibt es wohl auch manches, was von Natur gilt, aber das alles ist der Veränderung unterworfen – und dennoch besteht die Scheidung: ›von Natur‹ – ›nicht von Natur‹.*

Dieses interessante Zitat bezieht sich auf die Tatsache, daß quantitative und ethisch-indifferente Angelegenheiten nur durch positive Gesetzgebung geregelt werden können, und es steht auch kurz davor, von Gesetzen der Natur in einem wissenschaftlichen Sinne zu reden. Im chinesischen Kontext hätte es hingegen kaum ein *jus gentium* geben können, denn durch die ›Isolation‹ der chinesischen Zivilisation gab es keine anderen *gentes*, von deren Gebräuchen ein aktuelles universales Gesetz der Nationen hätte abgeleitet werden können.
Es gab aber sicherlich ein natürliches Gesetz, nämlich jene Sammlung von Sitten, die die weisen Könige und das Volk stets akzeptiert hatten, und die die Konfuzianer *li* nannten.
Man kann schwerlich bezweifeln, daß die Vorstellung eines himmlischen Gesetzgebers, der für nicht-menschliche natürliche Phänomene ›Recht setzte‹, ihren ersten Ursprung unter den Babyloniern hatte. Jastrow bringt die Übersetzung der siebten Tafel des Späteren Babylonischen Schöpfungsgedichtes, in dem der Sonnengott *Marduk* (der während der Einigung und Zentralisierung unter *Hamurabi* etwa 2000 v. Chr. in eine zentrale Position gerückt wurde) als Gesetzgeber der Sterne dargestellt wurde. Er ist es, der ›den (Sterngöttern) *Anu, Enil* (und *Ea*) die Gesetze vorschreibt, und der ihre Grenzen festsetzt‹. Er ist es, der ›die Sterne in ihrer Bahn hält‹, indem er ›Kommandos‹ und ›Anordnungen‹ gibt. Die vorsokratischen Philosophen Griechenlands sprechen häufig von der Notwendigkeit (ἀνάγκη), aber nicht von dem Gesetz (νόμος) in der Natur. Jedoch, wie Heraklit (ca. 500 v. Chr.)

* Aristoteles, *Nikomachische Ethik*, übers. und kommentiert von Franz Dirlmeier, Darmstadt 1969, S. 110 f. (1134 b)

sagt, »wird die Sonne nicht ihre Bemessungen überschreiten; sonst würden die Erinnyen, die Büttel der Diké (der Göttin der Gerechtigkeit), sie überführen«. Hier wird Regelmäßigkeit als ein offensichtliches, empirisches Faktum akzeptiert, doch auch der Gedanke des Gesetzes ist gegenwärtig, denn Sanktionen werden erwähnt. Auch Anaximander (ca. 560 v. Chr.) spricht von den Kräften der Natur, die »sich gegenseitig Bußen und Strafen auferlegen«. Doch die Vorstellung von Zeus Nomothetes bei den älteren griechischen Dichtern begreift ihn als Gesetzgeber für Götter und Menschen, jedoch nicht für die Naturprozesse, denn er selbst war nicht ein wahrer Schöpfer. Demosthenes (384-322 v. Chr., er lebte somit zwischen der Generation des *Mo Ti* und der des *Mencius)* benutzte das Wort ›Gesetz‹ in seinem allgemeinsten Sinne, als er sagte: »Da es so aussieht (wenn wir unseren Augen trauen können), als ob auch die ganze Welt, und himmlische Dinge, und was wir Jahreszeiten nennen, durch Gesetz und Ordnung geregelt werden ...«

Aristoteles benutzte die Gesetzesmetapher nie, obwohl er ihr, wie wir gelernt haben, gelegentlich sehr nahe kommt. Plato verwendet sie nur einmal und zwar in seinem Timäus, in dem es heißt, daß das Blut eines Kranken die Bestandteile der Nahrung ›gegen die Gesetze der Natur‹ aufnimmt (παρὰ τοὺς τῆς φύσεως νόμους). Doch die Vorstellung, daß die ganze Welt durch Gesetze regiert wird, scheint den Stoikern eigentümlich gewesen zu sein. Die meisten Vertreter dieser Schule behaupteten, daß Zeus (der Welt immanent) nichts anderes sei als κοινός νόμος – universelles Gesetz; so z. B. Zeno (ca. 320 v. Chr.); Cleanthes (240 v. Chr.); Chrysippus (gest. 206 v. Chr.). Es scheint mehr als wahrscheinlich, daß diese neue und viel genauere Vorstellung von babylonischen Einflüssen herrührte, denn bekanntlich begannen etwa um das Jahr 300 v. Chr. Astrologen und Himmelstechniker aus Mesopotamien sich über den ganzen Mittelmeerraum auszubreiten. Der berühmteste von ihnen war Berossus, ein Chaldäer, der sich 280 v. Chr. auf der griechischen Insel Kos niederließ. Zilsel, der immer auf den sozialen Kontext achtete, hat festgehalten, daß, so wie die ursprünglichen babylonischen Vorstellungen von Naturgesetzen in einer hochgradig zentralisierten orientalen Monarchie aufgekommen waren, es zur Zeit der Stoiker, einer Periode aufstrebender Königreiche, genauso natürlich gewesen wäre, das Universum als ein großes, von göttlichem Logos regiertes Reich anzusehen.

Da in Rom der Einfluß der Stoiker recht nachhaltig war, konnte es nicht ausbleiben, daß diese sehr weitläufigen Vorstellungen Einfluß auf die Entwicklung der Idee eines Naturgesetzes hatten, das allen Menschen, ganz gleich welcher Kultur und welcher lokaler Sitten, gemein sei. Cicero (106-43 v. Chr.) spiegelt diesen Gedanken wider, wenn er sagt: *Naturalem legem divinam esse censet (cenno), eamque vim optinere recta imperatem prohibentemque contraria.*[1] Und an anderer Stelle: ›Das Universum gehorcht Gott, Land und Meer gehorchen dem Universum, und das menschliche Leben ist den Erlassen des Obersten Gesetzes unterworfen‹.[2]
Erstaunlicherweise finden wir die klarste Aussage über die Existenz von Gesetzen in der nicht-menschlichen Welt bei Ovid (45 v. Chr. bis 17 n. Chr.). Er zögert nicht, das Wort *lex* für astronomische Bewegungen zu verwenden. In einer Schrift über die Lehren des Pythagoras sagte er:

> in medium discenda dabat, coetusque silentum
> dictaque mirantum magni primordia mundi
> et rerum causas, et quid natura docebat,
> quid deus, unde nives quae fulminis esset origo,
> Jupiter an venti discussa nube tonarent,
> quid quateret terras, qua sidera lege mearent,
> et quodcumque latet ...[3]

Die meisten Übersetzer haben dieser bemerkenswerten Aussage keine Gerechtigkeit widerfahren lassen: Dryden formulierte es so:

> What shook the steadfast earth, and whence begun
> The Dance of Planets round the radiant Sun ...[4]

während King[5] diesen Satz völlig unterschlug.[6] An anderer Stelle beklagte sich Ovid über die Treuelosigkeit eines Freundes. Er nennt sie so erschütternd, daß sie die Sonne rückwärts laufen lasse, Flüsse

1 *De natura deorum* I, 14 (Übers. v. Brooks S. 30). [Diese und die folgenden Anmerkungen sind vom Übersetzer.]
2 *De legibus.* (Übers. v. Keyes, S. 461)
3 *Metamorphosen* XV, 66 ff.
4 Dryden, J. G. et al., *Ovid's ›Metamorphoses‹ in 15 Books,* translated by the most eminent hands, London 1717
5 King, H., *The Metamorphoses of P. Ovidius Naso,* Edinburgh 1871
6 In der deutschen Übersetzung von Erich Rösch (siehe Bibliographie) heißt es dagegen: »... Auch nach welchem Gesetz die Gestirne wandeln, und alles, was verborgen noch sonst ...« (S. 559)

stromaufwärts fließen und »im Lauf aller Dinge die Gesetze der Natur umgekehrt würden (naturae prepostera legibus ibunt)«.[7]

Die Gedankentradition, die von den Hebräern ausging (oder durch sie von den Babyloniern übermittelt wurde) ist stärker gesichert als jeder andere Beitrag. Wie Singer und viele andere hervorgehoben haben, trifft man häufig auf die Idee einer Gesetzessammlung, die von einem transzendenten Gott niedergelegt wurde und die Taten der Menschen und auch der übrigen Natur einschließt. Der göttliche Gesetzgeber war eine der zentralen Ideen des Judaismus. Man kann den Einfluß dieser Gedanken aus den hebräischen Schriften auf das gesamte westliche Denken in der christlichen Zeit kaum überschätzen:

> Und Gott befahl den Meeren, daß die Wasser nicht seine Gesetze mißachten sollten.
>
> (Jesaiah 1 Psalm 104)

Außerdem entwickelten die Juden in den ›Sieben Geboten für die Nachkommen des Noah‹ eine Art von Naturgesetz, das auf alle Menschen anwendbar war, eine Parallele zu dem *jus gentium* des römischen Rechtes.

Christliche Theologen und Philosophen setzten die Tradition der hebräischen Vorstellung eines göttlichen Gesetzgebers fort. Es ist nicht schwer, für die frühen Jahrhunderte der Christenheit Aussagen zu finden, in denen Gesetze der nicht-menschlichen Natur enthalten sind. Als z. B. der Apologet Arnobius (etwa 300 n. Chr.) bestritt, daß das Christentum etwas Furchterregendes sei, erklärte er, seit seiner Einführung habe es keine Änderungen in den ›ursprünglichen Gesetzen‹ gegeben. Die (aristotelischen) Elemente haben ihre Eigenschaften nicht verändert. Die Struktur der Maschine des Universums (wahrscheinlich das astronomische System) hat sich nicht aufgelöst. An der Bewegung am Firmament, dem Auf- und Niedergehen von Sternen, hat sich nichts geändert. Die Sonne hat sich nicht abgekühlt. Weder die Mondwechsel, noch die Wechsel der Jahreszeiten, noch die Folge von langen und kurzen Tagen wurden aufgehalten oder gestört.

Doch wir befinden uns immer noch auf der Stufe vor der scharfen Trennung zwischen (menschlichem) Naturgesetz und (nichtmenschlichen) Gesetzen der Natur. In den frühen Jahrhunderten der

7 Ovid, *Tristia,* I, 8, 5

christlichen Ära gibt es zwei Aussagen von besonderer Bedeutung, die diese Ideen in ihrem noch mehr oder weniger unaufgeschlüsselten Stadium zeigen. In der *Constitution* des Theodosius, Arcadius und Honorius aus dem Jahre 395 n. Chr. findet sich eine Passage, die die Praxis der Voraussage verbietet und unter die gleiche Strafe wie Hochverrat stellt:

Sufficit ad cariminis molem naturae ipsius leges vele rescindere, in licita perscrutari, occulta recludere, interdicta temptare –[8]

Es ist ein Sakrileg, in die Prinzipien einzugreifen, die die Gesetze der Natur vor den menschlichen Augen verborgen halten. Hier besteht eine überraschende Ähnlichkeit zu dem Verbot der *Ch'an-Wei*-Bücher über Voraussagen in China, doch es ist bemerkenswert, daß die Existenz von Naturgesetzen behauptet wird, die mit menschlichen Belangen verbunden sind, aber nichts mit Moral zu tun haben. Eine auffallende Parallele betrifft den großen chinesischen Denker *Tung Chung-Shu*, der im Jahr 153 v. Chr. ›eigenständig die Bedeutung zweier nicht-ominöser Feuer analysierte‹; hierfür wurde er zum Tode verurteilt, doch später amnestiert.
Die zweite Erklärung ist eine berühmte Aussage des bedeutenden römischen Juristen Ulpian[9] (gest. 228 n. Chr.), dessen Arbeit einen sehr großen Teil des justinianischen *corpus juris civilis* des Jahres 534 n. Chr. einnimmt.

Jus naturale (sagt er im ersten Abschnitt des *Digest*) est quod natura omnia animalia docuit ...
Das natürliche Gesetz ist allen Tieren durch die Natur beigebracht worden; es gilt für alle Tiere, zu Lande oder zu Wasser, und genauso für die Tiere des Himmels. Aus ihm resultiert die Vereinigung von Mann und Frau, die von uns Heirat genannt wird und damit die Zeugung und Aufzucht von Kindern; man findet tatsächlich, daß Tiere im allgemeinen, auch die wildesten Raubtiere, durch die Kenntnis dieses Gesetzes ausgezeichnet sind.[10]

Rechtshistoriker behaupten gerne, daß dies nie einen Einfluß auf das nachfolgende Rechtsdenken gehabt hätte. Dies mag sehr wohl der Fall sein, aber die Kommentatoren und Schriftsteller des Mit-

8 *Cod. Theod.* XVI, Tit. 12; vgl. dazu Bréhier, L., *La philosophie de Plotin,* Paris 1928
9 Zur Person von Ulpian vgl. Ledlie, J. C., »Ulpian«, in: *Journal of the Society of Comparative Legislation,* 5:14. 1905
10 Nach der Übersetzung von Monro. Vgl. Monro, C. H., *The Digest of Justinian,* Cambridge 1904, Vol. I, S. 3

telalters akzeptierten und verbreiteten sehr nachdrücklich die Vorstellung von Tieren als quasi-›juristischen‹ Individuen, die einem von Gott gegebenen Codex von Gesetzen gehorchten. An diesem Punkt kommen wir dem Gedanken sehr nahe, daß die Dinge (einschließlich das Leben der Tiere) den Gesetzen der Natur als einem Ausdruck göttlicher Gesetzgebung gehorchen.

In späteren christlichen Jahrhunderten wurde es unumgänglich, Naturgesetz und christliche Moral miteinander zu identifizieren. Der heilige Paulus hat dies deutlich ausgedrückt. Der heilige Chrysostomos (frühes 5. Jahrhundert) hatte in den 10 Geboten der Hebräer eine Kodifizierung des natürlichen Gesetzes gesehen, und mit dem *Decretum* des Franciscus Gratianus (1148 n. Chr.) wurde diese Identifizierung vollendet, von der orthodoxe Kanoniker später nie wieder abwichen.[11] Nach dem universalen Glauben des Mittelalters galt vielmehr, wie Pollock sagt, daß Anordnungen von Fürsten, die dem natürlichen Recht zuwiderliefen, ihre Untertanen nicht verpflichteten und ihnen deshalb gesetzmäßig Widerstand entgegengebracht werden konnte. Diese Lehre, die in dem Satz ›positiva lex est infra principantem sicut lex naturalis est supra‹ zusammengefaßt wurde, hatte zur Zeit des Aufstiegs des Protestantismus eine große Wirkung, und das ›Recht der Rebellion gegen unchristliche Fürsten‹ spielte in den Anfängen der modernen europäischen Demokratie (Gooch) keine geringe Rolle. Es ist interessant festzuhalten, wie genau dies mit der konfuzianischen Lehre, die Mencius formulierte, übereinstimmt, daß Untertanen das Recht haben, den Herrscher zu stürzen, der sich nicht mehr in Übereinstimmung mit dem *li* verhält; und diese Ähnlichkeit entging bestimmt auch nicht den sozialen Denkern Europas, die nach 1600 die lateinische Übersetzung der chinesischen Klassiker durch die Jesuiten lasen.

Doch wie verhielt es sich mit den Wissenschaftlern und ihren Naturgesetzen? Wir befinden uns nun im 17. Jahrhundert, und durch Boyle und Newton ist die Vorstellung von Naturgesetzen, denen chemische Substanzen und Planeten gleichermaßen ›gehorchen‹, voll entwickelt. Doch man hat noch nicht sehr genau untersucht, in genau welchen Punkten hier eine Abweichung zu der Synthese der Scholastiker vorliegt. Die Lexikographen behaupten, daß der Ausdruck in seinem wissenschaftlichen Verständnis zum ersten Mal im

11 Vgl. Jacob, E. F., Political Thought, in: Crump, C. G. und E. F. Jacob (Hrsg.), *Legacy of the Middle Ages*, Oxford 1926

ersten Band der *Philosophical Transactions* der Royal Society (1665) gebraucht wurde. 30 Jahre später fügt Dryden den Ausdruck in seine Übersetzung des ›felix qui potuit rerum cognoscere causas‹ der *Georgia* des Vergil ein – der Begriff war ein Allgemeinplatz geworden. In seinem ausgezeichneten Buch ›Civilization and the Growth of Law‹ betrachtet ihn Robson als einen für das 17. Jahrhundert spezifischen Begriff, der in den Philosophien von Spinoza und Descartes genauso präsent ist, wie in der ›neuen oder experimentellen Philosophie‹ der Naturwissenschaftler. Es ist das Verdienst von Zilsel, die verschiedenen Stadien sehr deutlich herausgearbeitet zu haben, die der Begriff bis zu seiner Eigenständigkeit durchlief. Auch bei Juristen wie Huntington Cairns finden wir eine Beachtung der Parallelentwicklung im 17. Jahrhundert zwischen säkularisiertem Naturrecht, das sich auf die menschliche Vernunft berief, und den mathematischen Ausdrücken der empirischen Naturgesetze.

Ganz ohne Zweifel erfolgte der Wendepunkt zwischen Kopernikus (1473-1543) und Kepler (1571-1630). Der Erstere redet von Symmetrien, Harmonien, Bewegungen, doch an keiner Stelle von Gesetzen. Auch Gilbert spricht in seinem *De Magnete* (1600) nicht von Gesetzen, obwohl er gewisse Verallgemeinerungen über Magnetismus hervorhebt, für die der Begriff äußerst angemessen gewesen wäre. Die Position von Francis Bacon ist vielfältig; im *Advancement of Learning* (1605) nennt er das ›Summary Law of Nature‹ das höchstmögliche Wissen, aber bezweifelt, ob es von Menschen erreicht werden kann; in seinem *Novum Organum* (1620) verwendet er den Begriff ›Gesetz‹ als Synonym für die Aristotelische substantielle Form. Er war damit nicht weitergekommen als die Scholastiker. Wie Kopernikus benützt auch Galilei nie den Ausdruck ›Naturgesetze‹, sei es in seiner Jugendarbeit über Mechanik aus dem Jahre 1598 oder in seinen *Abhandlungen und mathematische Demonstrationen zweier neuer Wissenschaften* (1638), die den Anfang der modernen Mechanik und mathematischen Physik darstellten. Was später Gesetz genannt werden würde, erscheint als ›Proportionen‹, ›Verhältnisse‹, ›Prinzipien‹ etc. Dieselben Bemerkungen treffen auch auf Simon Stevin (dessen Arbeiten zwischen 1585 und 1608 datiert werden) und auf Pascal zu; von beiden wurde die Gesetzesmetapher nicht benutzt.

Es ist merkwürdig paradox, daß Kepler, der die drei empirischen Gesetze der Planetenbahnen entdeckte – eine der ersten Gelegenheiten, bei denen Naturgesetze in mathematischen Begriffen ausgedrückt wurden – sie selbst nie als Gesetze bezeichnete, obwohl er den Ausdruck in anderen Zusammenhängen benützte. Keplers erstes und zweites ›Gesetz‹, die in der *Astronomia Nova* aus dem Jahre 1609 stehen, sind in langen Einführungen umschrieben; das dritte, veröffentlicht in den *Harmonices Mundi* (1619), wird ›Theorem‹ genannt. Doch er spricht von ›Gesetz‹ in Zusammenhang mit den Prinzipien des Hebels, und benutzt den Begriff allgemein so, als wäre er synonym mit Maß oder Proportion.

Da Naturgesetze in der Astronomie eine so bedeutende Rolle spielten, bot es sich an, hauptsächlich unter den Astronomen der Renaissance nach ihren ersten Formulierungen zu suchen. Es gibt eine sehr frühe Erwähnung jedoch in Zusammenhang mit einer ganz anderen Gruppe von Wissenschaften, Geologie, Metallurgie und Chemie. In seiner *De ortu et causis subterraneorum* aus dem Jahre 1546 schrieb Georgius Agricola in einer Erörterung der aristotelischen Theorie der Anteile des Elements Wasser in der Zusammensetzung von Metallen:

Doch welcher Bestandteil von Erde sich in jeder Flüssigkeit befindet, aus der Metall gemacht wird, wird kein Sterblicher jemals herausfinden, noch weniger erklären können, und nur Gott allein hat es gewußt, der der Natur eindeutige und fixierte Gesetze zur Mischung und Verbindung von Dingen vorgeschrieben hat.[12]

Es ist festzuhalten, daß diese Vorstellung wenigstens genauso früh in der metallurgischen Chemie wie in der Astronomie entstanden ist. Eine andere frühe Formulierung kommt in den Schriften von Giordano Bruno (1548-1600) vor, der schreibt, man müsse Gott *›in inviolabili in temerabilique naturae lege (de immenso)‹* suchen. Doch Bruno war in seinem Denken sehr ›chinesisch‹ und bewertete den organischen Charakter der natürlichen Phänomene höher als die meisten seiner europäischen Zeitgenossen.

Inzwischen war der spanische Theologe Suarez einen wichtigen Schritt in der Klärung des Konzeptes vorangekommen. In seinem *Tractatus de Legibus* (1612) führte er eine scharfe Trennung zwischen der Welt der Moral und der Welt der nichtmenschlichen Natur ein. Er behauptete, der Begriff des Gesetzes träfe nur für die erstere zu. Suarez wandte sich gegen die thomistische Synthese, weil sie diese Unterscheidung mißachtete:

12 Nach der Übersetzung von Hoover, H. C. und Hoover, L. H., 1950

Dinge, denen es an Vernunft fehlt, sagte er, sind, genau genommen, weder zu Gesetz noch zu Gehorsam imstande. Hier wird das Wirken göttlicher Macht und natürlicher Notwendigkeit ... nur als *Metapher* Gesetz genannt.

Hier lag eine klare Analyse vor, die uns an die Schwierigkeiten erinnert, die die Chinesen hatten, als sie die Vorstellung von *li* und *fa* auf die nicht-menschliche Welt ausdehnten. Aus denselben Gründen fand in China die Anwendung der Idee von natürlichen Gesetzen nach der Zeit der jesuitischen Mission wenig Widerhall. In einem interessanten Abschnitt aus dem Jahre 1737 bemerkte d'Argens:

Die chinesischen Atheisten, sagt ein Missionar, sind in Bezug auf Vorsehung genauso wenig anzusprechen wie in Bezug auf die Schöpfung. Wenn wir ihnen beibringen, daß Gott, der das Universum aus dem Nichts geschaffen hat, es durch allgemeine Gesetze regiert, die seiner unendlichen Weisheit entsprechen, und der sich alle Kreaturen mit einer wundervollen Regelmäßigkeit fügen, sagen sie, all dies seien hohl tönende Worte, die sie an keinen Gedanken festmachen könnten und die ihr Verständnis um nichts erleuchteten. Sie antworten: unter dem, was wir Gesetze nennen, verstehen wir eine Ordnung, die von einem Gesetzgeber aufgestellt wurde, der die Macht hat, sie gegenüber Wesen durchzusetzen, die in der Lage sind, diese Gesetze auszuführen und folglich sie kennen und verstehen können. Wenn ihr sagt, daß Gott Gesetze aufgestellt hat, die von Wesen durchgeführt werden, die sie verstehen können, so folgt daraus, daß Tiere, Pflanzen und ganz allgemein alles, was sich diesen universalen Gesetzen gemäß verhält, von ihnen Kenntnis hat, und daß sie deswegen verstandesbegabt sind, und das ist absurd.

Bei Descartes ist die Idee der Naturgesetze genauso entwickelt wie später bei Boyle und Newton. Im *Discours de la methode* (1637) ist von den ›Gesetzen, die Gott in die Natur gelegt hat‹ die Rede. Die *Principia Philosophiae* (1644) enden mit der Feststellung, daß in ihnen erörtert wurde ›was aus der wechselseitigen Beeinflussung von Körpern gemäß mechanischer Gesetze folgt, die durch gewisse und alltägliche Experimente bestätigt wurden‹. Genauso bei Spinoza: der *Tractatus Theologico-Politicus* (1670) unterscheidet Gesetze, die ›von der Notwendigkeit der Natur abhängen‹, von Gesetzen, die aus menschlichen Anordnungen herrühren. Zudem stimmt Spinoza mit Suarez darin überein, daß die Anwendung des Wortes ›Gesetz‹ im Bereich der Physik auf einer Metapher beruhe – doch aus unterschiedlichen Gründen, denn Spinoza war ein Pantheist, der nicht an das naive Bild eines himmlischen Gesetzgebers glauben konnte.

Zilsel betrachtet die empirischen Technologien des 16. Jahrhunderts als einen wesentlichen Bestandteil in der Entwicklung der Naturgesetze des 17. Jahrhunderts. Er hebt hervor, daß die überlegenen Handwerker jener Zeit, die Künstler und Militäringenieure (für die Leonardo da Vinci das hervorragendste Beispiel war) nicht nur experimentierten, sondern gewöhnlich auch ihre Resultate in empirischen Regeln und quantitativen Begriffen ausdrückten. Als Beleg führt er das kleine Büchlein *Quesiti ed Inventioni* von Tartaglia (1546) an, in welchem exakte quantitative Regeln für die ballistische Ausrichtung von Gewehren aufgestellt werden. ›Diese quantitativen Regeln der Handwerker des frühen Kapitalismus sind, obwohl sie nie so genannt wurden, die Vorläufer der modernen physikalischen Gesetze‹. Bei Galilei werden sie zur Wissenschaft.

Das fundamentale Problem besteht hier in der Frage, warum der Begriff der Naturgesetze eine Position von solcher Bedeutung im 16. und 17. Jahrhundert erlangte, nachdem sie über so viele Jahrhunderte in der europäischen Zivilisation als theologischer Allgemeinplatz existiert hatte. Natürlich ist dies nur ein Teil des ganzen Problems des Aufstiegs der modernen Wissenschaften während dieser Zeit. Wie kam es, fragt Zilsel, daß in der modernen Periode die Idee von Gottes Herrschaft über die Welt sich von den Ausnahmen in der Natur (den Kometen und Geistern, die das mittelalterliche Gefühl der Ausgewogenheiten zerstört hatten), auf unwandelbare Regeln verlagerte? Seine Antwort, die sicherlich im Prinzip richtig ist, lautet: da die Vorstellung einer Herrschaft über die Welt aus der Hypostasierung der menschlichen Vorstellung von irdischen Herrschern und ihrer Herrschaft in den Bereich des Göttlichen entstanden war, müssen wir uns die begleitenden sozialen Entwicklungen anschauen, um zu einem Verständnis des Wandels zu gelangen, der nun stattfand. Und tatsächlich erfolgte mit dem Niedergang und dem Verschwinden des Feudalismus und dem Aufkommen des kapitalistischen Staates eine Desintegration der Macht der Fürsten und ein starker Machtzuwachs der zentralisierten königlichen Autorität. Dieser Prozeß ist uns aus dem England der Tudor und dem Frankreich des 18. Jahrhunderts bekannt; und während Descartes noch schrieb, hatte das englische Commonwealth den Prozeß noch weiter in Richtung auf eine Autorität vorangetrieben, die zentralisiert, aber nicht länger königlich war. Wenn wir das Aufkommen der stoischen Lehre des universalen Gesetzes auf die Periode des Aufstieges der großen Königreiche nach Alexander dem Großen beziehen, dann können wir es gleichfalls vernünftig finden, den Aufstieg der Vorstellung von Naturgesetzen in der Renaissance mit der Erscheinung des königlichen Absolutismus am Ende des Feudalismus und dem Beginn des Kapitalismus zu verknüpfen. ›Es ist kein bloßer Zufall‹, sagt Zilsel, ›daß die cartesianische Idee von Gott als dem Gesetzgeber des Universums nur 40 Jahre nach Jean Bodins Theorie der Souveränität entstand‹. Somit erhielt sich eine Idee, die im Milieu des ›orientalischen Despotismus‹ entstanden war, in einer rudimentären Form über 2000 Jahre, um im frühen kapitalistischen Absolutismus zu neuem Leben zu erwachen.

Die Interpretation von Zilsel wird ziemlich nachdrücklich durch die Tatsache erhellt (und in der Arbeit von Crombie neu enthüllt), daß der Ausdruck ›Naturgesetze‹ ganz eindeutig von Roger Bacon (1214-1292) benutzt wurde, sich jedoch im 13. Jahrhundert nicht durchsetzen konnte. Roger Bacon schrieb z. B.: ›daß die Gesetze der Reflektion und der Brechung allen Naturvorgängen gemein sind, habe ich in der Abhandlung über Geometrie dargelegt *(que vero sint leges reflexionum et refractionum communes omnibus actionibus naturalibus, ostendi in tractatu geometrie)*‹. Einsicht, so sagte er, muß so erfolgen, ›daß sie nicht die Gesetze überschreitet, die die Natur in den Körpern der Welt bewahrt *(ut non excedat leges quas Natura servat in corporibus mundi)*‹. Immerhin glaubte er, daß die Kraft der Seele in der Lage sei, diese Gesetze zu überschreiten, denn er fügte hinzu, daß in Beziehung auf das gespannte Nervensystem ›die Art (der sichtbaren Dinge) dazu geführt werde, die allgemeinen Gesetze der Natur aufzugeben und sich ihren Funktionen gemäß zu verhalten *(unde virtus anime facit speciem relinquere leges communes Naturae, et incedera secundum quod expedit operationibus eius)*‹. Dies könnte als eine zuhöchst spitzfindige Idee interpretiert werden, wenn Roger Bacon wirklich behaupten wollte, daß die Prozesse in lebendigen Organismen höheren Gesetzen gehorchten, als denen, die die anorganische Welt bestimmen. Doch was auch immer er meinte, der Gedanke von Gesetzen der Materie und des Lichtes gewann zu seiner Zeit keine generelle Zustimmung, und er ruhte, bis in der Renaissance ein neuer politischer Absolutismus und eine Neugeburt experimenteller Wissenschaft ihn wieder in das Scheinwerferlicht der Diskussion rückten.

Für den vorliegenden Zweck kann festgehalten werden, daß zwischen der Zeit von Galen, Ulpian und der Constitution des Theodosius auf der einen und der von Kepler und Boyle auf der anderen Seite die Vorstellung eines natürlichen Gesetzes, das allen Menschen gemein ist, und die einer Sammlung von Naturgesetzen, die allen nicht-menschlichen Dingen gemein sei, vollständig auseinandergetreten waren. Von diesem Ergebnis her können wir nun den Unterschied zwischen dem europäischen und dem chinesischen Denken über das natürliche Gesetz und die Gesetze der Natur untersuchen.

Die alten taoistischen Denker (*Tao-chia*, 4. und 3. Jahrhundert v. Chr.) scheiterten – wie auch immer gründlich und phantasievoll sie waren – vielleicht aufgrund ihres tiefen Mißtrauens gegenüber den Kräften der Vernunft und Logik an der Entwicklung einer den Naturgesetzen vergleichbaren Idee. In ihrer Hochschätzung des Relativismus sowie der Differenziertheit und Unbegrenztheit des Universums strecken sie ihre Hände nach einem Einsteinschen Weltbild aus, ohne die Grundlagen für das Newtonsche gelegt zu haben. Auf diesem Weg konnte sich Wissenschaft nicht entwickeln. Nicht, daß das Tao, die kosmische Ordnung in allen Dingen, sich nicht nach Maß und Regel richtete – die Taoisten neigten nichtsdestoweniger dazu, es bei allem theoretischen Interesse doch als undurchdringlich zu betrachten. Die Behauptung ist wohl nicht übertrieben, daß dies der Grund war, daß während der Jahrhunderte, in denen ihnen die Pflege der chinesischen Wissenschaft übertragen war, die Wissenschaft sich im wesentlichen empirisch entwickeln mußte. Zudem ist nicht unerheblich, daß ihre sozialen Ideale weniger praktikabel als die irgendeiner anderen Schule des positiven Rechtes waren; sie sehnten sich nach der Rückkehr zu einem primitiven Stammeskollektivismus, in dem nichts formuliert und festgeschrieben war, aber alles gut in gemeinschaftlicher Zusammenarbeit funktionierte. Schon deshalb konnten sie sich nicht für das abstrakte Gesetz irgendeines Gesetzgebers interessieren.

Andererseits strebten die Mohisten *(Mo-Chia)*, die Jünger des *Mo Ti,* zusammen mit den Logikern (Ming-Chia) nachdrücklich nach einer Perfektionierung logischer Prozesse und begannen damit, sie auf zoologische Klassifizierungen und die Elemente der Mechanik und Optik anzuwenden. Noch wissen wir nicht, warum diese wissenschaftliche Bewegung versagte; vielleicht lag es daran, daß das Interesse der Mohisten an der Natur zu eng mit ihren praktischen Zielen der Militärtechnologie verbunden war. Auf jeden Fall endete das Bestehen dieser Schulen nach den Unruhen der ersten Einigung des Reiches (230 v. Chr.). Sie scheinen der Idee von Naturgesetzen nicht näher gekommen zu sein als die Taoisten. Die angemessene Übersetzung ihres terminus technicus *fa* (gleich ›Gesetz‹ wie bei den Legalisten) in der Logik des *Mo Ching* (mohistischer Kanon) ist eine sehr umstrittene Angelegenheit, doch soweit man sehen kann, scheint die Schlußfolgerung zu stimmen, daß der Begriff von den Mohisten analog dem der aristotelischen Ursache verwandt wurde.

Mit den Legalisten *(Fa-Chia)* und den Konfuzianern befinden wir uns im Bereich rein soziologischen Interesses, denn keine dieser Schulen war neugierig auf eine Natur, die außerhalb des Menschen liegt und ihn umgibt. Die Legalisten legten all ihr Schwergewicht auf positives Gesetz *(fa)*, das den reinen Willen des Gesetzgebers darstellen sollte, unabhängig von der allgemein akzeptierten Moral, ja möglicherweise ihr sogar völlig widersprechend, sollte das Wohlergehen des Staates es so erfordern. Doch das Gesetz der Legalisten war auf jeden Fall präzise und abstrakt formuliert. Demgegenüber hielten die Konfuzianer *(Ju-Chia)* an der Sammlung alter Sitten, Gebräuche und Zeremonien fest. Zu ihnen zählten Praktiken wie die der kindlichen Pietät, die ungezählte Generationen des chinesischen Volkes instinktiv als rechtens empfanden. Dies war *li*, und wir dürfen es mit natürlichem Gesetz gleichstellen. Zudem war es notwendig, daß dieses rechtmäßige Verhalten durch paternalistische Beamte eher gelehrt denn durchgesetzt wurde. Konfuzius hatte gesagt, daß ein Volk, dem man Gesetze gab, deren Befolgung durch Bestrafung erzwungen wurde, versuchen würde, die Bestrafungen zu vermeiden, ohne einen Sinn für Anstand zu entwickeln; unter einer ›Führung durch Tugend‹ würde es jedoch spontan Streit und Verbrechen vermeiden. Das *Li Chi* (Aufzeichnung der Riten) redet in Symbolen, die bezeichnenderweise aus dem Bereich der hydraulischen Ingenieurswissenschaften entnommen wurden, von guten Sitten als von Deichen oder Uferbefestigungen, und es führt aus, daß es zwar leicht ist, die Vergangenheit zu kennen, doch schwer, die Zukunft vorauszusehen. Da gute Sitten flexibler sind als formuliertes Recht, verhindern sie Unruhen, bevor sie ausbrechen können, während Gesetze nur im Nachhinein funktionieren können. Von hier aus kann man den Gesichtspunkt verstehen, der nach dem Sieg der Konfuzianer über die Legalisten das chinesische Denken beherrschte. Korrektes Verhalten, in Übereinstimmung mit *li*, hing stets von den Umständen ab – wie der sozialen Stellung der betroffenen Parteien. Deswegen wäre es absurd gewesen, a priori Gesetze aufzustellen, die nur unzureichend die Komplexität konkreter Umstände berücksichtigen könnten. Hieraus rührte die strenge Einschränkung kodifizierten Gesetzes auf rein kriminelle Fälle.

Auf die Unterscheidung zwischen *li* und *fa* sind wir bereits eingegangen. Keines dieser Worte läßt sich leicht auf die nicht-menschliche Natur anwenden. Doch es gab ein altes chinesisches Wort, das die Bereiche der nicht-menschlichen Erscheinungen und des menschlichen Gesetzes miteinander zu verbinden scheint. Dieses Wort ist *lü*. In den chinesischen Gesetzestexten steht es für ›Statuten‹ und ›Anweisungen‹. Dieses Verständnis ist ohne Zweifel sehr alt, wie der Satz im *Kuan Tzu* belegen mag: ›Die Gesetze dienen dazu, Anteil und Stellung einer jeden Person zu unterscheiden, und Streitigkeiten zu beenden.‹ Dieser Gedanke kommt dem der μοῖρα und anderen griechischen Vorstellungen sehr nahe, die Cornford untersuchte. Doch das Wort hat auch eine ganz andere Bedeutung, nämlich die Reihe der Bambus-Flöten mit festgelegten Tonhöhen, die man in der alten Musik und Akustik benutzte, und stand ferner für die 12 Halbtöne, die diese Flöten hervorbrachten. Wo konnte eine Verbindung zwischen den Gesetzen der Töne und den Gesetzen menschlicher Gesetzgeber bestehen?

Das Wort *lü* hat als rechtes Phonetikum ein Zeichen, das sicherlich in der ältesten Zeit eine Hand darstellte, die ein Schreibutensil hielt, und als Radikal das Wort *ch'ih*, das einen Schritt mit dem linken Fuß bedeutet (entsprechend *ch'u*, ein Schritt mit dem rechten Fuß). Dies legt eine ursprüngliche Verbindung mit der Vorstellung eines rituellen Tanzes nahe. Da die 12 Halbtöne später mit den Monaten des Jahres in Übereinstimmung gebracht wurden, erlangte das Wort dann die Bedeutung eines Datums des Kalenders. Man findet es deshalb zusammen mit dem Wort *li* in Kapitelüberschriften von Texten über Kalenderwissenschaften wie im *Lü Li Chi* des *Ch'ien Han Shu*. Es geht nun um die Frage, wie die Vorstellung von Gesetzen, Statuten oder Vorschriften von dem Wort für festgelegte musikalische Töne abgeleitet oder mit ihm verbunden werden konnte.

Die etymologischen Erwägungen, die wir gerade erwähnten, enthalten vielleicht einen Schlüssel. Von den Vorschriften über musikalischen und rituellen Tanz, wie ihn der Seher oder Priester-Zauberer (ein schamanistischer *wu*) festlegten, ist es kein weiter Schritt zu den Anordnungen, die ein zeitweiliger Herrscher für andere Verhaltensweisen, besonders für organisiertes militärisches Verhalten, festlegte. Zwischen dem, was der Tanz gegen die Geister und dem, was militärischer Drill und Waffentraining gegen menschliche Feinde vermochten, bestand eine logische Entsprechung. Einige Kampfarten beinhalten sicherlich das Tragen und Zücken von Waffen.[13] Man nimmt an, daß es ursprünglich 5 Positionen auf der Tanzfläche gab, nach denen später eine bestimmte Tonhöhe benannt wurde, die dem Instrument entsprach, das hier aufgestellt war und später den Unterschied in der Tonhöhe bezeichnete.

Eine allgemeine Verbindung zwischen musikalischen Noten einerseits und den Anordnungen für rituellen Tanz und für militärische Aktivitäten andererseits ist offensichtlich. Doch nichts legt nahe, daß die Chinesen je daran dachten, den Ursprung der Halbtonintervalle der normalen Flöten auf das Wirken irgendeiner Art von Gesetz in der nicht-menschlichen Welt der Erscheinungen zurückzuführen. Die Tatsache, daß *lü*, ein Begriff, der der Akustik entlehnt wurde, später die Bedeutung menschlicher gesetzlicher Regeln erlangte, mag mehrere mögliche Erklärungen haben, was aber nicht bedeutet, daß das chinesische Denken deswegen Elemente der Vorstellung von Naturgesetzen enthielt.

Falls ein Leser zu diesem zweiten Punkt zufällig in das astronomische Kapitel des *Shih Chi* (Historische Aufzeichnungen) schauen sollte, das etwa 90 v. Chr. geschrieben wurde, könnte er auf den folgenden Absatz stoßen:

Was mich angeht *(Ssuma Ch'ien* spricht von sich selbst), so habe ich die Erinnerungen der Historiker studiert und die Bewegungen (der himmlischen Körper) untersucht. Während der letzten 100 Jahre ist es nie geschehen, daß die 5 Planeten erschienen sind, ohne daß sie (von Zeit zu Zeit) sich rückwärts bewegt hätten, und wenn sie sich rückwärts bewegen, sind sie ganz ausgefüllt und verändern ihre Farben. Zusätzlich gibt es bestimmte Zeiten, in denen die Sonne und der Mond verschleiert oder verfinstert sind und in denen sie sich nach Norden oder nach Süden bewegen. Dies sind *allgemeine Gesetze.*[14]

13 Vgl. Granet, M., *Danses et Légendes de la Chine ancienne,* Paris 1929, S. 171 ff.

Angesichts meiner bisherigen Ausführungen wird der Leser sich dann dem chinesischen Text mit dem ziemlich sicheren Bewußtsein zuwenden, daß, was immer *Ssuma Ch'ien* tatsächlich sagte, er nicht von allgemeinen Gesetzen im Sinne der wissenschaftlichen Naturgesetze redete. Denn der genaue Ausdruck, den er benutzte, ist *tu; tz'u ch'i ta tu yeh* und dieses Wort verlangt daher unsere Aufmerksamkeit.

Die erste Bedeutung von *tu* ist ›Maßeinheit‹, und daß dies der häufigste Gebrauch ist, erklären nicht nur die Lexikographen, sondern ergibt sich auch aus den Indices oder Konkordanzen, die für viele der wichtigsten alten chinesischen Bücher erstellt worden sind. Die Etymologie des Wortes, wie sie sich aus den Formen der Orakel-Knochen ableiten ließe, erhellt nicht, warum es diese Bedeutung erlangte. Trotzdem mag seine Bedeutung die von ›Gesetz‹ sein, besonders wenn man es in Zusammenstellungen wie *chih tu*, ›Regierungs-*tu*‹, oder *fa tu* ›gesetzliches *tu*‹, findet. Couvreur nennt Beispiele für diese Verwendungen aus dem *I Ching* (Buch des Wandels), wo die erstere Zusammenstellung vorkommt, und aus dem *Shu Ching* (Klassiker der Geschichte), wo *tu* allein vorkommt und zwar in dem Sinne, daß gewisse Leute ›die Grenzen überschritten haben‹. Natürlich gibt es eine enge semantische Verbindung zwischen ›Gesetz‹ und ›Maß‹, denn jedes Gesetz hat einen bestimmten quantitativen Aspekt; »wie weit«, sagen wir, »ist es wahr, daß diese oder jene Handlung ein Fall dieses oder jenes Gesetzes ist?« – »Durch Gesetzesvorschriften müssen Maßnahmen unternommen werden, um diese oder jene Vorkommnisse zu beschneiden, die sich ausbreiten«. Doch dieser quantitative Aspekt bleibt solange metaphorisch, bis Gesetzgeber daran gehen, positives Recht zu schaffen, das unabhängig von Moral gilt, z. B. als der erste Kaiser, *Ch'in Shih Huang Ti*, begann, den Radabstand von Pferdewagen festzulegen. Doch in den Schriften der Philosophen der Periode der Kämpfenden Staaten gibt es noch zahllose Analogien zwischen dem Gesetz in der menschlichen Gesellschaft und dem Rechtwinkel des Zimmermanns, dem Kompaß und dem Lot.

Wichtiger ist die Tatsache, die Couvreur hervorhebt, daß *tu* als ein festgelegter terminus technicus für die Bewegungen der Himmelskörper betrachtet werden kann. Während der gesamten chinesischen Geschichte wurde das Wort für die 365 1/4 Grad benutzt,

14 Übersetzung nach Chavannes, *Les mémoires historiques de Se-Ma Ts'ien*, 5 Bde., Paris 1895-1905, Bd. 3, S. 409 (Hervorhebung von Needham).

in die das Firmament aufgeteilt war, und für viele andere Teileinheiten, wie die hundert Teile des Tages oder der Nacht, die die Clepsydra (Wasseruhr) anzeigte. Bezeichnend ist der Satz, den Tung Chung-Shu in seinem *Ch'un Ch'iu Fan Lu* etwa zur selben Zeit wie Ssuma Ch'ien wählte, als er sagte, *T'ien Tao yu tu;* das Tao des Himmels hat seine regelmäßig ausgemessenen Bewegungen. Das führt uns zu der notwendigen Schlußfolgerung, daß es nach den genauesten Standards der Wissenschaftsphilosophie Chavannes nicht gerechtfertigt war, als er das Wort *tu,* wenn es alleine vorkam, als ›allgemeine Gesetze‹ wiedergab. Man hätte besser gesagt: ›alle diese Phänomene haben ihre regelmäßig ausgemessenen (oder meßbaren), wiederholten Bewegungen.‹

Man würde Ssuma Ch'ien gern fragen: als Sie das Wort *tu,* abgemessene Grade benutzten, beabsichtigten Sie da die Nebenbedeutung von ›Gesetz‹? Wenn ja, wessen Gesetz? Ich glaube, es ist außerordentlich unwahrscheinlich, daß er geantwortet hätte: die Gesetze des *Shang Ti'* (der Herrscher über uns); und sicherlich hätte er wohl gesagt, »es handelte sich um *tzu-jan tu,* natürlich abgemessene Bewegung oder *T'ien Tao tu,* die Bewegungen des Tao des Himmels«.

Auf dem Gebiet des astronomischen und kosmologischen Denkens des alten China kann man in einem sehr frühen, obskuren Werk, von dem uns nur ein Teil erhalten blieb, eine Diskussion finden, die uns unserem Ziele näher bringt. Es handelt sich um das Buch *Chi Ni Tzu,* das in der berühmten Sammlung von Fragmenten enthalten ist, die *Ma Kuo-Han* zusammengestellt hat.

[...]

Die interessante Liste von Pflanzen und Mineralien in der Sammlung rückt sie in die Klasse der ältesten wissenschaftlichen Dokumente Chinas, die uns noch erhalten sind. (...)

In der Abteilung *Nei Ching* (die auch im *Yüeh Chüeh Shu* überlebte) finden wir folgendes:

Der König von *Yüeh* sagte: ›da ihr nun menschliche Angelegenheiten so brillant erörtert und sorgfältige Erwägung von Handlungen ratet, könnt ihr mir vielleicht sagen, warum natürliche Phänomene böse oder glückliche Bedeutungen (in Beziehung zum Menschen) haben können?‹

Chi Ni antwortete: ›das haben sie sicherlich. In den unzähligen Dingen ist es das *Yin* und *Yang,* das ihnen allen ihr *chi-kang* verleiht‹ (das bedeutet: ihre festgelegten Zusammensetzungen und Bewegungen in bezug auf andere Dinge im Gewebe der Verhältnisse in der Natur).

Glück und Unglück hängen von den zyklischen Bewegungen der Sonne ab, des Mondes, der Sterne und Planeten und der wiederkehrenden Wechsel zwischen Zerstörung und Zeugung (in den Jahreszeiten). Denn (die *ch'i* der Elemente) Metall, Holz, Wasser, Feuer und Erde herrschen abwechselnd (in ihren langfristigen Kreisläufen), und (zu genau wiederkehrenden Zeiten), ist (der Einfluß des) Mondes in seinem Auf- und Abnehmen besonders stark. Doch alle diese Wandlungen sind lediglich (Abweichungen) in der fundamentalen zyklischen Regelmäßigkeit (des *Yin* und *Yang* im großen *Tao)*, das keinen Meister kennt (oder Herrscher, an den man beispielsweise seine Gebete wenden könnte). Folgst du dem *Tao*, erlangst du Reichtum, stemmst du dich gegen es, ist dir Unglück beschieden. Deswegen kann der weise (Herrscher) genau (die Ankunft von) Zerstörungen voraussagen, um gegen sie Vorbereitungen zu treffen, denn wenn er die Zeit üppigen Wachstums ausnutzt, kann er den Stacheln des Unheils entgehen. Tatsächlich müssen alle Angelegenheiten nach Maßgabe der (Bewegungen von) *Yin* und *Yang* geregelt werden, wie sie sich in den 4 Jahreszeiten darstellen. Wenn man sich dieser Prinzipien nicht sorgfältig bedient, werden die menschlichen Belange in Schwierigkeiten kommen. Das Wohlergehen des Volkes ist zu wichtig, als daß man Pläne zulassen könnte, die von klugen Handlungen abweichen. Wenn man die Regelmäßigkeit (des großen *Tao*) und die Zahlen (nach denen die Welt zusammengesetzt ist) ändern will, wird man nur widernatürliche Handlungen ermutigen, verarmen und sein Leben verkürzen. Deshalb widersteht der weise (Herrscher) den Versuchungen, denen niedere Menschen erliegen, und handelt in angemessener Ruhe in der Hoffnung, die Unerleuchteten zu beeinflussen. Doch die Masse der Menschen strebt nach Reichtum und Ehren, ohne das Gleichgewicht (zwischen *Yin* und *Yang*, das ihr Schicksal bestimmen wird) zu kennen.
Der König sagte: ›Ausgezeichnet‹.[15]

In diesem bemerkenswerten und tiefsinnigen Abschnitt ist das Abnormale aller übernatürlichen Qualität entkleidet und als Teil eines größeren Normalen dargestellt. Die Einschätzung extremer statistischer Schwankungen, so schlimm sie auch sein mögen, als völlig natürliche Abweichungen vom Gewöhnlichen, und nicht als ›Eingriffe Gottes‹, zeigt eine Geisteshaltung, die für jene Zeit wahrlich fortschrittlich ist. Obwohl Dürreperioden und Überschwemmungen, Krankheiten oder Heuschreckenplagen zu scheinbar unregelmäßigen Zeitpunkten auftreten und Mensch und Gesellschaft vor große Probleme stellen, unterliegen sie doch langfristigen Wiederholungen, die im Prinzip vorausgesagt werden können und gegen die der weise Herrscher sich und sein Volk soweit wie mög-

15 Vgl. Chavannes, op. cit. S. 4

lich schützen wird. Ein unaufmerksamer Übersetzer würde hier *chi-kang* nur zu leicht mit Naturgesetze wiedergeben. Forke[16] benutzt sehr vorsichtig die Worte ›bestimmte Wandlungen‹, doch die Lexika lassen für diesen Ausdruck in gewisser Weise auch die Bedeutung von ›menschlichen Gesetzen‹ zu.

Etymologisch haben wir es hier eindeutig mit einer Analogie zu Textilien zu tun; beide Wörter haben den Radikal »Seide«. *Chi* verbindet ›Seide‹ mit ›Selbst‹, und leitet sich aus einem nicht ganz eindeutigen Knochenbild ab und bedeutet ›Seidenfäden entwirren, in Ordnung bringen, regulieren, herrschen, Gesetz, Norm, regelmäßige Serie, Jahreszyklus, Verbindung von Sonne und Mond, beschriftete Annalen‹. Wir wissen, daß der Jupiterzyklus der herausragendste solcher Zyklen ist, und bezeichnenderweise spricht das *Chi Ni Tzu* hierüber und gibt ihn an einer anderen Stelle im Fragment mit 12 Jahren an. *Kang* verbindet ›Seide‹ mit ›Netz‹, und die alte Darstellung zeigt das Phonetikum ein Netz und einen Menschen. Von seiner ursprünglichen Bedeutung eines Seils, das das Gewebe eines Netzes bildet, wandelte es sich zu ›Herrschaft, regulieren, verfügen, in Ordnung setzen, direkt‹, besonders wenn es zusammen mit *chi* benutzt wird. Das analoge Wort *wang*, das allerdings stärker auf die Bedeutung ›Netz‹ festgelegt ist, wurde später mit Bestrafung und somit Gesetz in Verbindung gebracht, vielleicht wegen einer ähnlichen Verwendung im *Tao Tê Ching* (Lehre von der Tugend des Tao). Anhand dieser Nebenbedeutungen erfolgte die Übersetzung des Ausdrucks *chi-kang* im obigen Zitat.

Es fällt auf, daß eine Reihe der Interpretationen der fraglichen Wörter ein aktives Verb implizieren: entwirren, in Ordnung bringen, herrschen, Gesetze geben (?). Sie leiten sich aus der ältesten aufgezeichneten Verwendung dieses Ausdruckes in einer der Oden des *Shih Ching* (vermutlich 8. Jahrhundert v. Chr.) ab. Dort heißt es: der König gibt das *kang-chi* den vier Gebieten des Königreiches Kung, d. h. er bestimmt ihre Verfassung und Sitten. Wir sollten hier nicht zu eng in den Kategorien des positiven Gesetzes denken, denn das Wörterbuch *Shuo Wên* aus dem Jahre 121 n. Chr. erwähnt oft ›die drei *Kang* und die sechs *chi*‹ und im *Pai Hu T'ung Te Lun* (Umfassende Diskussionen in der Loge des weißen Tigers) aus dem Jahre 80 n. Chr. erklärt ein ganzes Kapitel diese *Kang-chi* als die unzerreißbaren Schnüre und Fäden der Beziehungen in einer menschlichen Gesellschaft, wie z. B. die zwischen

16 Forke, A., *Geschichte der alten chinesischen Philosophie*, Hamburg 1927

Prinz und Minister, Vater und Sohn, Mann und Frau usw. Damit befinden wir uns einmal mehr im Bereich des chinesischen Naturrechts, und in Texten aus der Han-Zeit kommt *kang-chi* häufig in dieser Bedeutung als Rechtsbegriff vor. Wenn die Könige des Altertums ihn verkündeten, erkannten sie nur die Macht von etwas an, das weit größer war als sie selbst: das Tao der menschlichen Gesellschaft, und zwangen nicht den vier Gebieten, die sie regierten, ihre Willkür auf. Wenn wir zur Welt der nicht menschlichen Natur zurückkehren, dann finden wir hier dasselbe. Das Buch *Chi Ni Tzu* lehnt ausdrücklich die Vorstellung von einem übernatürlichen ›Entwirrer‹ oder einem überpersönlichen Gesetzgeber ab. Es behauptet, daß die großen Schwankungen in der Natur, wie katastrophal sie auch immer für den unvorbereiteten Menschen sein mögen, nur Teile des normalen Verlaufes von *Yin* und *Yang* im *Tao* aller Dinge sind; alles ist in Bewegung, aber es besteht kein Bedarf nach einem Beweger. Dieses *Tao* ist spontan und ungeschaffen, von keinem himmlischen König beherrscht, den Gebete oder Opfer bewegen könnten. Achte auf deine Deiche, wird dem König befohlen, sammle Getreide in Speichern für Tage der Not, verschwende nicht den Lebensunterhalt des Volkes und untersuche so weitgehend wie möglich das Wirken der Natur, um künftiges vorauszusehen. So können die Mitglieder der Gesellschaft Freiheit von den Fesseln ihrer Umwelt erlangen.

Definitionen und Erklärungen des Ausdrucks *kang-chi* oder *chi-kang*, so wie er auf die nicht-menschliche Natur angewandt wurde, kann man auch in der alten medizinischen Literatur Chinas finden, zu welcher das *Chi Ni Tzu* in einer merkwürdig engen Verbindung steht (die bislang unbeachtet blieb); mit ihren ausgefeilten Kommentaren bestätigen und erweitern die medizinischen Texte die Interpretation, zu der uns etymologische Erwägungen führten. Im *Chi Ni Tzu* selbst, wenige Seiten vor dem obigen Zitat und nach der Darstellung, wie der legendäre Kaiser Huang-Ti die Schutz- und Hilfsgeister der fünf Landesgegenden (Nord, Süd, Ost, West und Mitte) in ihr Amt einsetzte, fährt der Autor fort: ›Somit stellen alle fünf Richtungen (mit ihren entsprechenden *ch'i* Elementen und Planeten) das *kang chi* dar‹. Dies ist nichts weniger als das dynamische Grundmuster des Universums. Die Vorstellung eines Netzes ist offensichtlich der eines riesigen Musters sehr ähnlich. Das Universum ist von einem Netz von Beziehungen durchwoben, das durch Dinge und Ereignisse verknüpft ist. Niemand hat es gewebt, doch ein Eingreifen in seine Struktur geschieht auf eigene Gefahr. In den nachfolgenden Seiten werden wir den späteren Entwicklungen dieses Netzes nachgehen können, das von keinem Weber gewebt wurde, und dann gelangen wir mit den Chinesen zu der Vorform einer entwickelten Philosophie des Organismus.

In den medizinischen Klassikern wurden solche Vorstellungen als selbstverständlich vorausgesetzt. So sagt das *Huang Ti Nei Ching Su Wen* (das Handbuch des gelben Kaisers der körperlichen Medizin; die Reinen Fragen und Antworten): ›das *Yin* und das *Yang* stellen das *Tao* von Himmel und Erde und das *kang chi* der unzähligen Dinge dar, sie sind der Vater und die Mutter von Wandel und Umformung, der Anfang und das Ende von Leben und Tod und die Quelle der geheimnisvollen Bewegungen von Licht und Finsternis‹. Und an einer anderen Stelle heißt es: ›deshalb sind die Bewegungen des Himmels und die Ruhe der Erde (d. h. das Kommen und Gehen des *Yin* und *Yang*) das *kang chi* des Geheimnisses des Universums.‹ Die Kommentatoren der *T'ang* und der *Ming* Dynastie vermitteln ihre eigenen (abweichenden) Interpretationen; so sagt *Ma Shih:* »Das *Yin* und *Yang* im Auseinanderfallen (und Sterben) aller Dinge heißt *chi*«; und *Chang Chieh-Pin* fügt hinzu: »*Yin* und *Yang* konstituieren das *Tao* von Himmel und Erde; ihre Summe nennt man *kang* und ihre kreisläufige Wiederkehr nennt man *chi.*« So haben wir es auch hier nicht mit den Gesetzen irgendeines Gesetzgebers zu tun, sondern mit den festgelegten Zusammensetzungen und Bewegungen aller einzelnen Dinge in ihrem Verhältnis zu anderen Dingen in dem bewegten Muster der Beziehungen der Natur.

Bis jetzt also haben wir im chinesischen Denken noch keinen klaren Beweis für die Idee eines Gesetzes im Sinne der Naturwissenschaften gefunden. Wenn wir uns noch an die Schulen halten wollen, die sich selbst als konfuzianisch betrachteten, müssen wir uns den Neo-Konfuzianern der *Sung*-Dynastie (12. Jahrhundert n. Chr.) zuwenden. *Chu Hsi* und die anderen Denker seines Kreises unternahmen große Anstrengungen, die gesamte Natur und den Menschen in ein philosophisches System zu bringen. Dabei waren *li* und *ch'i* ihre hauptsächlichen Konzeptionen. Das letztere entsprach etwa der Vorstellung von Materie oder besser von Materie und Energie; das erstere unterschied sich nicht wesentlich von der taoistischen Vorstellung des *Tao* als der Ordnung der Natur, obwohl die Neo-Konfuzianer *tao* auch etwas abweichend in einem technischen Sinne verwandten. *Li* könnte als das ordnende und organisierende Prinzip im Kosmos beschrieben werden. Bruce, Henke, Warren und in letzter Zeit auch Bodde[17] haben für dieses Wort die Übersetzung ›Gesetz‹ vorgeschlagen, was meiner Meinung nach nicht gerechtfertigt war, und angesichts der großen Verwirrung, die hierdurch möglicherweise ausgelöst wird, sollte man diese Interpretation aufgeben.

In seinem ältesten Sinne bedeutete das Wort *li* das Muster in Gegenständen: die Musterung von Jade oder Muskelfasern; als Verb bedeutet es das Zerschneiden oder Aufteilen von Dingen gemäß ihrer natürlichen Maserung oder Unterteilungen. Von dort bezog es die gewöhnliche Wörterbuchübersetzung ›Prinzip‹. Ohne Zweifel bewahrte es stets den Unterton von ›Muster‹, Chu Hsi bestätigt dies mit den Worten:

> Li ist wie ein Stück Schnur mit seinen Fasern oder wie dieser Bambuskorb. Der Philosoph zeigte auf die Reihen von Bambusstreifen und sagte: ein Streifen geht hier entlang; er zeigte auf einen anderen Streifen: ein anderer Streifen geht dort entlang. Es ist auch wie die Maserung im Bambus – in der Waagerechten ist es von der einen, in der Senkrechten ist es von der anderen Art. So besitzt auch der Verstand eine Vielfalt von Prinzipien *(li)*.
>
> (Übers. nach Bruce)

Li ist also nicht formuliertes Gesetz, eher die Ordnung und Muster in der Natur. Aber es ist kein Muster, das – wie ein Mosaik – als tot betrachtet wird; es ist ein dynamisches Muster, das sich in allem Lebendigen verkörpert, in sozialen Beziehungen genauso wie in den höchsten menschlichen Werten. Solch ein dynamisches Muster kann nur durch den Begriff ›Organismus‹ ausgedrückt werden, und so war die neo-konfuzianische Philosophie in der Tat ein Gedankenschema,. das nach einer Philosophie des Organismus strebte.

Wir scheinen hier, in der späteren Hälfte des 12. Jahrhunderts, einen Gesichtspunkt anzutreffen, der den Gedanken, die Ulpian in Europa fast ein Jahrtausend zuvor ausgesprochen hatte, und die in den *Digest* des Justinian eingebracht wurden, entspricht. Doch in starkem Gegensatz zu Ulpian,[18] der ganz kompromißlos von *Gesetz* gesprochen hatte, stützt *Chu Hsi* sich vornehmlich auf einen technischen Begriff, dessen ursprüngliche Bedeutung die von *Muster*

17 Vgl. die Übersetzungen, die Bodde von Kap. 10 und 13 des 2. Bandes der Philosophiegeschichte von Fêng Yu-Lan publizierte.

18 Vgl. S. 266

ist. Für Ulpian (genauso wie für die Stoiker) waren alle Dinge ›Bürger‹, die einem universalen Gesetze gehorchten; für *Chu Hsi* waren alle Dinge Elemente eines universalen Musters. Im großen und ganzen scheint es nicht möglich, mehr als nur Spurenelemente eines Konzeptes von Naturgesetzen bei den Neo-Konfuzianern der *Sung*-Zeit, der größten der chinesischen philosophischen Schule, zu finden. Sie beschäftigten sich hauptsächlich mit etwas anderem, das deswegen jedoch nicht weniger wichtig für die Entwicklung der Naturwissenschaften war.

Ein anderes Wort, das die Übersetzung mit »Naturgesetze« nahelegt, ist *Tse*. In der offiziellen Biographie des großen Astronomen *Chang Heng* (78-139 n. Chr.) lesen wir: »Stufen des Himmels (d. i. die Anzahl von Graden, die Planeten und Konstellationen in einem gegebenen Zeitraum durchlaufen, wie Auf- und Niedergehen, etc.) verlaufen nach unwandelbaren Regeln *(ch'ang tse)*«. Man kann jedoch beliebig Stellen finden, in denen angezweifelt wird, ob der Mensch das *tse*, das in der Natur wirkt, verstehen kann. Das erste Zitat, das ich anführen werde, ist aus einem Absatz des *Ch'u Tz'u* (»Elegien von *Ch'u*«), das die poetischen Schriften von Chia I enthält, und etwa aus dem Jahre 170 v. Chr. stammt.

Himmel und Erde sind wie ein Schmelzofen, die Kräfte des natürlichen Wandels sind die Arbeiter, *Yin* und *Yang* sind der Brennstoff und die unzähligen Dinge sind das Metall. Bald läuft es zusammen, bald läuft es auseinander, manchmal in Bewegung und manchmal in Ruhe. Diese Prozesse sind mühelos und natürlich, doch folgen sie wirklich fixierten Regeln (*an yu ch'ang tse*)? In den tausend Wandlungen und den unzähligen Transformationen gibt es kein endültiges Ende und keinen absoluten Anfang.

(Übers. nach Forke, mod. auct.)

Das zweite Zitat ist aus dem Kommentar des Wang Pi zum *I Ching* (Buch der Wandlungen) und muß deshalb mehr oder weniger genau aus dem Jahre 240 n. Chr. stammen. In der Erklärung des 20. Hexagram-Symbols *kuan*, das ›Aussicht‹ oder ›Vision‹ bedeutet, führt er aus:

Die allgemeine Bedeutung des *Tao* von *kuan* ist: man soll nicht durch Bestrafungen und juristische Pressionen regieren, sondern nach vorne schauen und seinen Einfluß (durch Beispiele) ausüben, um alle Dinge zu verändern. Geistige Herrschaft ist ohne Form und unsichtbar *(Shen tse wu hsing che yeh)*. Wir sehen nicht, wie der Himmel den 4 Jahreszeiten befiehlt und doch weichen sie nicht von ihrer Bahn ab. Genauso wenig sehen wir, was der Weise seinem Volk befiehlt und doch gehorcht es und dient ihm freiwillig.

(tr. auct.)

Vielleicht liegt hier das erhellendste aller Zitate vor. Wir finden ein schlichtes Leugnen der Vorstellung von Befehlen, die von einem himmlischen Gesetzgeber an die 4 Jahreszeiten ausgegeben werden (und damit auch an die Bahnen der Sterne und Planeten). Dieser Gedankengang ist äußerst chinesisch. Universelle Harmonie entsteht nicht durch ein himmlisches *fiat* irgendwelcher Könige, sondern durch die freiwillige Zusammenarbeit aller Wesen im Universum, die aus dem Befolgen der inneren Notwendigkeiten ihrer eigenen Naturen resultiert. In Wirklichkeit ist *tse* die interne Herrschaft der Existenz, die in jedem einzelnen Ding verkörpert ist, und aufgrund derer es seine Stellung und Funktion in dem Ganzen findet, dessen Teil es ist. Man beginnt zu verstehen, wie tief die neo-konfuzianische Philosophie des Organismus in alten chinesischen Vorstellungen wurzelte. Nach Whiteheads Bild ›laufen die Atome nicht blind‹, wie es ein mechanischer Materialismus annahm, noch werden alle Wesen durch göttliche Intervention eigens in ihren Bahnen gelenkt, wie spiritualistische Philosophie es annahm; vielmehr verhalten sich alle Wesen auf allen Ebenen in Übereinstimmung mit ihren Positionen in den größeren Mustern (Organismen), deren Teile sie sind. Somit bedeutete *tse* nie etwas ähnliches wie die Naturgesetze im Sinne Newtons, und eine solche Interpretation kann die Gedanken über *li* der Neo-Konfuzianer nicht angemessen erklären.

Die Versicherung, daß der Himmel nicht der Natur befiehlt, ihren geregelten Verlauf zu nehmen, hängt mit jener Grundidee des chinesischen Denkens, dem *wu wei* zusammen, der Nicht-Handlung oder ungezwungenen Handlung. Die Gesetzgebung eines himmlischen Gesetzgebers wäre *wei*, das Erzwingen von Gehorsam unter Auferlegung von Sanktionen. Zwar ist die Natur durch Endlosigkeit und Regelmäßigkeit ausgezeichnet, doch es handelt sich nicht um befohlene Endlosigkeit und Regelmäßigkeit. Das *Tao* des Himmels ist ein *»ch'ang Tao«*, die Ordnung der Natur ist eine regelmäßige Ordnung, wie *Hsün Ch'ing* (ca. 240 v. Chr.) sagt,[19] doch

19 Hsün Ch'ing, *Hsun Tsu* (Das Buch des Meisters Hsun), ca. 240 n. Chr. Zitiert nach Forke, A., 1934, S. 223

das ist etwas anderes, als die Behauptung, jemand hätte es so angeordnet:

Im *Li Chi* (Aufzeichnung der Riten) finden wir eine apokryphe Unterhaltung zwischen Konfuzius und dem Fürsten *Ai* von *Lu*. Der Fürst fragte nach der wertvollsten Erkenntnis über die Wege des Himmels.

Der Meister erwiderte: ›Das wichtigste ist seine Endlosigkeit. Sonne und Mond folgen aufeinander ohne Unterlaß von Osten nach Westen: das ist das *Tao* des Himmels. Die Zeit schreitet fort ohne Unterlaß; das ist das *Tao* des Himmels. Alle Dinge gelangen zu ihrer Vollendung, ohne daß gehandelt wird; das ist das *Tao* des Himmels.‹

(Übers. nach Forke)[20]

Auch hier finden wir, wenn auch nur implizit, die Leugnung einer himmlischen Schöpfung oder Gesetzgebung. Es sollte nebenbei festgehalten werden, daß das Konzept von *wu wei* zwar besonders von den Taoisten hervorgehoben wurde, im Grunde jedoch gemeinsamer Besitz aller alten chinesischen Gedankensysteme, einschließlich des konfuzianischen war.

Vielleicht lohnt es sich, diesem Gedanken ein wenig zu folgen. Man stößt häufig auf Zitate, die die Vorstellung eines Himmels, der in Einklang mit *wu wei* handelt, bestätigen; in *Tao Tê Ching* kehrt dieses Motiv beständig wieder. Dort finden wir die bezeichnende Aussage, daß das *Tao* zwar die 10 000 Dinge produziert, ernährt und bekleidet, daß es aber nicht über sie herrscht und nichts von ihnen verlangt. Diese Idee ist ein taoistischer Allgemeinplatz; sie taucht in Büchern wie dem *Wen Tzu* und vielen späteren Schriften auf. Das *Lü Shih Ch'un Ch'iu* (Frühlings- und Herbstannalen, ca. 240 v. Chr.) eröffnet uns eine weitere Einsicht in die Arbeitsmethoden des *Tao* des Himmels. Dort lesen wir:

Die Handlungen des Himmels sind zutiefst geheimnisvoll. Er hat Wasserwaagen zum Nivellieren, doch er benutzt sie nicht; er hat Senkschnüre, um Gegenstände auszurichten, doch er benützt sie nicht. Er arbeitet in tiefer Ruhe ...

Deswegen heißt es, der Himmel hat keine Form und doch gelangen die unzähligen Dinge zur Vollkommenheit. Er ist wie die am wenigsten fühlbaren der am wenigsten kenntlichen Stoffe und doch werden durch ihn die unzähligen Wandlungen hervorgebracht. Genauso kümmert sich der

20 Forke, A., *Geschichte der mittelalterlichen chinesischen Philosophie*, Hamburg 1934, S. 173

Weise um nichts und doch sind die tausend Beamten des Staates in einem äußerst hohen Maße wirksam.
Dies mag man die ungelehrte Lehre und den wortlosen Erlaß nennen.
(tr. auct.)

Eine solche Vorstellung ist wahrhaft erhaben. Doch mit der Idee eines himmlischen Gesetzgebers ist sie völlig inkompatibel. Im einen Falle erfolgen die Bewegungen der Himmelskörper gemäß Lehren, die niemand je gelehrt, und gemäß Anordnungen, die niemand je ausgegeben noch formuliert hat. Doch die Naturgesetze, die Kepler, Descartes, Boyle und Newton dem menschlichen Verstand zu enthüllen glaubten (selbst das Wort ›enthüllen‹ ist symptomatisch für den Hintergrund von Spontaneität im okzidentalen Denken) waren Anordnungen, die von einem überpersonalen, überrationalen Wesen veranlaßt worden waren. Die Tatsache, daß man dies später allgemein als Metapher anerkannte, bedeutet nicht, daß die Vorstellung am Anfang der modernen Wissenschaft in Europa nicht von großem heuristischen Wert gewesen sein könnte.
Ich ziehe hieraus die Schlußfolgerung, daß die Schule der Neo-Konfuzianer ›Gesetz‹ im organischen Sinne Whiteheads verstand. Zwar kann man nicht behaupten, daß *Chu Hsi* und die Neo-Konfuzianer in ihrer Definition von *li* überhaupt keine Spur von ›Gesetz‹ im Sinne Newtons aufwiesen, doch diese Interpretation spielte eine vergleichsweise geringe (vielleicht sehr geringe) Rolle. Der hauptsächliche Bestandteil war ›Muster‹, somit ein Muster, das im höchsten Maße lebendig und dynamisch und deshalb ›Organismus‹ war. In dieser Philosophie des Organismus waren alle Dinge des Universums enthalten: Himmel, Erde und der Mensch haben dasselbe *li*.
Man kann sagen, daß in Europa das Naturgesetz wegen seiner Universalität das Aufkommen der Naturwissenschaften unterstützte. Da man aber in China das Naturgesetz nie als Gesetz verstand und es mit dem besonderen Namen *li* belegte, konnte man sich einen Gebrauch außerhalb der menschlichen Gesellschaft schwer vorstellen, obwohl *li* sehr viel bedeutender war als die Naturgesetze in Europa. Denkt man sich Ordnung und System und Muster als durch die gesamte Natur verlaufend, so handelte es sich nicht um *li*, sondern um das *tao* der Taoisten oder das *li* der Neo-Konfuzianer, beide eher undurchdringlich und beide ohne juristischen Gehalt.
Man könnte hinzufügen, daß in Europa das positive Gesetz das

Wachstum der Naturwissenschaften durch seine präzisen Formulierungen unterstützte und weil es die Idee verstärkte, daß dem irdischen Gesetzgeber ein himmlischer entspräche, dessen Befehlsgewalt sich über die gesamte Materie erstreckt. Um an die rationale Erkennbarkeit der Natur zu glauben, mußte die westliche Vernunft die Existenz eines höchsten Wesens voraussetzen, das, da selbst vernünftig, diese Rationalität eingerichtet hatte (zumindest fand der westliche Verstand diese Annahme sehr passend).

Das führt uns zurück zu den Taoisten. Die Taoisten mißtrauten Verstand und Logik, obwohl sie zutiefst an der Natur interessiert waren. Die Mohisten und die Logiker glaubten völlig an Verstand und Logik; doch wenn sie sich für die Natur interessierten, so nur aus praktischen Gründen. Die Legalisten und Konfuzianer interessierten sich überhaupt nicht für die Natur. Diesen Graben zwischen empirischen Naturbeobachtern und rationalistischen Denkern findet man in solchem Ausmaß nirgendwo in der europäischen Geschichte. Das lag vielleicht, wie Whitehead vermutete, daran, daß das europäische Denken so von der Idee eines höchsten Schöpferwesens beherrscht wurde, daß die eigene Rationalität der Garant für die rationale Erkennbarkeit seiner Schöpfung war. Wie auch immer die Bedürfnisse der Menschheit jetzt aussehen mögen, solch ein höchster Gott mußte notwendig personal sein. Im chinesischen Denken finden wir davon keine Spur. Selbst die heutige chinesische Übersetzung von Naturgesetzen ist *tzu-jan fa* ›spontanes Gesetz‹, ein Ausdruck, der die alte taoistische Leugnung eines persönlichen Gottes uneingeschränkt bewahrt und fast ein begrifflicher Widerspruch ist.

Wir können hier nicht die alten chinesischen Gottesvorstellungen untersuchen. Über dieses Thema gibt es unendlich viele Bücher, denn die christlichen Missionare der letzten Jahrhunderte ließen sich auf lange Debatten über die korrekte Übertragung europäischer Begriffe ein; das meiste davon ist heute nicht das Papier wert, auf dem es geschrieben wurde, da sich zu jener Zeit sinologische Studien noch im Kindheitsstadium befanden. Wir wissen, daß die ältesten Bezeichnungen im chinesischen für Gott *T'ien* (Himmel) oder *Shang ti* (der Herrscher dort oben) waren, obwohl auch andere Bezeichnungen benutzt wurden, z. B. *Tsai* (Gouverneur) im *Chuang Tzu*. In seiner ältesten Form ist *T'ien* ohne Zweifel ein anthropomorphes Symbol (wahrscheinlich einer Gottheit), und obwohl über *Ti* keine absolute Klarheit besteht, ist auch dieses Zeichen entschieden anthropomorph. Dasselbe glaube ich von *Tsai*, da es mit dem Zeichen für ›Dämonen‹ verwandt ist. Wie weit es im alten China Personalisierungen dieser Vorstellungen gegeben hat, ist Gegenstand extensiver sinologischer Forschungen, und es ist schwierig, die bislang erarbeiteten Schlußfolgerungen zusammenzufassen. Es kursieren viele Theorien: so glaubt Creel,[21] daß *Shang Ti* eine Transzendentalisierung der Funktion des Kaisers (oder des Hohen Königs der Bronzezeit) darstellte; Granet[22] hält *Shang Ti* für die Personifizierung der Kalenderordnung der Jahreszeiten; Fitzgerald repräsentiert eine andere Auffassung, wonach *Shang Ti* und *T'ien* Symbole der ursprünglichen Ahnen darstellen. Creel[23] hat die mittlerweile allgemein akzeptierte Auffassung dargelegt, daß *Shang Ti* der ältere der beiden Begriffe ist, da er mit der *Shang*-Dynastie zusammenhängt, während *T'ien* eher aus der späten *Chou*-Dynastie stammt. *Tai Kuan-I* glaubt, daß die Chinesen den Namen *Shang Ti* von den *Miao*-Völkern übernommen haben.[24] Jedenfalls stehen drei Dinge fest: (a) daß das höchste geistige Wesen, das man im alten China kannte und verehrte, kein Schöpfer im Sinne der Hebräer und der Griechen war; (b) daß wieweit auch immer die Vorstellung eines höchsten Gottes als einer Person im alten chinesischen Denken ging, sie nicht die Idee eines göttlichen, himmlischen Gesetzgebers einschloß, der der nichtmenschlichen Natur seine Ordnung auferlegt; und (c) daß die Vorstellung einer höchsten Gottheit sehr früh ganz unpersönlich wurde. Auch für die Chinesen herrschte in der Natur Ordnung, doch nicht die Ordnung, die ein rationales, unpersönliches Wesen verfügt hatte. Damit gab es auch keine Gewähr, daß andere rationale, persönliche Wesen in ihren irdischen Sprachen den zeitlosen, göttlichen Gesetzescode ausdrücken konnten, den jenes göttliche Wesen zuvor formuliert hatte. Da keine Sicherheit darüber bestand, daß ein göttliches Wesen – noch stärker vernunftbegabt als wir – jemals solch einen lesbaren Kodex formuliert hatte, gab es auch kein Vertrauen, daß das Gesetzbuch der Natur entschleiert und gelesen werden könnte. Man hat das Gefühl, daß z. B. die Taoisten solch eine Vorstellung als zu naiv zurückgewiesen hätten, um der Sub-

21 Vgl. Creel, H. G., *Sinism; A Study of the Evolution of the Chinese World-View*, Chicago 1929

22 Vgl. Granet, M., *La Religion des Chinois*, Paris 1951, S. 45

23 Vgl. Creel, H. G., *Studies in Early Chinese Culture*, Baltimore 1937

24 Vgl. Tai Kuan-I, *An Enquiry into the Origin and Early Development of T'ien and Shang-Ti*, Inaug. Diss., Chicago, o. J.

tilität und Komplexität des Universums zu entsprechen, so wie sie es erfühlten.

Zusammenfassend möchte ich deswegen sagen, daß die Idee von Naturgesetzen in den allgemeinen Gesetzesvorstellungen der Chinesen aus den folgenden Gründen nicht entwickelt wurde.

1. durch ihre schlechten Erfahrungen mit der Schule der Legalisten während der Übergangsperiode vom Feudalismus zum Bürokratismus hatten die Chinesen einen großen Widerwillen gegen präzise formuliertes, abstraktes und kodifiziertes Gesetz entwickelt.

2. Nachdem das bürokratische System endgültig erstellt worden war, erwiesen sich die alten Vorstellungen von *li* als für die typische Form der chinesischen Gesellschaft am besten geeignet; und deshalb war die Vorstellung eines natürlichen Gesetzes in China relativ bedeutender als in der europäischen Gesellschaft. Doch die Tatsache, daß so wenig in formale juristische Begriffe gefaßt wurde, und daß sein Inhalt überwiegend menschlichen und ethischen Charakters war, verhinderten eine Ausdehnung seines Einflußbereiches auf irgendeine Form der nicht-menschlichen Natur.

3. Obwohl seit den ältesten Zeiten Vorstellungen von einem höchsten Wesen vorhanden waren, wurden sie doch sehr früh depersonalisiert; damit fehlte ihnen die Vorstellung von Kreativität, so daß sie die Entwicklung einer Konzeption von präzise formulierten abstrakten Gesetzen verhinderte, die ein himmlischer Gesetzgeber vor allem Anfang der nicht-menschlichen Natur auferlegt hatte und die wegen dieser Rationalität von weniger vernunftbegabten Wesen mit den Methoden der Beobachtung, des Experimentes, der Hypothesen und mathematischer Beweisführung entziffert oder neu formuliert werden konnten.

Die chinesische Weltanschauung beruhte auf einem völlig andersartigen Gedankengang. Das harmonische Zusammenwirken aller Wesen entstand nicht durch die Befehle einer ihnen allen externen, übergeordneten Autorität, sondern durch die Tatsache, daß sie a) alle Teile in einer Hierarchie von Entitäten waren, die ein kosmisches Muster bildeten, und daß sie b) nur dem inneren Diktat ihrer eigenen Naturen gehorchten. Die moderne Wissenschaft und die Philosophen des Organismus sind mit ihren integrativen Ebenen auf diese Weisheit zurückgekommen, nunmehr gestärkt durch unser neues Verständnis der kosmischen, biologischen und sozialen Evolution; doch wer will der Newtonschen Phase die Notwendigkeit absprechen? Im Hintergrund standen schließlich immer die konkreten Kräfte des gesellschaftlichen und wirtschaftlichen Lebens der chinesischen Gesellschaft, aus denen der Übergang vom Feudalismus zum Bürokratismus resultierte und die zu jeder Zeit notwendig die Wissenschaft und Philosophie des chinesischen Volkes bestimmten. Hätten diese Bedingungen grundsätzlich die Wissenschaft begünstigt, wären die verhindernden Faktoren, auf die wir in diesem Vortrag eingingen, vielleicht überwunden worden. Doch über jene Naturwissenschaft, die dann entwickelt worden wäre, läßt sich lediglich sagen, daß sie zutiefst organisch und nicht mechanisch gewesen wäre.

Bevor wir zum Ende kommen, können wir uns ein auffallendes Beispiel für die unterschiedliche Auffassung zwischen China und Europa in den Vorstellungen von Natur und Gesetz vor Augen führen. Es ist allgemein bekannt, daß es während des europäischen Mittelalters eine beträchtliche Anzahl von Verfahren gegen und Strafverfolgungen von Tieren in Gerichtshöfen gab, die häufig inkonsequent mit der Todesstrafe beendet wurden. Wissenschaftler haben sich die Mühe gemacht, viele Daten und Informationen über diese Fälle zusammenzutragen. Die Häufigkeit ihres Auftretens folgt einer Kurve mit einem deutlichen Höhepunkt im 16. Jahrhundert; sie steigt von 3 Fällen im 9. bis zu etwa 60 im 16. Jahrhundert und fällt dann auf 9 Fälle im 19. Jahrhundert herab; es scheint zweifelhaft, ob dies – wie Evans vorschlägt[25] – an einem Mangel an brauchbaren Aufzeichnungen für die früheren Perioden liegt. Der Höhepunkt der Kurve entspricht dem Hexenwahn (Withington)[26]. Die juristischen Handlungen kann man nach 3 Typen unterteilen: a) das Verfahren und die Hinrichtung von Haustieren, weil sie Menschen angegriffen hatten (z. B. die Hinrichtung von Schweinen, die Kleinkinder gefressen hatten); b) die Exkommunizierung oder besser Anathematisierung von Seuchen oder der Pest, von Vögeln oder Insekten; c) die Verurteilung des *lusus naturae*, z. B. das Eierlegen von Hähnen. Für unser Thema sind die letzten beiden am interessantesten. 1474 wurde in Basel ein Hahn zum Verbrennen bei lebendigem Leibe verurteilt, wegen des ›ruchlosen und unnatürlichen Verbrechens‹, ein Ei zu legen; und noch 1730 gab es in der Schweiz eine ähnliche Strafverfolgung. Einer

25 Evans, E. P., *The Criminal Prosecution and Capital Punishment of Animals*, London 1906

26 Vgl. Withington, E., Dr. John Weyer and the Witch Mania, in: C. Singer (Hrsg.), *Studies in the History and Method of Science*, Bd. 1, Oxford 1918, S. 189

der Gründe für die Beunruhigung lag vielleicht in dem Glauben, daß *œuf coquatrie* als Bestandteil von Hexensalben verwandt wurde und daß der Basilisk oder Leguan, ein besonders giftiges Tier, diesem Ei entschlüpfte. Doch die Bedeutung der Geschichte liegt in der Tatsache, daß solche Verfahren in China völlig unmöglich gewesen wären. Die Chinesen waren nicht so eingebildet, anzunehmen, daß sie die Gesetze, die Gott den nicht-menschlichen Dingen auferlegt hatte, genügend kannten, um ein Tier wegen ihrer Überschreitung gerichtlich belangen zu können. Im Gegenteil: die Chinesen hätten ohne Zweifel diese seltenen und furchterregenden Phänomene als *ch'ien kao* (Maßregeln des Himmels) behandelt und in diesem Falle wäre es die Stellung des Kaisers oder des Provinzgouverneurs, die in Gefahr geriet, nicht die des Hahns. Lassen Sie mich das wörtlich belegen. In dem langen *Wu Hsing Chih* (»Diskussion der fünf Elemente«) im *Ch'ien Han Shu* (Geschichte der früheren *Han*-Dynastie) gibt es verschiedene Belege für Geschlechtsumwandlungen beim Federvieh und beim Menschen. Sie wurden unter dem Titel *ch'ing hsiang* (himmlisches Unglück) klassifiziert, und man nahm an, daß sie mit den Aktivitäten des Elementes Holz in Verbindung stünden. Sie kündigten dem Herrscher, in dessen Region sie auftraten, ernsthaftes Übel an.

Was den zweiten der drei Strafverfolgungsfälle, die wir oben erwähnt haben, angeht, so ist es interessant, daß die Einstellungen des europäischen Mittelalters schwankten. Bisweilen glaubte man, daß Feldmäuse oder Heuschrecken Gottes Gesetze brächen und damit der Verfolgung und Bestrafung durch den Menschen unterworfen wären, doch zu anderen Zeiten überwog die Meinung, daß sie dem Menschen zur Mahnung geschickt worden seien, zu bereuen und wiedergutzumachen.

Es ist außerordentlich interessant, daß die moderne Wissenschaft, seit man es nach Laplace möglich und sogar wünschenswert empfand, völlig auf die Hypothese von Gott als der Grundlage der Naturgesetze zu verzichten, in einer gewissen Weise wieder zu der taoistischen Betrachtungsweise zurückgekehrt ist. Das erklärt den merkwürdig modernen Ton in so vielen Schriften dieser großen Schule. Doch historisch bleibt die Frage bestehen, ob die Naturwissenschaften jemals ihren augenblicklichen Entwicklungsstand erreicht hätten, wenn sie nicht vorher eine ›theologische‹ Phase durchlaufen hätten. Im Weltbild der modernen Wissenschaften gibt es natürlich keine Überreste der Vorstellung von Befehl und Gehorsam in den ›Gesetzen‹ der Natur. Wie Karl Pearson[27] es in einem berühmten Kapitel ausgedrückt hat, betrachtet man sie heute als statistische Regelmäßigkeiten, als Beschreibungen und nicht als Vorschriften, die nur zu einer gegebenen Zeit in einem gegebenen Raum Gültigkeit haben. In der ganzen Periode zwischen Mach und Eddington wurde das genaue Maß von Subjektivität bei der Formulierung wissenschaftlicher Gesetze heiß debattiert, doch solchen Fragen können wir hier nicht weiter nachgehen. Das Problem lautet: konnte man die Anerkennung solcher statistischen Regelmäßigkeiten und ihrer mathematischen Ausdrücke auf irgendeinem anderen Wege erreichen, als dem, den die westliche Wissenschaft tatsächlich nahm? War vielleicht die Geisteshaltung, nach der ein eierlegender Hahn strafrechtlich verfolgt werden konnte, für eine Kultur notwendig, die später imstande war, einen Kepler hervorzubringen?

27 Vgl. Pearson, K., *The Grammar of Science*, London 1900

Medizin und chinesische Kultur*

Dieser Vortrag ist den Beziehungen zwischen den großen medizinischen Systemen der Menschheit und den Kulturen oder Zivilisationen, in denen sie entstanden, gewidmet. Es ist sicherlich ein sehr hoffnungsvolles Zeichen, daß die Europäer nun dabei sind, ihr eher selbstzufriedenes Kirchturmsdenken abzulegen und sich bemühen, auch andere medizinische Systeme zu untersuchen: nicht nur solche, die vor dem Entstehen unserer modernen Zivilisation existierten, sondern auch die Systeme aus anderen Teilen der Alten Welt, deren kontinuierliche und komplexe Zivilisationsprozesse parallel zu den unsrigen verliefen. Die chinesische Medizin ist so stark mit ihrer eigenen kulturellen Umwelt verwachsen, daß sie noch heute stark davon bestimmt ist. Alle Wissenschaften des Altertums und des Mittelalters wiesen ihre besonderen ethnischen Eigentümlichkeiten auf, seien sie europäischen, arabischen, indischen oder chinesischen Gepräges. Erst die moderne Wissenschaft hat alle diese ethnischen Entitäten einer universalen, mathematisierten Kultur untergeordnet. Doch während die physikalischen und einige der einfacheren biologischen Wissenschaften in China und in Europa schon seit langem ineinander integriert wurden, ist dies mit den medizinischen Systemen der beiden Zivilisationen noch nicht geschehen. Wie wir später noch sehen werden, enthält die chinesische Medizin mancherlei, was noch nicht in modernen Begriffen erklärt werden kann. Das bedeutet aber weder, daß diese Elemente wertlos sind, noch, daß es ihnen an tiefem Interesse gebricht. Wir hoffen, daß der vorliegende Beitrag zu einem größeren wechselseitigen Verständnis in den gegenwärtigen interkulturellen und interzivilisatorischen Gegenüberstellungen führen wird.

Wir haben unseren Beitrag in drei Teile gegliedert. Erstens: die allgemeine Position der Medizin in der traditionellen chinesischen Gesellschaft; zweitens: der Einfluß von philosophischen und religiösen Lehren auf die chinesische Medizin; und drittens: die Auswirkungen des gegenwärtigen Übergangs von einer traditionalen Gesellschaft zum marxistischen Sozialismus. Zu den ersten beiden Punkten müssen mehrere Fragen beantwortet werden; u. a. zur sozialen Stellung der Ärzte, zu den fundamentalen Theorien, mit

* Zusammen mit Lu Gwei-Djen verfaßt.

denen sie arbeiteten, zu Daten über die Urheber der medizinischen Lehre sowie über die Lehre selbst. Genauso wichtig ist die Tatsache, daß die chinesische Medizin in einer sozialen Ordnung entstand, die sich weit von dem unterschied, was dem Westen bekannt war: nämlich in einem feudalen Bürokratismus und nicht in einem auf Sklavenarbeit beruhenden Stadtstaat-Imperialismus des Altertums oder einem aristokratischen Militär-Feudalismus. Dies hatte nachhaltige Auswirkungen in viele Richtungen, auf die wir zu gegebener Zeit eingehen müssen. Im zweiten Abschnitt müssen wir die Position des Konfuzianismus, Taoismus und des Buddhismus berücksichtigen. Doch zusätzlich sollten wir auch etwas über die Position der psychischen Gesundheit in der Kultur durch die Jahrhunderte hindurch sagen. Im letzten Abschnitt müssen wir die Zusammenarbeit zwischen Ärzten des alten Stils mit modernen, nach westlichem Muster ausgebildeten Ärzten betrachten, sowie die grundsätzlichen Züge der chinesischen Medizin, die noch immer nicht in modernen westlichen Begriffen verstanden worden sind.

Medizin in der traditionellen chinesischen Gesellschaft

In jeder soziologischen Untersuchung der Medizin und des ärztlichen Berufes muß Standesdünkel über das Problem des sozialen Status angegangen werden. Die Hochachtung der Griechen vor ihren Doktoren ist gut bekannt, wie das Zitat beweist, das mir mein Vater häufig vortrug:

> Ein guter Doktor, voll Geschick,
> der unser Leid kuriert,
> bringt unsrer Menschheit größ're Glück
> als die Armee blessiert.
>
> A good physician skilled our woes to heal
> is worth an army to the public weal.

Unzweifelhaft hatten in China der Beruf des Arztes *(i)* und der des Schamanen *(wu)* denselben Ursprung. Dadurch waren sie mit einer der tiefsten Wurzeln des Taoismus verbunden. Vor ganz langer Zeit, im Morgengrauen der chinesischen Geschichte, etwa im 2. vorchristlichen Jahrtausend, wahrscheinlich noch vor dem Beginn des Königreiches der Shang, besaß die chinesische Gesellschaft ihre ›Medizinmänner‹, die man mit den Schamanen der nordasiatischen Volksstämme vergleichen kann. Im Laufe der Jahrhunderte verteilten sie sich auf alle möglichen Arten spezialisierter Beschäftigungen: sie fungierten nicht nur als Ärzte, sondern auch als taoistische Alchimisten, als Vorbeter und Liturgen der Religion des kaiserlichen Hofes, als Pharmazeuten, Veterinäre, als Priester, religiöse Führer, Mystiker usw. Zur Zeit des Konfuzius, gegen Ende des 6. vorchristlichen Jahrhunderts, war die Ausdifferenzierung der Ärzte schon abgeschlossen. Er selbst erwähnt sie in einem berühmt gewordenen Zitat, in dem er sagt, »ein Mann ohne Durchhaltevermögen wird nie ein guter Zauberer *(wu)* oder ein guter Arzt *(i)*«. Auch im *Tso Chuan,* dem bedeutendsten der drei Kommentare zum *Ch'un Ch'iu* (den Frühlings- und Herbstannalen) des Staates von Lu (722-481 v. Chr.), finden wir die Ärzte des Altertums erwähnt. In diesen berühmt gewordenen Annalen stehen über 45 Behandlungsmethoden oder Beschreibungen von Krankheiten. Unter den früheren ist ein Fall erwähnt, in dem der Arzt Huan (I Huan) im Jahre 580 v. Chr. die Krankheit des Prinzen von *Chin* korrekt diagnostizierte. Doch am wichtigsten ist die Unterredung, die im Jahre 540 v. Chr. ein anderer Prinz von *Chin* mit einem bedeutenden praktischen Arzt hatte, dem Doktor Ho (I Ho), der ihm vom Prinzen von *Ch'in* geschickt worden war. Die Rede des Arztes *Ho* am Bette seines Patienten enthielt auch einen kurzen Vortrag über die grundsätzlichen Prinzipien der Medizin, der uns heute detaillierte Einsichten in die frühesten Anfänge dieser Wissenschaft in China vermittelt. Wir werden hierauf noch zurückkommen.

Die Geschichte der sozialen Position der chinesischen Ärzte kann als der Übergang von *wu,* einer Art technischem Gehilfen, zu *shih,* einer besonderen Art von Gelehrten, beschrieben werden, der die volle Würde des konfuzianischen Intellektuellen aufwies und sich nicht leicht von irgend jemand als Instrument benutzen ließ. Wie es in den *Analekten* des Konfuzius heißt, »der Gelehrte ist kein Instrument *(ch'i)*«. In der früheren *Han*-Periode, während des 2. und 1. vorchristlichen Jahrhunderts, gab es viele Menschen, die eine Art Zwischenstufe vertraten, man nannte sie *fang shih;* hier handelte es sich um alle möglichen Zauberer und Techniker, unter ihnen bestimmt auch Apotheker und Mediziner. Einige Sinologen haben diesen Ausdruck mit ›Edelmänner, die magische Formeln besaßen‹ übersetzt, das ist vielleicht etwas gespreizt, aber sicherlich nicht falsch.

Aus Gründen, auf die wir noch eingehen werden, gesellten sich in späteren Jahrhunderten Gelehrte des höchsten Ranges zu den Ärzten. Es gab während des Mittelalters eine allgemeine Bewegung, das intellektuelle Ansehen des Arztes aufzuwerten. Schon 758, in der *T'ang*-Dynastie, kann man den Anfang einer wichtigen Entwicklung finden: der Prüfung von Medizinstudenten in allgemeiner Literatur und den philosophischen Klassikern. Wir werden gleich mehr über die medizinischen Zulassungsprüfungen sagen, doch hier geht es uns um allgemeine Erziehung. In Hangchow wurden seit etwa 1140 die Kandidaten nicht nur in Medizin, sondern auch in klassischer Literatur und Philosophie geprüft. Ein kaiserlicher Erlaß aus dem Jahre 1188 ordnete an, daß unqualifizierte medizinische Praktiker die provinziellen Examina bestehen mußten, und diese enthielten allgemeine klassische Schriften genauso wie Sphygmology (Pulskunde) und andere medizinische Techniken. Wer immer sich hier besonders auszeichnete, erhielt die Möglichkeit, in den Rang der medizinischen Mitglieder der *Han Lin* aufzusteigen. Solche Männer nannte man *ju i* (wörtlich: konfuzianische Ärzte) im Gegensatz zu *yung i*, gewöhnliche Praktiker, und *ch'uan i* oder *ling i*, Wanderärzte, die durch die Gegend zogen, ein besonderes Glöcklein von einem Stecken bimmeln ließen und für eine äußerst geringe Gebühr Heilkräuter verteilten. Dieser letzte Typus verschwand natürlich niemals von der Bildfläche, und der Großvater des größten pharmazeutischen Naturalisten der gesamten chinesischen Geschichte, Li Shih-Chen (gest. 1593) zählte auch zu ihnen. Wir selbst sind häufig auf sie getroffen und erinnern uns mit besonderem Vergnügen einer brillanten Darstellung dieses Typus in einer revolutionären Oper, die wir in T'aiyuan in Shansi im Jahre 1964 sahen. Deshalb können wir von vorneherein den Gedanken ausschließen, daß dieser Beruf in der chinesischen Zivilisation verachtet wurde.

Nun etwas über die Doktrin, die fundamentale Philosophie der chinesischen Medizin. Mir gefällt der Satz von Keele, daß ›es wahrscheinlich ist, daß die alten Chinesen das erste zivilisierte Volk waren, das sich von rein magisch-religiösen Konzepten von Krankheit befreite«. Doch wir können seinen Glauben nicht teilen, daß diese Befreiung nur kurzfristig bis zur Annahme des buddhistischen Denkens aus Indien erreicht wurde. Genauso wenig können wir mit ihm darin übereinstimmen, daß die alten Chinesen ›metaphysische‹ Denkweisen an die Stelle primitiver magisch-religiöser Vorstellungen und Praktiken setzten. Natürlich hängt alles davon ab, was man unter Metaphysik versteht. Im Westen bezeichnet dieser Begriff im allgemeinen Ontologie (das Problem des Seins) und den Streit zwischen Realisten und Idealisten. In dieser Interpretation trifft er hier ganz sicher nicht zu. Wir haben es hier mit einer altertümlichen Naturphilosophie zu tun, einem Satz von Hypothesen über das Universum und die Welt des Menschen, die man kaum metaphysisch nennen kann, und der es nicht gelang, wissenschaftlich im Sinne der modernen Wissenschaft zu werden. Man muß ganz deutlich zwischen den mathematisierten Hypothesen der modernen Wissenschaft, wie wir sie seit der Zeit des Galilei kennen, und den nicht quantifizierbaren Hypothesen der alten und mittelalterlichen Perioden – sowohl im Osten als im Westen – unterscheiden.

Wir können hier nicht näher auf die Naturphilosophie eingehen, die unter den alten Chinesen verbreitet war, und sollten lediglich daran erinnern, daß diese Philosophie auf der Idee der beiden fundamentalen Kräfte des *Yang* und des *Yin* basierte. Das erstere repräsentierte den hellen, trockenen, männlichen Aspekt des Universums, das letztere den dunklen, feuchten, weiblichen Aspekt. Diese Vorstellung ist wahrscheinlich nicht viel älter als das 6. vorchristliche Jahrhundert, doch in den Interpretationen der frühen königlichen Ärzte, die wir soeben erwähnt haben, war sie ganz sicherlich ausschlaggebend. Wir haben bereits den kurzen Vortrag erwähnt, den der Arzt Ho im Jahre 540 v. Chr. seinem Patienten, dem Prinzen von Chin hielt. Hier können wir das medizinische Denken der Chinesen *in statu nascendi* beobachten. Besonders wichtig ist seine Einteilung aller Krankheiten in sechs Klassen, die alle aus den Exzessen der einen oder anderen der sechs fundamentalen, fast meteorologischen Pneumata *(ch'i)* herrührten. Ein Übermaß an *Yin*, sagte Ho, bewirkt *han chi*, ein Übermaß an *Yang* bewirkt *ye chi;* ein Übermaß an Wind *mo chi,* ein Übermaß an Regen *fu chi,* ein Übermaß des Einflusses von Zwielicht bewirkt *huo chi* und ein Übermaß der Helligkeit des Tages *hsin chi.* Die ersten vier sind in späteren Klassifikationen unter *je ping,* Fieberkrankheiten, subsumiert; die fünfte impliziert eine psychologische Erkrankung und die sechste eine Herzkrankheit.

Diese Sechsteilung ist außerordentlich wichtig, denn sie zeigt, wie die alte chinesische Medizin bis zu einem gewissen Grade unabhängig von den Theorien der Naturalisten entstand, die alle natürlichen Phänomene in fünf Gruppen, die mit den fünf Elementen in Verbindung standen, klassifizierten. Diese Gedanken wurden erstmalig in einer Schule systematisiert, die *Tsou Yen* im 4. vorchristlichen Jahrhundert leitete. Später wurde die Lehre von den Fünf Elementen in allen Zweigen der traditionellen chinesischen Wissenschaft und Technik akzeptiert. Bekanntlich unterschieden sich diese Elemente von denen der Griechen und anderer Völker, denn sie enthielten nicht nur Feuer, Wasser und Erde, sondern auch Holz und Metall. Die chinesische Medizin jedoch gab ihre Sechsteilung nie vollkommen auf, und trotz der Theorie der Fünf Elemente ließ man die Bauchorgane des *Yin* und *Yang (tsang' fu)* stets in sechs Paaren auftreten. Angesichts der auf dem Duodezimalsystem aufgebauten Mathematik und Weltanschauung der Babylonier, muß man auf diesem Gebiet einen Einfluß des alten Mesopotamien auf das frühe China vermuten.

Doch es handelt sich dabei nicht um das einzige Beispiel einer solchen Auswirkung. Die 12 Doppelstunden, in die in China Tag und Nacht eingeteilt waren und die wir seit dem Anfang der chinesischen Kultur kennen, werden schon lange auf babylonische Ursprünge zurückgeführt. Auch im Bereich der staatlichen Astrologie entdeckte man Parallelen. In der Medizin können wir diese Beweise auch noch in einer anderen Richtung suchen, nämlich in der sehr hervorgehobenen Rolle, die die Vorstellung von *ch'i* spielte, die dem griechischen Pneuma sehr ähnelt. Beide Wörter sind fast unübersetzbar, doch wir wissen, daß sie Bedeutung hatten, wie ›Lebensatem‹, ›zarter Einfluß‹, ›gasförmige Ausbreitung‹ und ähnliches. Etwas später beschäftigten sich die chinesischen Medizintheoretiker auch sehr stark mit dem Wort *feng* (Wind), das eine ähnliche Bedeutung hat; in einer klassischen Monographie hat Filliozat bewiesen, daß das *pneuma* der griechischen Medizin Wort für Wort dem *prāna* der großen medizinischen Schriftsteller Indiens entsprach. Somit sehen wir, wie in vielleicht keiner anderen Wissenschaft außer der Astronomie im hohen Altertum eine weitverzweigte Gemeinschaft zwischen den Randgebieten der Alten Welt; von Griechenland über Indien bis nach China gibt es ›pneumatische Medizin‹. Bislang wissen wir recht genau, daß – soweit es die Keilschrifttexte enthüllt haben – die babylonische Medizin vornehmlich magisch-religiöser Art gewesen war. Doch man wird das Gefühl nicht los, daß in Mesopotamien einige Schulen protowissenschaftlicher Medizin existiert haben müssen, die Vorstellungen von feinem Atem, sowohl in der normalen Funktion wie unter pathologischen Bedingungen weitergaben, mit denen sich die Ärzte auseinandersetzen mußten. Die Vorstellung drängt sich auf, daß in einer Zivilisation, die älter war als die Griechenlands, Indiens oder Chinas, solche Konzeptionen entwickelt und in alle Richtungen ausgesandt worden waren. Die Kulturgegend des Iran kommt wegen ihres relativ geringen Alters hierfür kaum in Frage, so daß Mesopotamien die Heimat dieser Gedanken gewesen sein muß.

Eine andere Lehre, die im alten chinesischen Denken Bedeutung erlangte, war die vom Makrokosmos und vom Mikrokosmos. Man stellte sich eine große Interdependenz im Verhältnis des Staates zum Volk und dem der Gesundheit des Volkes zu den kosmischen Wandlungen der vier Jahreszeiten vor. In ›symbolischen Korrelationen‹ wurden die Fünf Elemente zusammengefaßt und mit anderen natürlichen Phänomenen in Gruppen von Fünfen korreliert. Diese Konzeptionen wandte man in einer bemerkenswert systematischen Weise auf die Struktur und Funktionen des lebendigen Körpers des Menschen an. Wie man in einer Gesellschaft erwarten konnte, die die charakteristischen Formen des bürokratischen Feudalismus entwickelte, wurde der Vorbeugung von Unruhen sowohl im politischen als im persönlichen Leben des Volkes eine größere Bedeutung zugemessen, als der Kontrolle dieser Unruhen, nachdem sie einmal entstanden waren. Und deshalb hielt man in der Medizin Vorbeugen für besser als Heilen. Trotz aller externen Einflüsse auf die chinesische Medizin seit ihren Anfängen bewahrte sie sich eine äußerst individuelle und charakteristische Qualität, die sie auch heute noch aufweist. Natürlich müssen wir Keele zugestehen, daß während des größten Teils der chinesischen Geschichte Zauberformeln, Beschwörungen und Bittgebete an Götter praktiziert wurden, dies insbesondere unter den ärmeren Klassen der Bevölkerung und in den exorzistischen Aktivitäten taoistischer Jünger und buddhistischer Mönche. So umfaßte im Jahre 585, unter der *Sui*-Dynastie, das Direktorat der medizinischen Verwaltung neben zwei Professuren für Medizin *(i)* und zwei Professuren der Physiotherapie *(an-mo)* auch zwei Professuren für Apotropaie *(chu-chin)*; somit waren magisch-religiöse Techniken offiziell sanktioniert.

Doch Keele hat vollkommen recht, wenn er den Eindruck vermittelt, daß es sich bei all diesen Phänomenen um ›Hintertreppenaktivitäten‹ der traditionellen chinesischen Medizin handelt. Für die Praxis der eigentlichen Medizin blieben sie Randphänomene, die man weit vom zentralen Geschehen fernhielt, und man kann sicherlich sagen, daß die chinesische Medizin von Anfang an völlig rational war. »Die Umwandlung von einer magisch-religiösen in eine metaphysische Pathologie war eine Errungenschaft«, schreibt Keele, »doch sie reichte nicht, um dem Fortschritt in der Medizin eine Grundlage zu geben, denn da sie sich nicht der induktiven Methode bedienen konnte, waren weder ihre Methoden der Beobachtung noch die der Schlußfolgerungen wissenschaftlich.« Wenn wir dies in unsere eigene Sprache übersetzten, so würden wir sagen, daß der Fortschritt vom magischen und religiösen zur primitiven wissenschaftlichen Theorie eine unermeßliche Leistung darstellte, doch daß aus einer Unzahl von Gründen, auf die wir hier nicht eingehen können, Europa die einzige Zivilisation war, in der alte und mittelalterliche Wissenschaften moderne Wissenschaft hervorbringen konnten. Wir würden nicht behaupten, daß die alten wissenschaftlichen Theorien der Chinesen keine Grundlage für Fortschritte in der Medizin anboten, noch, daß sie in ihren Beobachtungen oder Schlußfolgerungen unwissenschaftlich gewesen wäre. Ganz ohne Zweifel benutzten sie die Methode der Induktion, doch die chinesische Wissenschaft blieb eine der Vorrenaissance und wurde nie moderne Wissenschaft.

Soviel zur sozialen Position und zur »Philosophie« der Medizin. Nun etwas über ihre Vorväter und deren Geschichte: ein Vergleich zwischen der frühen klassischen Periode der griechischen und der chinesischen Medizin ist von großem Interesse. Es gibt in China eine Person, die der des Hippokrates (460-370 v. Chr.) entspricht, doch man weiß nicht viel von seinem Leben, und mit ihm ist nichts direkt verbunden, was dem Corpus des Hippokrates entspricht. Diese Person war Pien Ch'io, für dessen Leben wir eine verläßliche Quelle im *Shih Chi* (Historische Erinnerungen) des Ssuma Ch'ien haben. Er muß in einer der Generationen vor der des Hippokrates gelebt haben, denn wir kennen das genaue Datum (501 v. Chr.) einer seiner berühmten Beratungen.

Dies verbindet ihn mit den noch älteren Ärzten, die wir bereits erwähnt haben, denn in jenem Jahr wurde er wiederum zur Behandlung eines Prinzen von Chin gerufen. Bei dieser Gelegenheit zeigte sich deutlich der holistische Charakter der traditionellen chinesischen Diagnostik, denn Pien Ch'io wurde vom Kammerherrn des Hofes befragt, ob er die Methoden des legendären Arztes Yü Fu anwende. Pien Ch'io schaute auf, seufzte und sagte: »Die Methoden, von denen Ihr redet, sind nicht besser, als den Himmel durch eine dünne Röhre anzuschauen oder Gemälde durch einen engen Riß. Bei meiner Art des Praktizierens brauche ich weder den Puls zu fühlen, noch mir die Farbe des Patienten anzusehen, noch auf Geräusche zu achten oder das Verhalten zu untersuchen, um festzustellen, wo die Krankheit lokalisiert ist.« Und er erklärte weiter, daß er nach der Geschichte und dem Gesamtbefinden des Patienten urteile. Diese Passage ist auch deshalb wichtig, weil sie belegt, daß bereits zu diesem frühen Zeitpunkt die vier wichtigen, für die chinesische Medizin bezeichnenden diagnostischen Beobachtungen *(ssu chen)* angewandt wurden.

Diese enthielten erstens die Untersuchung des allgemeinen physischen Befindens des Patienten, einschließlich einer Betrachtung der Hautfarbe und einer Zungenuntersuchung *(wang)*, primitive Formen des Abhorchens, die Anamnese *(wen)*, die die medizinische Geschichte des Patienten einschloß *(wen*, anderes Zeichen) und schließlich Abtasten und Pulskunde *(ch'ieh)*. Die Texte zeigen auch, daß hier – zu den Lebzeiten des Konfuzius – die Ärzte Akupunktur-Nadeln benutzten, eine leicht ausstrahlende Erhitzung *(moxa)*, Gegenreize, wasserhaltige und alkoholische Absude von Drogen, Massage, Gymnastik und Heilpflaster; erstaunlicherweise sind all diese wohl ausgearbeiteten therapeutischen Methoden schon vor der Zeit des Hippokrates zu finden.

Was entsprach nun in China dem Corpus des Hippokrates? Wir wissen, daß die Bücher in dieser großen Sammlung in einem Zeitraum entstanden, der weit über die Lebensspanne des Hippokrates hinausreichte; d. h. vom Beginn des 5. vorchristlichen Jahrhunderts bis zum Ende des 2. vorchristlichen Jahrhunderts. Nur wenige von ihnen werden heute als ›echt‹ angesehen, also als echte Schriften oder Diktate des Hippokrates. Die entsprechende Sammlung in China ist das *Nei Ching*. Wenn dieses Werk in der uns heute vorliegenden Form eher den Eindruck eines Buches mit mehreren Kapiteln, als den einer Sammlung von Traktaten erweckt, so darf uns nichts darüber täuschen, daß es sich hier fast um eine parallele Kompilation handelt. Wie das Corpus des Hippokrates handelt es von allen Aspekten des normalen und abnormalen Funktionierens des menschlichen Körpers mit Diagnose, Prognose, Therapie und Diät. In seiner gegenwärtigen Form existierte das *Nei Ching* wahrscheinlich schon um das erste vorchristliche Jahrhundert, in der früheren *Han*-Dynastie. Niemand stellt in Frage, daß es die klinischen Erfahrungen und die physiopathologischen Theorien der

Ärzte der vorausgegangenen fünf oder sechs Jahrhunderte systematisierte. Ein geringer Unterschied zu den Abhandlungen des Hippokrates liegt darin, daß im *Nei Ching* ein großer Teil des Textes in der Form von Dialogen zwischen dem legendären Kaiser Huang Ti und dessen (genauso halb-legendären) biologisch-medizinischen Lehrern und Beratern, wie Ch'i Po, abgefaßt war.

Der gesamte Titel, unter dem das Corpus gemeinhin bekannt ist, lautet *Huang Ti Nei Ching* (Das Handbuch der physischen [Medizin] des Gelben Kaisers). Es besteht aus zwei Teilen, dem *Su Wen* (Schlichte Fragen [und Antworten]) und dem *Ling Shu* (Die Lebensachse). Diese Trennung erfolgte durch die Revision, die Wang Ping in der *T'ang*-Dynastie bei einer Edition der Texte besorgte, doch es ist verbürgt, daß dies nicht die Form war, in der das Corpus in der *Han*-Zeit existiert hatte. Eine andere Form, die man unter dem Namen *Huang Ti Nei Ching, T'ai Su* (Das Handbuch der physischen [Medizin] des Gelben Kaisers; die große Klarheit) kennt, dürfte dem Originaltext der *Han* näherkommen. Diese Schrift wurde etwa 100 Jahre vor Wang Ping von Yang Shang-Shan in der *Sui*-Periode herausgegeben und erst in der allerjüngsten Vergangenheit wieder aufgefunden.

Das diagnostische Schema des *Nei Ching* (systematisiert im *Shang Han Lun)* klassifiziert Krankheitssymptome in sechs Gruppen, in Übereinstimmung mit ihrer Beziehung zu den sechs (nicht fünf) Trakten *(ching)*, durch die das *pneuma (ch'i)* strömte, wenn es um und durch den Körper lief. Drei dieser Trakte wurden dem *Yang* zugeschrieben *(T'ai-Yang, Yang-Ming, Shao-Yang*) und drei dem *Yin (T'ai-Yin, Shao-Yin, Chüeh-Yin).* Von jedem einzelnen nahm man an, daß es einen ›Tag‹ beherrsche, einen von sechs ›Tagen‹. In Wirklichkeit handelte es sich um Etappen, die dem ersten Auftauchen einer Fieberkrankheit folgten. Auf diese Weise erzielte man eine Differentialdiagnose und entschied über eine angemessene Behandlung. Diese Trakte waren in ihrem Wesen den Trakten der Akupunkturspezialisten ähnlich, obwohl die Akupunktur-Trakte aus zwei sechsfachen Systemen zusammengesetzt waren: das eine bezog sich auf die Hände, das andere auf die Füße, und sie kreuzten sich wie die Haupt- und Nebenstraßen einer Stadt, die nach einem rechtwinkligen Gitterwerk angelegt ist. Zur Zeit des *Nei Ching* hatten die Ärzte zudem auch völlig die Bedeutung der Tatsache erkannt, daß Krankheiten aus rein internen, genauso wie rein externen Gründen entstehen können; das alte ›meteorologische‹ System, so wie es der Arzt Ho erklärt hatte, war somit in eine viel anspruchsvollere, sechsfache Reihe entwickelt worden, nämlich *feng, shu, shih, han, sao, huo.* Als externe Faktoren könnten sie mit *Wind, feuchte Hitze, Dampf, Kälte, Trockenheit* und *trockene Hitze* übersetzt werden; doch als interne Krankheitserreger könnten wir sie *Hauch* (wie in Pesthauch, vgl. auch Van Helmonts *blas*), warmes *ch'i*, feuchtes *ch'i*, kaltes *ch'i*, austrocknendes *ch'i*, und überschwemmendes *ch'i* nennen. Es ist hier interessant, die teilweisen Parallelen mit den aristotelisch-galenschen Qualitäten festzuhalten, die Teil eines ganz anderen, viergeteilten Systems waren.

Es wird aufgefallen sein, daß wir im vorausgegangenen Abschnitt den Titel *Huang Ti Nei Ching* mit ›Das Handbuch der physischen (Medizin) des Gelben Kaisers‹ übersetzt haben. Dies wirft eine außerordentlich interessante Frage auf. In jüngster Zeit neigten die medizinischen Sinologen dazu, den Titel mit ›Das Handbuch der inneren Medizin des Gelben Kaisers‹ zu übersetzen. Doch dies ist zweifellos falsch und sollte sobald wie möglich aufgegeben werden. Es führt nicht nur eine eigentümlich moderne Vorstellung ein, die hier nichts zu suchen hat, sondern verkennt auch völlig die Bedeutung des Wortes *Nei.* Die Kapitel vieler alter chinesischer Bücher teilen sich in zwei Gruppen, die ›innere‹ und die ›äußere‹; so finden wir z. B. in dem bedeutendsten der alchimistischen Bücher Chinas, in *Pao Pu Tzu* (Buch des Meisters in der Bewahrung der Solidarität) von Ko Hung (um 300 n. Chr.) die beiden Teile *Nei P'ien* und *Wai P'ien.* Man ist versucht, ›innen‹ und ›außen‹ jeweils durch esoterisch und exoterisch zu übersetzen, wobei das erstere die geheime Lehre bezeichnet, die dem allgemeinen Volk nicht mitgeteilt werden darf, und das letztere das öffentlich verkündete System. Doch hier würden wir einen genauso großen Fehler begehen wie den, den wir zu korrigieren suchen. Der Schlüssel zur wahren Bedeutung findet sich in der klassischen Aussage der Taoisten, daß sie ›außerhalb der Gesellschaft wandelten‹. In dem Buch *Chuang Tzu* heißt es: »Der Bereich der Weisen liegt außerhalb von Zeit und Raum, und hier rede ich nicht davon«. Mit anderen Worten *nei,* oder ›innen‹ steht für alles Innerweltliche, Rationale, Praktische, Konkrete, Wiederholbare, Verifizierbare, in einem Wort Wissenschaftliche. Gleichzeitig bedeutet *wai* oder ›außen‹ alles Außerweltliche, alles, was mit Göttern und Geistern, mit Weisen und Unsterblichen zu tun hatte, alles Außergewöhnliche, Wunderbare, Fremde,

Ungewohnte, nicht Irdische, Außerweltliche und Außerkörperliche oder Unkörperliche. Lassen Sie uns im Vorbeigehen festhalten, daß wir hier nicht den Begriff »Übernatürlich« benutzen, denn man kann mit Recht sagen, daß es im klassischen chinesischen Denken nichts außerhalb der Natur Liegendes gab, wie fremd auch immer es sein mochte. Deshalb schlagen wir die Übersetzung ›Das Handbuch der physischen (Medizin) des Gelben Kaisers‹ vor. Es ist faszinierend, daß die alten Bibliographien auch ein *Huang Ti Wai Ching*, ›Das Handbuch der nicht-physischen (oder außerphysischen) [Medizin] des Gelben Kaisers‹ enthalten, doch dieses Manuskript verschwand während der frühen Jahrhunderte unserer Zeitrechnung. Die Tatsache, daß das *Wai Ching* so früh verloren ging, unterstreicht noch einmal deutlich den ganz nebensächlichen Charakter des magisch-religiösen Aspektes der chinesischen Medizin; denn Heilungen, die durch Zaubermittel, Beschwörungen und Geisteranrufungen bewirkt wurden, waren bestimmt in dem ›außen‹-Corpus enthalten.

Bevor wir dieses Thema verlassen, möchte ich noch gerne einige andere Anwendungen der Begriffe *nei* und *wai* ansprechen, die man dazu heranziehen könnte, den Titel des chinesischen hippokratischen Corpus zu erklären, die solchem Anspruch aber in Wirklichkeit nicht genügen. In den vergangenen Jahrhunderten gab es eine alltägliche Unterscheidung zwischen *nei k'o* und *wai k'o*, das erstere stand für interne und allgemeine Medizin im modernen Verständnis und das letztere für ›externe‹ Medizin, die man früher *yang k'o* nannte. Dies umfaßte Chirurgie, soweit sie von den Chinesen betrieben wurde, doch viel mehr als Chirurgie im modernen Sinne, denn es schloß auch noch Dermatologie, die Behandlung von Brüchen und Ausrenkungen, genauso wie die von Verbrennungen und Hautausschlag ein sowie jegliche pathologischen Befunde, die man an der Oberfläche des Körpers diagnostizieren konnte. Diese Unterscheidung datiert jedoch nicht viel früher als die *Sung*-Zeit (10. bis 13. Jahrhundert n. Chr.), wo sie mit 3 Spezifizierungen *k'o* begann, dann zu 6 und später zu 9 ausgeweitet wurde; in der *Ming*-Zeit wurde dann eine Klassifizierung in 13 Eigentümlichkeiten gebräuchlich. All dies kann mit dem *Nei Ching* nichts zu tun haben, denn dessen Text kennt keine dieser Unterscheidungen. Eine andere Differenzierung in *nei* und *wai* kommt in historischen Schriften vor, die im Zusammenhang mit den Wörtern *shih* oder *chuan* stehen und die sich auf Ereignisse innerhalb des kaiserlichen Palastes – im Gegensatz zu solchen, die sich außerhalb ereigneten – beziehen. Auch dies trifft überhaupt nicht auf das *Huang Ti Nei Ching* zu. In der Alchimie gibt es die wichtige Unterscheidung zwischen *nei tan* und *wai tan*, die Herstellung eines Mittels für Unsterblichkeit im Körper selbst durch respiratorische, gymnastische, sexuelle, meditative, heliotherapeutische und andere Yoga-verwandte Übungen. Andererseits bezog sich *wai tan* auf den tatsächlichen Prozeß praktischer manueller Operationen, in welchen Elixiere für langes Leben oder Unsterblichkeit im Laboratorium hergestellt wurden. Wie im Falle von esoterisch und exoterisch liegt hier eine diametral entgegengesetzte Bedeutung vor, denn das ›innere‹ war das psycho-physiologische und das ›äußere‹ war das protochemische. Schließlich konnten die Wörter in einem vollkommen unkomplizierten und einfachen Sinne verwendet werden, wie in dem Titel eines anatomischen Buches, das Chu Hung in der *Sung*-Zeit schrieb: das *Nei Wai Erh Ching T'u* (Illustrierte Abhandlung der Eingeweide- und Oberflächenanatomie). Ich glaube, dieser philologische Exkurs in die Feinheiten der Wörter zahlt sich durch die Verhinderung ernsthafter Mißverständnisse reichlich aus.

Für den Historiker der chinesischen Medizin ist es ein sehr glücklicher Umstand, daß uns die Biographie eines außerordentlich wichtigen Arztes zur Verfügung steht, die vermutlich genau aus der Zeit stammt, in der das *Huang Ti Nei Ching* zusammengestellt wurde. Die Biographie des Shunyü I von Ssuma Ch'ien steht in demselben Kapitel des *Shih Chi* wie die des Pien Ch'io, die wir bereits erwähnt haben. Der zweite Teil ist jedoch viel bedeutender, denn er enthält 25 klinische Fälle, die Shunyü I erzählte und seine Antworten auf 8 spezifische Fragen, die ihm anläßlich eines kaiserlichen Erlasses gestellt wurden, der ihn im Jahre 154 v. Chr. aufforderte, seine Behandlungsweise zu enthüllen. Bridgman hat dem Leben und Wirken des Shunyü I die bedeutendste wissenschaftliche Monographie gewidmet, die bislang auf dem Gebiet der Geschichte der Medizin in China geschrieben wurde. Shunyü I wurde im Jahre 216 v. Chr. in dem ehemaligen Gebiet des Staates von *Ch'i* geboren und hat viel unter Prinzen, Beamten und gemeinem Volk praktiziert. Nachdem er seit dem Jahre 177 v. Chr. den Posten eines Intendanten der Kornkammern bekleidet hatte, wurde er zehn Jahre später unter dem Vorwurf der Veruntreuung vor Gericht gestellt, doch nach einem Bittgesuch seiner jüngsten

Tochter freigesprochen. Bei diesem berühmten Anlaß wurden – wenn auch leider nur zeitweilig – Strafen, die Verstümmelungen verursachten, aufgehoben. Shunyü I starb zwischen dem Jahre 150 und 145 v. Chr. Man kann fast alle Fälle, die er behandelte, in modernen Begriffen ausdrücken. Vielleicht müssen einige dieser Interpretationen später revidiert werden, doch die Mehrzahl ist vollkommen klar. Das vermittelt uns ein einzigartiges Zeugnis medizinischen Wissens und Handelns im 2. vorchristlichen Jahrhundert.

Bei seiner Befragung im Jahre 167 v. Chr. erwähnte Shunyü I das Hauptwerk, das ihm von seinem Lehrer Yang Ch'ing (oder Kungch'eng Yang-Ch'ing) übergeben worden war. Es handelte sich um das *Mo Shu Shang Hsia Ching* (Abhandlung über Pulskunde in zwei Handbüchern), von denen eines mit dem Namen von Huang Ti und das andere mit dem des Pien Ch'io in Verbindung gebracht wird. Es scheint ziemlich sicher, daß hier eine frühe Form des *Huang Ti Nei Ching* vorlag. Bei den Titeln, die Shunyü I zusätzlich erwähnt, scheint es sich um einzelne Kapitel oder Traktate innerhalb dieses Corpus zu handeln: Erstens: *Wu Se Chen* (Diagnose nach den fünf Farben). Zweitens *Ch'i Kai Shu* (die Kunst, die Lage der [acht] Hilfstrakte zu bestimmen). Hier handelte es sich zweifellos um eine Abhandlung über Akupunktur. Drittens: *K'uei Tu Yin Yang* (die Bestimmung des Grades von *Yin* und *Yang* (beim Auftreten in verschiedenen Krankheiten). Viertens: *Pien Yao* (Heilmittel, die Veränderungen [im Körper] bewirken). Fünftens *Lun Shih* (Diskussionen über [die Anwendung von] mineralischen Heilmitteln).

Die Tatsache, daß in der Bibliographie des *Ch'ien Han Shu* (Dynastische Geschichte der Früheren *Han*-Dynastie) keine den gerade genannten entsprechenden Titel gefunden werden können, legt nahe, daß sie sämtlich zu Kapiteln oder Abhandlungen des *Mo Shu Shang Hsia Ching* gehörten. Und wie Bridgman zeigte (obwohl wir ihm nicht völlig in der Definition und Interpretation der Titel folgen können), kann man tatsächlich einige Parallelen in den Kapitelüberschriften des noch erhaltenen *Huang Ti Nei Ching* finden. All dies ist sehr bedeutend, denn wir glauben, daß gerade zu diesem Zeitpunkt das *Huang Ti Nei Ching* zusammengestellt wurde.

Bridgman schließt seine Monographie mit einem gewichtigen Vergleich zur griechischen Medizin. Nach seinen Worten ist die chinesische Medizin alles andere als eine Sammlung magischer Praktiken und nicht anwendbarer Phantasien; es scheint vielmehr, daß die

Untersuchung des Kranken, die Nachforschungen in seiner Krankheitsgeschichte, der Vergleich von Angaben aus anderen Untersuchungen und die therapeutischen Schlußfolgerungen gemeinsam zur Konstitution einer Lehre beitrugen, die einen wesentlichen und wertvollen Vorläufer der modernen klinischen Wissenschaft darstellte. In diesem Licht kann die alte chinesische Medizin durchaus eine Gegenüberstellung mit der griechischen oder römischen Medizin derselben Periode aushalten.

In den Perioden der späteren *Han*, der Drei Reiche *(San Kuo)* und der *Chin* traten eine Reihe hervorragender Ärzte und medizinischer Theoretiker auf, die in etwa Aritaeus, Rufus, Soranus und Galen entsprachen. Zwischen dem Leben und Wirken von Galen (131-201 n. Chr.) und *Chang Chi (Chang Chung-Ching)*, der wahrscheinlich zwischen 152 und 219 n. Chr. lebte, bestehen enge Parallelen. Man kann schwerlich sagen, daß der Einfluß dieses jüngeren Zeitgenossen von Galen während der späteren chinesischen Geschichte geringer war, als der Galens in der westlichen Welt, denn seine *Shang Han Lun* (Abhandlung über Fieberkrankheiten), die er um das Jahr 200 n. Chr. schrieb, war nach dem *Huang Ti Nei Ching* einer der wichtigsten medizinischen Klassiker. Auf ihn folgte Hua T'o (190-265 n. Chr.), der in der Periode der Drei Königreiche *(San Kuo)* wirkte. Um diesen Mann rankten sich später viele Geschichten. Von seinen Schriften ist uns heute wenig erhalten, doch man kann die großartige Entwicklung der medizinischen Gymnastik, Massage und Physiotherapie in China auf ihn zurückführen. Das 3. Jahrhundert brachte zwei weitere Männer von höchster Bedeutung hervor. Zunächst Huangfu Mi (215-282 n. Chr.), dessen *Chen Chiu Chia I Ching* (systematisches Handbuch der Akupunktur) ein Werk von außerordentlichem Einfluß war. Von kaum geringerer Bedeutung war jedoch das *Mo Ch'ing* (Handbuch der Pulslehre), das Wang Shu-Ho um etwa 300 n. Chr. zusammenstellte und das die Grundlage für alle späteren Arbeiten über den Puls legte. Mit Wang Shu-Ho, der um 265 n. Chr. geboren wurde und 317 n. Chr. starb, haben wir die Zeit des Uribasius erreicht, und die klassische Periode der chinesischen Medizin geht zu Ende. Ihre umwälzenden Entwicklungen in späteren Zeitabschnitten können wir hier nicht verfolgen.

Wenden wir uns nun den sozialen Einflüssen zu, die auf den medizinischen Beruf dadurch ausgeübt wurden, daß er sich innerhalb einer Gesellschaft entwickelte, die auf einem bürokratischen Feudalismus basierte. Im Westen versteht man viel zu wenig, daß die chinesische Gesellschaft mehr als 2000 Jahre lang ganz anders strukturiert war als alle westlichen Gesellschaften. Alle gebildeten Europäer kennen die Grundsätze des aristokratischen militärischen Feudalismus, obwohl sich die Historiker bewußt sind, daß dessen Wirkungsweise viel komplexer und abwechslungsreicher war, als man sich gemeinhin vorstellt. Grob gesagt fehlte im traditionellen China das System von Lehen und feudalen Rangordnungen, von Erstgeburtsrecht und Erbadel; statt dessen wurde die Kultur von einer nicht erblichen Bürokratie regiert, einem hoch entwickelten Beamtentum, dessen Mitglieder sich aus dem gebildeten Landadel rekrutierten. Statt Grafen und Baronen gab es Gouverneure und Magistraten. Der Zugang zu diesem ›Mandarinat‹ erfolgte über offizielle Prüfungen; somit war die ›carrière ouverte aux talents‹ eine chinesische Erfindung, die zwei Jahrtausende vor ihrer Nachfolgerin in Frankreich erfolgte: Das Frankreich des 18. Jahrhunderts nahm sich bekanntlich das chinesische Modell zum Vorbild. All dies bedeutet natürlich nicht, daß es in China nie eine feudale oder proto-feudale Gesellschaft gegeben hätte; im Gegenteil, die Gesellschaft des ersten vorchristlichen Jahrtausends, die »Zeit des Frühlings und Herbstes« und die Periode der Kämpfenden Staaten müßten wahrscheinlich so gekennzeichnet werden. Auf jeden Fall steht fest, daß im Laufe der Zeit alle feudalen Elemente nachhaltig zurückgingen und durch eine nicht erbberechtigte bürokratische Gesellschaft ersetzt wurden. Auf die Ursachen für diesen Verlauf können wir hier nicht eingehen.

Wie zu erwarten, war der Einfluß dieser sehr unterschiedlichen Gesellschaftsform auf die Medizin tiefgreifend. Prüfungen akademischen Könnens wurden nachweislich durch den *Han*-Kaiser Wen Ti im Jahre 165 v. Chr. (zu Lebzeiten von Shunyü I) eingeführt, während die Kaiserliche Universität *(T'ai Hsüeh)* im Jahre 124 v. Chr. gegründet wurde. Ihr Hauptziel lag auf den Gebieten der Literatur, der Philosophie und der Verwaltung. Dennoch ist nicht überraschend, daß zu einem sehr frühen Zeitpunkt solche Wissenschaften gelehrt wurden, die für den Staat wichtig schienen, z. B. Astronomie, Wasserbaukunde und Medizin. So finden wir, daß Königliche Professuren und Lehraufträge für Medizin *(T'ai I Po Shih, T'ai I Chu Chiao)*, mit denen auch Zulassungsprüfungen für die ärztliche Tätigkeit verknüpft waren, bis auf das Jahr 493 zurückgehen. Zwischen 620 und 630 n. Chr. wurden dann eine

Kaiserliche Medizinische Hochschule sowie medizinische Hochschulen in allen großen Provinzstädten errichtet und medizinische Titel vergeben. Auf den ersten Blick kann das frühe Auftreten dieser Hochschulen überraschen, weniger allerdings, sobald man den entschieden bürokratisch-feudalen Charakter der chinesischen Gesellschaft, gepaart mit der uralten Hochachtung der Chinesen vor Studium und für einen gebildeten, nicht vererbbaren Beamtenstand, versteht. Der historische Brennpunkt für die Übertragung des Prinzips der Qualifizierung für eine ärztliche Tätigkeit in den Westen liegt im Jahre 931 n. Chr. Zu diesem Zeitpunkt wurden die ersten Qualifikationsexamina in der arabischen Welt abgehalten. Sie waren von dem Kalifen al-Mugtadir in Bagdad erlassen worden und standen unter der Aufsicht des bedeutenden Arztes Sinan ibn Thabit ibn Qurrah. Man weiß viel über chinesisch-arabische Kontakte während der zwei vorausgegangenen Jahrhunderte, und die Annahme liegt nahe, daß die Araber energisch eine viel ältere chinesische Idee aufnahmen. Sie gelangt letztlich in den Westen, als im Jahre 1140 n. Chr. Roger von Sizilien Gesetze über Staatsexamen für Mediziner erließ und als die Schule von Salerno anfing, den Titel *doctor medicinae* (1224 n. Chr.) zu verleihen. Es sieht so aus, als hätten die Araber und die westliche Welt die Idee von medizinischen Examina genauso aus der chinesischen Kultur bezogen wie die Institution der Beamtenprüfungen, die so viel später, im 19. Jahrhundert, im vollen Bewußtsein der jahrhundertealten chinesischen Parallele eingeführt wurden. Man kann sich schwerlich einen tiefergehenden Einfluß der umgebenden Kultur auf die Medizin vorstellen als diese ›Bürokratisierung‹ medizinischen Wissens. Sie hatte das außerordentlich glückliche Resultat, das Volk vor den Aktivitäten unwissender Ärzte zu bewahren.

Aber wir können noch viel weiter gehen. Neben der Tradition einer öffentlich anerkannten Gelehrsamkeit, die wir gerade im Zusammenhang mit den Zulassungsprüfungen für Mediziner erwähnt haben, gab es noch einen anderen wichtigen Faktor, der zu dem so frühen Entstehen dieser Prüfungen beitrug, nämlich die Schaffung einer Institution, die man nur als Nationalen Gesundheitsdienst bezeichnen kann. Man kann seine spätere Form seit dem Beginn in der *Han*-Zeit (etwa 200 v. Chr. bis 200 n. Chr.) durch die Jahrhunderte verfolgen, besonders seine Unterteilung in einen kaiserlichen Palastdienst und einen öffentlichen oder nationalen Dienst. Der letztere war auch für die medizinische Verwaltung in den Provinzen und für das medizinische Personal der Armee verantwortlich. Der chinesische Beitrag zur Geschichte der Militärmedizin ist mindestens so wichtig wie der griechische oder römische; vielleicht sogar wichtiger, obwohl dies in der Weltliteratur der Medizingeschichte nie angemessen in Erwägung gezogen wurde. So besitzen wir z. B. mit den Bambustäfelchen der Armeeverwaltung, die sich im Sande der Gobi längs des *limes* der Großen Mauer erhalten haben, mindestens ebenso viele Informationen über die medizinische Versorgung der Armeen der *Han*-Zeit, wie sie uns über die Legionen von Rom vorliegen. Wir haben sogar Details ihrer Standardrezepte, die aus dem dritten vorchristlichen Jahrhundert datieren.

In einer bürokratischen Gesellschaft war es ganz natürlich, daß beim Entstehen von Krankenhäusern religiöse und Regierungsinitiativen von Zeit zu Zeit miteinander in Widerstreit gerieten. Es sieht so aus, als sei die Idee eines Krankenhauses in China erstmalig in der *Han*-Dynastie vor der Einführung des Buddhismus aufgekommen. Doch während der *Liu Ch'ao* (= sechs Dynastien)-Periode führten religiöse Motive zur Gründung vieler Anstalten nicht nur durch Buddhisten, sondern auch durch Taoisten. Als dann gegen Ende der *Tang*- und besonders während der *Sung*-Dynastie der Konfuzianismus wieder an Einfluß gewann, übernahm der Nationale Gesundheitsdienst mehr und mehr die Hospitäler. Zur Zeit der Eroberung von Persien und des Irak durch die Mongolen, unter der *Yüan*-Dynastie, wurden medizinische Organisationen arabischer Art und Tradition hinzugefügt. Genauso wurde eine mohammedanische Abteilung für Astronomie als Unterstützung für die jahrhundertealte Abteilung der königlichen Astronomen errichtet. Unter den Dynastien der *Ming* und der *Ch'ing* zerfielen jedoch viele soziale Organisationen, unter ihnen auch die Hospitäler. Als somit (im frühen 19. Jahrhundert) die erste bedeutende Anzahl von Besuchern aus dem Westen nach China kam, erhielten sie ein völlig falsches Bild von der Geschichte der medizinischen Verwaltung Chinas. Trotzdem führten viele Hospitäler und andere Institutionen öffentlicher Wohlfahrt auch in späterer Zeit ihre Arbeit fort.

Wie auf vielen anderen Gebieten reicht die Geschichte der Hospitäler bis in die bewegten und verwegenen Jahre der Herrschaft von *Wang Mang* zurück, des einzigen *Hsin*-Kaisers zwischen der früheren und der späteren *Han*-Dynastie. Als im zweiten Jahrhundert

n. Chr. eine schwere Dürre und Heuschreckenplage eintraten, befahl ein kaiserlicher Erlaß, die Kranken in leerstehenden Palästen unterzubringen und medizinisch zu versorgen.
Im Jahre 38 n. Chr. ordnete Chungli I während einer Epidemie eine ähnliche Maßnahme für sein Volk an. Doch anscheinend hat es sich dabei nicht um permanente Institutionen gehandelt. Hsiao Tzu-Liang, ein buddhistischer Prinz der südlichen *Ch'i*-Dynastie, gründete im Jahre 491 n. Chr. eine Institution, die uns die erste Beschreibung eines auf Dauer eingerichteten Hospitals mit Ambulanz übermittelt. Bezeichnenderweise wurde sehr bald danach, 510 n. Chr., das erste Regierungskrankenhaus eingerichtet. T'opa Yü, ein Prinz der nördlichen *Wei*-Dynastie, befahl dem »Hof der Kaiserlichen Opfer«, passende Gebäude auszusuchen und sie für alle möglichen Kranken mit einem Stab von Ärzten auszustatten. Hieran ist bedeutend, daß der »Hof für Kaiserliche Opfer« *(T'ai Ch'ang Pu)* seit dem Beginn der *Han*-Zeit für den kaiserlichen Gesundheitsdienst *(T'ai I Chu)* verantwortlich gewesen war. Man nannte dieses Krankenhaus *Pien Fang*. Es hatte einen ausgesprochen wohltätigen Zweck und war in erster Linie für Arme und Körperbehinderte gedacht. Auch hier lieferten schlimme Epidemien den Anlaß für diese Initiative. Etwas später in jenem Jahrhundert finden wir ein gutes Beispiel für eine Form halb-privater Wohltätigkeit durch Regierungsbeamte, die später weitverbreitet wurde. Hsin Kung-I, einer der Generäle, die das Haus *Ch'en* besiegten und der geholfen hatte, das Kaiserreich unter den *Sui* zu einen, traf in der Provinz, in die er sich als Gouverneur zurückgezogen hatte, auf eine heftige Epidemie. Er wandelte seine eigene Residenz und die Büros in ein Krankenhaus um und versorgte Tausende von Kranken mit Medikamenten und ärztlichem Personal (ca. 591 n. Chr.). Das klassische Beispiel für solch eine Wohltat sind die Taten des großen Dichters Su Tung-P'o. Als er im Jahre 1089 n. Chr. Gouverneur von Hangchow war, gründete er dort ein Staatskrankenhaus, das er reich ausstattete und das Modell für andere Provinzstädte wurde.
Den Konflikt zwischen religiöser und staatlicher Kontrolle von Krankenhäusern können wir jedoch am besten in der *T'ang*-Zeit studieren. Im Jahre 653 n. Chr. wurde es buddhistischen und taoistischen Mönchen und Nonnen verboten, Medizin zu praktizieren. Im Jahre 717 n. Chr. machte der Minister Sung Ching eine Eingabe an den Thron. Dort hieß es, seit *Ch'ang-an* zur Hauptstadt gewor-

den wäre (d. h. seit dem Anfang der westlichen *Wei*, 534 n. Chr.), würden dort die Krankenhäuser angeblich durch Regierungsbeamte kontrolliert, doch durch deren Nachlässigkeit wären diese Funktionen mehr und mehr von Anhängern der Buddhisten übernommen worden. Um 734 n. Chr. unternahm man, zumindest in der Hauptstadt, erste Schritte, um staatlich unterstützte Waisen- und Krankenhäuser für die Mittellosen einzurichten. Als Teil der großen Auflösung der Klöster unter Wu Tsung, wurden um 845 n. Chr. die Krankenhäuser, die lange Zeit *Pei T'ien* (Weiden des Mitleids) geheißen hatten, unter dem Namen *Ping Fang* (Gebäude der Kranken) in Laienkontrolle überführt. Zur selben Zeit enteignete der Kaiser sehr viel Tempelbesitz an Land und Gebäuden und überschrieb ihn diesen Krankenhäusern. Seit dem Anfang der Dynastie, 620 n. Chr., gab es unterdessen innerhalb des kaiserlichen Palastes eine besondere Klinik (das *Huan Fang*, oder »Gebäude für Schmerzen«), die unter der Aufsicht eines besonderen Superintendenten über eigene Apotheken verfügte. Die leitenden medizinischen Direktoren des kaiserlichen Gesundheitsdienstes (Palast) *(I Chien)*, die Hilfsdirektoren *(I Cheng)* und die Ärzte des Stabes *(I Shih)* wechselten sich in ihrem Dienst in dieser Institution ab. Die Regularisierung von Krankenhausdiensten, die in der *T'ang*-Zeit eingeführt wurde, zahlte sich in der *Sung*-Zeit aus, in der (ca. zwischen 1050 und 1250 n. Chr.) eine Vielzahl staatlicher Institutionen sowohl in der Hauptstadt als in den Provinzen operierten. Es gab Heime zur Pflege der Alten und armer Kranker *(Chü Yang Yuan* und *An Chi Fang* nach 1102 n. Chr., und das *Fu T'ien Yuan)*, ein Krankenhaus, das hauptsächlich für Fremde bestimmt war (das *Yang Chi Yuan*, seit 1132 n. Chr.), ein anderes für kranke Beamte (das *Pao Shou Ts'ui Ho Kuan*, seit 1114 n. Chr.) und selbst eins für die Kriegsgefangenen der *Chin*-Tartaren, ein weiteres *An Chi Fang*, gegründet von Huang Chün etwa um 1165 n. Chr. Daneben existierten noch Waisenhäuser *(Tz'u Yu Yuan*, seit 1247 n. Chr., und das *Yu Ying T'ang)*, ambulante Kliniken *(Hui Min Yao Chü*, seit 1151 n. Chr., und *Shih Yao Chü*, seit 1248 n. Chr.) und von der Regierung unterstützte Apotheken *(Mai Yao So* seit 1076 n. Chr.). Vergleichende Statistiken legen nahe, daß China auf dem Gebiet der Krankenhausorganisation nicht so weit vor anderen Ländern dieser Welt lag, wie im Bereich der Qualifikationsprüfungen und des staatlichen Gesundheitsdienstes. Für das 1. nachchristliche Jahrhundert liegen sowohl für Indien (wie im *Caraka-samhitā* oder in

Mihintale in Ceylon) und für das römische Reich (die *valetudinaria* der Legionäre und Gladiatoren) Zeugnisse für bestimmte Krankenhäuser vor (ihre genaue Beschaffenheit muß noch untersucht werden). *Fa-Hsien,* ein buddhistischer Pilger aus China, hat im 5. Jahrhundert n. Chr. die indischen Einrichtungen jener Zeit beschrieben. In derselben Periode entstand auch das bedeutende Krankenhaus von Gundashapur in Persien, Nachfolger der früheren Universität von Edessa und Vorläufer der vorzüglichen Gründungen des Irak, die insbesondere in Bagdad zwischen dem 8. und dem 12. Jahrhundert n. Chr. entstanden. Diese Einrichtungen entsprachen den Institutionen, die wir für das China der *T'ang-* und der *Sung*-Zeit erwähnt haben. Es ist merkwürdig, daß das 5. Jahrhundert n. Chr. auf diesem Felde so wichtig für alle drei der bedeutenden asiatischen Kulturen war. Die ältesten europäischen Verweise auf ähnliche Institutionen scheinen nach der klassischen Periode eher aus dem 7. Jahrhundert n. Chr. zu stammen. Danach spielte im Westen die Initiative der Mönche eine ähnliche Rolle wie die der *Sangha* in China.

Genauso interessant ist eine Untersuchung der Anfänge von Quarantänevorschriften in einer bürokratischen Gesellschaft.

Greifen wir ein Beispiel heraus: anläßlich einer verheerenden Epidemie wandte im Jahre 356 n. Chr. der *Chin*-Kaiser die sog. ›Alten Vorschriften‹ an, die es Beamten, in deren Umgebung drei oder mehr Fälle aufgetreten waren, verboten, für 100 Tage an den Hof zu kommen. Ein weiteres Problem stellte sich bei der Isolierung von Lepra-Kranken. Über deren Ursprünge sind wir uns noch nicht ganz klar, doch es ist verbürgt, daß der indische Mönch *Narendrayásas,* der 589 n. Chr. in China starb, in der Hauptstadt der *Sui* für Männer und Frauen Leprakolonien errichtete. Diese Institutionen bestanden während der *T'ang*-Zeit weiter, und ein anderer Mönch, der Chinese *Chih-Yen,* wurde durch seinen geistlichen und praktischen Einsatz in einer Lepra-Kolonie sehr berühmt, in der er später selber starb (654 n. Chr.).

Soviel man auch immer gegen bürokratische Gesellschaftssysteme einwenden kann, sie bemühen sich immerhin um eine rationale Systematisierung. Das trifft ganz sicherlich auf jene ausgezeichnete Serie von Pharmacopoëien oder besser pharmakologischen Naturgeschichten oder – wie wir sie nennen wollen – Pandecten der Naturgeschichte zu, die zwischen der früheren *Han*-Dynastie und der *Ch'ing* über Jahrhunderte erschienen. Zwar wurde deren erste, das

Shen Nung Pên Ts'ao Ching (Pharmacopoëia des himmlischen Ehemannes), die etwa zwischen dem ersten und zweiten Jahrhundert v. Chr. entstand, nicht unter kaiserlicher Aufsicht erstellt, doch dasselbe gilt nicht für viele spätere Werke. Alle diese bis dahin äußerst umfangreichen Abhandlungen stehen unter dem Oberbegriff *Pên Ts'ao,* die meisten von ihnen tragen diese Zeichen in ihren Überschriften. Die wohl beste Übersetzung dieses Begriffes wäre ›die fundamentalen Heilkräuter‹ oder ›die botanische Grundlage (der Pharmazie)‹. Der Ausdruck erscheint erstmals im *Ch'ien Han Shu* für das Jahr 5 n. Chr., als der *Hsin*-Kaiser Wang Mang eine Konferenz einberief, die man als den ersten nationalen wissenschaftlichen und medizinischen Kongreß Chinas bezeichnen könnte. Auch in der Biographie des berühmten Arztes Lou Hu, eines Freundes des Kaisers (9-24 n. Chr.), taucht dieser Begriff auf. In späteren Jahrhunderten wurde das *Hsin Hsiu Pên Ts'ao* ein glänzendes Beispiel für eine vom Kaiser in Auftrag gegebene pharmakologische Naturgeschichte (959 n. Chr.). Nur wenige Kapitel, die ein japanischer Mönch kopierte und so bewahrte, sind uns heute noch erhalten. In der Sung-Zeit folgten dann Su Sungs *Pên Ts'ao T'u Ching* (Illustrierte pharmakologische Naturgeschichte) aus dem Jahre 1062 n. Chr. sowie die vielen Neuauflagen des berühmten *Ching Shih Chêng Lei Pei Chi Pên Ts'ao* (Zusammengefaßtes und eingeteiltes Rüstwerk der pharmakologischen Naturgeschichte). Was für Pflanzen und Tiere galt, traf genauso für die Bücher der Standardrezepte zu. So stellten beispielsweise der Kaiser Hsüan Tsung und seine Assistenten 723 n. Chr. das *Kuang Chi Fang,* (Allgemeine Formelsammlung von Rezepten) zusammen, das sie veröffentlichten und an alle Medizinschulen der Provinzen schickten. Einige der Rezepte in diesem Werk eines kaiserlichen Pharmazeuten wurden sogar auf Anschlagtafeln an Kreuzungen niedergeschrieben, damit auch die Bevölkerung ihren vollen Nutzen daraus ziehen konnte. Sulaiman al-Tajir, ein arabischer Reisender, der um 851 n. Chr. in China war, hat diesen Brauch beobachtet und beschrieben. 739 n. Chr. wurde ein Gesetz erlassen, nach welchem jede Provinzstadt mit einer Bevölkerung von mehr als 100 000 Familien 20 Medizinstudenten *(I sheng)* aufweisen mußte, bei Städten unter 100 000 Familien waren es nur 12. Später wurden diese Zahlen heraufgesetzt. Im Jahre 796 veröffentlichte dann der Kaiser Tê Tsung im ganzen Lande sein *Chen-Yuan Kuang Li Fang* (wertvolle Rezepte des Kaisers Chen-Yuan).

Zu Beginn des 7. Jahrhunderts n. Chr. wurde diese Systematisierung, die sich einerseits auf pflanzliche und Tierdrogen, andererseits auf Rezepte bezog, auch zur Klassifizierung von Krankheiten benutzt. Zu jener Zeit nämlich schrieb Ch'ao Yuan-Fang sein bedeutendes Werk, das *Ch'ao shih Chu Ping Yuan Hou Lun* (Herrn Ch'aos systematische Abhandlung über Krankheiten und deren Ätiologie [610 n. Chr.]). Das besondere an dieser längeren Abhandlung liegt in der systematischen Klassifizierung pathologischer Befunde auf dem Erkenntnisstand der damaligen Zeit, ohne therapeutischen Methoden Beachtung zu schenken. Somit handelte es sich im wesentlichen um eine Naturgeschichte der Krankheiten, die 1000 Jahre früher entstand, als die Arbeiten von Felix Platter, Sydenham und Morgagni. Die Vorstellung drängt sich auf, daß die bürokratische Mentalität des ›Klassifizierens‹ und die Haltung ›Sachen müssen durch die richtigen Kanäle laufen‹ einen Einfluß auf dieses frühe Auftauchen von Systematisierungen in der Medizin hatten. Klassifikatorische Wissenschaften spielten ja im traditionellen China eine besondere Rolle. Selbst der moderne, im 19. Jahrhundert angenommene Ausdruck für Wissenschaften *k'o hsüeh* bedeutet nichts anderes, als ›Klassifikationswissen‹. Natürlich berührte die bürokratische Weltanschauung auch andere Gebiete neben der Medizin, und – wie wir an anderer Stelle gezeigt haben – China markiert den historischen Anfangspunkt von Ablage- und Indexsystemen, der Unterscheidung von Text durch unterschiedliche Tinten und des Ausfüllens von Formularen.

Religion und Medizin in der chinesischen Kultur

Wir kommen nun zum Einfluß der religiösen Systeme Chinas auf die Medizin. Die drei großen religiösen Systeme oder Doktrinen, die *San Chiao,* waren bekanntlich der Konfuzianismus, der Taoismus und der Buddhismus. Da der letztere nach der *Han*-Zeit aus Indien kam, waren nur die ersten beiden autochton entwickelt. Das Denken dieser religiösen Philosophien berührte alle Aspekte der Medizin und beeinflußte auch den Zugang zu diesem Beruf. Zwar wurden im chinesischen Mittelalter viele Ärzte auf Regierungskosten ausgebildet, die später administrative Funktionen wahrnahmen und bis in den Rang von kaiserlichen Ärzten *(T'ai I)* aufsteigen konnten. Gleichzeitig muß es aber auch eine Heerschar von medizinischem Hilfspersonal gegeben haben, die ihr Wissen durch das Lehrlingssystem erworben hatten und an die sich die Armen wandten. Ohne Zweifel gab es eine Tendenz, nach der Ärzte aus Medizinerfamilien kamen. Dieser Vorgang konnte sich über mehrere Generationen erstrecken. Es gibt eine Textstelle aus der Zeit des Konfuzius (frühes 5. Jahrhundert v. Chr.), deren Aussage dahingehend interpretiert wurde, daß man nicht die Medizin eines Arztes annehmen sollte, dessen Familie nicht bereits seit drei Generationen Ärzte hervorgebracht habe.

Aus unseren bisherigen Ausführungen geht eindeutig hervor, daß die Klassenstruktur des mittelalterlichen China durch die nicht erbberechtigte Bürokratie des Gelehrten-Adels ganz anders geprägt war, als die Europas. Die soziale Mobilität war groß: innerhalb weniger Generationen konnten Familien zu einem bestimmten Rang auf- und wieder absteigen. Wie wir betont haben, wurde der medizinische Beruf nach seinen frühesten Anfängen nicht völlig verachtet. Im Laufe der Jahrhunderte neigten nämlich immer mehr konfuzianische Gelehrte dazu, ihn zu ergreifen. Ein interessanter Grund für diese Hinwendung von Mitgliedern von Gelehrtenfamilien zur Medizin lag in der Verpflichtung, die sich durch das konfuzianische Gebot der kindlichen Pietät für die Umsorgung der Eltern ergab. Aus eben diesem Grunde bezog beispielsweise *Wang T'ao*, einer der größten medizinischen Schriftsteller der *Táng*-Zeit, die Anregung für seine Studien, die 752 n. Chr. zur Veröffentlichung seines *Wai T'ai Pi Yao* (Wichtige Familienhandlungen eines Frontoffiziers) führten. Dies ist nur eines von vielen Beispielen. Andere Ärzte wurden zu ihrem Beruf durch eine Krankheit bewogen, an der sie selber litten.

Wir dürfen hier die Rolle, die das buddhistische Mitleid spielte, nicht übersehen. Der eher negative Aspekt des Buddhismus, den das Wort *śūnya* oder Leere ausdrückt, d. h. völlige Desillusionierung von dieser Welt und die Überzeugung von der Notwendigkeit, ihr durch eine Kette von Wiedergeburten zu entrinnen, wird in allen Spielarten des Buddhismus stets durch ein grenzenloses Mitleid gegenüber allen Kreaturen modifiziert, das durch das Wort *karunā* ausgedrückt wurde. Deshalb gab es fast kein buddhistisches Kloster ohne medizinische Spezialisten, und wie wir gesehen haben, wirkten die Buddhisten ja auch sehr tatkräftig bei der Gründung und Unterhaltung von Krankenhäusern, Waisenhäusern usw. mit. Auch die Taoisten nahmen an dieser Bewegung teil, denn als eine organisierte Religion neigte der Taoismus mehr und mehr dazu, Verfahrensweisen der Buddhisten nachzuahmen. Auf dem Gebiet der medizinischen Organisation waren sie jedoch nicht so bedeutend.

Der tiefgreifende Einfluß des Taoismus auf die chinesische Medizin erfolgte in eine ganz andere Richtung. An anderer Stelle haben wir bereits die *Wu*, die primitiven Schamanen der chinesischen Gesellschaft, erwähnt. Es kann gar kein Zweifel daran bestehen, daß die taoistische Philosophie und Religion aus einer Allianz zwischen diesen alten Magiern und jenen chinesischen Philosophen herrührte, die in ältester Zeit geglaubt hatten, daß das Studium der Natur für den Menschen wichtiger sei als die Verwaltung der menschlichen Gesellschaft, auf die sich die Konfuzianer so viel einbildeten. Für den klassischen Taoismus war ein handwerkliches Element ganz zentral, denn Zauberer und Philosophen waren beide davon überzeugt, daß man durch den Einsatz der Hände wichtige und nützliche Dinge vollbringen konnte. Damit unterschieden sie sich von der Mentalität des konfuzianischen Gelehrten-Beamten, der hoch oben auf seinem Richterstuhl saß, Befehle erteilte und seine Hände allenfalls zum Lesen und Schreiben gebrauchte. Wo immer man im klassischen China deshalb Ansätze zu Naturwissenschaften findet, waren die Taoisten mit Sicherheit daran beteiligt. Die *fang shih*, die ›Herren mit magischen Rezepten‹ waren ganz bestimmt Taoisten. Sie arbeiteten auf allen möglichen Gebieten, zeichneten den Lauf der Sterne auf, sagten das Wetter voraus, waren Agrarwissenschaftler und Kräuterkundige, Bewässerer und Brückenbauer, Architekten und Innenarchitekten, doch vor allem Alchimisten. Sie stehen am Anfang der gesamten Alchimie, wenn man diese, wie es wohl angebracht ist, als die Verbindung zwischen Makrobiotik und Goldherstellung definiert.

Diese Worte klingen etwas ungewöhnlich, sind aber sorgfältig gewählt. Die alten Protochemiker Alexandriens waren Aurifiktoren, d. h. sie glaubten, Gold imitieren und nicht durch andere Substanzen herstellen zu können. Zwar waren auch ihre Bemühungen nicht frei von mystischen oder spirituellen Zügen, doch dies war nicht das dominierende Element[1]. Andererseits bezeichnet Makrobiotik sehr

1 Im alten Nildelta und im Mittelmeerbecken gab es viel natürliches Metallgold, und die Einwohner konnten es reinigen, seine Art feststellen und durch Kuppelierung schätzen. Dies mag der Grund dafür gewesen sein, daß die Griechen und Ägypter Goldfälscher waren, deren Interesse auf Falschgold, billigeren

zutreffend den Glauben, daß es mit Hilfe der Botanik, Mineralogie, Chemie und Goldherstellung (Aurifaktion) möglich ist, tatsächliche Substanzen, Drogen oder Elixiere herzustellen, die das Leben verlängern, ein langes Leben *(shou)* oder physische Unsterblichkeit *(pu ssu)* garantieren. Aurifaktion bezeichnet den Glauben, daß man Gold aus sehr unterschiedlichen Substanzen, besonders den niedrigen Metallen herstellen kann[2]. Diese beiden Vorstellungen tauchten erstmalig in den Köpfen der chinesischen Alchimisten seit den Zeiten des Tsou Yen im 4. vorchristlichen Jahrhundert auf. Im eigentlichen Sinne des Wortes kannte Europa keine Alchimie, bis sich diese Gedankenverbindung ihren Weg aus China durch die arabische Kulturzone in den Westen gebahnt hatte. Somit war die chinesische Alchimie *(lien tan shu)* von Anfang an Iatro-Chemie gewesen. Viele der bedeutendsten Ärzte und medizinischen Schriftsteller der chinesischen Geschichte waren teilweise oder reine Taoisten.

Ersatz oder Vergoldung gerichtet war, sie beschäftigten sich nie mit dem Erreichen von Langlebigkeit oder physischer Unsterblichkeit, obwohl sie den Prozeß der Goldnachahmung mit den Fortschritten der individuellen Seele in spiritueller Verbesserung in Verbindung brachten.

2 Die chinesischen Protochemiker scheinen von Anfang an Goldhersteller gewesen zu sein, vielleicht weil China (zumindest vor der Zeit des Wang Mang im ersten Jahrhundert v. Chr.) arm an natürlichem Gold war. Im Jahre 144 v. Chr. waren sie bedeutend genug, um einen kaiserlichen Erlaß zu rechtfertigen, der das ungesetzliche Prägen und die Herstellung von ›falschem gelben Gold‹ verbot; falls einige von ihnen keine weiteren Interessen hatten, so gelten sie auch in unserem Verständnis nicht als Alchimisten. Doch nur wenige Jahrzehnte später, als im Jahre 133 v. Chr. Li Shao-Chün den Kaiser dringend bat, seine Forschungen zu unterstützen, und im Jahre 120 v. Chr., als die Gruppe der Naturalisten um Liu An das Buch *Huai Nan Tzu* zusammenstellte, ist die Verbindung zwischen Goldherstellung und Langlebigkeit/Unsterblichkeit (die wahrscheinlich aus der früheren Schule des Tsou Yen herrührt) eindeutig erkennbar. Dies war der Anfang aller ›Alchimie‹, die ihren Namen zu Recht trägt. In dem nachfolgenden Jahrhundert (60-56 v. Chr.) verfehlte Liu Hsiang nach jahrelanger Arbeit sein alchimistisches Ziel, doch um das Jahr 20 n. Chr. erscheint die Vorstellung eines ›Stein des Philosophen‹ als wesentlicher Bestandteil der Goldherstellung (und Silberherstellung) erstmalig in einer Geschichte von Huan T'an. Um 300 n. Chr. sind die Schriften von Ko Hung schon sehr weit systematisiert worden. Nachdem die chinesische *Lien tan shu* um 700 n. Chr. in die arabische Welt übertragen wurde, gründete sie den endgültigen alchimistischen Stil, der sich in der europäischen Kultur seit etwa 1200 n. Chr. bis zur Zeit von Boyle, Newton und Lavoisier hielt und in allen drei Zivilisationen die Grundlage zu reichhaltigen Entdeckungen auf dem Gebiet der Chemie und der chemischen Technik legte. Somit liegt die chinesische Alchimie zeitlich lange vor der arabischen Alchimie und sogar vor der hellenistischen ›Alchimie‹; eine Tatsache, die die Wahrscheinlichkeit verstärkt, daß sogar der etymologische Ursprung der Wurzel ›chem-‹ in China liegt.

Man braucht dazu nur an Ko Hung, um 300 n. Chr., und den großen Arzt des 6. Jahrhunderts n. Chr., Sun Ssu-Mo, zu erinnern. In China existierte nie – wie lange Zeit in Europa – ein Vorurteil gegenüber der Anwendung mineralischer Drogen: tatsächlich verfielen die Chinesen auf das andere Extrem, indem sie alle möglichen gefährlichen Elixiere zusammenbrauten, die metallische Elemente enthielten und sehr viel Unheil angerichtet haben müssen. Das Ziel des gläubigen Taoisten bestand darin, sich selbst durch viele verschiedene Techniken in einen *hsien*, mit anderen Worten in einen gereinigten, ätherischen und freien Unsterblichen zu verwandeln, der den Rest der Ewigkeit damit verbrachte, als Geist durch Berge und Wälder zu wandern und beständig die Schönheit der Natur zu genießen. Die Techniken waren nicht nur alchimistischer und pharmazeutischer Natur, sie bestanden auch aus Diät, Respiration, Meditation, sexuellen und heliotherapeutischen Praktiken. Jene Geister sind die Wesen, die man auf vielen schönen chinesischen Gemälden ganz winzig erkennen kann, wie sie vor einer unendlichen Landschaft durch entfernte Täler huschen.
Im Laufe der Zeit ließ die Hoffnung auf eine Entwicklung zu einem Unsterblichen etwas nach. Seit der *Sung*-Zeit verwandelte sich die Alchimie unmerklich in Iatro-Chemie. Die Leistungsfähigkeit der chinesischen Iatro-Chemie kann man an der erst kürzlich entdeckten Tatsache ersehen, daß die mittelalterlichen chinesischen Chemiker erfolgreich Mixturen von Androgenen und Östrogenen in einer relativ reinen kristallinen Form herstellen konnten, die sie bei der Therapie vieler hypogonadischer Symptome verwendeten. Zum Verständnis dieser Sachlage müssen wir einiges über die chinesischen Vorstellungen zur Sexualendokrinologie sagen. Die Relevanz dieses Themas ergibt sich aus der großen Bedeutung, die Sexologie und bestimmte sexuelle Praktiken stets für die taoistischen Methoden der Unsterblichkeiterlangung hatten. Bald wurde man auf die Bedeutung der Unversehrtheit von Geschlechtsdrüsen aufmerksam. Das Interesse der chinesischen Ärzte und der taoistischen Naturalisten wurde bereits sehr früh durch alle Phänomene von Hermaphroditismus erweckt. Der bedeutende naturalistische Skeptiker *Wang Ch'ung* diskutierte bereits im Jahre 80 n. Chr. das Auftreten von Geschlechtsumwandlungen; aus den Dynastiegeschichten kann man für alle Jahrhunderte sehr viele ähnlich gelagerte Fälle zusammenstellen. Seit dem 13. Jahrhundert verwendete man bei Krankheitsbildern, in denen heute Androgene verschrieben würden,

Hodengewebe, die verschiedenen Tieren entnommen wurden. Die mittelalterliche chinesische Organotherapie operierte auffallend häufig mit menschlicher und animalischer Placenta: erste Erwähnungen dieses Phänomens datieren aus dem 8. Jahrhundert n. Chr., doch erst nach dem 14. Jahrhundert n. Chr. gilt diese Therapie als allgemein verbreitet. Die aufregendste Entwicklung auf jenem Gebiet in China liegt jedoch in der Aufbereitung von Sexualhormonen aus Urin.

Man kann die Ursprünge einer Urintherapie bis in den klassischen Taoismus zurückverfolgen. Die Einstellung der Taoisten gegenüber der Sexualität war eher philosophisch und magisch-wissenschaftlich als – im üblichen Sinne – asketisch. In Biographien der Adepten des Taoismus, die im 3. Jahrhundert v. Chr. lebten, findet man Hinweise auf die Auswirkungen von oral appliziertem Urin auf das sexuelle Verhalten. Im Laufe der Zeit entstand eine Theorie, nach welcher die positiven Eigenschaften des Urins auf dessen ›kategoriale Identität‹ *(t'ung lei)* mit Blut zurückzuführen seien. Mehrere mittelalterliche Autoren vertraten eindeutig die Meinung, daß sogar die gelbe Farbe des Urins mit der roten Farbe des Blutes verwandt sei – und damit lagen sie sicherlich nicht falsch. Wenn also jedes einzelne Organ einen wertvollen Bestandteil des Blutes beisteuerte, konnte man die Hoffnung nicht ausschließen, daß einige dieser nützlichen Eigenschaften im Urin auftauchen müßten.

Deshalb begannen die Iatro-Chemiker mit großen Mengen von Urin, die sie von Erwachsenen oder Heranwachsenden jedes Geschlechtes nahmen. Im einfachsten und wahrscheinlich ältesten Verfahren wurde Urin, einschließlich des Steroidzuckers, der Sulfate und noch vielem anderen, durch Verdunsten getrocknet. Die meisten dieser Prozeduren enthielten jedoch Fällungen, die zu einem geruch- und geschmacklosen Endprodukt führten. Der eine benutzte Calciumsulfat, wodurch Protein und dessen Verbindungen herausgefällt wurden; ein anderer verwandte eine Lauge, die er aus den Früchten eines bestimmten Baumes gewann. Hinterher wurde die Fällung durch kochendes Wasser wieder herausgezogen, so daß alle Steroide, die durch Proteine gebunden waren, durch dessen Auflösung wieder freigesetzt wurden. In allen diesen Methoden fällt auf, daß ihr Endprodukt aus einem kristallenen Sublimat bestand; und tatsächlich sublimieren die steroiden Sexualhormone des Urins innerhalb einer gewissen Temperatur unverändert an der frischen Luft. Die Endprodukte, die die Iatro-

Chemiker erhielten, waren natürlich komplexe Mixturen von verschiedenartiger Zusammensetzung, je nachdem von welchem Originalstoff sie ausgingen und wie die Fraktionierung aussah. Einige dieser Methoden schreiben aber auffälligerweise vor, daß männlicher und weiblicher Urin sowie der von Spendern verschiedener Altersgruppen getrennt aufbereitet werden mußte, und in bestimmten Fällen liegen auch Anweisungen vor, wie die Endprodukte in verschiedenen Proportionen miteinander gemischt werden sollten. Die Texte, die diese aufregenden Prozeduren beschreiben, stammen aus dem 11. bis 16. Jahrhundert n. Chr. Die ›Society of Chymical Physitions‹ im England des 17. Jahrhunderts wäre wahrscheinlich überrascht gewesen, hätte sie gewußt, wie ausgeprägt das iatro-chemische Element in der chinesischen Medizin war, und ganz ohne Zweifel lag das an ihrer Verbindung mit dem philosophischen und religiösen Taoismus.

Im Zusammenhang mit den möglichen Einflüssen eines religiösen Systems auf die Medizin sollte man sich vielleicht noch einem ganz anderen Gebiet zuwenden, nämlich der Frage der psychischen Gesundheit der Masse der Bevölkerung in einer Kultur. Diese Frage öffnet viele Perspektiven. Solange keine hinreichenden statistischen Analysen vorliegen, können wir nur unseren Eindruck wiedergeben, daß in der traditionellen wie auch in der gegenwärtigen chinesischen Gesellschaft bei einem im Vergleich zum Westen ähnlich hohen Vorkommen von Psychosen Neurosen wesentlich seltener auftreten. In der Vergangenheit mag etwa dieselbe Zahl von Selbstmorden verübt worden sein, doch aus anderen Gründen. Hier muß noch viel geforscht und nachgedacht werden, doch es besteht eine allgemeine Übereinstimmung darüber, daß keine der drei chinesischen Religionen ein Sühne- und Schuld-Gefühl aufkommen ließ, wie es das Christentum im Westen tat. Vielleicht weil China eher eine ›Scham‹-Gesellschaft als eine ›Sünden-Gesellschaft‹ ist. Im Zusammenhang mit dem geringen Auftreten von Neurosen sind auch noch andere Fakten bemerkenswert, z. B. die allgemeine Akzeptierung der Natur und natürlicher Phänomene, die der Taoismus förderte, und die außerordentliche Permissivität chinesischer Eltern in der Erziehung ihrer Kinder.

Wenn die chinesische Mentalität im Ganzen besser ausbalanciert war als die des Westens, so geschah dies trotz der großen Unsicherheit des Lebens. Da sich in China kein eigenständiger Kapitalismus entwickelte und überhaupt keine bürgerliche Revolution erfolgte, entstand auch keine Gesellschaft mit einer bürgerlichen Polizei; und noch im späten 19. Jahrhundert konnte die Sicherheit des öffentlichen Lebens ganz gefährlich von Banditen, Rowdies, Erpressern, korrupten Beamten und Familientyrannen bedroht sein. Wir können die Wege soziologischer Analyse, die sich hier auftun, im Augenblick nicht weiterverfolgen, sollten aber festhalten, daß die allgegenwärtigen Bestechungen, Bereicherungen und Erpressungen, über die sich die Chinakenner des letzten Jahrhunderts beschwerten, ganz einfach die Art waren, nach der die bürokratische Gesellschaft des Mittelalters seit jeher verfahren war – diese Art fiel nur deshalb auf, weil die westliche Gesellschaft jene Phase des ›Gott-in-der-Buchhaltung-dienen‹ bereits durchlaufen hatte und sich auf einem anderen Niveau befand. Bei soziologischen Vergleichen zwischen der chinesischen und westlichen Gesellschaft muß man natürlich alle Perioden und alle Aspekte in Betracht ziehen: auf der chinesischen Seite muß man dann positiv verbuchen, daß es fast überhaupt keine Verfolgungen aus religiöser Überzeugung gegeben hat. In der gesamten chinesischen Geschichte findet man kein der Heiligen Inquisition vergleichbares Phänomen, noch gab es Entsprechungen zum Hexenwahn, der die europäische Geschichte zwischen dem 15. und 17. Jahrhundert n. Chr. so tragisch überschattet. Für den Westen bleiben chinesische Psychologie und Psychotherapie bislang noch ein Geheimnis. Es liegen jedoch viele Texte vor, auf die man sich für eine Darstellung beziehen könnte, darunter einige äußerst interessante Bücher über Traumdeutungen aus dem Mittelalter und späteren Zeiten. Auf diesem Gebiet muß noch viel gearbeitet werden.

Die traditionelle chinesische und die moderne westliche Medizin

Wir kommen jetzt zum letzten Abschnitt dieses Beitrages, in dem wir die Auswirkungen des Übergangs zu einem marxistischen Sozialismus, wie er sich in unserer Zeit durch die Revolution nach dem 2. Weltkrieg vollzogen hat, auf die traditionelle chinesische Gesellschaft und deren Medizin untersuchen müssen. Die einfachste Interpretation dieser Revolution besagt, daß das chinesische Volk erkannte, daß Modernisierung nicht notwendig Verwestlichung bedeutet und daß man dabei nicht notwendig alle Stadien des Kapitalismus der westlichen Welt passieren muß. Der alte bürokratische Feudalismus konnte direkt dem Sozialismus weichen, mit allem was dies bedeutete: tiefgreifend und auf einer breiten Ebene zur Verbesserung des Schicksals des ganzen Volkes.

Im Zuge dieser Entwicklung folgte zwingend eine gewaltige Forderung nach Verbesserung der Gesundheit des Volkes und nach zusätzlichen medizinischen Einrichtungen. Da es, im Vergleich zur Gesamtzahl der Bevölkerung, zu wenige westlich ausgebildete Ärzte gab, erfolgte seit der Revolution eine große ›Wiedergeburt‹ der traditionellen chinesischen Medizin. Es gibt jetzt viele medizinische Ausbildungsstätten, in denen dieses Fach unterrichtet wird; seine Praktizierung wird allgemein gefördert. Für Ärzte, die nur in der traditionellen Medizin ausgebildet worden waren, wurden Auffrischungskurse eingeführt, damit deren Vertreter ihren Teil zur modernen gesundheitlichen Versorgung beitragen können, während gleichzeitig die ›modernen‹ Ärzte überredet wurden, die traditionelle chinesische Medizin ernstzunehmen. Heutzutage arbeiten die traditionellen Mediziner Seite an Seite mit ihren ›modernen‹ Kollegen. Mehr und mehr wird es zu einer Verbindung ihrer Techniken kommen, die eine medizinische Wissenschaft entstehen lassen wird, die durch und durch modern und universell – und nicht nur im westlichen Sinne ›modern‹ – sein wird.

All dies geschieht in der Überzeugung, daß eine Integration zwischen den chinesischen und den ›westlichen‹ oder ›modern-westlichen‹ Systemen der Medizin entstehen muß. Die Mathematik und Astronomie Chinas und des Westens verbanden sich im 17. Jahrhundert sehr schnell zu *einer* Wissenschaft, doch in anderen Wissenschaften wie Chemie und Botanik dauerte die Verbindung sehr viel länger. Man muß sich vor Augen halten, daß innerhalb der hochkomplizierten Wissenschaften vom gesunden und vom kranken Organismus bislang noch von keiner Verbindung gesprochen werden kann, und man muß damit rechnen, daß eine solche Verbindung länger als eine Generation braucht. Es geht hier um das Begreifen der quasi-empirischen Praktiken, die in China durch die Jahrhunderte entstanden, in modernen Begriffen. Da die Theorien der traditionellen chinesischen Medizin stets vergleichsweise ›primitiv‹ und dem Typ nach der ›Vorrenaissance‹ angehörten, kann es für sie keine große Zukunft geben, wenn sie nicht in modernen Begriffen reinterpretiert werden können. Für den Medizinhistoriker liegt hier eine Gefahr, da er vorsichtig sein muß, nicht zu viel in die alten theoretischen Formulierungen hineinzudeuten, und gleichzeitig acht geben muß, sie nicht als kurios, archaisch oder sinnlos darzustellen. Wie wir selbst bemerken konnten, unterscheidet sich die Situation in China scharf von der in Ceylon und Indien. Die ayurvedische Medizin in diesen Ländern zeigt eine gewisse Ähnlichkeit mit der traditionellen Medizin Chinas, obwohl sie in ihren Methoden weniger originell und spezifisch ist und größeren Wert auf Heilkräuter legt. In Südasien gibt es jedoch unglückseligerweise eine ausgesprochene Feindschaft gegenüber jeglichen Kontakten mit moderner westlicher Medizin. In Ceylon haben sich die ayurvedischen Ärzte mit den buddhistischen Mönchen zusammengeschlossen und bemühen sich, in einer rein traditionalistischen Bewegung Einfluß auf die Universitäten zu nehmen. Hieraus kann man ersehen, wieviel die chinesische Toleranz dem übrigen Asien beibringen muß.

Das für die chinesische Medizin charakteristischste Therapieverfahren ist natürlich die Akupunktur. Es handelt sich hier um ein System, das seit 2500 Jahren ständig innerhalb des chinesischen Kulturbereiches praktiziert wird. Die Arbeiten von Hunderten von Gelehrten haben die Akupunktur durch die Jahrhunderte auf den Stand einer hoch systematisierten Lehre und Praxis gebracht. Bekanntlich besteht das System aus einer großen Anzahl von Punkten auf der Körperoberfläche, wir nennen sie *loci,* in die der Arzt auf vielfältig spezifizierte Weise Nadeln unterschiedlicher Länge und Dicke einsticht. Der älteste Katalog dieser Punkte findet sich in jenem Teil des *Huang Ti Nei Ching*, der den Titel *Ling Shu* trägt. Im zweiten vorchristlichen Jahrhundert zählte man 360 *loci (hsüeh),* auf diese Zahl kam man vielleicht wegen einer vermeintlichen Entsprechung zu der Anzahl der Knochen im Körper, vielleicht zur Zahl der Tage im Jahr. Jeder Punkt hat eine bestimmte technische Bezeichnung, die sich geschichtlich entwickelt hat, doch es gibt einen großen Teil von Synonymen, so daß die Gesamtzahl der identifizierten *loci* mit unterschiedlichen Namen etwa 650 beträgt. Heute gilt die Wirkung von etwa 450 *loci* als gesichert, die bei Operationen eingesetzt werden können. Die Zahl der am häufigsten benutzten *loci* liegt jedoch kaum über 100. Zum System der *loci* in der Akupunktur von der *Sung*-Periode (11. Jahrh. n. Chr.) kennen wir die Titel von etwa 80 Büchern, die meisten dieser Werke sind jedoch verlorengegangen. Auf die Bedeutung des *Chia I Ching* des Arztes Huangfu Mi, das etwa um 280 v. Chr. verfaßt wurde, habe ich bereits hingewiesen.

Wenn dies alles wäre, wäre das System in der Tat rein empirisch, doch das stimmt ganz und gar nicht. Die Punkte wurden miteinander in einem netzförmigen Muster verbunden, das an das Streckennetz der Londoner Untergrundbahn erinnert. Diese Verbindungen sind unter der Bezeichnung *ching* (Leitbahnen) und *lo* (Netzbahnen) bekannt. Die Analogie kann noch etwas weiter ausgeführt werden, denn *ching* und *lo* sind tatsächlich unsichtbar, ganz als ob Blutgefäße und Nerven unter der Oberfläche einer Stadt verliefen. Es ist, als hätte man zwei Verkehrsbetriebe, deren Umschlagplätze für das öffentliche Wohl durch die Verbindungsstellen markiert wären, an denen sie sich treffen. Diese Verbindungsstellen *(hui hsüeh)* nennen wir anastomotische *loci* (Übertrittsstellen). Die Benennung von vielen dieser Punkte ging zeitlich dem System der *ching* (Bahnen) voraus, denn wir finden einige benannte Punkte bereits in den Diskussionen, die im Jahre 540 v. Chr. von dem Arzt Ho aufgezeichnet wurden, und noch mehr Bezeichnungen in den dokumentierten Fällen des Shunyü I. Erst im *Ling Shu* (das im *Chia I Ching* systematisiert wurde) werden die *loci* mit den Bahnen in Verbindung gebracht und Korrelationen mit den Kräften von *Yin* und *Yang* und den sechs *ch'i (Pneumata)* hergestellt. Offensichtlich haben wir es bei dem *ching-lo-S*ystem mit einer sehr alten Vorstellung eines Verkehrsverbundes mit einem Netzwerk von Fernleitungen und Neben- und Zweigstrecken zu tun. Es sieht so aus, als wären diese von Anfang an in Begriffen aus dem Gebiet des Wasserbaus vorgestellt worden, denn es gibt größere und kleinere Reservoire von *ch'i.* Somit treffen wir auf eine wichtige Lehre, die mit dem Gedanken eines Mikrokosmos zusammenhängt: der Körper repräsentiert den Makrokosmos im Kleinen, und die grundlegende Idee der Zirkulation, die in der früheren Han-Zeit entstand, kann sehr gut aus einer Erkenntnis des meteorologischen Wasserzyklus gezogen sein – dem Dunst der Erde, der in die Wolken aufsteigt und wieder als Regen herabfällt.

Die Frage nach dem Ursprung des gesamten Systems ist sicherlich außerordentlich interessant. Es muß eine genaue Beobachtung von Symptomen, besonders des Schmerzes und seiner Erleichterung durch verschiedene Methoden gegeben haben. Doch wir vermuten, daß die tiefe Überzeugung von der organischen Einheit des Körpers als eines Ganzen, die im Akupunktursystem reflektiert wird, durch das Phänomen des übertragenen Schmerzes entstanden ist. Vielleicht werden einige bislang noch unbeachtete Passagen in den alten chinesischen Texten diese Erklärung zumindest teilweise rechtfertigen. Die Beziehung zwischen nachlassendem Schmerz in den Extremitäten oder dem Rumpf mit vorübergehenden Funktionsstörungen der Eingeweide ist eine so häufige Beobachtung der normalen Physiopathologie, daß sie sehr wohl auch den alten chinesischen Ärzten aufgefallen sein kann. Dem plötzlichen Abebben von Herzflimmern oder Blähungen kann sehr wohl ein heftiger, doch kurzfristiger Schmerz in entfernten Körperteilen vorausgehen. Wir erwarten, daß eine genaue Untersuchung des übertragenen Schmerzes, so wie ihn die moderne Physiologie versteht, die Genesis des chinesischen Systems außerordentlich erhellen wird. Gleichfalls muß man bei Säugetieren die Hautzonen in Betracht ziehen, die durch das sympathetische Nervensystem mit spezifischen Bauchorganen verbunden sind; sie sind nach Head benannt, der sie als erster untersuchte. Hinzu trat natürlich noch eine jahrhundertelange Ansammlung klinischer Erfahrungen, die die Wirksamkeit der Akupunktur für die chinesischen Mediziner jenseits allen Zweifels rückte.

Heutzutage gibt es in China und Japan Dutzende von Laboratorien, in denen mit den modernen Methoden der Physiologie und der Biochemie an einem Verständnis der Vorgänge gearbeitet wird, die sich in der Akupunktur vollziehen. Z. Zt. wird eine These untersucht, nach der das Einsetzen der Nadeln die Produktion von Antikörpern durch das reticulo-endotheliale System stimulieren soll. Für westliche Biologen war stets überraschend, daß die Akupunkteure behaupteten, ihre Behandlungsweise habe nicht nur – zumindest bis zu einem gewissen Grade – bei Krankheiten wie Ischias und Rheumatismus Erfolg, bei denen keine Behandlung auf der ganzen Welt als sehr erfolgreich angesehen werden kann, sondern auch in Fällen von Infektionskrankheiten, in denen man die Existenz eines extremen Erregers völlig anerkennt. So war es z. B. schwer zu glauben, daß Akupunktur etwa auf dem Gebiet des Typhus-Fiebers erfolgreich sein sollte; doch genau dies behaupteten die traditionellen Ärzte. Wenn aber das reticulo-endotheliale System stimuliert werden konnte, in größerem Ausmaß Antikörper zu erzeugen, wahrscheinlich durch indirekte Stimulation durch das autonome Nervensystem, so könnte hier eine Erklärung vorliegen. Andererseits könnte eine neuro-sekretorische Wirkung durch die autonomen und sympathetischen Systeme auf die supra-renale Cortex vorliegen, die zu einer gesteigerten Aussonderung von Kor-

tison führt. Oder aber es handelt sich um einen neuro-sekretorischen Einfluß auf die Hypophyse. Hier muß wirklich noch manche Arbeit geleistet werden.
Die Bedeutung einer eingehenden Untersuchung der alten und mittelalterlichen chinesischen Diagnose-Systeme haben wir bereits erwähnt: *(liu ching pien ching)*, ›Differenzieren und Diagnostizieren in Übereinstimmung mit den sechs *ching*‹. Bislang ist dies in einer westlichen Sprache noch nie angemessen unternommen worden. Den Begriff *ching* kennt man im Westen nur als die Bezeichnung für die lineare Anordnung von Akupunkturpunkten auf der Körperoberfläche. Doch er hat eine viel weitergehende Bedeutung: er bezeichnet eine grundlegende physiologische Vorstellung der alten chinesischen Medizin, die auf der Theorie der zwei Kräfte *(Yin* und *Yang)* und der Fünf Elemente basiert, in welchen man sechs Muster physiologischer Funktionen und pathologischer Dysfunktion erkannte. Im Laufe einer Krankheit wurden diese Muster gemäß deren verursachenden Faktoren in unterschiedlicher Reihenfolge berührt. In ihrer klassischen Ausprägung kannte die traditionelle chinesische Medizin bei Krankheiten drei fundamentale verursachende Faktoren *(san yin):* a) externe Faktoren (klimatische, infektiöse, ansteckende, d. h. *wai*, eine *Yang*-Gruppe); b) interne Dysfunktionen oder abnormale *krasis (nei*, ein *Yin*-Effekt); und c) traumatische und durch Unfälle zugezogene Verletzungen einschließlich Kriegswunden *(pu nei wai*, teils *Yin* und teils *Yang)*. Angeborene Empfindlichkeiten *(t'ai tu*, wörtlich: pathologische Kraft, die im embryonalen Leben steckt) stellten einen wichtigen Bestandteil der zweiten Klasse dar. Insofern diese Faktoren als wichtig für epidemische Krankheiten galten, hatten sie auch teil an der Eigenschaft von *pu nei wai*, teils *Yin* und teils *Yang*. In Übereinstimmung hiermit stellt man sich drei große Krankheitsklassen, *Yang*, *Yin* und *gemischt* vor, und, wie wir bereits betont haben, ging man stets davon aus, daß die Behandlung auf das Syndrom als Ganzes, nicht so sehr auf irgendein besonderes Symptom zielen mußte, wobei man die jeweilige Konstitution des einzelnen Patienten besonders berücksichtigte.
Damit stoßen wir an die Grenze dessen, was wir hier und jetzt über die medizinische Ideologie der Chinesen sagen können. Wenn man ein besonderes Beispiel zur Demonstration der Formung von Medizin durch die umgebende Kultur heranziehen müßte, so scheint sich die chinesische Medizin anzubieten. Aber gibt

es eigentlich irgendeinen Grund, sie als stärker ›kulturverwachsen‹ zu betrachten als etwa die westliche Medizin? Der Gedanke von der offensichtlich universalen Anwendbarkeit der letzteren könnte eine Illusion sein, die deshalb häufig auftritt, weil die meisten von uns zufällig innerhalb jener abendländischen semitisch-hellenistischen Kultur geboren wurden, die durch eine Reihe von historischen Zufällen dazu bestimmt wurde, in den späteren Perioden der Renaissance die spezifisch modernen Wissenschaften hervorzubringen. Die westliche Medizin ist nur deswegen modern, weil sie auf den verbürgten Ergebnissen der modernen wissenschaftlichen Physiologie und Pathologie basiert, was man in dieser Weise von der traditionellen Medizin der asiatischen Zivilisationen nicht sagen kann; doch sie wird solange nicht wahrhaft und universal modern sein, bis sie die gesamten klinischen Erfahrungen, speziellen Techniken und theoretischen Einsichten, die in den medizinischen Systemen der nicht-europäischen Länder erreicht wurden, subsumiert hat. Dann wird es zu jener Fusion östlicher und westlicher Medizin kommen, von der wir oben gesprochen haben. Letztlich sind alle medizinischen Systeme stets ›kulturverwurzelt‹ gewesen; die moderne Medizin erhebt sich hieraus nur insofern, als sie an der Universalität der modernen mathematisierten Naturwissenschaften teilhaben kann. Sämtliche möglichen Beiträge der Zivilisationen Asiens müssen und werden zu gegebener Zeit in diese internationalen Begriffe übersetzt werden. Nur so kann sich die Medizin von ihren Verbindungen mit bestimmten Kulturen lösen und fähig werden, einer vereinten Menschheit allüberall zu dienen.

Das fehlende Glied in der Geschichte der Zeitmessung – Ein chinesischer Beitrag

[. . .]

Unter allen komplexen wissenschaftlichen Apparaten ist die Uhr der früheste und wichtigste. Die Erfindung der mechanischen Uhr war eine der größten Errungenschaften in der Geschichte von Wissenschaft und Technologie. »Man muß«, schrieb von Bertele, »die Lösung des Problems, eine gleichmäßige Bewegung dadurch zu erhalten, daß man den Lauf eines durch Gewichte (oder irgendeine andere Kraft) bewegten Zuges in Intervalle von gleicher Dauer brachte, als das Werk eines Genies betrachten.« Die wesentliche Aufgabe bestand darin, die Rotation eines Rades so aufzuhalten, daß es bei kontinuierlicher Geschwindigkeit ständig mit den täglich wiederkehrenden, erkennbaren Himmelsbewegungen übereinstimmte. Die zentrale Erfindung war die Unruh. Im folgenden möchte ich zeigen, daß die Unruh in China entstand, mitten in einer sehr langen Entwicklung von Mechanismen für langsam rotierende, astronomische Modelle, die primär für Berechnungen und nicht so sehr zur Zeitmessung entworfen wurden. Ich möchte weiterhin zeigen, wie diese Apparaturen zunächst bei einem Wasserrad verwandt wurden, das in der Anlage dem vertikal angebrachten Rad einer Wassermühle ähnelte. Zwar wurden später mechanische Uhren hauptsächlich durch herabsinkende Gewichte oder sich ausdehnende Federn angetrieben, doch die frühesten Beispiele bedurften der Kraft des Wassers. Somit kann man sagen, daß die mechanische Uhr ihre Existenz zu großen Teilen der Kunst der chinesischen Mühlenbauer verdankte. Die Entwicklungsgeschichte ist recht komplex. Sie unterscheidet sich stark von anderen Versionen, denen man bisher nachgehangen hat. Wie konnte es geschehen, daß die chinesischen Beiträge zum Uhrenbau der Weltgeschichte verborgen blieben?

Man wird zugestehen, daß wenige historische Ereignisse so weitreichende Konsequenzen trugen, wie die Entscheidung einiger Beamten im Süden Chinas aus dem Jahre 1583, Vertreter der Jesuiten, die in Macao warteten, nach China einzuladen. Es war dies der erste Schritt in dem langen Prozeß der Vereinigung der Wissenschaften der Welt in Ostasien, und der Anfang eines besseren wechselseitigen Verständnisses zwischen den beiden großen Kulturen Chinas und Europas. Die beiden Hauptverantwortlichen waren Ch'en Jui (1513 bis ca. 1585 n. Chr.), der kurze Zeit als Vizekönig der beiden *Kuang*-Provinzen eingesetzt war, und Wang P'an (1539 bis ca. 1600 n. Chr.), der Gouverneur der Stadt *Chao-ch'ing*. Sie hatten sich besonders für Berichte interessiert, nach denen die Jesuiten über Uhrwerke des modernen Typs entweder verfügten, oder doch über ihre Herstellung Bescheid wußten. Damit meinten sie Uhren aus Metall, die durch Gewichte oder Federn betrieben wurden und eine Schlagmechanik aufwiesen. Später wurden diese Uhren unter dem Namen »selbst-tönende Glocken« *(tzu ming chung)* bekannt, einer wörtlichen Übersetzung der Worte *cloche* oder *clock*. Die Übersetzung ist insofern wichtig, als die Schöpfung eines neuen Namens nahelegt, daß es sich auch um einen völlig neuen Gegenstand handelte. Die mechanischen Uhren des chinesischen Mittelalters waren, wie wir noch sehen werden, schwerfällig und wahrscheinlich nie sehr weit verbreitet; zudem hatte man sie nie durch einen besonderen Namen von den nichtmechanisierten astronomischen Instrumenten unterschieden. Daher war es nicht überraschend, daß die Mehrzahl der Chinesen, sogar Gelehrte in offiziellen Stellungen, den Eindruck hatten, daß es sich bei der mechanischen Uhr um eine neue Erfindung von blendendem Einfallsreichtum handelte, die allein die europäische Intelligenz hatte zuwege bringen können. Und natürlich glaubten auch die Missionare (als Männer der Renaissance) an diese überlegene Wissenschaft der Europäer, und sie versuchten durch eine Art Analogieschluß auch die Religion der Europäer als eine Sache einzuführen, die sich auf einem höheren Niveau bewegte als einheimische Glaubensvorstellungen.

Ganz ohne Zweifel hielten Ricci und seine Gefährten die mechanischen Uhren für eine absolut neue Erfindung, von der man in China noch nie gehört hatte. Diese Aussage taucht mehrfach in seinen Erinnerungen auf. Andererseits berichteten Ricci und Trigault auch von chinesischen Uhren mit Antriebsrädern, die sie auf ihren Reisen zu Gesicht bekamen. Sie gehen auf diese Instrumente jedoch nicht näher ein, und ihre Beschreibungen sind einigermaßen obskur. Zur gleichen Zeit erkannten einige der zeitgenössischen chinesischen Gelehrten, daß das Uhrwerk der »selbst-tönenden Glocken« der Jesuiten für die chinesische Kultur gar nicht so fundamental neu war. Den Jesuiten lag wenig daran, die Errungenschaften der chinesischen Geschichte besonders herauszustreichen. Die chinesischen Gelehrten hingegen kannten sich nur unzureichend in ihrer eigenen Geschichte aus. Dieses etwas komplizierte Zusammentreffen wirkte sich auf das spätere europäische Denken, und insbesondere auf das der europäischen Wissenschaftshistoriker entscheidend aus. Wenn schon die Jesuiten so fest an die Novität der mechanischen Uhren glaubten, die sie in China eingeführt hatten, wer von den späteren Wissenschaftshistorikern, die zudem noch durch ihr eigenes Sprachunvermögen borniert waren, sollte ihnen widersprechen?

Somit nahm man allgemein an, daß es erstmalig zu Beginn des 14. Jahrhunderts in Europa gelang, eine langsame, regelmäßige und kontinuierliche Rotation herzustellen, die mit dem Kreislauf der Gestirne übereinstimmte und die durch eine Unruh bewirkt wurde, die mit einem Triebwerk operierte. Man kann sich an die maßgebliche Aussage des Historikers von Basserman-Jordan halten, der schrieb: »Die Geburtsstunde der Räderuhr müßten wir etwa für das Jahr 1300 n. Chr. annehmen. Wenn früher von Uhren gesprochen wird, dann handelte es sich entweder um Sonnen- oder um Wasseruhren, alle anderen Belege sind eher zweifelhaft ... Die Seele der Räderuhr liegt in der Unruh, die ein schnelles Umlaufen der Räder verhindert. Diese Erfindung gehört zu den größten und einfallsreichsten in der menschlichen Geschichte, doch der Erfinder bleibt unbekannt und vergessen, kein Stein oder Monument erinnert an ihn.« In letzter Zeit hat man nachgewiesen, daß diese ersten mechanischen Zeitmesser nicht ganz die Innovation darstellten, die man vermutete. Sie stehen vielmehr in einer langen Reihe komplizierter astronomischer »Vor-Uhren«, planetarischer Modelle, mechanisch rotierender Sternkarten und ähnlicher Erfindungen, die man vorzugsweise zu Aus- und Darstellungszwecken entworfen hatte und nicht so sehr für eine genaue Zeitmessung. Einige Spuren führen auch in die Zeiten der Griechen, Hellenen und Araber, doch die Hinterlassenschaft ist sehr fragmentarisch und die Texte sind irritierend unvollständig. Auf einige werden wir im Laufe dieser Darstellung zurückkommen.

Wir müssen uns zunächst eine genaue Vorstellung von den Mechaniken des 14. Jh. verschaffen, und dann dieses Skelett mit einigen Textstellen beleben. Die einfachste Form der frühen mechanischen Uhren Europas bezog ihre Antriebskraft aus dem Umlauf einer Trommel, das durch das Herabsinken eines aufgehängten Gewichtes bewirkt wurde. Dieser Mechanismus war mit den verschiedensten Getriebezügen verbunden, doch die gesamte Bewegung wurde durch eine Hemmvorrichtung auf die benötigte Geschwindigkeit gebracht, die man als die »Spindelunruh« bezeichnet. Man kann dies am besten an einer Abbildung erkennen. Auf Seite 334 sieht man die einfachste Form dieser Uhr (eine Nürnberger Wanduhr). Die wesentlichen Teile der Erfindung waren das Kronrad, ein Zahnrad mit rechtwinklig herausstehenden, dreieckigen Zähnen, die senkrecht zur Hauptachse standen, ein Schaft, der waagerecht zu diesem Rad stand, an dem sich zwei (rechtwinklig zueinander montierte) Plättchen befanden, die das Hemmrad berührten, und schließlich zwei Gewichte, die auf den beiden Enden einer Stange lagen, die auf der Spitze des Schaftes ruhte. Der Ablauf war recht einfach. Durch das Drehmoment des Hemmrades wurde eines der Plättchen herausgestoßen, damit der Schaft in Bewegung gesetzt, was dazu führte, daß das andere Plättchen in Bewegung trat und durch die Bewegung der festgeschraubten Gewichte in die gegensätzliche Richtung drückte. Auf diese Weise wurde die Bewegung des Rades alternativ durch die beiden Plättchen aufgehalten. Ein oszillatorisches Moment erhielt also seine Impulse durch den Gewichtszug und bewirkte gleichzeitig eine intermittierende Bewegung des Zuges.

Ohne Zweifel waren viele Komponenten dieser Uhren hellenistischen Ursprungs. Das fallende Gewicht war früher sicherlich ein herabsinkender Schwimmer gewesen, wie man ihn aus den anaphorischen Uhren der Römer kennt, in denen ein Zeiger mit astronomischen Symbolen durch ein Seil, das an einem in einer Wasseruhr herabsinkenden Schwimmer befestigt war, langsam zum Rotieren gebracht wurde (vgl. Abb. 2). Auch die Idee eines Zeigers stammt wahrscheinlich aus derselben Quelle. Im Westen gab es auch das bewegliche Puppentheater, das Heron von Alexandrien so genau beschrieb, und in dem man eine langsame Bewegung durch das Herabsinken eines schweren Gewichtes erhielt, das auf Sand- oder Getreidekörnern ruhte, die auf einer kleinen Öffnung am Boden des Behälters herausströmten (vgl. Abb. 3). Thorndike hat unsere Aufmerksamkeit auf einen sehr interessanten Abschnitt im Kommentar des Robertus Angelikus über die Sphäre des Sacrobosco gelenkt. Im Jahre 1271 n. Chr. schrieb er dort:

Es ist wohl keinem Instrument der Zeitmessung *(Horologium)* möglich, den astronomischen Vorschriften mit absoluter Exaktheit zu folgen. Jetzt versuchen aber Uhrenbauer *(artifices horologiorum)* ein Rad herzustellen, das bei jeder Tag- und Nachtgleiche eine vollständige Umdrehung vollführt, doch bislang ist ihnen das noch nicht vollständig gelungen. Wenn das möglich wäre, hätte man eine wirklich exakte Uhr, die zur Bestimmung der Stunden des Tages viel wertvoller wäre, als alle anderen astronomischen Instrumente, man müßte nur die zuvor beschriebene Methode perfektionieren können. Das müßte etwa wie folgt gehen: Zunächst wäre ein Rad herzustellen, das in allen seinen Teilen möglichst das gleiche Gewicht hat. Dann würde man an der Achse dieses Rades ein Gewicht aufhängen, so daß das Rad genau eine Umdrehung zwischen zwei Sonnenaufgängen vollbrächte ...

Diese Worte legen nahe, daß man sich zu jener Zeit stark um die Konstruktion einer praktischen, von Gewichten getriebenen Unruh-Uhr bemühte, doch daß man dabei noch nicht erfolgreich gewesen war. Hingegen könnte die Quecksilberuhr, die in den (1276 in Toledo für König Alfonso X. zusammengestellten) *Libros del Saber de Astronomia* beschrieben wurde, zufriedenstellend gearbeitet haben. Hier war der Gewichtszug mit einer leeren Trom-

Wanduhr mit Spindelhemmung aus der St. Sebaldskirche in Nürnberg, um 1380 n. Chr.

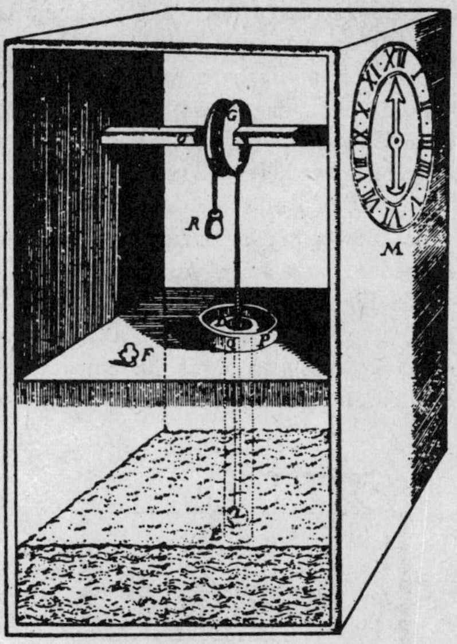

Anaphorische Uhr aus Griechenland, nach einer Zeichnung von Isaac de Claus, 1644 n. Chr.

mel verbunden worden, die zwölf, zur Hälfte mit Quecksilber gefüllte Unterteilungen aufwies. Den Unruheffekt erhielt man durch den Widerstand, der sich ergab, wenn das Quecksilber durch kleine Löcher in den Trennwänden der Abteilungen strömte. Es bleibt ein Rätsel, warum sich dieses System nicht ausbreitete. Auf jeden Fall ist von Bedeutung, daß man diese Vorrichtung zur Rotation eines astrolabischen oder anaphorischen Anzeigers benutzte.
Was den Ursprung der Spindelunruh betrifft, so müssen wir sicherlich Frémont zustimmen, der sie von dem mit Speichen versehenen Spulentyp des Schwungrades ableitete. Seit der Zeit des Hellenismus brachte man diese Erfindung mit dem oberen Teil der Schnecke von Drehpressen zusammen, ganz gleich, ob sie zur Herstellung von Wein oder Öl, oder wie später im 15. Jh. zum Buchdruck verwandt wurde. Der besondere Einfall lag in ihrer Kombination mit den Plättchen und dem Schwungrad, so daß die Bewegung vorwärts und rückwärts erfolgte, statt ständig weiterzulaufen. Eines

der größten Geheimnisse der frühen europäischen Uhren lag im Ursprung des Prinzips der Unruh. Sehr lange hat man geglaubt, dieses Prinzip tauche erstmalig in dem Notizbuch des Villard de Honnecourt um 1237 auf. In dieser Skizze ist eine Schnur, an deren Enden je ein Gewicht hängt, um zwei Achsen, eine vertikale und eine horizontale, gewickelt und verläuft schließlich zwischen den Speichen eines großen Rades an der horizontalen Achse. Man nahm an, daß die Bewegung periodisch aufgehalten, und dann beim Rückstoß wieder freigelassen wurde. Das Ziel dieser Erfindung lag darin, die Figur eines Engels sich wenden und mit dem Finger zur Sonne zeigen zu lassen. Ein anderer Apparat sollte einen Adler so drehen, daß sein Kopf auf einen Priester und dessen Ministranten deutete, die die Bibel lasen. Heutzutage ist man

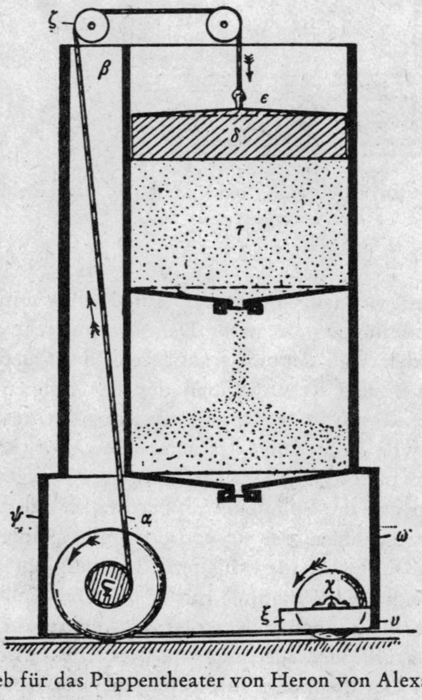

Antrieb für das Puppentheater von Heron von Alexandrien

jedoch überzeugt, daß es sich bei diesen Mechanismen nicht um Unruhen gehandelt haben kann. Wenn dem so ist, bleibt kein Vorläufer für die erste europäische Unruh – außer der chinesischen Variante, die ich gleich beschreiben will.

Über dreihundert Jahre lang veränderte sich nichts an der Spindeluhr. Es erfolgte lediglich eine zunehmende Verfeinerung des Stabmechanismus durch komplexe Systeme von Hebeln und Sperren. Doch gegen Ende des 16. Jahrhunderts erweiterte sich die technische Anwendung des Pendels, seine Eigenschaft, gleichmäßige Zeitintervalle anzugeben, begann allgemeine Aufmerksamkeit zu erregen. Die erste Anwendung im Bereich des Baus von Unruhen geschah wahrscheinlich durch Jobst Borgi von Prag im Jahre 1612, allerdings kommen Galilei und besonders Huygens ein größeres Verdienst zu. Nach Galileis Erfindung baute dessen Sohn Vincenzio für ihn eine Pendeluhr. Doch die hauptsächlichen Eigenschaften der Pendeluhr, einschließlich des periodischen Schwungbogens, verdanken wir Huygens, der seinen ersten erfolgreichen Apparat 1657 baute und dessen Buch *Horologium Oscillatorium* 1673 seine endgültige Gestalt fand. Im Anfang war das Pendel mit dem Schaft und den Plättchen verbunden. Doch 1680 entwickelte William Clement die heute bekannte Ankerunruh, in der das Hemmrad durch einen Schaft ersetzt wurde, der in der Ebene seiner Rotation Zähne hatte. Diese Erfindung hat sich in vielen abgewandelten Formen bis auf den heutigen Tag erhalten. Die vielleicht wichtigste Neuerung mag in der Unruh liegen, die George Greyham 1715 einführte, und bei der er die Form der Zähne und der Plättchen so einander anpaßte, daß der gesamte Rückschlag, der zu den am meisten Kraft verschwendenden Zügen der frühen Uhren gehört hatte, völlig verschwand. Mit den nachfolgenden Lösungen von Problemen, wie dem des Temperaturausgleichs im 18. und 19. Jh., treten wir in die Neuzeit ein, die jedoch für unsere Fragestellung nichts Neues bringt (siehe auch Abb. 1 Anp. 7). In der Zwischenzeit hatte es eine weitere Erfindung von größerer Bedeutung gegeben, nämlich die Verwendung des Federzuges anstelle der herabsinkenden Gewichte. Dadurch konnte man neben Standuhren auch tragbare Uhren herstellen. Hierdurch entstand aber auch eine neue Schwierigkeit: Man mußte nämlich die veränderliche Kraft, die beim Ausbreiten der Feder entstand, kompensieren. Dies geschah durch verschiedene Vorrichtungen, zunächst eine Hilfsfeder und später dann eine konisch geschliffene Trommel, die Schnecke. Hierbei handelte es sich um eine Antriebswalze von unterschiedlichem Durchmesser, die so angelegt war, daß am Ende der Ausweitung der Feder, wenn deren Zugkraft am geringsten war, die maximale Hebelwirkung des Seils oder der Kette, die auf den Punkt des größten Durchmessers der Walze wirkte, in Aktion trat.

Alle diese Schlußfolgerungen hängen natürlich von der Beweiskraft von Texten und auch der uns noch erhaltenen Uhren oder doch einiger ihrer Teile ab. Man kann mit ausreichender Sicherheit davon ausgehen, daß um das Jahr 1310 die ersten Typen benutzt wurden und daß man bis zum Jahre 1335 alle wesentlichen Charakteristika der Uhren zusammengebracht hatte. Doch keine der Uhren des 14. Jh. hat sich gegenüber späteren Rekonstruktionen so immun verhalten, daß die Restaurierung ihres Urzustandes keine Schwierigkeiten bereitete. Eine der frühesten literarischen Erwähnungen verdanken wir Dante, der in einem Text aus dem Jahre 1319 recht deutlich das Triebwerk einer schlagenden Uhr beschrieb. Authentische Darstellungen von Uhren findet man auch in den *Chroniken* von G. Fiamma aus den Jahren 1335 und 1344; die erste Beschreibung bezog sich auf eine Uhr, die in dem Turm einer Palastkapelle in Mailand aufgestellt war, die zweite hatte der Autor in einem Turm in Padua gesehen. Diese verdanken wir Jacopo di Dondi, dessen Sohn Giovanni 1364 eine große Uhr in Pavia konstruierte und später auch eine ausgezeichnete Abhandlung über Zeitmessung verfaßte, die Lloyd sehr sorgfältig studiert und zusammengefaßt hat (1954). Seine Uhr war ein astronomisches Meisterwerk mit Triebwerken von hoher Komplexität, die genau die Bewegungen der Planeten wiedergaben und sowohl die festen wie die beweglichen Feiertage des kirchlichen Kalenders anzeigten. Die erste Erwähnung des Waagebalkens geschieht bei Froissart um etwa dieselbe Zeit (1368); in diesem Jahr entstand auch die erste Uhr mit eingebauter Unruh in England.

So sah unser Bild von der Entwicklung der mechanischen Uhr aus, als es noch allein auf der Grundlage von Forschungen zur europäischen Geschichte stand. Die Erfindung der Unruh schien zu Anfang des 14. Jahrhunderts ohne erkennbare Vorgänger erfolgt zu sein. So schrieb Bolton: »Durch Gewichte angetriebene Uhren entstehen plötzlich in dieser Periode, ihren Entwürfen nach sind sie schon hoch entwickelt, doch die Art der Ausführung ist unbeholfen. Die ihnen vorausgegangene Entwicklung muß über einen großen Zeitraum erfolgt sein, doch es gibt keine verläßliche Aufzeichnung über deren Stufen, noch über die Männer, die dafür verantwortlich waren.« Gegen Ende des Jahres 1955 entdeckten wir jedoch einen Weg, dieses Problem zu lösen. Denn das *Hsin I Hsiang Fa Yao*, das 1092 n. Chr. von einem hervorragenden Wissenschaftler und Beamten der Nördlichen *Sung*-Dynastie, Su Sung, geschrieben wurde, beschreibt den Aufbau einer komplizierten Maschinerie im Jahre 1088 n. Chr., die die langsame Bewegung einer Darstellung des Himmelsglobus und das Hervortreten von kleinen Figuren, die die Zeit anzeigten, bewirken sollte. Der prägnante Titel dieses Buches lautete etwa: »Neuer Entwurf für eine astronomische Uhr«

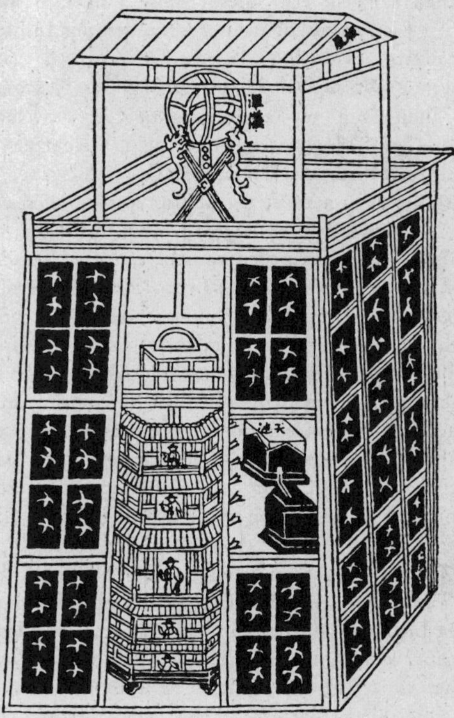

Abb. 1. Außenansicht von Su Sungs Uhrenturm

(wörtlich »Notwendige Voraussetzungen für eine neue Methode zur [Mechanisierung der Rotation] einer [die Himmelskörper darstellenden] Sphäre und eines [himmlischen] Globus«). Bei dem ganzen »kombinierten Turm« *(Ho T'ai)* kann es sich um nicht mehr und um nicht weniger als eine große astronomische Uhr gehandelt haben, die eine bestimmte Form von Unruh voraussetzte. Und tatsächlich ergab eine vollständige Übersetzung und Untersuchung des komplizierten und sehr detaillierten Textes nicht nur, daß dies der Fall war, sie enthüllte auch die beträchtlich früheren Ursprünge und Entwicklungen von Geräten der Zeitmessung, die in Su Sungs bemerkenswerter historischer Einleitung für die Nachwelt bewahrt wurden. Auf diese Weise kamen 6 Jahrhunderte horologischen Instrumentenbaus der Chinesen ans Licht, von denen man zuvor nichts gewußt hatte.

Zunächst einige Worte zur Überlieferung des Textes. Er wurde von Shih Yuan-Chih im Jahre 1172 n. Chr. im Süden Chinas gedruckt. Ch'ien Tsêng (1629-1699), ein Gelehrter der späten *Ming*-Dynastie, besaß ein Exemplar dieser Ausgabe, das er mit großer Sorgfalt neu herausgab. Später wurde dieses Werk von Chang Hai-P'êng (1755-1816) und noch häufiger von Ch'ien Hsi-Tso (1799-1844) nachgedruckt. Mit einer wissenschaftshistorischen Sorgfalt, die uns bei kaiserlichen Herausgebern des Jahres 1781 einigermaßen überrascht, schrieben sie: »Die Dynastie Eurer Kaiserlichen Majestät besitzt jetzt Instrumente, die in Güte und Präzision bei weitem alle ihre historischen Vorgänger übertreffen. Natürlich kann man die Erfindung des Su Sung nicht mit ihnen vergleichen. Doch vielleicht können wir etwas lernen, wenn wir uns um diese alten Dinge kümmern, denn sie beweisen, daß die Menschen jener Zeit sich auch für neue Erfindungen interessierten ... Deshalb sollte man sein Buch als einen sehr wertvollen Beitrag schätzen.«

Su Sungs Werk war dabei nicht einmal das einzige Buch, das während der *Sung*-Dynastie über astronomische Uhren geschrieben wurde. Der bibliographische Teil der *Sung Shih* (Geschichte der *Sung*-Dynastie) erwähnt auch ein *Shui Yün Hun T'ien Chi Yao* (Wesentliches über [die Technik] des Baus von astronomischen Apparaten, die durch Wasserkraft betrieben werden). Dieses Buch wird einem Juan T'ai-Fa zugeschrieben, doch weder über seine Person noch über sein Werk sind uns nähere Einzelheiten bekannt.

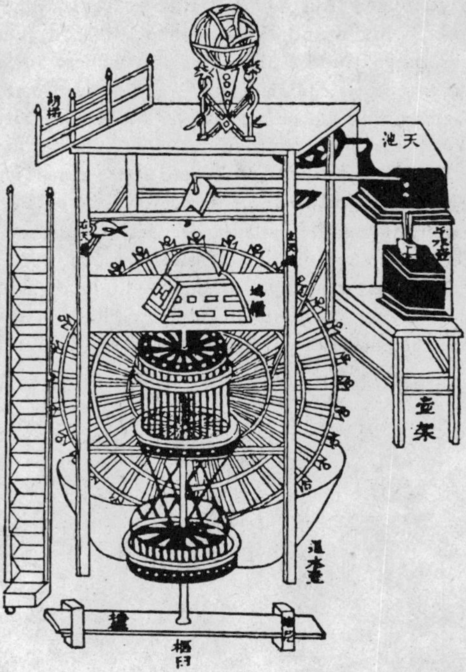

Abb. 2. Räderwerk in Su Sungs Uhrenturm

Werfen wir nun einen Blick auf die Illustrationen in dem Buch von Su Sung und auf die Rekonstruktionsskizze im Werk von Needham, Wang und Price (1956). Abb. 1 zeigt die Außenansicht des »Kombinierten Turms« oder des »Turms für die vom Wasser angetriebene Himmels- und Erdkugel« *(Shui Yün I Hsiang T'ai)*. Auf dem höchsten Absatz erkennen wir die Armillarsphäre *(Hun i)*. Im oberen Teil des Turmes, zur Hälfte in einem hölzernen Behälter versenkt, befindet sich ein Himmelsglobus, darunter liegt die pagodenförmige Fassade mit ihren fünf Stockwerken, aus deren Türen Figuren auftauchen, die die Zeit ansagen. Der rechte Teil des Gebäudes ist in der Zeichnung entfernt worden, um die Wasserbehälter zu zeigen. Aus dem beigefügten Text kann man leicht auf die exakten Maße und Proportionen schließen: Die Gesamthöhe muß zwischen 3 und 4 Metern gelegen haben. *Su Sungs* Konstruktionsschema ist in Abb. 2 wiedergegeben, doch man kann den internen Mechanismus am besten aus der modernen Darstellung in Abb. 3 erkennen, die den Aufbau aus einer südöstlichen Perspektive wiedergibt. Das große Antriebsrad hatte einen Durchmesser von etwa 3 Metern und bewegte an seiner äußeren Peripherie 36 Wasserbehälter, die mit gleichbleibender Geschwindigkeit aus einem Speicher gefüllt wurden, dessen Wasserhöhe konstant blieb. Die Hauptantriebswelle ist an zwei Stellen zylindrisch geformt, dort ruht sie auf eisernen, halbmondförmigen Stützen. Am Ende der Antriebswelle befindet sich ein Ritzel, der in ein Zahnrad am unte-

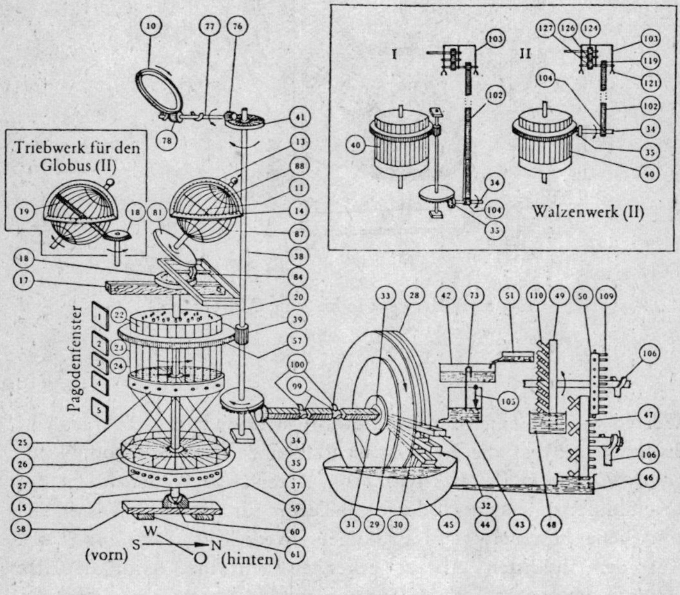

Abb. 3. Rekonstruktion des Mechanismus des hydraulischen Sphären- und Globus-Turms *(Shui Yün I Hsiang Thai)* des Su Sung, mit dessen Bau im Jahre 1088 begonnen wurde. Die Zahlen stehen für technische Begriffe; ihre Aufschlüsselung findet sich in Needham, Wang und Price (1960)

ren Ende der zentralen Getriebewelle greift. Diese Getriebewelle bewegt zwei Teile. Ein Antriebsrad steht mit einem Zahnrad in Verbindung, das alle Uhrenmännlein auf der Zeitmessungswelle rotieren läßt. Dazu gehören ein halbes Dutzend horizontaler, übereinander angebrachter Räder, an denen diese Figuren befestigt sind. Da jedes dieser Räder zwischen zwei und zweieinhalb Meter Durchmesser aufwies, muß die Apparatur außerordentlich schwer gewesen sein, und deshalb wurde das untere Ende der sie bewegenden Welle mit einer zugespitzten Kapsel *(tsuan)* versehen und in einem eisernen, mörserförmigen Halterungsstück *(t'ieh shu chiu)* befestigt. Die Räder mit den Uhrenmännlein vollführten verschiedene Aufgaben. Entweder erschienen Figuren, die kleine Anzeigetäfelchen trugen, auf denen die Zeit eingetragen war, oder es wurden Glocken geläutet, Gongs oder Trommeln geschlagen, wenn die Figuren in den Türen der Pagode auftauchten. Doch die Zeitmeßwelle betrieb nicht nur das Figurenwerk. An ihrem oberen Ende stand sie über ein schräges Getriebe und ein Verbindungsritzel mit einem Getrieberad in Verbindung, das sich um die Polarachse des Himmelsglobus drehte. Der Winkel dieses Getriebes entsprach natürlich dem Polarstand der Hauptstadt *K'aifêng.* Im Text finden wir eine Reihe von Anmerkungen, die auf Verbesserungen des Uhrwerks hinweisen. Sie datieren wahrscheinlich aus den letzten

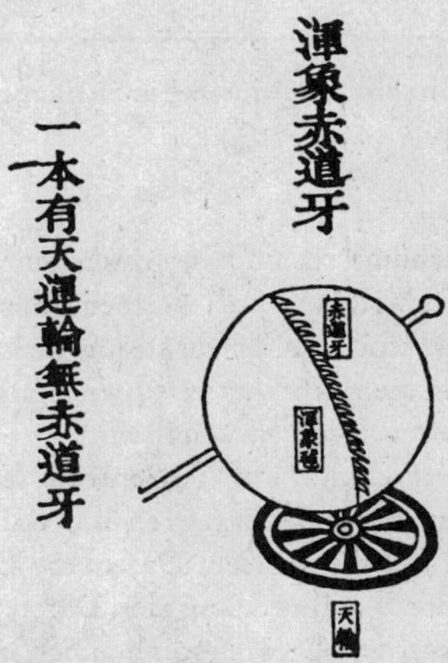

Abb. 4. Äquatorialer Globusantrieb in Su Sungs Uhrenwerk

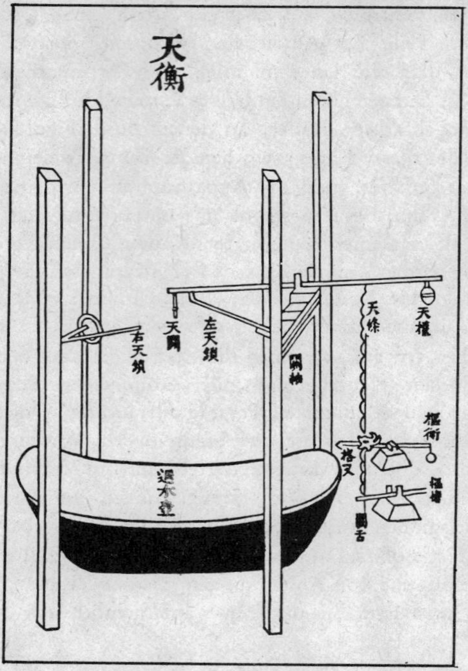

Abb. 5. Hydraulische Hemmung in Su Sungs Uhrenwerk

Jahren des 11. Jahrhunderts und berichten auch von einem alternativen Antrieb des Globus, bei welchem das oberste Triebrad direkt mit einem äquatorialen Triebrad um den Globus verbunden war (Abb. 4). Wahrscheinlich war es schwierig, den ursprünglichen Antriebsmechanismus aufrecht zu erhalten.

Wir müssen jetzt noch einmal auf die zentrale senkrechte Getriebewelle zurückkommen und konzentrieren uns dabei auf den oberen Teil der Apparatur, die sie antrieb. Das obere Ende der Welle erbrachte die Kraft, die zur Bewegung der Darstellung der Sternbewegung benötigt wurde. Dies geschah über rechtwinklige und schräge Zahnräder, die durch eine kurze, stillstehende Welle miteinander verbunden waren. Die Schrägverbindung erfolgte über ein schräg gestelltes Zahnrad, das den Namen »Zahnrad der täglichen Bewegungen« trug und um eine Kapsel gelegt war, die die Himmelsdarstellung umschloß. Dieser Teil wurde nicht äquatorial, sondern in einer bestimmten Deklination ausgerichtet.

Das ursprüngliche Modell erwies sich als wenig zufriedenstellend, und deshalb wurden im Laufe der Zeit Verbesserungen vorgenommen. Die zentrale senkrechte Getriebewelle war aus Holz und maß fast 6 Meter. Bald stellte sich heraus, daß diese Anordnung mechanisch unbefriedigend war. Deswegen wurde die Antriebswelle in späteren Varianten (wahrscheinlich um 1100 n. Chr.) zunächst verkürzt, später dann ganz aufgegeben. In der ersten Variante blieb der zentralen senkrechten Getriebewelle nur noch die Funktion, das Zeitrad anzutreiben. In einer weiteren Version verband das »Erd-Rad«-Ritzel *(ti ku)* den Hauptantrieb direkt mit dem Zeitrad, so daß die Übersetzungswelle nicht länger notwendig war. Doch in beiden Fällen bewegte ein endloser Kettenantrieb *(t'ien t'i)* die Armillarsphäre im oberen Teil des Glockenturms. Dieser Kettenzug sorgte für die Rotation von drei Ritzeln von verschiedener Größe in einem Getriebegehäuse *(t'ien t'o)*. Später wurde dieser Kettenantrieb immer kürzer und dadurch auch sehr viel effizienter.

Hier liegt die Besonderheit der Uhr, und vielleicht ist diese Konstruktion überhaupt die bemerkenswerteste technische Neuerung in jener Zeit (11. Jh. n. Chr.), denn eine kontinuierliche Treibriemenanlage wurde zwar bereits von Philon von Byzanz (2. Jh. v. Chr.) erwähnt, doch nichts spricht dafür, daß eine solche Anlage je verwirklicht wurde. Wahrscheinlich bezog *Su Sung* seine Idee für einen Kettenzug aus den quadratischen Paternosterwerken, die im chinesischen Kulturgebiet so weit verbreitet sind. Diese Erfindung geht vermutlich bis auf das 1. Jahrhundert n. Chr. zurück. Doch sie diente nur zum Transport von Material, nicht zur Kraftübertragung zwischen zwei Antriebswellen. Hieraus rührt die Originalität von Su Sung und seinen Mitarbeitern, denen wir vielleicht sämtliche echten Kettenantriebe verdanken.

Dieser Punkt ist so wichtig, daß wir ihm ein wenig nachgehen wollen. Bei Historikern der Ingenieurskunst, wie Uccelli, Feldhaus oder Matschoss und Kutzbach finden wir für das Europa vor dem 19. Jahrhundert keine Erwähnung echter Kettengetriebe. Natürlich kannte man kontinuierliche Kettenzüge schon viel früher, nämlich als Förderbänder; und das nicht nur in China, sondern auch in der hellenistischen Welt und in Arabien. Doch die Kraftübertragung von einer auf eine andere Achse durch einen kontinuierlichen Kettenzug scheint sich erst sehr langsam durchgesetzt zu haben. Um 1438 n. Chr. entwarf Jacopo Mariano Taccola eine endlose Hängekette, die zur manuellen Beförderung von Lasten diente und die man heute noch in manchen Werkstätten antrifft. Etwa ein halbes Jahrhundert später zeichnete Leonardo da Vinci sehr detaillierte Skizzen einer sich um ein Gelenk drehenden Kette, die den Verschluß eines Gewehrs öffnen sollte. Hier wurde die Kraft einer Spiralfeder übertragen, doch die Kette war nicht endlos. 1588 n. Chr. entwarf Franelli eine (wiederum nicht endlose) Kette, die sich über dem Zahnradantrieb einer doppelläufigen Pumpe hin und her bewegte. Erst 1832 erfand Galle eine Art Gelenkkette, die sich für einen Kettenzug eignete. Praktisch verwandt wurde diese Kette 1863 von Aveling für Autos und sechs Jahre später von J. F. Trefz für Fahrräder.

Es ist kaum weniger überraschend, daß Su Sung und Han Kung Lien gar nicht die ersten waren, die einen Kettenzug in einer astronomischen Uhr benutzten. Wie wir noch sehen werden, geht die Erfindung wahrscheinlich auf einen ihrer Vorgänger, *Chang Ssu Hsün* (um 978 n. Chr.) zurück.

Wir müssen hier noch eine kurze Beschreibung des Wasserantriebs nachschieben. Das Wasser floß aus dem oberen Behälter über einen Saugheber in einen Tank mit konstanter Wasserhöhe. Von dort gelangte es auf die Schaufeln des Antriebsrads. Offensichtlich war die Uhr nie so angelegt, daß sie ihre Antriebskraft aus fließendem Gewässer bezog. Statt dessen mußte das Wasser durch manuelle Operationen in zwei Stufen in die oberen Behälter gepumpt werden. Und jetzt können wir jene Erfindung untersuchen, die von Basserman-Jordan die Seele aller Zeitmesser nannte, die Hemmung. Abb. 5 zeigt *Su Sungs* Modell, und glücklicherweise ist der Begleittext so ausführlich, daß wir uns an eine Rekonstruktion wagen können. Der ganze Mechanismus trug den Namen: ›himmlisches Gleichgewicht‹ *(t'ien hêng)*. Er operierte mit zwei Waagebalken, die abwechselnd auf die Schaufeln einwirkten. Der eine Waagebalken, der ›untere Ausgleichshebel‹ *(shu hêng)*, verhinderte, daß eine Schaufel vor ihrer Füllung nach unten sank. Dies geschah durch eine sogenannte ›Kontrollgabel‹ *(ko ch'a)*. Nach dem Text kann die Schaufel frühestens alle zehn Minuten freigelassen worden sein. Doch dann mußte die herabsinkende Schaufel durch einen Zapfen einen anderen Hebel in Bewegung setzen, die sog. ›Sperrzunge‹ *(kuan shê)*, die über ein parallel laufendes Kettensystem, das ›eiserne Storchenknie‹ *(t'ieh ho hsi)*, mit dem zweiten Waagebalken verbunden war, dem ›oberen Ausgleichshebel‹ *(t'ien hêng)*. Dieser Hebel war an seinem Angelpunkt über Kreuz mit einer Achse verbunden, die sich in einer besonderen konkaven Aufhängung (einem ›Kamelrücken‹) *(t'o fêng)* mit zwei ›Eisenbacken‹ *(t'ieh hsia)* bewegte. Oberhalb des Antriebsrades endete der Hebel in einer Sperre *(t'ien kuan)*. Wenn die Schaufel herabsank, drückte ihr Bolzen auf die ›Sperrzunge‹ und zog damit über die Verbindungskette *(t'ien t'iao)* am rechten Ende des oberen Waagebalkens. Dadurch wurde dessen linkes Ende hochgedrückt und zog seine Haltevorrichtung aus den leeren Schaufeln und den Bolzen an der Spitze des Antriebsrades. Sobald diese Schranke geöffnet wurde, verhinderten ›obere Riegel‹ *(t'ien so)*, die sich als Sperren hinter jede vorbeiziehende Schaufel legten, ein Zurückschlagen des Rades. Dadurch wurde die nächste Schaufel unter das ständig strömende Wasser gebracht. Man sieht sofort die Verwandtschaft zur Ankerhemmung des späten 17. Jahrhunderts, denn das Antriebsrad ist ein Schachtrad, und die ›Plättchen‹ sind an zwei Stellen jeweils um 90° oder weniger versetzt auf seiner Peripherie angebracht, nicht um 180° wie beim Kronrad.

Doch die Lösung des Problems über Ketten und Gestänge zeigt eine – in gewissem Sinne – mittelalterliche Rückständigkeit. Der Mechanismus der Freisetzung des Rades geschieht nicht über ein mechanisches Oszillieren, sondern durch die Schwerkraft, die periodisch dadurch ins Spiel gebracht wird, daß sich ein ständiger Wasserstrom in Behälter von bestimmter Größe ergießt.

Bevor der Text von Su Sung voll verstanden wurde, war diese Form der Hemmung in der gesamten Technikgeschichte völlig unbekannt. Ihre Besonderheit liegt darin, daß sie eine Zwischenstufe, ein ›fehlendes Glied‹ zwischen den Eigenschaften der Zeitmessung durch ausströmende Flüssigkeiten und denen des mechanischen Oszillierens darstellt. Die Kunst des Mühlenbauers ermöglichte somit eine kontinuierliche Entwicklung von der Wasseruhr zur mechanischen Uhr.

Im Text des Su Sung heißt es an einer Stelle: »Das Rad der Glockenfiguren löst einen Gongschlag aus, der die Nachtwachen ankündigt.« Alle akustischen Signale müssen durch einfache Federkonstruktionen bewirkt worden sein, die wahrscheinlich aus Bambus hergestellt wurden. Das lenkt unsere Aufmerksamkeit auf eine Aussage, die Hsüeh Chi-Hsüan im nachfolgenden Jahrhundert machte: »Heutzutage gibt es vier verschiedene Instrumente zur Zeitmessung *(kuei lou)*. Wir kennen die Wasseruhr (wörtlich: Bronzegefäße *t'ung hu*), den [abbrennenden] Weihrauchstab *(hsiang chuan)*, die Sonnenuhr *(kuei piao)* und die rotierenden und knallenden Federn *(kun t'an)*.« Der zuletzt genannte Ausdruck scheint sehr ausgefallen. Er taucht weder in dem reichhaltigen technischen Vokabular noch in den vielen anderen Texten auf, die die Entwicklung des Uhrwerks im mittelalterlichen China beschreiben. Doch es können hier nur die Federn gemeint sein, die die Glocken und Trommeln in Su Sungs Uhrenturm anschlugen. Der Text ist bemerkenswert, weil er zur Zeit der Jesuiten von den chinesischen Gelehrten dem Hauptteil beigefügt wurde. Diese Gelehrten verstanden genug von dem Gebiet des Uhrenbaus, um darauf hinweisen zu können, daß die Uhren der Renaissance nicht die ersten waren, die man in China kannte.

Das vervollständigt unsere Darstellung des Mechanismus der großen astronomischen Uhr des Su Sung, deren hölzernes Modell 1088 n. Chr. im kaiserlichen Palast in *K'aifêng* aufgebaut wurde. Zwei Jahre später wurden die metallenen Teile, also die Darstellung der Himmelskörper und der Himmelsglobus in Bronze gegossen. Die endgültige Fassung des Begleittextes zur Konstruktion von Su Sung wurde dem Thron 1094 n. Chr. vorgelegt. Ihm war eine bemerkenswerte Denkschrift vorausgeschickt, in der *Su Sung* nicht nur die Mechanismen der Uhr beschrieb, sondern auch in einem historischen Abriß alle ähnlichen Instrumente früherer Jahrhunderte darstellte. Diese Schrift erhellte viele Texte, deren Bedeutung uns vorher nur partiell zugänglich war, und er gestattete eine historische Rekonstruktion der Entwicklung des Uhrenbaus in China. Bevor wir jedoch diese kurz nachzeichnen, wollen wir ein wenig in Su Sungs Denkschrift lesen, denn dort finden sich einige interessante Einzelheiten. Er schrieb:

Als ich mich früher (d. h. nach dem Erlaß von 1086 n. Chr., der die Konstruktion einer neuen Uhr anordnete) nach Hilfe umsah, traf ich Han Kung-Lien, einen untergeordneten Beamten im Ministerium für Personalfragen, der mit Erfolg die *Chiu Chang Suan Shu* (Neun Kapitel über die Kunst der Mathematik) studiert hatte und häufig Geometrie (wörtlich: Methoden der rechtwinkligen Dreiecke) anwandte, um die Grade der (Bewegung der) Himmelskörper zu bestimmen. Je mehr ich darüber

nachdachte, desto stärker war ich davon überzeugt, daß unsere Vorfahren die Technik des *Chou Pei (Suan Ching)* benutzten, wenn sie die Sterne untersuchten ...
Deshalb erzählte ich (Han Kung-Lien) von den Apparaten des Chang Hêng, I-Hsing und Liang Ling-Tsan und von den Plänen des Chang Ssu-Hsün, und ich fragte ihn, ob er diese Angelegenheit untersuchen, und ähnliche Pläne erstellen könne. Han Kung-Lien antwortete, man könne diese Pläne dann mit Erfolg abschließen, wenn man mathematischen Gesetzen folge und von den (Überresten der) früheren Apparate ausginge. Hiernach schrieb er eine Gedenkschrift von einem Kapitel, die den Titel trug »Verifikation der astronomischen Uhr durch die Methode des rechtwinkligen Dreiecks« *(Chiu Chang Kou Ku Ts'ê Yen Hun T'ien Shu)*. Zusätzlich stellte er ein hölzernes Modell des Mechanismus mit Rädern zur Zeitmessung her. Ich untersuchte dieses Modell und kam zu dem Schluß, daß es zwar nicht völlig mit den klassischen Prinzipien übereinstimmte, daß es aber doch einen großen Einfallsreichtum bewies, besonders in bezug auf das von Wasserkraft bewegte Antriebsrad, und daß es wünschenswert wäre, ihn mit der Konstruktion zu beauftragen. Deshalb schlug ich Eurer Kaiserlichen Majestät vor, zunächst ein (vollständiges) hölzernes Modell zu bauen und es Euch vorzustellen, und dann einigen Beamten zu befehlen, es auszuprobieren. Sollte sich die Zeitmessung als korrekt erweisen, könnte man Instrumente aus Bronze herstellen. Am 16. Tag des 8. Monats des 2. Jahres (der Regierungsperiode *Yuan-Yu*, d. h. 1087 n. Chr.) erließen Eure Kaiserliche Majestät den Befehl, meinen Vorschlag auszuführen und ein (besonderes) Büro einzurichten, Beamte zu bestimmen und das notwendige Material vorzubereiten.
Deshalb schlug ich vor, Wang Yuan-Chih, den Professor am Öffentlichen Gymnasium von *Shouchow*, den früheren Archivar von *Yuan wu* in der Präfektur *Chêngchow* mit der Verantwortung für den Bau und den Empfang von Materialien zu betrauen. Chou Yih-Yen, Direktor für astronomische Beobachtungen (Südregion) des Büros für Astronomie und Kalenderwesen, Yü T'ai-Ku, Direktor für astronomische Beobachtungen (Westregion) desselben Büros, Chang Chung-Hsüan, Direktor für astronomische Beobachtungen (Nordregion) und Han Kung-Lien sollten den Bau überwachen. (Zusätzlich empfahl ich) die Assistenten im Büro Yuan Wei-Chi, Miao Ching-Chang, Tuan Chieh-Chi und Liu Chung Ching; und die Studenten Hou Yung Ho und Yü T'ang-Ch'en, als Prüfer der Sonnenschatten, Wasseruhren usw. (Letztlich empfahl ich) den Vorarbeiter des Büros für Öffentliche Arbeiten Yin Ch'ing als Aufseher für die Arbeiten.
Im 5. Monat des 3. Jahres der Regierungsperiode *Yuan-Yu* (1088 n. Chr.) wurde ein kleines Demonstrationsobjekt fertig gestellt und auf Befehl Eurer Kaiserlichen Majestät zur Prüfung vorgestellt. Hiernach wurde der Mechanismus in seiner natürlichen Größe aus Holz gebaut und innerhalb

eines Jahres fertiggestellt. (Danach) bat ich Eure Kaiserliche Majestät, einen Hofbeamten in das Büro (für Astronomie und Kalenderwesen) zu entsenden, der (den Arbeitern die Einzelteile) erklären sollte, damit man die Uhr vervollständigen und zur Vorführung an den Kaiserlichen Palast bringen konnte ...
Im 10. Monat wurden wir um Instruktionen über die Installation der Uhr gebeten, und der Oberaufseher der Palastgarde befahl seinem Adjutanten Huang Ch'ing-Tsun (der Sache nachzugehen). Am 2. Tag des 12. Monats wurde in einem Brief gefragt, wo genau (die Uhr) zusammengesetzt werden sollte, und es kam der Befehl Eurer Kaiserlichen Majestät, sie in der Halle *Chi Ying* (des Palastes) zu errichten.

Dieser Abschnitt über die Organisation einer der größten technischen Errungenschaften des gesamten Mittelalters jeglicher Zivilisation verdient mit allen seinen lebendigen Details ganz sicherlich unsere Wertschätzung. Liest man zudem »zwischen den Zeilen«, so treten einige bezeichnende Punkte hervor. Han Kung-Lien, jener brillante Mathematiker und Mechaniker, bekleidete keinen Posten, in dem er seine Talente verwirklichen konnte; Su Sung entdeckte ihn in einer untergeordneten Position in der ihm unterstellten Administration. Entgegen allen landläufigen Vorstellungen über die Arbeitsweise des Mittelalters wurde die neue astronomische Uhr nicht aufs Geratewohl zusammengesetzt, sondern in besonderen Denkschriften geplant, in denen Han alle seine Kenntnisse über Geometrie unterbrachte. Das erleichtert uns das Verständnis, wie das Zahnradgetriebe, die Kettenzüge und andere Feinheiten so erfolgreich aufeinander abgestimmt werden konnten, daß hier ein astronomisches Demonstrationsobjekt von 10-20 Tonnen Gewicht und einem bronzenen Himmelsglobus von 1 1/2 Metern Durchmesser in gleichförmiger Bewegung gehalten werden konnten. Es ist genauso bemerkenswert, daß man zunächst ein kleines hölzernes Modell baute, daß man dann ein Modell in natürlicher Größe ausprobierte und mit vier Arten von Wasseruhren und anderen Sterndarstellungen verglich, und daß erst nach vier Jahren die Bronzeteile gegossen wurden. Im letzten Abschnitt seiner Gedenkschrift schrieb Su Sung:

Wir sehen also, daß der Teil, der den Verlauf der Sterne (demonstriert), der Bronzekörper, durch den man die Sterne betrachten kann, und der Himmelsglobus drei völlig verschiedene Dinge sind ... Wenn wir also nur eine Bezeichnung wählen, so kann deren Bedeutung nicht die wunderbaren Anwendungen (der drei) Instrumente einschließen. Da aber unser neu gebauter Apparat zwei Instrumente enthält, die aber auf dreifache Weise angewendet werden können, sollte er einen (allgemeineren) Namen tragen wie *»Hun T'ien«* (kosmische [Maschine]). In tiefstem Respekt erwarten wir die Meinung Eurer Kaiserlichen Majestät und die Gewährung eines angemessenen Namens.

Su Sung unterzeichnete seine Gedenkschriften mit allen seinen Titeln: Kaiserlicher Hauslehrer des Kronprinzen, Großprotektor der Armee, *Kai-Kuo* Graf von *Wukung*, usw. Bei den beiden Instrumenten handelt es sich um die mechanisierte, observatorische Darstellung der Sternbewegungen und den mechanisierten Himmelsglobus. Sie hatten eindeutig drei Funktionen: a) astronomische Beobachtung durch die Darstellung der Himmelssphäre, b) Zeitangabe, sowohl optisch als auch akustisch, und c) Darstellung aller Konstellationen auf dem Globus (unabhängig vom Wetter) und deren Beziehung zu Modellen der Sonne, des Mondes und der Planeten, die mit dem Globus zusammenhingen, zur Verifizierung des Kalenders. Su Sungs Bitte um einen neuen Namen war also von großer historischer Bedeutung. Das mechanisierte astronomische Instrument stand kurz davor, ein ausschließlich zur Zeitmessung bestimmter Apparat zu werden. Das Wort »eine Uhr« muß in der Luft gehangen haben. Doch zündende Einfälle zur Nomenklatur scheinen nicht zu den besonderen Begabungen des jungen Kaisers gehört zu haben; so blieb die Funktion der Zeitmessung über fünf Jahrhunderte unbenannt, bis dann die Jesuiten mit ihren »selbsttönenden Glocken« das Zeitalter einer einheitlichen Weltwissenschaft mit ihrer unbegrenzten Expansion angemessener technischer Begriffe einläuteten.
Die Ableitung mechanischer Uhren von Wasseruhren ist jetzt wohl sehr deutlich geworden. Nachzutragen bleibt die Geschichte ihrer Evolution. In seiner Denkschrift schrieb Su Sung:

Euer Diener ist der Ansicht, daß es in den vorausgegangenen Dynastien viele Systeme und Pläne für astronomische Instrumente gab, die alle ein wenig voneinander abwichen. Doch sie alle benutzen das Prinzip der Wasserkraft als Antriebsmechanismus. Die Himmel bewegen sich ohne Unterlaß, genauso fließt das Wasser (talwärts). Wenn man also das Wasser völlig gleichförmig strömen läßt, dann wird ein Vergleich zu den Kreisbewegungen (des Himmels und der Apparate) keinen Unterschied oder Widerspruch zeigen; denn genau wie (die Sterne) nicht ruhen, strömt (das Wasser) unablässig (talwärts).

Hier finden wir eine hübsche Vorformulierung dessen, was die

Europäer später als das allgemeine »Gesetz« der Schwerkraft nennen würden.

Die bedeutendste Uhr, die in der *Sung*-Dynastie vor der des Su Sung gebaut wurde, war die des Chang Ssu Hsün gegen Ende des 10. Jahrhunderts n. Chr. Auch sie enthielt eine Sternkarte und einen Globus und wurde von einem Schaufelrad und Zahnrädern angetrieben, die Glockenfiguren bewegten, um die Zeit anzusagen. Die Beschreibung dieses Mechanismus enthält 11 technische Begriffe, die genau dieselbe Bedeutung tragen, wie später in dem Text von Su Sung. Changs Uhr zeichnet sich besonders dadurch aus, daß in ihrem inneren Kreislauf Quecksilber statt Wasser verwandt wurde, wodurch sie auch bei Temperaturen unter dem Gefrierpunkt die korrekte Zeit angeben konnte. Diese Uhr muß aber in gewisser Weise ihrer Zeit voraus gewesen sein, denn Su Sung berichtet, daß nach Changs Tod niemand mehr mit ihr umgehen konnte.

Die Uhren von Chang und Su Sung waren fast identisch. Doch die Verwendung von Quecksilber war besonders einfallsreich; zudem scheinen in der älteren Uhr planetarische Modelle automatisch rotiert zu haben. Su Sung griff auf die klassische Methode zurück, diese Modelle manuell bewegen zu lassen, doch aus späteren technischen Anweisungen der *Sung*-Periode wissen wir, daß sie auch vom Zahnrad getrieben in Umlauf gesetzt wurden, wie später die Planetarien in Europa. Am stärksten fällt uns vielleicht die Erwähnung eines Getriebegehäuses auf, das die Verwendung eines Kettengetriebes – wie bei Su Sung – nahelegt. Sollte das der Fall gewesen sein, hatte Chang Ssu Hsün Leonardo um 500 Jahre antizipiert.

Von hier aus können wir direkt zu den Uhrmachern der *T'ang*-Zeit übergehen. Wer waren diese Männer, die im 8. Jh. n. Chr. schon Uhren herstellten, die mit einer Hemmung operierten? Einer von ihnen war ein buddhistischer Mönch, I-Hsing, vielleicht der gelehrteste und geschickteste Astronom und Mathematiker seiner Zeit; der andere war ein Gelehrter: Liang Ling-Tsan, der – wie später Han Kung-Lien – eine untergeordnete Stellung im Beamtenapparat einnahm. Auch hier zeigen die technischen Begriffe, die bei beiden Autoren auftauchen, eine wesentliche Verwandtschaft zu denen des Su Sung.

Ich zitiere aus der offiziellen Geschichte der *T'ang*-Dynastie und aus dem *Chi Hsien Chu Chi* (Aufzeichnung aus der Schule der Allgebildeten), die Wei Shu um 750 n. Chr. niederschrieb. Die astronomische Uhr des I-Hsing stand mit seiner Einführung eines Fernrohres in Zusammenhang, das nach den Eklypsen des Ptolemäus ausgerichtet war und mit dem man Planetenbahnen auf oder nahe der scheinbaren Sonnenbahn untersuchen konnte. *Wei Shu* schrieb:

Im 12. Jahre der Regierungsperiode *K'ai Yuan* (724 n. Chr.) konstruierte der Mönch I-Hsing in der Bibliothek eine Sternkarte mit einem nach der Sonnenbahn ausgerichteten Sehrohr, und als es fertig war, zeigte er es (dem Kaiser). Zuvor hatte er den kaiserlichen Auftrag erhalten, den Kalender neu zu ordnen, und er hatte angeführt, daß die Beobachtungen schwierig wären, weil es keinen Apparat zur Beobachtung der Sonnenbahn gäbe. Zur gleichen Zeit baute Liang Ling-Tsan ein kleines Modell (des gewünschten Instrumentes) aus Holz und stellte es vor. Der Kaiser forderte I-Hsing auf, es zu untersuchen, und dieser berichtete, es sei außerordentlich exakt. Deshalb wurde in der Bibliothek ein Himmelsmodell aus Bronze und Eisen erbaut, dessen Fertigstellung zwei Jahre dauerte. Als es dem Thron dargeboten wurde, fand der Kaiser außerordentliche Worte des Lobes, und er befahl (Liang) Ling-Tsan und I-Hsing (weiterhin) Li Shun Fêngs Buch *Fa Hsiang Chih* (der Miniaturkosmos) zu studieren, damit sie später vollständige Pläne für eine Darstellung der Bewegungen der Himmelskörper vorlegen könnten. Dann schrieb der Kaiser eine Inschrift, in der es hieß:

Das Auf- und Abnehmen des Mondes geht
nie fehl.
Seine achtundzwanzig Diener begleiten
ihn und lassen ihn nie im Stich.
Hier endlich ist ein verläßlicher Spiegel
auf der Erde,
der uns zeigt, wie die Himmel nie hasten
und sich doch nie verspäten.

Der Gelehrte Lu Ch'ü-T'ai erhielt den kaiserlichen Befehl, auf einer Tafel unterhalb des Instrumentes Jahr und Monat der Konstruktion sowie die Namen der Arbeiter einzutragen. Das Observatorium bediente sich des Instrumentes zur Betrachtung (der Sterne), und es wird auch heute noch verwendet ...

Hiernach befahl der Kaiser, noch ein weiteres astronomisches Gerät in Bronze zu gießen. Der Obersekretär der Linken Kaiserlichen Garde, Liang Ling-Tsan und sein Kollege zur Rechten, Huan Chih-Kuei übernahmen die Verantwortung für die Planung der verschiedenen Einzelteile, und danach wurde ein großes Planetenmodell *(t'ien hsiang)* mit einem Durchmesser von vier Metern gegossen. Es zeigte die Häuser des Mondes *(hsiu)*, den Äquator und alle umliegenden Breitengrade. Es drehte sich automatisch durch die Kraft des Wassers, die auf ein Rad einwirkte. Wenn man darüber diskutierte, hieß es, (der Gegenstand) den Chang

Hêng (2. Jh. n. Chr.) in seinem *Ling Hsien* (Geistige Zusammensetzung des Universums) beschrieben hat, kann nicht besser gewesen sein.
Jetzt wird es in der Östlichen Hauptstadt *Loyang* in der Schule der Allwissenden aufbewahrt. In dessen Hof befindet sich ein Observatorium *(Yang kuan t'ai),* in dem I-Hsing gewöhnlich seine Beobachtungen machte.

Diese kurze Darstellung wurde glücklicherweise in den geschichtlichen Darstellungen der *T'ang*-Dynastie weiter ausgeführt. Dort lesen wir, daß im Jahre 723 n. Chr. *I-Hsing* und *Liang Ling-Tsan* »und andere Techniker« beauftragt wurden, neue astronomische Instrumente aus Bronze herzustellen.

Eines (davon) war als Abbild der runden Himmel verfertigt. Auf ihm sah man die Häuser des Mondes in ihrer Reihenfolge, den Äquator und die Grade der himmlischen Peripherie. Wasser, das (in Schaufeln) floß, bewegte automatisch ein Rad, das an einem Tage und einer Nacht eine Umdrehung vollführte. Dazu gab es noch zwei Ringe (wörtlich Räder), die außen um die Himmels- (Sphäre) gelegt waren; durch ein Gewinde waren Sonne und Mond auf ihnen befestigt und sie bewegten sich in einem Kreislauf. An jedem Tag bewegte sich die Himmels (Sphäre) um eine Umdrehung nach Westen, während die Sonne um einen Grad nach Osten rückte und der Mond um 13 7/9tel Grad nach Osten zog. Nach etwas mehr als 29 Umdrehungen (der Himmelssphäre) trafen sich Sonne und Mond. Nach 365 Umdrehungen hatte die Sonne ihre ganze Bahn zurückgelegt. Und dazu gab es ein hölzernes Gestell, dessen Oberfläche den Horizont darstellte, da das Instrument zur Hälfte in ihm versunken war. Das erlaubte die genaue Bestimmung der Zeiten von Sonnenauf- und Sonnenuntergang, Neu- und Vollmond, Verweilen und Beschleunigung. Zudem gab es zwei hölzerne Figuren, die am Horizont standen. Der eine trug eine Glocke, der andere eine Trommel, die Glocke wurde automatisch angeschlagen, um die Stunden anzugeben, die Trommel verkündete automatisch die Viertelstunden.
Alle diese Bewegungen wurden durch (eine Maschine) im Gehäuse hervorgebracht. Sie alle hingen von Rädern und Wellen, Haken, Bolzen und Verbindungsstangen, Sperren und Verschlüssen ab, die sich wechselseitig in Schach hielten (d. h. die Unruh).
Da sich (die Uhr) in guter Übereinstimmung mit dem *Tao* des Himmels zeigte, pries damals ein jeder ihre Kunst. Als alle Teile fertig waren (725 n. Chr.) nannte man das Instrument »Die durch Wasser betriebene, sphärische Himmelskarte aus der Vogelperspektive« *Shui Yün Hun T'ien Fu Shih T'u)* oder »Wassermaschinenmodell der himmlischen Sphäre«. Sie wurde vor der Halle *Wu Ch'êng* des Palastes aufgebaut, damit alle Beamten sie sehen konnten. Die Kandidaten der kaiserlichen Prüfungen (des Jahres 730 n. Chr.) mußten über die neue astronomische (Uhr) einen Aufsatz schreiben.

Doch kurze Zeit später begann die Mechanik aus Bronze und Eisen zu rosten, deshalb konnten die Instrumente nicht länger automatisch rotieren. So verbannte man (das Instrument) in das (Museum) der Schule der Allwissenden und dort kam es außer Betrieb.

Dies also sind die Einzelheiten des Instruments, das, soweit wir wissen, die erste mit einer Hemmung ausgerüstete Uhr darstellte. Der Bezug auf die Sperrvorrichtung ist eindeutig, die technischen Begriffe erinnern deutlich an die Beschreibungen der Uhr des Su Sung. Zwar wird die automatische Bewegung des Sonnen- und Mondmodells nicht mit absoluter Deutlichkeit geschildert, doch die Implikation ist fast sicher; daher trug der Apparat einige der Züge eines Planetariums. Nach dem Bericht über die Uhr des Chang Ssu-Hsün war er der erste, dem die mechanische Nachbildung der Bewegung von Sonne und Mond gelang (978 n. Chr.). Doch die Nuancen des vorgelegten Textes deuten recht unmißverständlich auf eine automatische Bewegung hin. Damit wäre nicht Chang Ssu-Hsün im 10. Jh. n. Chr., sondern I-Hsing und Liang Ling-Tsan im 8. Jh. n. Chr. die ersten gewesen, die die manuell ausgerichteten Modelle früherer Zeiten durch ein planetarisches System mechanischer Bewegungen ersetzten. Auf jeden Fall aber bauten Wang Su und seine Gehilfen um 1124 bereits vollmechanische Bewegungsabläufe.

Es ist kaum bekannt, daß die Gesandtschaft des Lord Macartney 1793 ein Modell des ursprünglichen »Planetariums« nach China brachte. Das erste Planetarium dieser Art zeigte das heliozentrische System. Es wurde um 1706 von George Graham für Prinz Eugen von Österreich erbaut. Die East-India-Company bestellte 1714 eine prachtvolle Kopie, die John Harris wenige Jahre später beschrieb. Ich habe nicht mit Sicherheit feststellen können, ob dieses Modell von Anfang an für China bestimmt war, doch es scheint sich um dasselbe Modell gehandelt zu haben, das viele Jahre später dorthin gelangte. 1792 kamen zwei chinesische Studenten von der Universität von Neapel nach England, um die Gesandtschaft von Macartney als Dolmetscher zu begleiten. Sie begannen ihre Arbeit mit Vorschlägen über die Geschenke, die man mitnehmen sollte. Es erschien unsinnig, mit den mechanischen Spielzeugen und Spieluhren wetteifern zu wollen, die der *»Sing-Song«*-Handel seit einem halben Jahrhundert nach China eingeführt hatte. Da war es schon angemessener, Gegenstände zu überreichen, die das intellektuelle Interesse der Chinesen reizen könnten. »Da in China die

Wissenschaft der Astronomie besonders geschätzt wird«, schrieb Staunton, »und da man sie dort der Aufmerksamkeit und Beschäftigung der Regierung für würdig erachtet, erschien die Annahme nicht unsinnig, daß die am weitesten entwickelten Instrumente zur Durchführung dieser Wissenschaft und die vollkommensten Imitationen, die bislang von den Bewegungen des Himmels gemacht worden waren, in China sehr wohl gelitten sein würden.« So sah man nach einiger Zeit die Herren Dinwiddie und Petitpierre-Boy in Peking beim Auspacken eines Planetariums, eines Himmels- und eines Erdglobus', eines reflektierenden Teleskops, eines Uhrwerks, das die Mondphasen zeigte, und einer Luftpumpe. So hinterließ die hohe Wertschätzung, die in China traditionell der Wissenschaft der Astronomie beigemessen wurde, ihre Spuren auch auf der europäischen Diplomatie des ausgehenden 18. Jahrhunderts, und Grahams Meisterwerk einer astronomischen Uhr fand ihren Weg als ein echter Tribut an das Land des I-Hsing, des Chang Ssu-Hsün und des Su Sung.

Li Shun-Fêng, den I-Hsing als seinen Lehrer bezeichnete, diente unter dem Kaiser T'ai Tsung, der in dem Vierteljahrhundert nach 626 sein Land mit außergewöhnlichem Geschick regierte. Er interessierte sich für Geschichte und Technik genauso wie für die Kriegskunst, er ermutigte die Arbeit der Astronomen und begrüßte die Priester der Nestorianer genauso wie die der Taoisten und die buddhistischen Mönche. Er unterhielt freundschaftliche diplomatische Beziehungen bis nach Byzanz, 643 empfing er eine Gesandtschaft des Kaisers Theodosius. Diese Gesandtschaften mögen sehr wohl die Kunde von den auffallenden Wasseruhren in Gegenden wie Gaza und Antiochien verbreitet haben. Natürlich kann es sich hier um nicht viel mehr als um eine »stimulus diffusion« gehandelt haben, denn nichts deutet darauf hin, daß in den Arbeiten der Byzantiner mehr als nur das Prinzip absinkenden Wassers angewandt wurde. Immerhin wäre der Stimulus gerade zur rechten Zeit gekommen, um die chinesischen Ingenieure anzustacheln, die mechanischen Spielzeuge, die als Glockenmännchen zu den Wasseruhren des oströmischen Reiches gehörten, zu überflügeln. Tatsächlich scheint die Beschreibung der Uhr von I-Hsing das erste Dokument zu sein, in dem in der chinesischen Geschichte Glockenfiguren erwähnt werden, die durch gehemmte Unruhwerke bewegt wurden. Wenn meine Annahme stimmt, daß das Wasserrad, das ja so viel mehr Kraft aufbringt als durch das Schwimmerprinzip erzeugt

werden kann, ein wesentlicher Bestandteil der astromechanischen Technik der Chinesen war, dann befand sich I-Hsing in einer weitaus besseren Position als seine griechischen Kollegen.
Wir sind zu dem Schluß gekommen, daß die Vorfahren aller Unruhen in den ersten Jahrzehnten des 8. Jahrhunderts n. Chr. entstanden. Doch die Geschichte des Uhrenbaus, die wir hier entwerfen, ist damit noch nicht am Ende ihrer Reise in die Vergangenheit. Denn zwischen dem Jahre 725 n. Chr. und dem Anfang unserer christlichen Zeitrechnung gab es noch viele Beispiele für astronomische Darstellungen, die langsam durch Wasserkraft bewegt wurden. Wenn wir die Unruh als den wesentlichen Bestandteil des Uhrenbaus definieren, so handelte es sich bei diesen früheren Erfindungen nicht um Uhren, sondern um deren Vorgänger: »Vor-Uhren« oder »Proto-Uhren«. Zudem hatten sie eine rein astronomische Funktion und verfügten über keinerlei akustische Zeitsignale.
Da die geringe Kraft eines herabsinkenden Schwimmers nicht ausreicht, um einen schräggestellten Globus rotieren zu lassen, selbst wenn er nur aus sehr leichtem Holz gebaut ist, bestand der Mechanismus wahrscheinlich aus einem vertikal aufgestellten Wasserrad mit Schaufeln, einer Apparatur, die wohl wesentlich einfacher konstruiert war als die des Su Sung. An dem Wasserrad war ein Schaft mit einem Auslassungsansatz befestigt, der im Prinzip ziemlich genau den wassergetriebenen Hammerbatterien ähnelte, die bereits in der *Han*-Zeit verbreitet waren. Das in die Schaufeln strömende Wasser besorgte periodisch das notwendige Drehmoment, das den Ansatz gegen den Widerstand einer Art von Zahnrad bewegte. Dieses Rad stellte entweder selbst den Äquatorialkreis dar, oder es war mit einem anderen Schaft verbunden, der in der Neigung der Polarachse stand. Man braucht kaum hinzuzufügen, daß diese Apparaturen nur eine sehr unzureichende Zeitmessung erbrachten, doch vielleicht gab man sich in jenen frühen Jahrhunderten mit einer ungefähren Annäherung zufrieden.
Für diese Erfindung lassen sich Beispiele aus der Zeit zwischen dem zweiten und achten Jahrhundert n. Chr. heranziehen. Einer der hervorragendsten Techniker des 6. Jahrhunderts n. Chr. war Kêng Hsün, auf dessen Namen man häufig in Zusammenhang mit Wasseruhren stößt. Kêng Hsüns technisches Geschick und sein Einfallsreichtum waren kaum überbietbar. Sehr früh in seinem Leben wurde er in den Aufstand eines südlichen Stammes verstrickt, doch

als man ihn dann gefangen nahm, amnestierte ihn der General Wang Shih-Chi wegen seiner überragenden Erfindungsgaben.

Nach vielen Jahren traf Kêng Hsün seinen alten Freund Kao Chih-Pao, der aufgrund seines großen Wissens um die Sterne in die Stelle eines Königlichen Astronomen aufgestiegen war. Von ihm wurde (Kêng) Hsün in Astronomie und Mathematik unterrichtet. Dann kam *(Kêng) Hsün* der Gedanke, einen Himmelsglobus *(hun t'ien i)* zu bauen, der nicht von Menschenhand, sondern durch die Kraft (herabfallenden) Wassers bewegt werden sollte. Als er ihn fertiggestellt hatte, baute er ihn in einem geschlossenen Raume auf. Er bat (Kao) Chih-Pao, von außen auf die Zeit zu achten, (wie sie) der Himmel (d. h. die Sternbewegungen) anzeigten. (Sein Instrument) stimmte (mit den Himmeln) überein, wie die beiden Hälften eines Coupons. Als (Wang) Shih-Chi hiervon erfuhr, berichtete er den Vorfall dem Kaiser Kao Tsu, der (Kêng) Hsün zu einem Regierungssklaven machte und ihn dem Büro für Astronomie und Kalenderwesen zuordnete.

Der Bericht über diese Vorgänge, die sich um das Jahr 590 n. Chr. zugetragen haben müssen, stimmt mit ähnlich gelagerten Fällen überein. Im allgemeinen wird nie ein Rad erwähnt, doch auch kein Schwimmer. Das mechanisierte Instrument wird immer in einem geschlossenen Raum aufgebaut, ein Beobachter ruft von innen die Positionen der Maschine aus, der andere vergleicht sie mit den Bewegungen der Sterne. Bisweilen wird in den Beschreibungen nicht einmal Wasser erwähnt, doch man muß immer davon ausgehen, daß der Antrieb über Wasserkraft erfolgte.
Etwa 70 Jahre früher hatte der bedeutende taoistische Arzt, Alchimist und Pharmazeut T'ao Hung-Ching (452-536 n. Chr.) eine ähnliche Leistung vollbracht. In den Berichten heißt es, er »erbaute ein Sternmodell von mehr als einem Meter Höhe, bei dem die Erde in der Mitte lag. Die ›Himmel‹ rotierten, während die ›Erde‹ unbeweglich blieb. – Alles wurde durch einen Mechanismus bewegt. Jede Einzelheit stimmte genau mit den (tatsächlichen) Himmelsbewegungen überein«. Damit noch nicht zufrieden, schrieb er auch noch ein Buch darüber, das *T'ien I Shuo Yao* (Wesentliche Details astronomischer Instrumente); das Werk ist schon seit langem verloren gegangen. Sein mechanisiertes Himmelsmodell kann man etwa auf das Jahr 520 n. Chr. datieren.
Wir stehen jetzt ganz kurz vor unserem Ziel, der Arbeit des Chang Hêng in der Späteren *Han*-Periode. Nach unseren Unterlagen war er der erste, der eine kontinuierliche langsame Rotation astronomi-

scher Instrumente (Globen oder Sternmodelle) erreichte, die einer konstanten Geschwindigkeit so nahe wie möglich kam. Studenten der chinesischen Geschichte ist Chang Hêng (78-142 n. Chr.) gut bekannt. Es gab kaum eine Wissenschaft, in der er sich nicht betätigte (Mathematik, Astronomie, Kartographie, usw.). Er baute den ersten Seismographen, der je in irgendeiner Zivilisation entstand (132 n. Chr.). Die Genialität dieser Erfindung, die noch viele Jahrhunderte später benutzt wurde, ist so überwältigend, daß man ihm getrost auch die Anwendung von Wasserkraft als Antrieb eines astronomischen Instrumentes zutrauen kann.

Um das Jahr 700 n. Chr. war eine exakte Zeitmessung ein brennendes Problem geworden. Die sozialen Bedürfnisse einer vorwiegend agrarischen Kultur, der es an einem genauen Kalender fehlte, und die intrinsische Evolution der Astronomie selbst führten zu den Problemlösungen, die I-Hsing fand. Es ist ein merkwürdiges Zusammentreffen, daß die Uhr, ein Apparat, der so tief in der mechanischen, industriellen Zivilisation des Westens verwurzelt ist, in Zusammenhang mit dem Kalender entstanden sein soll, den ein bäuerliches Volk im Osten benötigte. Doch es müssen noch andere Perspektiven in Betracht gezogen werden. Wie häufig hervorgehoben, gründete die chinesischen Astronomie auf einem polaren und äquatorialen System, dagegen war die hellenistische Astronomie vornehmlich eklyptisch und planetarisch. Ein jedes System hatte seine Vorteile und errang die entsprechenden Triumphe. Doch wenn *Chang Hêng* 15 Jahrhunderte vor der ersten Konzeption von Uhrenantrieben im Europa der Renaissance astronomische Instrumente mechanisch rotieren lassen konnte, und wenn *I-Hsing* auf diesem Gebiet mit seiner ersten Annäherung an eine wirklich mechanisierte Zeitmessung um 9 bis 10 Jahrhunderte vor den Europäern lag, so lag dies daran, daß die chinesischen Astronomen stets in Begriffen von äquatorialen Koordinaten und deshalb auch von parallelen Deklinationen gedacht haben. Der Umlauf der Sterne bewegt sich entlang diesen Linien, doch die Spuren der eklyptischen Längen und Breiten bezeichnen eine geometrische Wüste, in der sich nie etwas bewegt. So war es für die Chinesen ein völlig natürlicher Gedanke, die Umdrehung eines Himmelsglobus oder eines Sternmodells zu arrangieren, wenn dieses Projekt hinreichend nützlich war. Es zu verwirklichen, war vielleicht etwas schwieriger.

Wie wir gesehen haben, trugen viele Erfindungen zum Zustandekommen der ersten Unruh-Uhr in Europa bei. Der Antrieb durch einen Gewichtszug entstand ohne Zweifel aus den Schwimmern in anaphorischen Uhren der Griechen und den mechanischen Puppentheatern; in seiner freien Form war er sicherlich seit dem 13. Jahrhundert allgemein bekannt. Die Verwendung von Triebwerken zur Simulation von Zeitmessung kannte man bereits in der Antike. Die Araber beherrschten die Anwendung kalandrischer Getriebe zur Berechnung von Sternhöhen. Der Uhrzeiger mag als Ableitung der Stirnseite eines Astrolabiums angesehen werden, der letztlich zum rotierenden Zeiger der anaphorischen Uhren wurde. Für die Glockenfiguren gab es in den schlagenden Wasseruhren von Byzanz und deren arabischen Nachfolgern viele Vorgänger. Nur die »Seele« der mechanischen Uhr, d. h. die Hemmung mußte von den eigentlichen Erfindern – wer immer das gewesen sein mag – beigesteuert werden (1300 n. Chr.). Die Form, in der dies geschah, nämlich die Spindelhemmung, wird wohl von dem Speichen-Schwungrad abgeleitet worden sein, das man seit den Anfängen der griechisch-römischen Spindelpressen kannte, die jetzt allerdings durch die Spindellappen statt einer diskontinuierlichen Rotationsbewegung eine regelmäßig oszillierende Bewegung lieferten. Doch wie originell war die Grundidee? Die vorausgegangenen 6 Jahrhunderte chinesischer Hemmungen legen nahe, daß zumindest ein Diffusionsstimulus von Osten nach Westen gelangte.

Letztlich bleibt es gleichgültig, ob die chinesische Hemmung persönlich oder nur als Gerücht nach Europa kam. I-Hsings großer Beitrag lag in der Einführung eines im wahren Sinne chronometrischen Prinzipes in den mechanischen, im Gegensatz zum hydraulischen Teil der Uhr. Im Anfang war dieser Teil noch nicht sehr wichtig. Denn es ist ganz klar, daß der bedeutendere Teil der Zeitmessung in den chinesischen Uhren durch die Konstanz des fließenden Wassers bewirkt wurde. Der Mechanismus konnte nur insofern eingreifen, als eine Änderung der Gewichte auf dem Waagebalken veranlassen konnte, daß die Schaufeln herabsanken, noch bevor sie völlig gefüllt waren. Deshalb müssen wir I-Hsings Beitrag als das fehlende Glied zwischen der Wasseruhr und der völlig mechanischen Uhr betrachten. Denn als einmal die Erfindungen im Europa des frühen 14. Jahrhunderts gemacht worden waren, übernahm die Spindelhemmung den größeren Teil der Zeitmessungsaufgaben. Sie wurden noch nicht vollständig von der Unruh geleistet, da außergewöhnliche Veränderungen im Gewicht, das an der Trommel hing, die Geschwindigkeit der Uhr beeinflussen konnten. Erst mit der Einführung des Pendels im 17. Jahrhundert erfolgte der entscheidende Schritt zu einem wirklich isochronen Mechanismus. Daß hierfür 2000 Jahre gebraucht wurden, kann nicht überraschen, wenn man das gemächliche Wachstum der Technik der Menschen vor der Renaissance in Betracht zieht. Doch der chinesische Beitrag war lebensnotwendig. Wenn wir ihn anerkennen, können wir die folgenden Aussagen richtig einschätzen: »Die Chinesen« schrieb Lübke, »machten in der Technik des Uhrenbaus keinerlei Erfindungen, die mit denen der Europäer vergleichbar wären. Die Uhren (die so zahlreich in der Verbotenen Stadt gesammelt wurden), haben natürlich überhaupt nichts mit der Zeitmessung im Alten China zu tun«. Und Panchon fügt mit superber Ironie hinzu: »Die Chinesen haben nie irgendwelche mechanischen Uhrwerke hervorgebracht, die diesen Namen zurecht tragen – auf diesem Gebiet waren sie nur schlechte Nachahmer«.

Man hat mit Recht auf die Bedeutung der Uhrmacher für das Anwachsen der Wissenschaft im Europa der Renaissance hingewiesen. Diese Handwerker wurden für die Wissenschaft, was die Mühlenbauer für die Industrie waren: Eine Quelle des Einfallsreichtums und der Kunstfertigkeit. Die Mühlenbauer gab es während des ganzen Mittelalters, die Uhrenmacher seit dem Anfang des 14. Jahrhunderts. Ihre Anwesenheit war sicherlich eine der wichtigsten Wurzeln für die reine und angewandte Wissenschaft der Renaissance, denn es standen ständig Mechaniker zur Verfügung, die jederzeit Maschinen- und Instrumentenbauer ausbilden konnten, sobald der entsprechende Bedarf entstand. Es ist aber nun auch völlig klar geworden, daß auch China seine Handwerker und Mechaniker kannte, deren fachliches Geschick und deren Findigkeit den Europäern zumindest ebenbürtig war. Wenn also China keine Renaissance erlebte und damit auch keine Entwicklung der modernen Wissenschaft und Technik, so kann dies nicht an der Abwesenheit von Handwerkern und Mechanikern gelegen haben. Der Uhrenbau scheint in China vor dem Eintreffen der Jesuiten nie zu einer Massenindustrie geführt zu haben (wie es im 15. und 16. Jahrhundert in Europa geschah), doch im ganzen Reiche verbreitete sich die Konstruktion von Mühlen und allen möglichen Maschinen, um Wasser hochzufördern. Die vielfältigen Aktivitäten ausgebildeter Mühlenbauer können also auch noch nicht hinreichend das Entstehen von moderner Wissenschaft erklären. »Die Arbeit des Mühlenbauers«, schrieb Bernal, »ließ die erste echt europäische Erfindung entstehen: die Uhr ...«. Der zweite Teil dieses Satzes läßt sich angesichts der hier ausgebreiteten Fakten nicht mehr halten, doch im ersten Teil wird mit beachtenswerter Einsicht darauf verwiesen, wie sehr wir in der Schuld der Ingenieure des Mittelalters stehen.

Bibliographie

erstellt von Tilman Spengler

T = Titel
A = Autor
Ü = Übersetzung
Bei mit * gekennzeichneten Autoren ist die Autorschaft umstritten.

Die Bibliographien A 1 bis B enthalten die im Text ausdrücklich (oder nur durch Nennung der Autoren) erwähnten Titel mit Ausnahme der für das Vorwort erwähnten Literatur, die dort in den Fußnoten enthalten ist. Für die chinesischen und arabischen Quellen wurden soweit wie möglich Übersetzungen angegeben.

Bibliographie A 1
Chinesische Werke vor 1900

(1) T: *Chu Ping Yuan Hou Lun* (Systematische Abhandlung über Krankheiten und ihrer Aethiologien), um 610 n. Chr.
A: Ch'ao Yuan-Fang

(2) T: *Cheng Tien* (Einrichtungen der Regierung), 8. Jh. n. Chr.
A: Liu Chih

(3) T: *Chi Ni Tzu* (Das Buch des Meisters Chi Ni), ca. 4. Jh. v. Chr.
A: Fan Li (Chi Jan) *

(4) T: *Ch'ien Han Shu* (Geschichte der früheren Han-Dynastie), ca. 100 v. Chr.
A: Pan Ku und Pan Chao
Ü: Dubs, H. H. ›History of the Former Han Dynasty‹ by Pan Ku, a Critical Translation with Annotations 2 Bd. Baltimore 1938

(5) T: *Chih Wu Ming Shih T'u K'ao* (Illustrierte Untersuchung der Namen und Wesensarten von Pflanzen) 1848 n. Chr.
A: Wu Ch'i-Chün

(6) T: *Chou Li* (Aufzeichnung der Riten der Chou (Dynastie))
A: unbekannt
Ü: Biot, E. Le Tcheou-Li ou Rites des Tcheou 3 Bd. Paris 1851

(7) T: *Chu Shu Chi Nien* (Annalen der Bambusbücher) ca. 295 v. Chr.
A: unbekannt
Ü: Biot, E. Chu Shu Chi Nien in: Journal Asiatique 12:537 1841 und 13:381 1842

(8) T: *Chu Tzu Wen-chi* (Ausgewählte Schriften von Chu Hsi) 13. Jh.
A: Chu Hsi (hrsg. von Ch Yü)
Ü: Chang, Wing-Tsit, Reflections on Things at Hand: The Neo

Confucian Anthology compiled by Chu Hsi and Lü Tsu-ch'ien, New York 1967

(9) T: *Chu Tzu Yü Lei* (Unterhaltungen mit Chu Hsi)
A: Chu Hsi (hrsg. von Li Ching Tê)

(10) T: *Ch'u Tz'u* (Elegien aus dem Staate Ch'u) 170 v. Chr.
A: Chia I
Ü: z. T. in: Waley, A. The Nine Songs; a Study of Shamanism in Ancient China London 1955

(11) T: *Ch'uan-shan I Shu* (Gesammelte Schriften von Wang Fu-Chih 17. Jh. n. Chr.
A: Wang Ch'uan-Shan (Wang Fu-Chih)

(12) T: *Chuang Tzu* (Das Buch des Meister Chuang), ca. 290 v. Chr.
A: Chuang Chou
Ü: Legge, J. The Texts of Taoism 2 Bd. Oxford 1891

(13) T: *Ch'un Ch'iu Fan Lu* (Perlenketten zu den Frühlings- und Herbstannalen) ca. 135 v. Chr.
A: Tung Chung-Shu
Ü: z. T. in: Wieger, L. Textes Philosophiques Paris 1953

(14) T: *Chung Yung* (Die Lehre von der Mitte) 4. und 3. Jh. v. Chr.
A: K'ung Chi (K'ung Tzu-Ssu) *
Ü: Legge, J. The Chinese Classics Vol. I. Hongkong 1865

(15) T: *Han Fei Tzu* (Das Buch des Meister Han Fei) 3. Jh. v. Chr.
A: Han Fei
Ü: Liao Wen-Kuei The complete works of Han Fei Tsu; a classic of Chinese legalism London 1939

(16) T: *Hsi Yüan Chi Lu* (Die Entlastung der Unschuldigen) 1247 n. Chr.
A: Sung Tz'u

(17) T: *Hsin Hsüeh Wei Ching K'ao* (Untersuchung der gefälschten Werke der Hsin Dynastie) Shanghai 1891
A: K'ang Yu-Wei

(18) T: *Hsin Lun* (Neue Abhandlungen) 6. Jh. n. Chr.
A: Liu Hsieh

(19) T: *Hsing Li Ta Ch'üan* (Gesammelte Werke neokonfuzianischer Philosophen 1415 n. Chr.
A: u. a. Wu Lin Ch'uan (Wu Ch'êng) und Hsü Lu Chai

(20) T: *Hsü Tzu Chih T'ung Chien Ch'ang Pien* (Weitere Fortführung des umfassenden Geschichtsspiegels zur Hilfe beim Regieren) ca. 1180 n. Chr.
A: Li Tao

(21) T: *Hsün Tzu* (Das Buch des Meister Hsün) ca. 240 v. Chr.
A: Hsün Ch'ing
Ü: Dubs, H. H. Hsün Tzu; the Moulder of Ancient Confucianism London 1927

(22) T: *Huai Nan Tzu* (Das Buch des (Prinzen von) Huai Nan) ca. 120 v. Chr.
A: Liu An et al.
Ü: z. T. in Morgan, E. Tao the Great Luminant; Essays from Huai Nan Tzu, with introductory articles, notes and analyses Shanghai o. J.

(23) T: *Huang Chi Ching Shih Shu* (Buch des sublimen Prinzips, das die Welt regiert) ca. 1060
A: Shao Yung

(24) T: *Huang Ti Nei Ching Su Wên* (Reine Fragen des Gelben Kaisers; Der Kanon der Inneren Medizin)
A: unbekannt
Ü: Veith, I. ›Huang Ti Nei Ching Su Wên‹; the Yellow Emperor's Classic of Internal Medicine chs. 1-34; translated from the Chinese with an Introductory Study Baltimore 1949

(25) T: *I Ching* (Das Buch der Wandlungen)
A: unbekannt
Ü: Wilhelm, R. ›I Ging‹; Das Buch der Wandlungen 2 Bd. Jena 1924

(26) T: *Kuan Tzu* (Das Buch des Meister Kuan)
A: Kuan Chung *
Ü: Haloun, G. Legalist Fragments I: Kuan Tzu, ch. 55, and related texts in: Asia Major 2:85 1951

(27) T: *Kuan Yin Tzu* (Das Buch des Meister Kuan Yin) 742 n. Chr.
A: T'ien T'ung-Hsiu

(28) T: *Kuliang Chuan* (Meister Kuliangs Kommentar zu den Frühlings- und Herbstannalen) 3. und 2. Jh. v. Chr.
A: Kuliang Ch'ih

(29) T: *K'ung-Tzu Kai Chih K'ao* (Konfuzius als Reformer) Shanghai 1897
A: K'ang Yu-wei

(30) T: *Kungyang Chuan* (Meister Kungyangs Kommentar der Frühlings- und Herbstannalen) 3. und 2. Jh. v. Chr.
A: Kungyang Kao oder Kungyang Shou

(31) T: *Kuo Yü* (Reden über die Staaten)
A: Unbekannt

(32) T: *Li Chi* (Aufzeichnung der Riten) ca. 1. Jh. v. Chr.
A: Tai Shêng (Hrsg.)
Ü: Wilhelm, R., ›Li Gi‹, das Buch der Sitte des älteren und jüngeren Dai. Jena 1930

(33) T: *Lieh Tzu* (Das Buch des Meisters Lieh), 5.-1. Jh. v. Chr.
A: Lieh Yü-K'ou *
Ü: Wilhelm, R., ›Liä Dsi‹, Das Wahre Buch vom quellenden Urgrund; ›Tschung HÜ Dschen Ging‹; Die Lehren der Philosophen

Liä Yü-Kou und Yang Sschu. Jena 1921

(34) T: *Lü Shih Ch'un-Ch'iu* (Meister Lü's Frühlings- und Herbstannalen), 239 v. Chr.
A: Lü Pu-Wei
Ü: Wilhelm, R., Frühling und Herbst des Lü Bu-We, Jena 1928

(35) T: *Lun Hêng* (Ausgewogene Gespräche), 83 n. Chr.
A: Wang Ch'ung
Ü: Forke, A., ›Lun Hêng‹, Philosophical Essays of Wang Ch'ung. 2 Bde., New York 1962

(36) T: *Lun Yü* (Gespräche [des Konfuzius])
A: Schüler des Konfuzius
Ü: Wilhelm, R., Kungfutse, Gespräche Jena 1910

(37) T: *Meng Chai Pi T'an* (Aufsätze aus dem Meng Saal), ca. 12. Jh. n. Chr.
A: Chêng Ching-Wang

(38) T: *Meng Ch'i Pi T'an* (Aufsätze aus dem Teich der Träume) 1086 n. Chr.
A: Shen Kua

(39) T: *Mo Tzu* (Das Buch des Meister Mo), 4. Jh. v. Chr.
A: Mo Ti et al.
Ü: Forke, A., Mo Ti des Sozialethikers und seiner Schüler philosophische Werke. In: Mitteilungen des Seminars für Orientalische Sprachen, Beibände 23-25, Berlin 1922

(40) T: *Nung Shu* (Abhandlung über Landwirtschaft) 1313 n. Chr.
A: Wang Chen

(41) T: *Shan Hai Ching* (Klassiker der Berge und Meere) Chou- und Han-zeitlich
A: unbekannt

(42) T: *Shen Tzu* (Das Buch von Meister Shen) ca. 2.-8. Jh. v. Chr.
A: Shen Tao *

(43) T: *Shih Chi* (Historische Erinnerungen), ca. 90 v. Chr.
A: Sssuma Ch'ien und Sssuma T'an
Ü: Chavannes, E., Les Mémoires Historiques de Se-Ma Ts'ien. 5 Bde., Paris 1895-1905

(44) T: *Shih Ching* (Buch der Oden)
A: unbekannt
Ü: Waley, A., The Book of Songs. London 1937

(45) T: *Shih Pên* (Buch der Ursprünge), ca. 200 v. Chr.
A: Sung Chung (Hrsg.)

(46) T: Shih Yao Erh Ya (Synonymwörterbuch der Mineralien und Drogen), 818 n. Chr.
A: Mei Piao

(47) T: *Shu Ching* (Klassiker der Geschichte)
A: unbekannt

Ü: Karlgren, B., The Book of Documents. In: Bulletin of the Museum of Far Eastern Antiquities 22:1, 1950
(48) T: *Sui Shu* (Geschichte der Sui Dynastie), 636 n. Chr.
A: Wei Chêng et al.
Ü: z. T. bei Balazs, E., Le Traité Économique du Souei Chou. In: T'oung Pao 42:113, 1953 und Le Traité Juridique du Souei Chou. In: T'oung Pao 1954
(49) T: *Ta Hsüeh* (Das große Lernen), 260 v. Chr.
A: Yocheng K'o
Ü: Legge, J., The Chinese Classics, Vol. I, Hongkong 1861
(50) T: *Ta Yen Li Shu* (Buch des Ta Yen Kalenders), 724 n. Chr.
A: I-Hsing
(51) T: *Tao Tê Ching* (Buch der Tugend und des Tao), vor 300 v. Chr.
A: Li Erh (Lao Tzu) *
Ü: Waley, A., The Way and its Power; a Study of the Tao Tê Ching and its Place in Chinese Thought. London 1934
(52) T: *Tao Tsang* (Taoistische Patristitik) (enthält 1464 taoistische Schriften)
(53) T: *Ts'an T'ung Ch'i* (Die Einheit der drei Prinzipien), 142 n. Chr.
A: Wei Po-Yang
Ü: Wu Lu-Ch'iang und Davis, T. L., An Ancient Chinese Treatise on Alchemy entitled Ts'an T'ung Ch'i. In: Isis 18:210, 1932
(54) T: *Tso Chuan* (Meister Tso Ch'ius Erweiterung der Frühlings- und Herbstannalen), zwischen 430 und 250 v. Chr. zusammengestellt
A: Tso Ch'iu Ming *
Ü: Legge, J., The Chinese Classics, Vol. 5, pts. 1 u. 2, Hongkong 1872
(55) T: *T'ung Chien Chi Shih Pen Mo* (Umfassender Spiegel in einzelnen Erzählungen), 12. Jh. n. Chr.
A: Yuan Shu
(56) T: *T'ung Chih* (Historische Sammlungen), ca. 1150 n. Chr.
A: Cheng Ch'iao
(57) T: *T'ung Tien* (Umfassende Institutionen), 801 n. Chr.
A: Tu Yu
(58) T: *Tsou Tzu* (Buch des Meister Tsou)
A: Tsou Yen
Ü: Needham, J. in: SCC II, S. 236 ff.
(59) T: *Tsou Tzu Cheng Shih* (Meister Tsou's Buch über Entstehen und Vergehen)
A: Tsou Yen
Ü: Needham, J. in: SCC II op. cit. a. a. O.
(60) T: *Tzu Chih T'ung Chien* (Umfassender Spiegel (der Geschichte) zur Hilfe der Regierung), 1084 n. Chr.
A: Ssuma Kuang

(61) T: *Wen Hsien T'ung K'ao* (Zusammenfassende Untersuchung der Geschichte der Zivilisation), 1322 n. Chr.
A: Ma Tuan-Lin
(62) T: *Wu Yuan* (Über den Ursprung der Dinge), 15. Jh. n. Chr.
A: Lo Ch'i
(63) T: *Yen T'ieh Lun* (Abhandlungen über Salz und Eisen), 81 v. Chr.
A: Huan K'uan
Ü: z. T. bei Gale, E. M., Discourses on Salt and Iron, a Debate on State Control of Commerce and Industry in Ancient China, chapters 1-19, Leiden 1931
(64) T: *Yin-shan cheng-yao* (Das Richtige und Wichtige bezüglich der Getränke und Eßwaren), veröffentlicht 1456
A: Hu Ssu-Hiu
Ü: z. T. übersetzt und zusammengefaßt in: Unschuld, P. U., Pen-Ts'ao, 2000 Jahre Traditionelle Pharmazeutische Literatur Chinas. München 1973, 182-187
(65) T: *Yin Wên Tzu* (Buch des Meisters Yin Wên)
A: Yin Wen *
Ü: z. T. bei Masson-Oursel, P. und Chu Chia-Chien, Yin Wên Tzu. In: T'oung Pao 15:557, 1914
(66) T: *Yu-Yang Tsa Tsu* (Miszellen aus der Berghöhle von Yu Yang), 863 n. Chr.
A: Tuan Ch'êng-Shih
(67) T: *Yü Ch'iao Wên Tui* (Gespräche zwischen Fischer und Holzfäller) 1070 n. Chr.
A: Shao Yung
(68) T: *Yüeh Chüeh Shu* (Verlorengegangene Aufzeichnungen des Staates von Yüeh), 52 n. Chr.
A: Yuan K'ang

Bibliographie A 2
Chinesische Werke (nach Autoren) nach 1900

(1) A: Chin Yü-Fu
T: *Chung-Kuo Shih-Hsüeh Shih* (Geschichte der chinesischen Historiographie), Peking 1962
(2) A: Chu Wên-Hsin
T: *Li Fa T'ung Chih* (Geschichte der Chinesischen Kalenderwissenschaften), Shanghai 1934
(3) A: Hou Wai-Lu, Chang Kai-Chih Yang Chao und Li Hsüeh-Chin
T: *Chung-Kuo Li-Tai ›Ta T'ung‹ Li Hsiang* (Die Theorie der ›Großen Gemeinschaft‹ in der Geschichte Chinas), Peking 1959
(4) A: Hsiang Ta u. a.

T: *T'ai-P'ing T'ien-Kuo* (Das Himmlische Reich des Ewigen Friedens), Peking 1957
(5) A: K'ang Yu-Wei
T: *Ta T'ung Shu* (Buch der Großen Gemeinschaft), Peking 1956
Ü: Thompson, L. G., Ta T'ung Shu: The One World Philosophie of K'ang Yu-Wei. London 1958
(6) A: Liu Hsien-Chou
T: *Chung-Kuo tsai chi-shih, ch'i fang mien ti fa-ming* (Chinesische Erfindungen in der Technik des Uhrenbaus). In: T'ien-Wên Hsüeh Pao 4 (2):219, 1956
(7) A: Lo Erh-Kang
T: *T'ai-P'ing T'ien-Kuo Ko-Ming Chan Chêng Shih* (Geschichte des Revolutionären Krieges des T'ai P'ing T'ien-Kuo), Peking 1949
(8) A: T'an Chieh-Fu
T: *Mo Ching I Chieh* (Untersuchungen des Mo Ching), Shanghai 1935
(9) A: Wang Chen-To
T: *Chieh K'ai Liao Wo-Kuo »T'ien-Wên Chung« ti Pi-Mi* (Aufklärung des Geheimnisses unserer ›Astronomischen Uhren‹). In: Wên-Wu Ts'an-K'ao Tzu-Liao 9:5, 1958
(10) A: Wang Ming (Hrsg.)
T: *T'ai P'ing Ching Ho Chiao* (Kanon des Großen Friedens), Peking 1960
(11) A: Yen Yü
T: *Shih-liu Shih-chi-ti Wei Ta K'o-Hsüeh Chia Li Shih-Chen* (Der große Wissenschaftler des 16. Jahrhunderts, Li Shih-Chen). In: Chung-Kuo K'o-Hsüeh Chi-Shu Fa-Ming ho K'o-Hsüeh Chi-Shu Jen Wu Lun Chi (Chinesische Entdeckungen in Wissenschaft und Technik und ihre Repräsentanten), hrsg. v. Li Kuang-Pi und Ch'ien Chün-Yeh, Peking 1955, 314 f.

Bibliographie A 3
Primärquellen aus Arabien und Persien

(1) A: Abd-al-Rahmān ibn Khaldun (1332 bis 1406 n. Chr.)
T: *Kitāb al-'Ibar wa-Diwān al-Mubtada' wa-l-Khabar-fi Ayyām al-'Arab wa-l-Aiam wa-l-Barbar* (Abhandlung über lehrreiche Beispiele und Zusammenstellung von Subjekten und Prädikaten, die sich mit der Geschichte der Araber, der Perser und der Berber befassen).
(1a) A: Abu'l – Fida al Aiyubi (Isma'il ibn Ali ('Imad al Din Abu al Fida)) Prinz von Hamah

T: *»Taqwim al-Buldan«* Géographie d'Aboulféda, texte arabe, publié d'après les manuscrits de Paris et de Leyde par M. Reinaud et M. le Bon Mac Guckin de Slane. Paris 1840

(2) A: Abu'l – Faraj ibn Abu Ya'qub al-Nadim (Muhammad Ibn Ishaq)

T: *»Kitab al Fihrist«* mit Anmerkungen hrsg. von Gustav Flügel nach dessen Tode besorgt von Johannes Roediger und August Müller 2 Bd., Leipzig 1871-72

(3) A: Ahmad Ibn ›Abd al Wahab al Nuwairi‹ (1279-1332)

T: »Historia de los muselmanes de Espana y Africa, por En Nuguairi. Texto Arabe y traduccion espanola por M. Gaspar

(4) A: Ali al Tabari (Ali ibn Rabban al Tabari)

T: *»Firdaus al-Hikma«* vgl. Die indischen Bücher aus dem Paradies der Weisheit über die Medizin des Ali ibn Sahl Rabban al Tabari, übersetzt und erläutert von Prof. Dr. Alfred Siggel Wiesbaden 1951
und
Die propädeutischen Kapitel aus dem Paradies der Weisheit über die Medizin, übersetzt und erläutert von Prof. Dr. Alfred Siggel Wiesbaden 1953

(5) A: al Biruni (Muhammad ibn Ahmad [Abu al Raihan] al Biruni)

T: *»Ta'rikh al-Hind«* Alberuni's India. An account of the religion, philosophy, literature, geography, chronology, astronomy, customs, laws, and astrology of India about AD 1030 An English edition with notes and indices by Dr. Edward Sachau, 2 vols, London 1888

(6) A: al-Khwarizmi (Muhammad ibn Musa)

T: *»Hisab al-Jabr wa'l Mugabalah«* The algebra of Mohammed ben Musa, ed. and translated by Frederic Rosen London 1821

(7) A: al Maghridi al Andalusi

T: *»Risalat al-Khita Wa'l – Ighur«* (Zeitrechnung der Uighuren und Chinesen)
MS Bodl. I 971/9

(8) A: al-›Urdi al‹ Dimashqi zum Text vgl. E. G. Browne, Handlist of Muhammadan MSS preserved in the library of the University of Cambridge, 217-218 Nr. 1102
A. F. Mehren, Cosmographie de Chems-ed-Din Abou Abdallah Mohammes ed-Dimichqui, Petersburg 1866

(9) A: Ibn al-Razzaz al-Jazari

T: The Book of Knowledge of Ingenious Mechanical Devices. (translated and annotated by Donald R. Hill) Dordrecht, Boston: Reidel 1974

(10) A: Ibn Batutah (1304-1377) (Muhammad ibn ›Abd Allah‹), vgl. Gibb, H. A. R., Ibn Battuta Travels in Asia and Africa 1325 bis

1354 Translated and selected by H. A. R. Gibb, London 1929

(11) A: Muhammad ibn Zakriya al Razi (865-925 n. Chr.)

a) Traité sur le calcul dans les reins et dans la vessie par Abu Bekr Muhammad ibn Zakariya al-Razi.
Traduction accompagnée du texte, par P. de Koning, Leyden 1896

b) Abi Bakr Mohammadi filii Zachariae Raghensis (Razis) Opera Philosophica fragmentaque quae supersunt, collegit et edidit Paulus Kraus, Kairo 1939

c) al Razis's Buch Geheimnis der Geheimnisse, mit Einleitung und Erläuterungen in deutscher Übersetzung durch Julius Ruska, Berlin 1937

d) The spiritual physick of Rhazes, translated from the Arabic by Arthur J. Arbory, London 1850

e) A discourse on the small pox and measles by Richard Mead ... To which is annexed a treatise on the same diseases by the celebrated Arabian physician Abubeker Rhazes. The whole translated into English under the author's inspection by Thomas Stack, London 1748

(12) A: Muhammad ibn Ibrahim al Dimasqi (Ali Tabib)

a) Cosmographie. Texte arabe, publié d'après l'édition commencée par M. Fraehn. D'après les manuscrits de St. Petersbourg, de Paris, de Leyde et de Copenhague par M. A. T. Mehren Leipzig 1923

b) Manuel de la cosmographie du moyen âge, traduit de l'arabe »Nokhbet ed dahr fi 'Adjaib-il-birr wal bah'r« de Shems es-Din Abou – 'Abdallah Moh'ammed de Damas, et accompagné d'éclaireissements par M. A. F. Mehren Kopenhagen 1874

(13) A: Rashid al-Din al Hamadani (Rashid al Din Tabid) 1247(?)-1318
T: *»Jami' al Tawarikh«*

a) Ta'rih-i-mumbarak-i-Gazani, Geschichte der Khane Abaga bis Gaihatu (1265-1295) Textausgabe mit Einleitung, Inhaltsangabe und Indices von Karl Jahn Prag 1941

b) Geschichte Gazan Han's aus dem Ta'rih-i-mubarak-i-Gazani des Rasid al Din Fadlallah b. Imad al Daula Abul-Hair; herausgegeben nach den Handschriften von Stambul, London, Paris und Wien mit einer Einleitung, kritischem Apparat und Indices von Karl Jahn, London 1940

c) Histoire des Mongols de la Perse écrite en persan par Raschideldin, pub. tr. en francais accompagnées de notes et d'un mémoire sur la vie et les ouvrages de l'auteur par M. Quartemère Paris 1836

d) eine chinesische Übersetzung des (verlorengegangenen) mongolischen Originals ist das Sheng-wu Ch'in Chêng Lu, vgl. His-

toire des campagnes de Gengis Khan: Cheng-wou ts'in tcheng lou. Traduit et annoté par Paul Pelliot et Louis Hambis, Leyden 1951
e) Rashid al-Din al Hamadani
»Tanksuqnamah-i Ilkhan dar funun-i 'ulum-i Khitai« (Schätze des Ilkhan aus den Wissenschaften Chinas)

Bibliographie B
Werke in westlichen Sprachen

Agassi, J., Towards a Historiography of Science. In: History and Theory, Beiheft 2, 1963
Agricola, G., De re metallica. Basel 1556, Neudruck Düsseldorf 1961
d'Arcais, F., Buzzati-Traverso, A., Jemolo, A. C., de Martino, E., Panikkar, Rev. R. und Spirito, U., Progresso Scientifico e Contesto Culturale. In: Civiltà delle Macchine 2(3):19, 1963
d'Argens, J. B. de Boyer, Marquis, Philosophie du bon sens. o. O. 1737
Aristoteles, Nikomachische Ethik, übers. und kommentiert von Franz Dirlmeier. Darmstadt 1969
Aristoteles, Opera, ex recensione Immanuelis Bekkeri. Preuß. Akademie der Wissenschaften, Hrsg., Berlin 1831-1870, Nachdruck Berlin 1960/61
Arnim, Joannes ab, Stoicorum Veterum Fragmenta. Vol. III, Stuttgart: Teubner 1964, repr.
Augustinus, A., Confessiones, XI. In: Gesamtausgabe der Mauriner. 11 Bde. Paris 1679-1700. Nachdruck Migne, J. P., Hrsg., Patrologia latina, Bd. 32-47, Paris 1844-1866

Bacon, R., Opus Tertium. In: Brewer, J. S., Hrsg., Roger Bacon: opera quaedam hactum inedita. London 1859
Balazs, E., L'Histoire comme Guide de la Pratique Bureaucratique; les Monographies, les Encyclopédies, les Recueils de Status. In: Beasley, W. G. und Pulleyblank, E. G., Hrsg., Historians of China and Japan, London 1961, S. 78
Baldry, H. C., s. Griffiths, J. G.
Baratoux, J., Précis Élémentaire d'Acuponcture; avec Repérage Anatomique des Points et leurs Applications Thérapeutiques. Paris 1942
Baratoux, J., Khoubesserian, H., Thérapeutique et Acuponcture; Points à employer dans chaque Maladie. Paris 1945
Baron, W. und Sticker, B., Ansätze zur historischen Denkweise in der Naturforschung an der Wende vom 18. zum 19. Jahrhundert; I, Die Anschauungen Johann Friedrich Blumenbachs über die Geschichtlichkeit der Natur; II, Die Konzeption der Entwicklung von Sternen und

Sternsystemen durch Wilhelm Herschel. In: Archiv für Geschichte der Medizin und der Naturwissenschaften 47:19, 1963
von Bassermann-Jordan, E., Alte Uhren und ihre Meister. Leipzig 1926
Beale, C. T., The Microscope in Medicine. 1954
Beasley, W. G. und Pulleyblank, E. G., Hrsg., Historians of China and Japan. London 1961
Beau, G., La Médicine Chinoise. Paris 1965
Beck, T., Herons (des älteren) Automatentheater. In: Beitr. Gesch. Techn. Industr. 1:182, 1909
Beer, A., Ho Ping-Yü, Lu Gwei-Djen, Needham, J., Pulleyblank, E. G. und Thompson, G. I., An Eight-Century Meridian Line; I-Hsing's Chain of Gnomons and the Prehistory of the Metric System. In: Vistas in Astronomy 4:3, 1961
Bernal, J. D., Science in History. London 1954
Bernier, F., The History of the Late Revolution of the Empire of the Great Mogul. Originalausgabe: Paris 1671; dt. Ausgabe: Die Geschichte von der Staats- und Landsveränderung des Großen Moguls. Frankfurt 1672; Aufzeichnungen, Beobachtungen was sich im Reiche des Großen Moguls ergeben hat. Frankfurt 1673
von Bertele, H., Precision Time-keeping in the Pre-Huygens Era. In: Horol. Journal 95:794, 1953
Berthoud, F., Histoire de la Mésure du Temps par les Horloges. Paris 1802
Bodde, D. (Übers.), The Philosophy of Chu Hsi. In: Harvard Journal of Asiatic Studies 7:1, 1942
(Original: Fêng Yu-Lan, Chung-Kuo Chê-Hsüeh-Shih, Bd. 2, Kap. 13)
Bodde, D. (Übers.), The Rise of Neo-Confucianism and its Borrowings from Buddhism and Taoism. In: Harvard Journal of Asiatic Studies 7:89, 1942
(Original: Fêng Yu-Lan, Chung-Kuo Chê-Hsüeh-Shih, Bd. 2, Kap. 10)
Bodde, D., Dominant Ideas. In: McNair, H. F., Hrsg., China, Berkeley und Los Angeles 1946
Bodin, J., Methodus ad facilem Historiarum Cognitionem, Paris 1566
Bodin, J., De la République, o. O. 1577
Boethius, A. M. S., Gesammelte Werke. In: Migne, J. P., Hrsg., Patrologia latina, Bd. 63-64, Paris 1847
Bolton, L., Time Measurement, London 1924
Boyle, Robert, The Sceptical Chymist, London 1661
Boym, M. S. J., (Pu Ni-Ko), Flora Sinensis, o. O. 1656
Brandt, C., Schwartz, B. und Fairbank, J. K., A Documentary History of Chinese Communism. Cambridge, Mass. 1952
Brecht, B., Gesammelte Werke, Bd. 9, Gedichte 2, Frankfurt 1967

Bréhier, L., La philosophie de Plotin. Paris 1928
Brockbank, W., Ancient Therapeutic Arts. London 1954
Brooks, F., Cicero's »De natura deorum«. London 1896
Bruce, J. P., The Philosophy of Human Nature, translated from the Chinese with Notes. London 1922
Bruno, G., Dialoghi Italiani, hrsg. v. Giovanni Gentile, 3. Aufl. hrsg. v. Giovanni Aquilecchia, Florenz o. J. (1958)
Bruno, G., Giordani Bruni Nolani Opera latine conscripta, 3 Bde. Faksimile-Nachdruck der Ausgabe von Fiorentino, Tocco u. a. Original: Neapel und Florenz 1879-1891. Stuttgart/Bad Canstatt 1962
Bunbury, E. H., History of Ancient Geography among the Greeks and Romans from the Earliest Ages to the Fall of the Roman Empire, 2 Bde., London 1879. 1883
Bury, J. B., The Idea of Progress, London 1920
Butterfield, H., The Whig Interpretation of History. London 1951
Butterfield, H., History and Man's Attitude to the Past; their Role in the Story of Civilisation. London 1961

Cairns, H., Law and the Social Sciences. London 1935
Carlton, W. J., Timothe Bright, Doctor of Phisicke; a memoir of the Father of modern shorthand. London 1911
Carter, T. F., The Invention of Printing in China and its Spread Westwards. New York 1925
de Caus, I., Nouvelle Invention de lever l'Eau plus Hault que sa Source, avec quelque Machines movantes par le moyen de l'eau, et un discours de la conduite d'ycelle. o. O. 1644 (engl. Übers. v. John Leak, London 1659)
Chamfrault, A., Ung Kang-Sam, Traité de Médicine Chinoise; d'après les Textes Chinois Anciens et Modernes. 5 Bde., Angoulême 1954-.
Chang Ch'ang-Shao, The present status of studies on Chinese anti-malarial drugs. In: Chinese Medical Journal 63A:126, 1945
Chang Ch'ang-Shao, Fu Fêng-Yung, Huang, K. C., Wang, C. Y., Pharmacology of ch'ang shan (Dichroa febrifuga), a Chinese Anti-malarial Herb. In: Nature 161:400, 1968
Chang Kuang-Chih, The Archaeology of Ancient China. New Haven 1963
Chavannes, E., Les mémoires historiques de Se-Ma Ts'ien, 5 Bde. Paris 1895-1905
Chavannes, E., Les deux plus anciens spécimens de la cartographie chinoise. In: Bulletin de l'Ecole française de l'extrême Orient 3:213, 1903
Chêng Chih-Fan, Li Shih-Chen and his Materia Medica. In: China Reconstructs 12(3):29, 1963
Chêng Tê-K'un, Archaeology in China, Vol. 3, Chou China. Toronto 1963
Ch'en K'o-K'uei, Mukerji, B., Volicer, L. (Hrsg.), The Pharmacology of

Oriental Plants. London, Prag 1965 (Proc. IInd International Pharmacological Meeting, Prag, 1963, Bd. 7)
Chesneaux, J., La mode de Production Asiatique; une nouvelle Etape de la Discussion. In: Eirene (Prag) 1-3:137-146, 1960-1964
Childe, V. G., What happened in History. London 1942
Chrysippus, Fragmente 623-627, s. Joannes ab Arnim
Cohen, R. S., Is the Philosophy of Science Germane to the History of Science? The Work of Meyerson and Needham. In: Actes du dixième Congrès International d'Histoire des Sciences 1:220, 1964
Cornford, F. M., From Religion to Philosophy; a Study in the Origins of Western Speculation. London 1912
Corral, L. D. del, El Rapto de Europa; una Interpretación di Nuestro Tiempo. Madrid 1954
Couvreur, F. S., Dictionnaire classique de la langue chinoise. Hsienhsien 1890. Nachdruck Peiping 1947
Cowell, E. B., Hrsg., The Jātaka or Stories of the Buddha's Former Births, translated by various hands. 6 Bde., Cambridge 1895-1913
Cox, E. M. M., Plant-hunting in China; a History of Botanical Exploration in China and the Tibetan Marches. London 1945
Creel, H. G., Sinism; A Study of the Evolution of the Chinese World-View. Chicago 1929
Creel, H. G., Studies in Early Chinese Culture. Baltimore 1937
Creel, H. G., Confucius, the Man and the Myth. New York 1949, London 1951
Crombie, A. C., Von Augustin bis Galilei. Die Emanzipation der Naturwissenschaft. Köln 1959
Crombie, A. C., Robert Grosseteste and the Origins of Experimental Science: 1100-1700. London, New York 1971 (Erstaufl. 1953)
Crombie, A. C., Quantification in Mediaeval Physics. In: Woolf, H., Hrsg., Quantification, Indianapolis 1961
Crombie, A. C., The Relevance of the Middle Ages in the Scientific Movement. In: Drew, K. F., Lear, F. S. (Hrsg.), Perspectives in Mediaeval History. Chicago 1963
Crombie, A. C., The Significance of Medieval Discussions of Scientific Method for the Scientific Revolution. In: Clagett, M., Hrsg., History of Science. Madison, Milwaukee, and London 1969
Cullmann, O., The Intepretation of History, New York, London 1936
Cullmann, O., Christus und die Zeit. Zürich 1945

Daniel, G., The Three Ages. Cambridge 1943
Dawson, C. H., Progress and Religion; an Historical Enquiry, London 1929
Dawson, C. H., Dynamics of World History, (J. J. Murllo, Hrsg.), London 1957

Demiéville, P., Chang Hsüeh-Ch'êng and his Historiography. In: Beasley, W. G. und Pulleyblank, E. G., Hrsg., Historians of China and Japan, London 1961

Desaguliers, J. T., A Course of Experimental Philosophy, 2 Bde., London 1734

Descartes, R., Oeuvres complètes, hrsg. v. Adam, Chr. und Tannery P., 14 Bde., Paris 1897-1910, Neudruck 1956-1966

Douglass, P. F., Christian Faith and Political Philosophy. In: Religion in Life 10:267, 1941

Driver, T. F., The Sense of History in Greek and Shakespearean Drama. New York 1960

Drover, C. B., A Medieval Monastic Water-clock. In: Antiquar. Horol. 1:54, 1954

Dryden, J. G. et al., Ovid's ›Metamorphoses‹ in 15 Books, translated by the most eminent Hands. London 1717

Dubs, H. H., The Reliability of Chinese Histories. In: Far Eastern Quarterly 6:23, 1946

Dubs, H. H., The Beginnings of Alchemy. In: Isis 38:62, 1947

Dubs, H. H., Objektivität und Parteilichkeit in der offiziellen chinesischen Geschichtsschreibung. In: Oriens Extremus 7:120, 1960

Dubs, H. H., The Origin of Alchemy. In: Ambix 9:23, 1961

Dudgeon, J., ›Kung-fu‹, or Medical Gymnastics. In: Journal of the Peking Oriental Society 3:341, 1895

Duggar, B. M., Singleton, V. L., The Biochemistry of Antibiotics. In: Ann. Rev. Biochem. 22:459, 1953

Eichhorn, W., Description of the Rebellion of Sun En and earlier Taoist Rebellions. In: Mitteilungen des Instituts für Orientforschung 2:325, 1954

Eichhorn, W., Nachträgliche Bemerkungen zum Aufstand des Sun En. In: Mitteilungen des Instituts für Orientforschung 2:463, 1954

Eichhorn, W., Bemerkungen zum Aufstand des Chang Chio und zum Staate des Chang Lu. In: Mitteilungen des Instituts für Orientforschung 3:291, 1955

Eichhorn, W., T'ai-P'ing und T'ai-P'ing Religion. In: Mitteilungen des Instituts für Orientforschung 5:113, 1957

Eliade, M., Le Mythe de l'Eternel Retour; Archétypes et Répétition. Paris 1949

Eudemos von Rhodos s. Wehrli, F.

Evans, E. P., The Criminal Prosecution and Capital Punishment of Animals. London 1906

Fang Hsien-Chih, Chou Ying-Ch'ing, Shang T'ien-Yü, Ku Yün-Wu, The Integration of Modern and Traditional Chinese Medicine in the

Treatment of Fractures. In: Chinese Medical Journal 82:493; 83:411, 419, 425, 1963-64
Feldhaus, F. M., Die Technik der Vorzeit, der geschichtlichen Zeit und der Naturvölker. Berlin und Leipzig 1914
Fêng Yu-Lan, History of Chinese Philosophy, Bd. 1, London 1937, Bd. 2, Princeton, N. J. 1953
Forke, A., Geschichte der alten chinesischen Philosophie. Hamburg 1927
Forke, A., Geschichte der mittelalterlichen chinesischen Philosophie. Hamburg 1934
Forke, A., Geschichte der neueren chinesischen Philosophie. Hamburg 1938
Frankel, H. H., Objektivität und Parteilichkeit in der offiziellen chinesischen Geschichtsschreibung. In: Oriens Extremus 5:133, 1958
Frémont, C., Études expérimentales de Technologie industrielle, Nr. 47: Origine de l'Horloge à Poids. Paris 1915
Fu Fêng-Yung, Chang Ch'ang-Shao, Chemotherapeutic Studies on *ch'ang shan* (Dichroa febrifuga), III; Potent Anti-malarial Alkaloids from *ch'ang shan*. In: Science and Technology in China 1(3):56, 1948

Galilei, G., Edizione nationale delle opere, hrsg. v. Favaro, A., 21 Bde., Florenz 1890-1909
Gardner, C. S., Chinese Traditional Historiography. Cambridge, Mass. 1938, Nachdruck 1961
Giannone, P., Storia Civile del Regno de Napoli, Neapel 1723
Gilbert, W., De Magnete. Magneticisque corporibus et de Magno Magnete Tellure Physiologia Nova plurimum et argumentis demonstrata. Londini 1600
Glanvill, J., Scepsis Scientifica; or, Confest Ignorance the Way to Science, in: an Essay on the Vanity of Dogmatising and Confident Opinion. London 1661, 1665, repr. u. hrsg. v. Owen J., London 1885
Gooch, G. P., English Democratic Ideas in the 17th Century, hrsg. v. Laski, H. J., Cambridge 1967
Granet, M., Danses et Légendes de la Chine Ancienne, 2 Bde. Paris 1926
5(14):10, 1922.
Granet, M., Le Dépot de l'Enfant sur le Sol. In: Revue Archéologique
Nachdruck in: Etudes Sociologiques sur la Chine, Paris 1953, S. 159
Granet, M., La Pensée Chinoise, Paris 1934
Granet, M., La Religion des Chinois. Paris 1951
Griffiths, J. G., Archaeology and Hesiod's Five Ages. In: Journal of the Histories of Ideas 17:109, 1956; mit einem Kommentar von Baldry, H.-C., ibid., S. 553 ff.
Gunter, T. R., Early Science in Oxford. 14 Bde., Oxford 1913-1945

Haenisch, E., Der Ethos der chinesischen Geschichtsschreibung. In: Saeculum 1:111, 1950

Haloun, G., Die Rekonstruktion der chinesischen Urgeschichte durch die Chinesen. In: Japanisch-Deutsche Zeitschrift für Wissenschaft und Technik 3:243, 1925

Hall, A. R., Merton Revisited. In: History of Science 2:1, 1963

Han Yu-Shan, Elements of Chinese Historiography. Hollywood, Calif. 1955

Harris, J., Astronomical Dialogues. London 1719

Heizer, R. F., The Background of Thomsen's Three-Age System. In: Technology and Culture 3:259, 1962

Henke, F. G., A Study of the Life and Philosophy of Wang Yang-Ming. In: Journal of the North China Branch of the Royal Asiatic Society 44:46, 1913

Herrmann, A., Die Westländer in der chinesischen Kartographie. In: Hedin, S., Hrsg., Southern Tibet; Discoveries in Former Times compared with my own Researches in 1906-1908, 3:91-406, Stockholm 1922

Herrmann, A., Die ältesten chinesischen Weltkarten. In: Ostasiatische Zeitschrift 11:97, 1924

Hessen, B., The Social and Economic Roots of Newton's ›Principia‹. In: Bukharin, N. I., Hrsg., Science at the Cross-Roads, London 1971. Dt. in: Weingart, P., Hrsg., Wissenschaftssoziologie 2. Determinanten wissenschaftlicher Entwicklung, Frankfurt 1974, S. 262

Hirth, F., Chinesische Ansichten über Bronzetrommeln. In: Mitteilungen des Seminars für Orientalische Sprachen 2:200, 1904

Hirth, F., Ancient History of China, to the End of the Chou Dynasty. New York 1908, repr. 1923

Hogben, L., John Wilkins, Parliamentarian and Pioneer of Scientific Humanism. In: Hogben, L., Hrsg., Dangerous Thoughts, London 1939, S. 25

Holmyard, E. J., Alchemy. London 1957

Hoover, H. C. und Hoover, L. H., Gregorius Agricola »De re metallica«, translated from the first Latin edition of 1556 with biographical introduction, annotations and appendices upon the development of mining methods, metallurgical processes, geology, mineralogy, and mining law from the earliest times to the 16th century. 2. Aufl., Dover, New York 1950

Ho Ping-Yü, Needham, J., The Laboratory Equipment of the Early Medieval Chinese Alchemists. In: Ambix 7:57, 1959a

Ho Ping-Yü, Needham, J., Theories of Categories in Early Medieval Chinese Alchemy (with translation of the Tsyan T'ung Ch'i Wu Hsiang Lei Pi Yao, 6.-8. Jh.). In: Journ. Warburg & Courtauld Institutes 22:173, 1959b

Hou Wai-Lu, Socialnye Utopii Drevnego i Srednevekovogo Kitaia (So-

ziale Utopien im alten und mittelalterlichen China). In: Voprosy Filozofii 9:75, 1959
Howgrave-Graham, R. P., Some Clocks and Jacks, with Notes on the History of Horology. In: Archaeologia 77:257, 1927
Hsiao Kung-Ch'üan, K'ang Yu-Wei and Confucianism. In: Monumenta Serica 18:96, 1959
Hsü Shih-Lien, The Political Philosophy of Confucianism. London 1932
Huard, P. und Huang Kuang-Ming (M. Wong), La Notion de Cercle et la Science Chinoise. In: Archives Internationales d'Histoire des Sciences 9:111, 1956
Huard, P., Huang Kuang-Ming (M. Wong), La Médicine Chinoise au Cours des Siècles. Paris 1959
Hübotter, F., Die chinesische Medizin zu Beginn des XX. Jahrhunderts, und ihr historischer Entwicklungsgang. Leipzig 1929
Hughes, E. R., Importance and Reliability of the I Wên Chih. In: Mélanges Chinois et Bouddhiques 6:173, 1939
Hulsewé, A. F., Notes on the Historiography of the Han Period. In: Beasley, W. G. und Pulleyblank, E. G., Hrsg., Historians of China and Japan. London 1961, S. 31
Hume, E. H., The Chinese Way in Medicine. Baltimore 1940
Huntington, E., Mainsprings of Civilization. New York 1945

Irenaeus, Contra Haeresios, IV, 37, 7 (Adversus Haereses), hrsg. v. Harvey, W. W., 1857 o. O.

Jäger, F., Der heutige Stand der Schi-ki (Shih Chi) Forschung. In: Asia Major 9:25, 1933
Jacob, E. F., Political Thought. In: Crump, C. G. und Jacob, E. F., Hrsg., Legacy of the Middle Ages, Oxford 1926
Jacobs, N., The Origin of Modern Capitalism and Eastern Asia. Hongkong 1958

Keele, K. D., The Evolution of Clinical Methods in Medicine. London 1963
Kepler, J., Opera Omnia, hrsg. v. Frisch, C., 8 Bde., Frankfurt 1857-1872
Keyes, C. W., Cicero's »De Legibus«. London 1928
Kierman, F. A., Ssuma Ch'ien's Historiographical Attitude as Reflected in Four Late Warring States Biographies. Wiesbaden 1962
King, H., The ›Metamorphoses‹ of P. Ovidius Naso. Edinburgh 1871
Kuo Yu-Shou, La Lune sur le Fleuve Perle. Paris 1963

Laufer, B., Jade. Chicago 1912, repr. Pasadena 1946
Lavergne, M., Lavergne, C., Précis d'Acuponcture Pratique. Paris 1947

Lavier, J., Les Bases Traditionelles de l'Acuponcture Chinoise; les Définitions essentielles de la Bio-énergetique Chinoise dans la Terminologie des Acuponcteurs. Paris 1964

Lavier, J., Points of Chinese Acupuncture. Rustington, Sussex 1965

Lawson-Wood, D., Lawson-Wood, J., Acupuncture Handbook. Rustington, Sussex 1964

Leach, E. R., Hydraulic Society in Ceylon. In: Past and Present 15, 1959

Ledlie, J. C., Ulpian. In: Journal of the Society of Comparative Legislation 5:14, 1905

Lee, O., Traditionelle Rechtsgebräuche und der Begriff des Orientalischen Despotismus. In: Zeitschrift für vergleichende Rechtswissenschaften 66:157, 1964

Leicester, H. M., The Historical Background of Chemistry. New York 1965

Lewis, P. W., Time and Western Man. London 1927

Liao Wen-Kuei, The Complete Works of Han Fei Tzu; a Classic of Chinese Legalism. London 1939

Li Ch'iao-P'ing, The Chemical Arts of Old China. Easton, Pa. 1948

Lilley, S., Robert Recorde and the Idea of Progress, a Hypothesis and a Verification. In: Renaissance and Modern Studies 2:1, 1959

Lin-Le (Ling-Li, d. h. A. F. Lindley), Ti-Ping Tien-Kwoh; the History of the Ti-Ping Revolution, including a Narrative of the Author's Personal Adventures. London 1886

Liu Tzu-Chien, An Early Sung Reformer, Fan Chung-Yen. In: Fairbank, J. K., Hrsg., Chinese Thought and Institutions. Chicago 1957

Lloyd, H. A., George Graham, Horologist and Astronomer. In: Horological Journal 93:708, 1954

Lloyd, H. A., Giovanni de Dondi's Masterpiece of † 1364, o. O., o. J.

Loon, P. van der, The Ancient Chinese Chronicles and the Growth of Historical Ideals. In: Beasley, W. G. und Pulleyblank, E. G., Hrsg., Historians of China and Japan, London 1961, S. 24

Lowie, R. H., The History of Ethnological Theory. London 1937

Lübke, A., Altchinesische Uhren. In: Deutsche Uhrmacher-Zeitung 55: 197, 1931

Lübke, A., Chinesische Zeitmeßkunde, In: Naturw. Kultur (München) 28:45, 1931

Lu Gwei-Djen und J. Needham, Medieval Preparations of Urinary Steroid Hormones. In: Nature 200:1047, 1963

Lu Gwei-Djen und J. Needham, China and the Origin of (Qualifying) Examinations in Medicine. In: Proceedings of the Royal Society of Medicine 56:63, 1963

Lukrez (Ausgabe Munro, H. A. J.), 4. Aufl. Cambridge 1886

Macalister, R. A. S., Textbook of European Archaeology. London 1921
Mahdihassan, S., The Chinese Origin of the world Chemistry. In: Current Science 15:136, 1946a
Mahdihassan, S., Another Probable Origin of the Word Chemistry from the Chinese. In: Current Science 15:234, 1946b
Mahdihassan, S., The Chinese Origin of three Cognate Words: Chemistry, Elixir, and Genii. In: Journ. Univ. Bombay 20:107, 1951
Mahdihassan, S., The Chinese Origin of Alchemy. In: United Asia 5(4): 241, 1953
Mahdihassan, S., Alchemy and its Connection with Astrology, Pharmacy, Magic, and Metallurgy. In: Janus 46:81, 1957
Mahdihassan, S., Alchemy in its Proper Setting, with Jinn, Sufi and Suffa as Loan-words from the Chinese. In: Iqbal 7(3):1, 1959a
Mahdihassan, S., On Alchemy, Kimiya and Iksir. In: Pakistan Philos. Journ. 3:67, 1959b
Mahdihassan, S., Alchemy in the Light of its Names in Arabic, Sanskrit and Greek. In: Janus 49:79, 1961
Mann, F., Acupuncture; the Ancient Chinese Art of Healing. London 1962a
Mann, F., Anatomical Charts of Acupuncture Points, Meridians and Extra Meridians. Barnet, Herts 1962b
Mann, F., The Treatment of Disease by Acupuncture. London 1963
Manuel, F., Isaac Newton, Historian. Cambridge 1964
Martinet, D. M. P., Manuel de Pathologie. 1826
Marx, K., Formen, die der kapitalistischen Produktion vorhergehen. In: Grundrisse der Kritik der politischen Ökonomie. Berlin-Ost 1952
Marx, K., Engels, F., Werke, Berlin (Ost) 1963
Matschoss, C. und Kutzbach, K., Geschichte des Zahnrades. Berlin 1940
Maverick, L. A., China, a Model for Europe. San Antonio, Texas 1946
Meadows, T. T., The Chinese and their Rebellions, Viewed in Connection with their National Philosophy, Ethics, Legislation and Administration, to which is added an Essay on Civilization and its Present State in the East and West. Bombay und London 1856, Nachdruck Stanford, Calif. 1953
Medhurst, W. H., Pamphlets issued by the Chinese Insurgents at Nanking; to which is added a History of the Kwang-se (Kuangsi) Rebellion, gathered from Public Documents; and a Sketch of the Connection between Foreign Missionaries and the Chinese Insurrection; concluding with a critical view of several of the above Pamphlets. Shanghai 1853
Mencius, II (1), vi, 1-7 und VI (1), vi, 4-7, s. Meng Tzu und Legge, J.
Meng Tzu und Legge, J., The Chinese Classics. 7 Bde., Oxford o. J.
Merton, R. K., Science, Technology and Society in Seventeenth-Century England. In: Osiris 4:360-362, 1938

Mieli, A., La Science Arabe et son Rôle dans l'Evolution Scientifique Mondiale. Leiden 1938, Nachdruck 1966

Monro, C. H., The Digest of Justinian. Cambridge 1904

Montesquien, Ch. de, De l'Esprit des lois, Paris 1748

de Morant, G. S., Précis de la vraie Acuponcture Chinoise: Doctrine, Diagnostique, Thérapeutique. Paris 1934

de Morant, G. S., L'Acuponcture Chinoise, 4 Bde. Paris 1939-

Morse, W. R., Chinese Medicine. New York 1934

Morton, A. L., The Everlasting Gospel: a Study in the Sources of William Blake. London 1958

Mosig, A. und Schramm, G., Der Arzneipflanzen- und Drogen-Schatz Chinas; und die Bedeutung des ›Pên Ts'ao Kang Mu‹ als Standardwerk der chinesischen Materia Medica. Berlin 1955

Moss, L., Acupuncture and You; a New Approach to Treatment based on the Ancient Method of Healing. London 1964

Moule, A. C. und Yetts, W. P., The Rules of China, 221 v. Chr. bis 1949 n. Chr., London 1957

Mus, P., La Notion de Temps Réversible dans la Mythologie Bouddique. In: Annuaire de l'Ecole Pratique des Hautes Etudes 1939

Nakayama, T., Acuponcture et Médicine Chinoise vérifiées au Japon. Paris 1934

Newton, I., The Chronology of Ancient Kingdoms Amended, to which is prefixed a short Chronicle from the First Memory of Things in Europe to the Conquest of Persia by Alexander the Great. London 1728

Newton, I., Isaaci Newtoni Opera quae extant omnia. Hrsg. v. Horsley S., 5 Bde., London 1779-1785, Nachdruck Stuttgart-Bad Cannstatt 1964

Niebuhr, R., Faith and History. New York 1924

Niebuhr, R., The Self and the Dramas of History, London 1956

Orrery, The Countess of Cork and, The Orrery Papers. 2 Bde., London 1903

Ovid (Publius Ovidius Naso), Metamorphosen. In deutsche Hexameter übertragen und mit dem Text hrsg. v. Rösch, E., München 1964

Pagel, W., Giordano Bruno; the Philosophy of Circles and the Circular Movement of the Blood. In: Journal of the History of Medicine and Allied Sciences 6:116, 1951

Pálos, S., Chinesische Heilkunst; Rückbesinnung auf eine große Tradition. München 1963

Pascal, B., Oeuvres complètes. Brunschvicg, L., Boutroux, E., Gazier, F., Hrsg., 14 Bde., Paris 1908-1923

Pasquier, E., Les Recherches de la France, Paris 1560

Pearson, K., The Grammar of Science. London 1900

Planchon, M., L'Horloge, son Histoire retrospective, pittoresque et artistique. Paris 1899, 2. Aufl. 1912
Platon, Der Staat, VIII, 546
Platon, Der Staatsmann (Politicos), 269, c., ff.
Platon, Theaetet, 174 a
Pokora, T., On the Origins of the Notions of T'ai-P'ing and Ta-T'ung in Chinese Philosophy. In: Archiv Orientalni 29:448, 1961
Pollock, F., History of the Law of Naure. In: Journal of the Society of Comparative Legislation 2:418, 1900
Popelinière, L. V. de la, Histoire des Histoires; Premier Livre de L'Idée de L'Histoire Accomplie. Paris 1599
Porphyros, Vita Pythagoras, 19. In: Opuscula selecta, hrsg. v. Nauck, A., 2. Aufl., 1886 o. O.
Price, D. J. de Solla, Clockwork before the Clock. In: Horological Journal 97:810, 98:31, 1955/56
Price, D. J. de Solla, Science Since Babylon. New Haven, Conn. 1961
Pulleyblank, E. G., The Origins and Nature of Chattel-Slavery in China. In: Journal of Economics and Social History of the Orient 1:185, 1958
Pulleyblank, E. G., Review of ›Oriental Despotism‹. In: Bulletin of the London School of Oriental and African Studies 21:657, 1958
Pulleyblank, E. G., Chinese Historical Criticism; Liu Chih-Chi and Ssuma Kuang. In: Beasley, W. G. und Pulleyblank, E. G., Hrsg., Historians of China and Japan. London 1961

Quecke, K., Der Indische Geist und die Geschichte. In: Saeculum 1:362, 1950
Quesnay, F., Le Despotisme de la Chine. Paris 1767

Ray, P. C., A History of Hindu Chemistry from the Earliest Times to the Middle of the 16th Century. A. D. with Sanscrit Texts, Variants, Translations and Illustrations. 2 Bde., Kalkutta 1904, 1925
Renon, L. und Fillozat, J., L'Inde classique; Manuel des Etudes Indiennes. 2 Bde., Paris 1947, 1953
Rigaud, S. J., Correspondence of Scientific Men of the Seventeenth Century, Oxford 1841
Robson, W. A., Civilization and the Growth of Law. London 1935
Roriczer, M., Von der Fialen Gerechtigkeit, hrsg. v. Reichensperger, A., Trier 1845, Original 1486
Russell, Bertrand, The Problem of China. London 1922

Sambursky, S., The Physical World of the Greeks. London 1956
Sambursky, S., The Physical World of Late Antiquity. London 1962
Scaliger, J. J., Opus Novum de Emendatione Temporum (Thesaurus Temporum). Paris 1583

Schlegel, G., Uranographie Chinoise, 2 Bde., Leyden 1875
Schneider, W., Über den Ursprung des Wortes ›Chemie‹. In: Die Pharmazeutische Industrie 21:79, 1959
Schurmann, H. F., The Economic Structure of the Yuan Dynasty. Cambridge, Mass. 1956
Sheridan, P., Les inscriptions sur adoise de l'abbaye de Villiers. In: Annales de la Société Royale d'Archéologie (Brüssel) 9:359, 454; 10:203, 404, 1896
Shih Yu-Chung, Some Chinese Rebel Ideologies. In: T'oung Pao 44:150, 1956
Simon, J., Stages in Social Development. In: Marxism Today 4:183-188, Juni 1962
Singer, C., Historical Relations of Religion and Science. In: Needham, J., Hrsg., Science, Religion and Reality. London 1925
Sivin, N., Preliminary Studies in Chinese Alchemy; the ›Tan Ching Yao Chüeh‹ attributed to Sun Ssu-Mo. Cambridge, Mass. 1965
Soothill, W. E., The Hall of Light, a Study in Early Chinese Kinship. London 1951
Spengler, O., Der Untergang des Abendlandes. 2 Bde., München 1967,1969
Spinoza, B., Opera quotquot reperta sunt cognoverunt. Kloten, J. van und Land, J. P. N., Hrsg., 3. Aufl. 4 Bde., Paris 1914
Sprenkel, O. van der, Chronology, Dynastic Legitimacy, and Chinese Historiography. Beitrag zur »Study Conference at the London School of Oriental Studies«. London 1956
Synge, J. L., A Plea for Chronometry. In: New Scientist 5:410, 1959
Stange, H. O., Chinesische und abendländische Philosophie; ihr Unterschied und seine geschichtlichen Ursachen. In: Saeculum 1:380, 1950
Staunton, Sir George T., An Authentic Account of an Embassy from the King of Great Britain to the Emperor of China, taken chiefly from the papers of H. E. the Earl of Macartney K. B. etc. ... 2 Bde., London 1797, Nachdruck 1798, verkürzte Ausgabe London 1797
Stevin, S., De Thiende 1585. Neue Ausgabe hrsg. v. Gericke, H. und Vogel, K., 1965
Stevin, S., De Havenfinding. Leyden 1599. Wiederabgedruckt in: Hellmann, G., Hrsg., Rara Magnetica. Berlin 1899
Strong, A. L., Letter from China, Nr. 15, 1964
Suarez, F., Opera omnia, hrsg. v. Berton, C. C. und André, M., 26 Bde., Paris 1856-1877

Tai Kuan-I, An Enquiry into the Origin and Early Development of T'ien and Shang-Ti. Inaug. Diss., Chicago, o. J.
Tartaglia, M., Quesiti et Inventioni diverse. Venedig 1546
Taylor, E. W. und Wilson, J. S., At the Sign of the Orrery. For Messrs. Cooke, Troughton and Simms, pr. pr. York, o. J. (1945)

Taylor, F. S., The Alchemists. London 1951
Teggart, F. J., The Argument of Hesiod's Works and Days. In: Journal of the Histories of Ideas 8:45, 1947
Thompson, J. W. und Holm, B. J., A History of Historical Writing. 2 Bde., New York 1942
Thompson, L. G., Ta T'ung Shu: The One-World Philosophy of K'ang Yu-Wei. London 1958
Thomsen, C. J., Ledetrad til Nordiske Oldkindighed. Kopenhagen 1836. Deutsche Übersetzung: Leitfaden zur nordischen Altherskunde. Kopenhagen 1837
Thorndike, L., The Invention of the Mechanical Clock about † 1271. In: Speculum 16:242, 1941
Thorndike, L., A History of Magic and Experimental Science during the First Thirteen Centuries of our Era. New York 1947
Tillich, P., Der Protestantismus. Prinzip und Wirklichkeit. Stuttgart 1950
Titley, A. F., Science and History. In: History 23:108, 1938
Tjan Tjoe Som (Tsêng Chu-Sen), Po Hu T'ung, the Comprehensive Discussions in the White Tiger Hall. Leyden 1949
Tökei, F., Die Formen der chinesischen patriarchalischen Sklaverei in der Chou-Zeit. In: Opuscula Ethnologica Memoriae Ludovici Biró Sacra, Budapest 1959
Tonkin, E. M. und Work, T. S., A New Anti-malarial Drug. In: Nature 156:630, 1945
Tshao Thien-Chhin, Ho Ping-Yü und Needham, J., An Early Medieval Chinese Alchemical Text on Aqueous Solutions (the San-shih-liu Shui Fa, 6. Jh. n. Chr.). In: Ambix 7:122, 1959

Ucelli, A., Storia della Tecnica dal Medio Evo ai Nostir Giorni. Mailand 1945
Usher, J., Annals of the World. Oxford 1658
Usher, J., Chronologia Sacra, Oxford 1660

Vernant, P., Kommentar zu: The Establishment of Scientific Thinking in Antiquity, in: Crombie, A. C., Hrsg., Scientific Change, London 1963
Vernant, J. P., Les Origines de la Pensée. Paris 1964
Vital du Four, Pro Conservanda Sanitate. 1295 n. Chr.

Wang Chi-Min und Wu Lien-Tê, History of Chinese Medicine. In: Nat. Quarantine Service, Shanghai, 2. Aufl. 1936
Ward, F. A., How Timekeeping became Accurate. In: Chartered Mechanical Engineer 8:604, 1961
Warren, G. G., Was Chu Hsi a Materialist? In: Journal of the North China Branch of the Royal Asiatic Society 55:28, 1924
Watson, B., Ssuma Ch'ien, Grand Historian of China. New York 1958

Wehrli, F., Hrsg., Fragmente. Die Schule des Aristoteles, 1955 o. O.

Whewell, W., History of the Inductive Sciences. 1837 o. O.

White, L., Medieval Technology and Social Change. Oxford 1962

Wiedemann, E., Ein Instrument, das die Bewegung von Sonne und Mond darstellt, nach al-Bīrūnī. In: Der Islam 4:5, 1913

Wiedemann, E. und Hauser, F., Über die Uhren im Bereich der Islamischen Kultur. In: Nova Acta; Abhandl. d. kaiserl. Leop.-Carol. deutsch. Akad. Naturf. Halle 100 (5), 1915

Wiedemann, E. und Hauser, F., Die Uhr des Archimedes und zwei andere Vorrichtungen. Halle 1918

Wiedemann, E. und Hauser, F., Byzantinische und arabische akustische Instrumente. In: Archiv für die Geschichte der Naturwissenschaft und Technik 8:140, 1918

Wilhelm, H., Gesellschaft und Staat in China. Peiping 1944

Wilhelm, H., Die Wandlung; acht Vorträge zum I-Ging (I-Ching). Peking 1944

Wilhelm, W., Der Zeitbegriff im ›Buch der Wandlungen‹. In: Eranos Jahrbuch 20:321, 1951

Withington, E., Dr. John Weyer and the Witch Mania. In: Singer, C., Hrsg., Studies in the History and Method of Science, Bd. 1, S. 189, Oxford 1917

Withrow, G. J., Natural Philosophy of Time. London und Edinburgh 1961

Wittfogel, K. A., Wirtschaft und Gesellschaft Chinas. Leipzig 1931

Wittfogel, K. A., Die orientalische Despotie. Berlin 1962

Woo Kang (Wu K'ang), Les Trois Théories Politiques du Tch'ouen Ts'ieou (Ch'un Ch'iu). Paris 1932

Worsaae, J. J. A., Primaeval Antiquities of Denmark, übers. v. Thoms, W. J., London 1849

Yabuuchi, Kiyoshi, The Development of the Sciences in China from the 4th to the end of the 12th Century A. D. In: Journal of World History 4:330, 1958

Yang Lien-Shêng, The Organisation of Chinese Official Historiography, Principles and Methods of the Standard Histories from the T'ang through the Ming Dynasty. In: Beasley, W. G. und Pulleyblank, E. G., Hrsg., Historians of China and Japan, London 1961

Zeno, Fragmente 98, 109

Zilsel, E., Die sozialen Ursprünge der neuzeitlichen Wissenschaft, hrsg. v. Krohn, W., Frankfurt 1976

Zimmer, H., Myths and Symbols in Indian Art and Civilisation, hrsg. v. Campbell, J., New York 1946

Zimmer, H., Philosophies of India. New York 1953

Zinner, E., Aus der Frühzeit der Räderuhr, von der Gewichtsuhr zur Federzugsuhr. In: Abhandlungen und Berichte des Deutschen Museums 22:3, München 1954

Bibliographie C 1
Wichtige Werke von Joseph Needham

Bücher

(1) Man a Machine. London: Kegan Paul 1927
(2) The Sceptical Biologist. London: Chatto and Windus 1929
(3) Chemical Embryology, 3 Bde. Cambridge 1931
(4) The Great Amphibium; Four Lectures on the Position of Religion in a World Dominated by Science. London 1931
(5) A History of Embryology. Cambridge 1934
(6) Order and Life. Cambridge 1936
(7) Time, the Refreshing River. London: Allen & Unwin 1942
(8) Biochemistry and Morphogenesis. Cambridge: 1942
(9) Chinese Science. London: Pilot Press 1945
(10) History is on our Side: A Contribution to Political Religion and Scientific Faith. London: Allen & Unwin 1946
(11) Science and Civilization in China. Cambridge 1954- (bislang 7 Bde.)
(12) Within the Four Seas. London: Allen & Unwin 1969
(13) The Grand Titration; Science and Society in China and the West. London: Allen & Unwin 1969
(14) Clerks and Craftsmen in China and the West. Cambridge 1970
(15) Moulds of Understanding, Hrsg. Gary Werskey, Allen & Unwin, London 1976
(16) Joseph Needham and Dorothy Needham, Hrsg., Science Outpost. London: Pilot Press 1948
(17) Joseph Needham and Walter Pagel, Hrsg., Background to Modern Science. Cambridge 1938
(18) Joseph Needham, Wang Ling und Derek J. de Solla Price, Heavenly Clockwork, the Great Astronomical Clocks of Medievel China, Cambridge, 1960.

Aufsätze

Limiting Factors in the Advancement of Science as Observed in the History of Embryology, in: Yale Journal of Biology and Medicine 8:1, 1935

Geographical Distribution of English Ceremonial Folk-Dances, in: Journal of the English Folk-Dance and Song Society 3:1, 1936
Integrative Levels; a Reevaluation of the Idea of Progress, in: (7)
The Liquidation of Form and Matter, in: (8)
Pure Science and the Idea of the Holy, in: (7)
Science in Southwest China. I, the Physico-Chemical Sciences, in: (15)
Science in Southwest China. II, the Biological and Social Sciences, in: (15)
Science in Kweichow and Kuangsi, in: (15)
Science in Western Szechuan. I, Physico-Chemical Sciences and Technology, in: (15)
Science in Western Szechuan. II, Biological and Social Sciences, in: (15)
Science and Social Change, in: Science and Society 10:225, 1946
Science and Technology in China's Far South-East, in: (15)
The Unity of Science; Asia's Indispensable Contribution, in: (14)
The Ways of Szechuan, in: Asian Horzon 1-3:62, 1948
The Chinese Contribution to Science and Technology, in: D. Hartman und S. Spencer, Hrsg., Reflections on our Age. London: Wingate 1948; auch in: (14)
Central Asia and the History of Science and Technology, in: (14)
Biochemical Aspects of Form and Growth, in: L. L. Whyte, Hrsg., Aspects of Form. London: Lund Humphries 1951
Natural Law in China and Europe, in: Journal of the History of Ideas 12:3, 194, 1951
Prospection Géobotanique en Chine Médiévale, in: Journal d'Agriculture tropicale et de Botanique appliquée, 1:143, 1954
Remarks on the History of Iron and Steel Technology in China, in: Actes du Colloque International ›Le Fer à travers les Ages‹, Nancy 1955
The Peking Observatory in A. D. 1280 and the Development of the Equatorial Mounting, in: A. Beer, Hrsg., Vistas in Astronomly, Vol. 1, London: Pergamon 1955
Iron and Steel Production in Ancient and Medieval China, in: (14)
The Development of Iron and Steel Technology in China, in: (14)
The Translation of Old Chinese Scientific and Technical Texts, in: A. H. Smith, Hrsg. Aspects of Translation, London: Secker & Warburg 1958
An Archaeological Study-Tour in China, in: Antiquity 33:113, 1959
The Missing Link in Horological History; a Chinese Contribution, in: (14) (dt. in diesem Band, S. 330)
The Past in China's Present, in Centennial Review of Arts and Science 4:145, 281, 1960, auch in: (12)
Classical Chinese Contributions to Mechanical Engineering, in: (14)
The Chinese Contribution to the Development of the Mariner's Compass, in: (14)
The Chinese Contributions to Vessel Control, in: (14)
Aeronautics in Ancient China, in: Shell Aviation News 279:2; 280:15, 1961

Astronomy in Classical China, in: (14)
Poverties and Triumphs of the Chinese Scientific Tradition, in: (13)
The Pre-Natal History of the Steam-Engine, in: (14)
Human Law and the Laws of Nature, in: (13) (dt. in diesem Band, S. 260)
Science and China's Influence on the West, in: (13)
Time and Eastern Man, in: (13) (dt. in diesem Band, S. 176)
China and the Invention of the Pound-Lock, in: Transactions of the Newcomen Society 36:85, 1964
Chinese Priorities in Cast Iron Metallurgy, in: Technology and Culture 5:398, 1964
Time and Knowledge in China and the West, in: J. T. Fraser, Hrsg., The Voices of Time; a Cooperative Survey of Man's Views of Time as expressed by the Sciences and the Humanities, New York: Brazillerm 1966
China, Europe and the Seas Between, in: (14)
The Roles of Europe and China in the Evolution of Oecumenical Science, in: (14) (dt. in diesem Band, S. 120)
Do the Rivers Pay Court to the Sea? The Unity of Science in East and West, in: Theoria to Theory 5, 2:68, 1971
The Refiner's Fire; the Enigma of Alchemy in East and West, in: Ruddock, for Birkbeck College, London 1971
A Chinese Puzzle – Eight or Eighteenth? in: A. G. Debus, Hrsg., Science, Medicine and Society in the Renaissance, Bd. 2, 1972
On Science and Social Change, in: (13)
Science and Society in Ancient China, in: (13) (dt. in diesem Band, S. 145)
Thoughts on the Social Relations of Science and Technology, in: (13) (dt. in diesem Band, S. 166)
Science and Society in East and West, in: (13) (dt. in diesem Band, S. 61)
The Historian of Science as Ecumenical Man: A Meditation in the Shingon Temple of Kongosammai-in on Koyasan, in: Shigeru Nakayama und Nathan Sivin, Hrsg., Chinese Science, The MIT Press, Cambridge, Mass. and London, England, 1973
Man and His Situation, in: (15)
An Eastern Perspective on Western Anti-Science, in: (15)
History and Human Values; A Chinese Perspective for World Science and Technology, in: Centennial Review, 20, (1976)
Needham, J. und Liao Hung-Ying, Übers., The Ballad of Meng Chiang Nü weeping at the Great Wall, in: Sinologica, 1:194 (1948)
Needham, J. und Leslie, D., Ancient and Medievel Chinese Thought on Evolution, in: Bulletin of the National Institute of Science of India, 7, 1 (1952)
Needham, J., Wang Ling und Price, Derek J. de S., Chinese Astronomical Clockwork, in: Actes du VIIIe Congrès Internationale d'Histoire des Sciences, Florenz 1956
Chesneaux, J. und Needham, J., Les Sciences en Extrême Orient du

16ème au 18ème Siècle, in: R. Taton, Hrsg., Histoire Générale des Sciences, Bd. 2, Presses Universitaires de France, Paris 1958
Needham, J. und Lu Gwei-Djen, Hygiene and Preventive Medicine in Ancient China, in: (14)
Needham, J. und Ho Ping-Yü, Elixir Poisoning in Medieval China, in: (14)
Needham, J. und Lu Gwei-Djen, Efficient Equine Harness; the Chinese Inventions, in: Physis, 2:121 (1960)
Needham, J. und Robinson, K., Ondes et Particules dans la Pensée Scientifique Chinoise, in: Sciences, Revue de la Civilisation Scientifique 1, 4:65 (1960)
Needham, J. und Lu Gwei-Djen, The Earliest Snow Crystal Observations, in: (14)
Needham, J. und Lu Gwei-Djen, Proto-Endicronology in Medieval China, in: (14)
Needham, J. und Lu Gwei-Djen, China and the Origin of Qualifying Examinations in Medicine, in: (14)
Needham, J. und Lu Gwei-Djen, A Further Note on Efficient Equine Harness; the Chinese Inventions, in: Physis, 7:70 (1965)
Needham, J. und Lu Gwei-Djen, A Korean astronomical screen of the mid-eighteenth century from the royal palace of the Yi dynasty, in: Physics, 8:137 (1966)
Needham, J. und Lu Gwei-Djen, Medicine and Chinese Culture, in: (14), (dt. in diesem Band, S. 294)
Needham, J. und Lu Gwei-Djen, The optick artists of Chiangsu, in: S. Bradbury und G. l'E Turner, Hrsg., Historical Aspects of Microscopy, London 1967

Bibliographie C 2

Bibliographie C 2 enthält einige der wichtigsten Rezensionen der Werke Needhams, die zum Teil in diesem Band übersetzt wurden, zum Teil in enger thematischer Beziehung zu den Übersetzungen stehen.

The Grand Titration
Science and Society in East and West. London 1969
Coleman, E. J. in Philosophy East and West 21 (3):331-332, 1971.
Graham, A. C. in: Shigeru Nakayama und Nathan Sivin, Hrsg., Chinese Science Exploration of an Ancient Tradition, Cambridge, Mass. und London 1973, S. 45-69.
Huard, Pierre, in: Archives internationales d'histoire des sciences 23. Jahrgang: 121-125, 1970.

Lanciotti, Lionello, in: East and West 20 (3):226, 1970.
Liu, Shu-Hsien, in: Philosophy East and West 20 (3):331-332, 1970.
Loewe, M. in: Bulletin of the School of Oriental and African Studies 33 (2):454-455, 1970.
Lundboek, Knud, in Centaurus, 16 (4):324-327, 1972.
Keller, A. G., in: Ambix 18 (1):49-55, 1971.
Sivin, Nathan, in: Journal of Asian Studies, 30 (4):870-873, 1971.
Topley, M., in: Journal of Oriental Studies, 9 (2):371-373, 1971.

Clerks and Craftmen in China and the West
Lecutres and Adresses on the History of Science and Technology. Cambridge 1970.
Bodde, D., in: Bulletin of the History of Medicine, 45:390, 391, 1971.
Keller, A. G., in: Ambix 18 (1):49-55, 1971
Loewe, M. in: Bulletin of the School of Oriental and African Studies, 34 (1):210, 1971.
Molland, A. G., in: The British Journal for the History of Science, 5 (20-4): 413-414, 1971.
Sivin, N. in: Isis, 64, 3, 223 (1973); 417-418, 1973.
Sun, E-tu Zen, in: Journal of Asian Studies 30 (2):423-424, 1971.
Turner, G. L. E., in: Journal for the History of Astronomy, Vol. II, 120-129, 1971.
Veith, Ilza, in: Clio Medica Acta Academiae Internationalis Historiae Medicinae, 6:71-72, 1971.
Wilhelm, H., in: American Historical Review, 76 (3):816-818, 1971.
Wong, M., in: Episteme 1:61-68, 1971.

Time and Eastern Man (Der Zeitbegriff im Orient; Aufs. 7)
Chan, Wing-Tsit, in: Journal of Asian Studies, 25 (2):330-331, 1966
Lattimore, O., in: Bulletin of the School of Oriental and African Studies, 29 (1):203-204, 1966.
Pokora, T., in: Archiv Orientalni, 34 (1):150-151, 1966.
Zimmerman, James H., »Die Zeit in der chinesischen Geschichtsschreibung« in: Saeculum, Bd 23:332-350, 1972.

Human Laws and the Laws of Nature (Menschliche Gesetze und Naturgesetze; Aufs. 8)
Bodde Derk »Evidence for ›Laws of Nature‹ in Chinese Thought (mit einigen Anmerkungen Needhams und Erwiderungen Boddes) in: Harvard Journal of Asiatic Studies, 20:709-727, 1957.
Needham, Joseph, Ling, Wang und De Solla Price, Derek J. *Heavenly Clockwork: the great astronomical clocks of Medieval China,* London 1960.
Grosser, E. M., in: Journal of Asian Studies, 20 (3):374-375, 1961.

Hummel, Arthur, in: Isis: 154-155, 1963.
Horský, Z. und Pokora, T., in: Archiv Orientalni, 29 (3):490-494, 1961.
Lanciotti, Lionello, in: East & West, 9:301-302, 1961.
Loewe, M., in: Bulletin of the School of Oriental and African 23 (3): 606-607, 1960.
Yang, Lien-sheng, in: Journal of the American Oriental Society, 82 (3): 455-458, 1962.

Science and Civilisation in China
Vol. I, Cambridge 1954:
Bulling, A., in: Burlington Magazine, 98 (638):175, 1956.
Eberhard, W., in: American Anthropologist, 57 (5):1079-1081.
Franke, W., in: Nachrichten der Gesellschaft für Natur- und Völkerkunde Ostasiens 79/80: 157-160, 1956.
Goodrich, L. Carrington, in: Isis 46.3.145:302-304, 1955.
Hentze, C., in: Sinologica 6 (4):294-295, 1961.
Hummel, Arthur W., in: Far Eastern Quarterly 14 (4): 559-560, 1955.
ders., in: American Historical Review, 60: 610-612, 1955.
Ingalls, Jeremy, in: Journal of Modern History, 28 (2): 179-180, 156.
Sastri, K. A. Nilakanta, in: Journal of Indian History, 33 (1): 103-108, 1955.
Schiffer, W., in: Monumenta Nipponica, 11 (3): 106-107, 1955.
Twitchett, D., in: Bulletin of the School of Oriental and African Studies, 17 (2): 383-385, 1955.
Yang, L. S., in: Harvard Journal of Asiatic Studies 18 (1-2): 269-283, 1955.

Vol. I und II, Cambridge 1954/1956
Bernard-Maître, Henri in: Monumenta Serica, 16 (1-2): 494-496
Bodde, Derk, in: Journal of Asiatic Studies, 16 (2): 261-27, 1957.
Hummel, Arthur, W., in: Artibus Asiae, 20 (1): 74
Loewe, M., in: Journal of the Royal Asiatic Society 3-4: 224-226, 1957.
Twitchett, D. C., in: Bulletin of the School of Oriental and African Studies, 19 (3): 607-609, 1957.

Vol. II, Cambridge 1956:
Bodde, Derk, in: Journal of Asian Studies, 16 (2): 261-271, 1957.
Boyd, William C., in: Scientific Monthly, 84: 213-214, 1957.
Bulling, A., in: Burlington Magazine, C, (661): 136-137, 1958.
Franke, Wolfgang, in: Nachrichten der Gesellschaft für Natur- und Völkerkunde Ostasiens, 84: 58-60, 1958.
Hentze, C., in: Sinologica, 5 (4): 247-248, 1958.
Lau, D. C., in: Nature 178: 1201-1202

Multauf, Robert, in: Science, 124: 631, 1956.
Strelecek, J., in: Archiv Orientalni 30 (4): 693-696, 1962.

Vol. II und III, Cambridge, 1956/1959:
Hentze, C., in: Sinologica 6 (4): 294-295, 1961.

Vol. III, Cambridge, 1959:
Eberhard, Wolfgang, in: Journal of Asian Studies, 19 (1): 65-67, 1959
Franke, Wolfgang, in: Nachrichten der Gesellschaft für Natur- und Völkerkunde Ostasiens, 91: 147-151, 1962.
Huang, Su-Shu, in: Isis 51 (4): 598-600, 1960
Twitchett, D. C., in: Bulletin of the School of Oriental and African Studies, 25 (1): 693-696, 1962.

Vol. IV/1, Cambridge 1962:
Eberhard, W., in: Monumenta Serica, 22 (1):325-328, 1963.
Eichhorn, W., in: Orientalische Literaturzeitung, 64 (1-2): 85-93, 1969.
Goodrich, L. C., in: Journal of the American Oriental Society, 82 (3): 455-458, 1962.
Hentze, C., in: Sinologica, 7 (4): 228, 1963.
Koryta, J., in: Archiv Orientalni, 30 (4): 696-702, 1962.
Lanciotti, Lionello, in: East & West, 14 (1-2): 122-123, 1963.
Pokora, T., in: Archiv Orientalni, 33 (1): 159, 1965.

Vol. IV/2, Cambridge 1965:
Köster, Hermann, in: Anthropos, 62 (5-6):968-970, 1967.
Loewe, M., in: Journal of the Royal Asiatic Society (3-4):160-163, 1966.
Pokora, T., in: Archiv Orientalni, 35 (2): 343, 1967.
Porkert, M., in: Sinologica, 9 (2): 132, 1967.
Rudolph, R. C., in: Monumenta Serica, 28:464-466, 1970.
Sivin, N., in: Journal of Asian Studies, 27 (4): 859-864, 1968.
Twitchett, D., in: Bulletin of the School of Oriental and African Studies, 30 (1): 218-220, 1967.
White, Lynn, in: Isis, 58:248-251, 1967.

Vol. IV/3, Cambridge 1971:
Libbrecht, U., in: Isis, 64, 3, 223: 413-416, 1973.
Pacey, A. J., in: The British Journal for the History of Science, (6-22-2): 210-212, 1972.
Sivin, Nathan, in: T'oung Pao, 57 (5): 306-319,
Sun, E-tu Zen, in: Technology and Culture, 14 (2-1):289-292, 1973.

Vol. V/2, Cambridge 1974:
Boddě, Derk, in: Journal of Asian Studies, 35 (3):
Boas Hall, Marie, in: New Scientist, 64 (919): 207-208, 1974.
Haudricourt, A., in: La Pensée, 178: 139, Dez. 1974.
Morrison, P., in: The New York Review of Books, 21 (20): 8-12, Dez. 12, 1974.

Personenregister

(angefertigt von Carola Gutsch-Merseburger)

Sachregister

(angefertigt von Tilman Spengler)

Nachweise

(1) Science and Society in East and West, in: GT, S. 190-217
(2) The Unity of Science; Asia's Indispensable Contribution, in: CC, S. 14-29
(3) The Chinese Contribution to Science and Technology, in: CC, S. 71-82
(4) The Roles of Europe and China in the Evolution of Oecumenical Science, in: CC, S. 396-418
(5) Science and Society in Ancient China, in: GT, S. 154-176
(6) Thoughts on the Social Relations of Science and Technology in China, in: GT, S. 177-189
(7) Time and Eastern Man, in: GT, S. 218-298
(8) Human Law and the Laws of Nature, in: GT, S. 299-330
(9) Medicine and Chinese Culture, in: CC, S. 263-293
(10) The Missing Link in Horological History, in: CC, S. 203-238

GT = The Grand Titration. Science and Society in East and West, (C) George Allen & Unwin Ltd., London 1972
CC = Clerks and Craftsmen in China and the West, (C) Cambridge University Press, Cambridge 1970

stw 136 *Materialien zu Bachofens ›Das Mutterrecht‹*
Herausgegeben von Hans-Jürgen Heinrichs
464 Seiten
»Die Erscheinung dieses Mannes ist faszinierend«, sagte Benjamin über ihn, und ein andermal: sein Name werde immer dort genannt, »wo die Soziologie, die Anthropologie, die Philosophie unbetretene Wege einzuschlagen sich anschickten«.

stw 137 Jacques Lacan
Schriften I
Ausgewählt und herausgegeben von Norbert Haas
256 Seiten
In der neueren wissenschaftlichen Diskussion über die Psychoanalyse vertritt Jacques Lacan einer der bedeutsamsten Positionen. Sein Werk hat Horizonte eröffnet, die die Arbeiten von Psychoanalytikern wie Pontalis, Laplanche, Leclaire und Mannonis, aber auch von Autoren wie Ricœur, Foucault, Derrida und Althusser ermöglicht haben.

stw 138 F. W. J. Schelling
Philosophische Untersuchungen über das Wesen der menschlichen Freiheit und die damit zusammenhängenden Gegenstände
Mit einem Essay von Walter Schulz:
Freiheit und Geschichte
in Schellings Philosophie
128 Seiten
Schellings Philosophie, zumal seine Spätphilosophie, die er zuerst in der Schrift *Philosophische Untersuchungen über das Wesen der menschlichen Freiheit und die damit zusammenhängenden Gegenstände* (1809) entfaltet hat, hebt die klassische Metaphysik des Geistes auf. Sie weist auf die philosophischen Systeme Schopenhauers und Nietzsches sowie auf deren wissenschaftliche Fortbildung in der modernen Anthropologie und Psychoanalyse voraus. Ebendies

arbeitet Walter Schulz in seinem Essay *Freiheit und Geschichte in Schellings Philosophie* heraus.

stw 139 *Materialien zu Schellings philosophischen Anfängen*
Herausgegeben von
Manfred Frank und Gerhard Kurz
480 Seiten
Schellings philosophische Anfänge sind noch weitgehend unaufgeklärt. Der vorliegende Materialienband macht daher in erster Linie auf ein Desiderat der Forschung aufmerksam: Welche Bedeutung hat Schellings Philosophie für die Entwicklung des Deutschen Idealismus? Welche politischen Implikationen hat seine Philosophie? – Der Band bietet unter zugleich chronologischen und systematischen Gesichtspunkten Quellen und Abhandlungen zu wesentlichen Aspekten der Frühphilosophie Schellings.

stw 141 Karl-Otto Apel
Der Denkweg von Charles Sanders Peirce
Eine Einführung in den amerikanischen Pragmatismus
384 Seiten
Apels Darstellung des philosophischen Hintergrundes der Entstehung des Pragmatismus bei Charles Sanders Peirce und von Peirces Denkweg vom Pragmatismus zum Pragmatizismus ist eine umfassende Auseinandersetzung mit dem Werk von Peirce, die den historischen Ort dieses Werkes bestimmt und seine vielfältigen fruchtbaren Wirkungen für das philosophische und wissenschaftstheoretische Denken der letzten Jahrzehnte aufweist. Sie ist zugleich eine Einführung in den Pragmatismus, den Apel – neben dem Marxismus und dem Existentialismus – als eine der heute wirklich funktionierenden Philosophien begreift, das heißt: als eine Philosophie, die Theorie und Praxis des Lebens faktisch vermittelt.

stw 144 *Seminar: Philosophische Hermeneutik*
Herausgegeben von Hans-Georg Gadamer und Gottfried Boehm
352 Seiten
Die philosophische Hermeneutik lehrt keine bestimmte Wahrheit, vielmehr repräsentiert sie ein kritisches Reflexionswissen, dem es darum geht, Erkenntnischancen offenzulegen, die ohne sie nicht wahrgenommen würden.

stw 145 G. W. F. Hegel
Grundlinien der Philosophie des Rechts oder Naturrecht und Staatswissenschaft im Grundrisse
Mit Hegels eigenhändigen Notizen und den mündlichen Zusätzen
544 Seiten
Hegels »Rechtsphilosophie – darin liegt das Geheimnis ihrer gedanklichen Provokationen und ein Schlüssel zu ihrer wechselvollen Wirkungsgeschichte – ist philosophisches Lehrbuch und politische Publizistik, gelehrter Traktat und aktuelle Kampfschrift in einem.« (Manfred Riedel)

stw 146 Shlomo Avineri
Hegels Theorie des modernen Staats
Übersetzt von R. und R. Wiggershaus
336 Seiten
Avineris Studie rekonstruiert die politische Philosophie Hegels. Sie macht deren Stellenwert – insbesondere den der Rechtsphilosophie – einerseits in Hegels philosophischem System, andererseits in den politischen Auseinandersetzungen seiner Zeit klar. Hegels politische Philosophie erscheint als der erste große Versuch, den ökonomischen und gesellschaftlichen Gegebenheiten der Moderne gerecht zu werden.

stw 147 Sören Kierkegaard
Philosophische Brocken
De omnibus dubitandum est
Übersetzt von Emanuel Hirsch
208 Seiten
Das zentrale Thema der Schrift *Philosophische Brocken* ist das Verhältnis von Wissen und Glauben. Ein vorläufiger Titel Kierkegaards lautete: »Die apologetischen Voraussetzungen der Dogmatik oder Annäherungen des Gedankens an den Glauben«. Der Titel *Philosophische Brocken* wendet sich ironisch gegen den Totalitätsanspruch der idealistischen (insbesondere der Hegelschen) Systemphilosophie.

stw 148 Fredrick C. Redlich/Daniel X. Freedman
Theorie und Praxis der Psychiatrie
Aus dem Amerikanischen von Hermann Schultz und Hilde Weller
1216 Seiten. 2 Bände

Dieses Lehrbuch wendet sich an Studenten und Ärzte, insbesondere Nervenärzte, an Psychologen, Soziologen und Sonderschulpädagogen, an Sozialarbeiter, medizinisches Pflegepersonal und interessierte Laien – kurz: an alle, die in ihrer Ausbildung oder in ihrer beruflichen Praxis mit den Problemen psychischer Gesundheit und Krankheit zu tun haben. Psychiatrie wird von den Verfassern als eine *angewandte Humanwissenschaft* verstanden, die sich mit Erforschung, Diagnose, Vorbeugung und Behandlung gestörten oder von der Norm abweichenden Verhaltens befaßt.

stw 149 Urs Jaeggi
Theoretische Praxis
224 Seiten
In der deutschen Strukturalismus-Debatte ist der strukturale Marxismus in die sozialphilosophische Fragestellung aufgesogen worden. Als Kritiker am Hyper-Empirismus, als Gegner der »Rhapsodie von Fakten«, steht er andererseits quer sowohl zu einem Spät- oder Neohegelianismus wie auch zu den Exerzitien einer wortgetreuen Marx/Engels-Exegese. Jaeggi versucht herauszuarbeiten, weshalb der strukturale Ansatz dabei nicht gegen die historisch-materialistische Methode ausgespielt werden kann, sondern im Rahmen des historischen Materialismus richtige Fragen formuliert und reformuliert.

stw 151 Clemens Lugowski
Die Form der Individualität im Roman
Mit einer Einleitung von Heinz Schlaffer
240 Seiten
Seit ihrem ersten Erscheinen (1932) ist Lugowskis Abhandlung nur wenigen Fachgelehrten bekanntgeworden: einer der bedeutendsten Beiträge zur Literaturwissenschaft ist noch zu entdecken. Seine Parallelen liegen außerhalb der zünftigen Germanistik: in Cassirers *Philosophie der symbolischen Formen*, in den kunsttheoretischen Arbeiten der Warburg-Schule, im russischen Formalismus.
In der gegenwärtigen Situation der Literaturwissenschaft, die sich in textlinguistische und sozialgeschichtliche Schulen getrennt hat, kann dieses Buch an vergessene Vermittlungen erinnern: an ästhetische Sinnformen, an die besondere Weise der Dichtung, Leben und Welt deutend darzustellen.

stw 154 Jürgen Habermas
Zur Rekonstruktion des Historischen Materialismus
352 Seiten
Die in diesem Band zusammengefaßten Arbeiten zielen alle auf die Rekonstruktion des Historischen Materialismus ab. Rekonstruktion heißt hier: eine Theorie auseinandernehmen und in neuer Form wieder zusammensetzen, um das Ziel, das sie sich gesetzt hat, besser zu erreichen.

stw 155 Peter Weingart
Wissensproduktion und soziale Struktur
256 Seiten
Die in diesem Band zusammengefaßten Arbeiten zielen alle auf die Begründung und Explikation eines neuen Ansatzes in der Wissenschaftssoziologie. Ihr systematischer Zusammenhang ergibt sich aus dem Versuch, Wissen als »soziale Kategorie« zu fassen. Damit eröffnet sich die Möglichkeit, die historische und aktuelle Analyse der Wissenschaftsentwicklung und -politik über die Beschränkungen der in diesem Feld vorherrschenden Begriffsraster hinauszutreiben.

stw 156 *Seminar: Kommunikation, Interaktion, Identität*
Herausgegeben von Manfred Auwärter, Edit Kirsch und Klaus Schröter
Der Band enthält Arbeiten aus der Interaktions- und Kommunikationsforschung, die u. a. als Beiträge zur Klärung folgender Fragen gesehen werden können: Wie interpretieren Individuen wechselseitig ihre Äußerungen und Handlungen? Wie stimmen sie Erwartungen aufeinander ab? Wie verhalten sie sich im Fall der Enttäuschung von Erwartungen? Was folgt daraus für den Prozeß, in dem grundlegende interaktive und kommunikative Fähigkeiten erworben werden und Identitäten aufgebaut und bewahrt werden?

stw 157 Heinz Kohut
Narzißmus
Eine Theorie der psychoanalytischen Behandlung narzißtistischer Persönlichkeitsstörungen
Aus dem Amerikanischen von Lutz Rosenkötter
400 Seiten

»Ohne Frage ist dieses Buch ein Meilenstein, nicht nur in der Fortentwicklung der Psychoanalyse über Freuds ursprüngliche Ansätze hinaus, sondern auch im so langsam und zäh fortschreitenden Erkenntnisprozeß des Menschen über seine eigene Natur.« *Jürgen vom Scheidt*

stw 158 Norbert Elias
Über den Prozeß der Zivilisation
Soziogenetische und psychogenetische Untersuchungen
Erster Band: Wandlungen des Verhaltens in den weltlichen Oberschichten des Abendlandes
350 Seiten

stw 159 Norbert Elias
Über den Prozeß der Zivilisation
Soziogenetische und psychogenetische Untersuchungen
Zweiter Band: Wandlungen der Gesellschaft. Entwurf zu einer Theorie der Zivilisation
508 Seiten
Die Soziologie des 20. Jahrhunderts konzentriert sich vor allem auf Zustände. Die langfristigen Transformationen der Gesellschaft und Persönlichkeitsstrukturen hat sie weitgehend aus den Augen verloren. Im Werk von Norbert Elias bilden diese langfristigen Prozesse das zentrale Interesse: Wie ging eigentlich die »Zivilisation« im Abendlande vor sich? Worin bestand sie? Und welches waren ihre Antriebe, ihre Ursachen oder Motoren?
Bei Elias' Arbeit handelt es sich weder um eine Untersuchung über eine »Evolution« im Sinne des 19. Jahrhunderts noch um eine Untersuchung über einen unspezifischen »sozialen Wandel« im Sinne des 20.; seine Arbeit ist grundlegend für eine undogmatische, empirisch fundierte soziologische Theorie der sozialen Prozesse im allgemeinen und der sozialen Entwicklung im besonderen.

stw 160 Hans G. Furth
Intelligenz und Erkennen
Die Grundlagen der genetischen Erkenntnistheorie Piagets
Übersetzt von Friedhelm Herborth
384 Seiten
Hans G. Furth hat den ersten Versuch einer systematischen Darstellung der Theorie Piagets unternommen, und er hat,

wie Piaget selbst es formuliert, »diese Aufgabe außerordentlich erfolgreich gelöst«. Piaget zwingt zu einer Revolution unserer Anschauungen, wie es außer ihm in der Neuzeit nur Kopernikus, Darwin und Freud getan haben.

stw 164 Karl-Otto Apel
Transformation der Philosophie
Band 1: Sprachanalytik, Semiotik, Hermeneutik
384 Seiten

stw 165 Karl-Otto Apel
Transformation der Philosophie
Band 2: Das Apriori der Kommunikationsgemeinschaft
464 Seiten
Transformation der Philosophie meint die Transformation der Transzendentalphilosophie des Privat-Subjekts in eine Transzendentalphilosophie der Intersubjektivität.

stw 166 *Seminar: Theorien der künstlerischen Produktivität*
Entwürfe mit Beiträgen aus Literaturwissenschaft, Psychoanalyse und Marxismus
Herausgegeben von Mechthild Curtius unter Mitarbeit von Ursula Böhmer
464 Seiten
Die in diesem Band versammelten Beiträge aus westlichen und östlichen Ländern geben einen Überblick über den gegenwärtigen Stand der »Theorie« künstlerischer Produktivität und einen Ausblick auf mögliche Weiterentwicklungen dieser Theorie.

stw 176 Emile Durkheim
Soziologie und Philosophie
Mit einer Einleitung von Theodor W. Adorno
Übersetzt von Eva Moldenhauer
160 Seiten
Die Aufsätze und Diskussionsbeiträge, die unter dem Titel *Soziologie und Philosophie* zusammengestellt und zuerst 1924 veröffentlicht wurden, führen in ein für Durkheims Denken zentrales Gebiet: in die von ihm intendierte Wissenschaft der Moral, die sowohl individuelle als auch kollektive moralische – und das heißt zugleich anthropologische, psychologische und soziologische – Phänomene erfassen will.

Alphabetisches Verzeichnis der suhrkamp taschenbücher wissenschaft